Bertram Philipp (Hrsg.)

Einführung in die Umwelttechnik

Bertram Philipp (Hrsg.)

Einführung in die Umwelttechnik

Grundlagen und Anwendungen
aus Technik und Recht

Mit 37 Bildern

Die Autoren des Buches:

Dipl.-Biol., StD. *Günter Andres,* Gymnasium am Krebsberg, Neunkirchen Saar

Prof. Dr. rer. nat., Dipl.-Chem. *Marott Bronder,* Fachhochschule Bingen

Prof. Dr. rer. nat., Dipl.-Chem. *Ralf Eisenmann,* Hochschule für Technik und Wirtschaft, Saarbrücken

Prof. Dr. rer. nat., Dipl.-Phys. *Karl-Heinz Folkerts,* HTW-Saarbrücken

Dipl.-Ing. *Heino Grotehusmann,* Abwasserverband Saar, Sb

Dr. rer. nat. *Andreas Klein,* Arbeitsgemeinschaft Umwelt- und Entwicklungsplanung ARGUMENT

Dipl.-Volkswirt. OStR. *Roland Klitscher,* Kaufmännisches Berufsbildungszentrum, Saarbrücken

Prof. Dr. rer. nat., Dipl.-Chem. *Bertram Philipp,* HTW-Saarbrücken

Prof. Dr. Ing. Dipl.-Ing. *Michael Reimann,* HTW-Saarbrücken

Prof. Dr. rer. nat., Dipl.-Phys. *Bernd Schurich,* HTW-Saarbrücken

Prof. Dr. Ing. Dipl.-Ing. *Ernst Sperling,* HTW-Saarbrücken

Dipl.-Chem. *Kurt Wahrheit,* Staatliches Institut für Gesundheit und Umwelt, Saarbrücken

Dipl.-Chem. *Helmut Walk,* Bereichsleiter Süd-West der Fa. Rohstoffrückgewinnung Arends, Ratingen

Ministerialrat Dr. jur. *Bernd Van der Felden,* Ministerium für Umwelt des Saarlandes, Saarbrücken

Der Verlag Vieweg ist ein Unternehmen der Verlagsgruppe Bertelsmann International.

Gedruckt auf säurefreiem Papier

ISBN-13: 978-3-528-04777-1 e-ISBN-13: 978-3-322-83867-4
DOI: 10.1007/978-3-322-83867-4

Vorwort

Ingenieure und Techniker mit klassischer Ausbildung müssen sich in der betrieblichen Praxis in steigendem Maße mit Problemen des Umweltschutzes beschäftigen.

Sie sind sich selten darüber im Klaren, daß ihre so nutzbringenden Tätigkeiten häufig mit Eingriffen in die Natur verbunden sind. Wir wissen heute, daß die Natur nur begrenzt belastbar ist. Es kommt also darauf an, die unvermeidlichen Eingriffe so schonend wie möglich zu gestalten.

Hierzu sind neben naturwissenschaftlich-technischen Kenntnissen auch solche aus dem gesellschaftlich-ökonomischen Bereich erforderlich. Solche Kenntnisse werden in den normalen Studiengängen in der Regel nicht in ausreichenden Maße angeboten.

Die Autoren dieses einführenden Buches haben es sich zum Ziel gesetzt, die grundlegenden Informationen bereitzustellen, welche ein Verständnis der wechselseitigen Abhängigkeiten zwischen den naturwissenschaftlich-technischen und den gesellschaftlich-ökonomischen Rahmenbedingungen ermöglichen sollen.

Aufbauend auf den Erfahrungen einer mehr als zehnjährigen Lehrtätigkeit in einem Studienkurs Umwelt an der Hochschule für Technik und Wirtschaft, versuchen die Autoren auch einen größeren Kreis von Ingenieuren und Technikern für die Besonderheiten von Umwelttechniken zu interessieren.

Natürlich kann eine Einführung das Studium der speziellen Fachliteratur nicht ersetzen. Die Autoren verstehen ihre Beiträge vielmehr als ein Bindeglied zwischen den Kenntnissen aus klassischen Ausbildungsgängen und der Ökologie, welche die eigentliche Grundlage aller umwelttechnischen Bemühungen darstellt.

Kernpunkte unserer Bemühungen sind jedoch die eigentlichen Verfahren der Umwelttechnik, die wir als Überblicke mit ihren je besonderen Voraussetzungen darzustellen versuchen.

Besonderen Dank schulden wir Frau Sabine Kirsch für ihre mühsame Arbeit bei der Gestaltung der Texte am PC und Herrn Axel Herrmann für die Zeichnungen. Herrn Dipl.-Ing. Ewald Schmitt vom Verlag Vieweg möchten wir danken für seine konstruktive Kritik und seinen Langmut bei den immer wieder erforderlichen Revisionen der Texte.

Saarbrücken, im August 1992 *Bertram Philipp*

Inhaltverzeichnis

1 Einleitung

1.1 Überblick

Die Umwelttechnik beschäftigt sich mit solchen Maßnahmen, die Schäden in der Umwelt vermeiden oder, einmal entstanden, reparieren sollen. Sie ist in unser gesellschaftliches System eingebettet, aus dem sie ihre Aufgaben erhält. Ob eine Technik tatsächlich verwirklicht wird, ist nicht nur eine technische Frage. Eine schematische Übersicht über die Einwirkungen auf die Umwelttechnik zeigt nachfolgendes Bild:

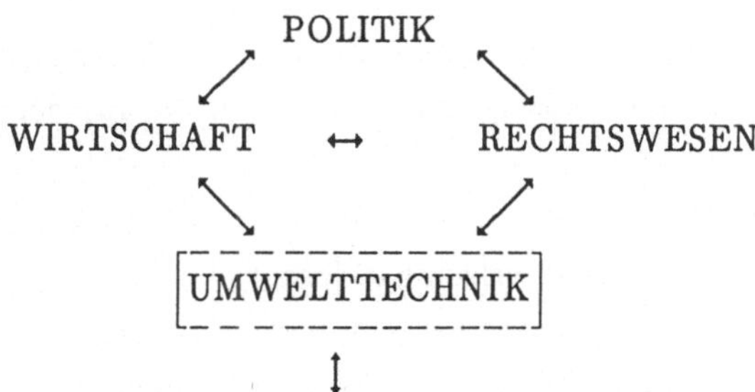

Bild 1–1: Einwirkungen auf die Umwelttechnik

Diese Bereiche sind wechselweise voneinander abhängig. Konstituierend für unser soziales Gefüge sind unsere Werte. Aus ihnen ergibt sich, was sozial erlaubt oder verboten ist. Unser Wertesystem ist extrem menschenbezogen. Für uns ist die Natur in erster Linie nützlich, für sich selbst hat sie jedoch keinen Wert. Erst wenn wir daran denken, daß auch wir selbst in die natürlichen Kreisläufe eingebunden sind, wird die Natur zu einem Wert an sich.

Ein demokratisch organisiertes Gemeinwesen muß auf die in den wichtigen Gruppen vertretenen Interessen Rücksicht nehmen. Dies ist Aufgabe der Politik. Sie hat zu bestimmen, wie die Umwelt gestaltet werden soll. In der Bundesrepublik Deutschland basiert die Umweltpolitik auf wenigen Grundsätzen, aus denen sich Umweltgesetze herleiten lassen:

- Das *Vorsorgeprinzip* soll gewährleisten, daß Umweltschäden möglichst nicht entstehen können. Sind aber Umweltschäden zu beseitigen, greift das Sanierungsgebot.

- Das *Verursacherprinzip* soll dafür sorgen, daß derjenige, der für Umweltschäden verantwortlich ist, auch für die Kosten der Sanierung herangezogen wird. Ist ein einzelner Verursacher nicht auszumachen, ist die Allgemeinheit gefordert; man spricht dann vom Allgemeinlastprinzip.
- Das *Kooperationsprinzip* soll erreichen, daß umweltpolitisch erforderliche Maßnahmen freiwillig durchgesetzt werden. Ist Freiwilligkeit nicht zu erreichen, muß der Staat die erforderlichen Maßnahmen erzwingen.

Die Umweltgesetze haben zum Ziel, die Umwelt funktionsfähig zu erhalten. Der gesetzlich zu regelnde Sachverhalt ist jedoch äußerst komplex. Hierdurch ergeben sich Schwierigkeiten praktischer wie theoretischer Art mit den historisch gewachsenen Rechtsgebieten.

- Abgesehen von den Umweltprinzipien für die Umweltpolitik gibt es bis heute keine einheitlich konzipierte Umweltpolitik, aus der sich Umweltrecht herleiten ließe.
- Die modernen Umweltprobleme sind nur mittels naturwissenschaftlich technischer Methoden definierbar, erkennbar, lösbar.
- Das Umweltrecht soll sich am "Stande von Wissenschaft und Technik" sowie an den "Anerkannten Regeln der Technik" orientieren. Beide sind einer ständigen Änderung unterworfen. Folglich können Rechtssicherheit, Rechtsfrieden usw. gestört werden.
- Das Umweltrecht ist Resultat der Umweltpolitik, spiegelt daher notwendigerweise die zuweilen gegensätzlichen Interessen von Ökologie und Ökonomie wider.

Unsere Wirtschaft als Teil unserer Gesellschaft entspricht unseren Konsumgewohnheiten. Diese sind ausgerichtet auf Genuß, Bequemlichkeit und Arbeitserleichterung. Sie korrespondieren mit verschiedenen Grundrechten: Individualität, Freiheit, Emanzipation, Unabhängigkeit etc. Rein wirtschaftlich betrachtet ist Natur lediglich Resource und Deponie. Die daraus folgenden Eingriffe in die Natur stören die Funktionsfähigkeit von Luft, Wasser und Boden, Pflanzen und Tieren auf der ganzen Erde erheblich. Örtlich sind die Rückwirkungen auf uns Menschen unübersehbar. Die großen wirtschaftlichen Anstrengungen, diese zu reparieren, werden merkwürdigerweise beim Wirtschaftswachstum mitgezählt, eine rein ökologische Bilanz fehlt. Alle Umweltmaßnahmen sind stets mit Kapital, Material und Personal verbunden. Sie stehen für andere Zwecke nicht mehr zur Verfügung. Die entstehenden Kosten sind folglich in den Preisen der Produkte und der Dienstleistungen enthalten, sei es direkt oder über Steuern.

So wie alle menschlichen Tätigkeiten hat auch die Umwelttechnik selbst Folgen in ökonomischer, sozialer und wirtschaftlicher Hinsicht. Es entstehen also Folgekosten. So wie es notwendig ist, die Technikfolgen generell abzuschätzen, gilt dies auch für die Umwelttechnik. Auch ihre Verfahren sollten einer Umweltverträglichkeitsprüfung standhalten.

Wie deutlich geworden sein sollte, tritt die Technik erst verhältnismäßig nachrangig auf den Umweltplan (siehe Bild 1–1). Entsprechend den umweltpolitischen Grundsätzen gelten für die Umwelttechnik absteigend in der Bedeutung folgende Prinzipien:

- Umweltschäden sind zu vermeiden bzw.weitgehend zu vermindern.
- Reststoffe und Restenergien sollen so weit wie möglich wieder– bzw. weiterverwendet werden.
- Die gefahrlose Beseitigung noch übriger Produkte sollte am Ende des technischen Weges stehen.

Diese drei Stufen der Umwelttechnik setzen erheblichen Sachverstand voraus. Die zu bewältigenden analytisch-meßtechnischen und verfahrenstechnisch-konstruktiven Aufgaben sind sehr groß.

1.2 Umweltpolitik und Recht

Der Gegenstand moderner Umweltpolitik wurde bereits im Jahre 1971 im Umweltprogramm der damaligen Bundesregierung definiert. Nach dieser noch heute anerkannten Begriffsbestimmung ist "Umweltpolitik die Gesamtheit aller Maßnahmen, die notwendig sind, um dem Menschen eine Umwelt zu sichern, wie er sie für seine Gesundheit und für ein menschenwürdiges Dasein braucht, um Boden, Luft und Wasser, Pflanzen– und Tierwelt vor nachteiligen Wirkungen menschlicher Eingriffe zu schützen und um Schäden oder Nachteile aus menschlichen Eingriffen zu beseitigen." Die umweltpolitischen Ziele und Grundsätze gehen damit über die bloße reaktive Antwort auf Beeinträchtigungen der Umwelt hinaus; vielmehr ist vorsorgendes und gestaltendes Handeln Grundelement heutiger Umweltpolitik neben dem Schutz der natürlichen Umwelt, sprich ihrer Pflege, Entwicklung, Bewirtschaftung und Wiederherstellung. Diese umfassende Aufgabenstellung der Umweltpolitik wird allgemein als "Umweltschutz" bezeichnet, obwohl der Begriff streng genommen nur die Abwehr von Eingriffen in die Umwelt bedeutet. Für die Adressaten umweltpolitischen Handelns wie Anlagenbetreiber, Verursachern etc. ist er jedoch mit der Pflicht zu einer umfassenden Umweltsicherung verbunden.

Die eingangs erwähnte Definition der Umweltpolitik zeigt, daß die Umwelt um des Menschen Willen geschützt werden muß. Umweltpolitik betrifft im Gegensatz zum sogenannten ökozentrischen Umweltschutz, dem Umweltschutz als Wert an sich, stets menschliche Belange. Sie kann sich entsprechend unserer Rechtsordnung nur im geltenden Recht verwirklichen. Erst dieses setzt den erlaubten Handlungsrahmen, zeigt Möglichkeiten der Realisation oder der Beschränkung auf, schafft den notwendigen Ordnungsrahmen und entscheidet bei Zielkonflikten. Gemäß dem anthropozentrischen Ansatz der Umweltpolitik lassen die in den einzelnen Umweltschutzgesetzen enthaltenen Ziel- oder Zweckbestimmungen durchgehend ein anthropozentrisches Verständnis von Umweltschutz erkennen. Schutzgüter der Kodifikationen sind entweder "*Mensch* und Naturhaushalt" (vgl. §1 Nr.2 Atomgesetz) oder aber "*Mensch* und Umwelt" (§ 1 Chemikaliengesetz). Verbindende Elemente der Grundstrukturen von Umweltpolitik und Umweltrecht sind die in Kapitel 1.1 erwähnten Prinzipien.

Gemäß dem *Vorsorgeprinzip* soll sich Umweltschutz nicht in der Beseitigung eingetretener Schäden und der Abwehr drohender Gefahren erschöpfen, vielmehr soll durch den frühzeitigen Einsatz geeigneter Maßnahmen das Entstehen möglicher Beeinträchtigungen der Umwelt schon an deren Ursprung (Quelle), noch unterhalb der Gefahrenschwelle, verhindert und damit ein nachhaltiger Umweltnutzen erreicht werden. Durch geeignete Maßnahmen soll die Umweltbelastung insgesamt möglichst niedrig gehalten werden. Letztlich verlangt das Vorsorgeprinzip die langfristige Wahrung und die schonende Inanspruchnahme der natürlichen Lebensgrundlagen.

Nach dem *Verursacherprinzip* trägt der Verursacher einer Umweltbelastung die zur Vermeidung, zur Beseitigung oder zum Ausgleich dieser Belastung erforderlichen Kosten. Das Verursacherprinzip als Grundsatz der Kostenzurechnung weist die finanziellen Lasten zur Behebung von Umweltbeeinträchtigungen demjenigen zu, der sie zu verantworten hat. Indem durch geeignete rechtliche Mittel sichergestellt wird, daß die Kosten des "Umweltverbrauchs" in die individuelle Kostenkalkulationen desjenigen eingeht, der für den Eingriff in die Umwelt verantwortlich ist, entsteht für diesen ein ökonomischer Zwang, schonend mit Umweltgütern umzugehen. Die rechtliche Umsetzung dieses Prinzips erfolgt beispielsweise in § 8 Abs. 2 Bundes– Naturschutzgesetz. Hiernach ist der Verursacher eines Eingriffs in Natur und

Landschaft verpflichtet, vermeidbare Beeinträchtigungen von Natur und Landschaft zu unterlassen sowie unvermeidbare Beeinträchtigungen durch Maßnahmen des Naturschutzes und der Landschaftspflege auszugleichen. Für den Fall, daß die Anwendung des Verursacherprinzips ausscheidet, weil der Verursacher unbekannt ist, oder weil akute Notstände beseitigt werden müssen, oder die mit dem Verursacherprinzip vereinbarten Maßnahmen nicht ausreichen, dann muß der Staat die notwendigen Schutzmaßnahmen selbst durchführen. Diese nur in Ausnahmefällen anzuwendende Art der Kostenrechnung wird als *Gemeinlastprinzip* bezeichnet. Als gemeinlastorientierte Instrumente sind auch staatliche Finanzierungserleichterungen für umweltfreundliche industrielle oder private Investitionen anerkannt, wie z.B. Abschreibungserleichterungen, Darlehen oder sonstige öffentliche Finanzhilfen. Zum Verursacherprinzip steht das Gemeinlastprinzip in einem Regel-Ausnahme-Verhältnis.

Ein weiteres gemeinsames Prinzip von Umweltpolitik und Umweltrecht ist das *Kooperationsprinzip*. Dieses Prinzip betrifft die Zusammenarbeit zwischen Staat und Gesellschaft im Bereich der Umweltpolitik, soweit gesetzliche Regelungen dafür Raum lassen. Betroffene sollen unter Beibehaltung der Verantwortungsbereiche unter Mitwirkung anderer Betroffener einen gemeinsamen Nenner für umweltbedeutsame Entscheidungen finden und über diese Gemeinsamkeit den Erlaß rechtlicher Maßnahmen überflüssig machen, ohne diese jedoch im Falle des Scheiterns der Kooperation auszuschließen. Gesetzliches Beispiel des Kooperationsprinzips ist § 14 Abs. 2 Satz 3 Abfallgesetz, wonach die Bundesregierung zur Verringerung von Abfallmengen, nach Anhörung der beteiligten Kreise, Ziele zur Selbstbeschränkung der Abfallerzeuger festlegen kann, bevor im Falle des Nichterreichens dieser Ziele entsprechende Verbote oder Beschränkungen erlassen werden. Von dieser Befugnis hat die Bundesregierung mit der "Verordnung über die Rücknahme und Pfanderhebung von Getränkeverpackungen aus Kunststoffen" Gebrauch gemacht, weil die Getränkeindustrie für bestimmte Getränke nicht von der Einwegpackung abgehen wollte.

Mit dem Ansatz zur Umweltpolitik, wie er im Umweltprogramm der Bundesregierung von 1971 zum Ausdruck gelangte, korrespondiert ein umfassend verstandenes Umweltrecht. Danach zählen zum Umweltrecht alle Rechtsnormen, die abwehrendes, bewirtschaftendes, wiederherstellendes und gestaltendes Handeln regeln. Eine solch weite Definition des Umweltrechts macht eine Abgrenzung dieses Rechtsgebiets notwendig, da umweltschutzbezogene Regelungen fast über die gesamte

Rechtsordnung verstreut sind. Einzelne Vorschriften mit umweltspezifischen Inhalten in einem umfassenden Gesetzeswerk qualifizieren dieses Werk deshalb aber noch nicht als Teil der Umweltgesetzgebung. Eine Eingrenzung erfolgt seitens der Rechtsliteratur insofern, als Umweltrecht nur solche Kodifikationen anerkennt, die sich auf umweltspezifische Rechte, insbesondere auf das Sonderrecht der staatlichen Umweltschutzaktivitäten, beschränken. Der Bezug auf die sogenannten "Kernbereiche" des Umweltrechts ist um so erforderlicher, als es bis heute noch nicht zur Schaffung eines Umweltgesetzbuches gekommen ist, das alle Materien des deutschen Umweltrechts zusammenfaßt.

Zum Kernbereich des öffentlichen Umweltrechts zählen unter anderem die sogenannten Hauptgesetze des Umweltrechts, nämlich das Bundesnaturschutzgesetz, das Wasserhaushaltsgesetz, das Bundes–Immisionsschutzgesetz, das Atomgesetz und das Chemikaliengesetz. Diesen Gesetzen ist gemeinsam, daß sie in erster Linie Umweltschutz als Staatsaufgabe verstehen. Umweltrecht ist also vornehmlich öffentliches Recht. Da Umweltgesetze zudem künftigen Umweltbelastungen vorbeugen, gegenwärtige Umweltbelastungen begrenzen und bereits eingetretene Umweltschäden beseitigen sollen, tragen sie durchweg den Charakter von Maßnahme- oder Ordnungsgesetzen. Da sie zugleich vorausschauend Ziele und Maßnahmen festlegen und damit Anstöße für künftige Entwicklungen geben, z.B. durch Planungsverpflichtungen, sind sie zugleich Planungsgesetze.

Schließlich ist Umweltrecht in besonderem Maße technisches Recht. Der Bezug des Rechts auf die Technik folgt daraus, daß industriell genutzte Technik Umweltprobleme hervorbringt, die das Recht mit seinen Instrumenten lösen muß. Andererseits sind die technischen Erkenntnisse notwendiges Mittel des Rechts, um die aufgetretenen Probleme lösen zu können. Diese Lösungen können z.B. in der Verbesserung technischer Arbeits- und Herstellungsmethoden oder aber in der Entwicklung von Gegentechniken zur "Verursachungs–Technik", sowie der Klärung von verschmutzten Abwässern, bestehen. Wie weit dieser Bezug auf technisch zu lösende Fragen gehen kann, zeigen gesetzliche Verweise auf den "Stand von Wissenschaft und Technik" (§ 7 a Abs. 2 Nr. 3 Atomgesetz), auf den "Stand der Technik" (§ 3 Abs. 6 Bundes–Immisionsschutzgesetz) und auf die "Anerkannten Regeln der Technik" (§ 7 a Abs. 1 Satz 2 Wasserhaushaltsgesetz).

Der Rückgriff auf Daten und Bestimmungsmethoden außerhalb der Umweltgesetze führt zu einer Bestimmung von Rechtsinhalten von außen, ohne Beteiligung des Gesetzgebers, mithin zu einer außengesteuerten Ausfüllung des Rechtes. Dies zeigt exemplarisch, wie sehr Wirkungsgrad, Anwendung und Umsetzung von Normen des Umweltrechts auf technische Regelungen oder Regelwerke bezogen sind. Gleiches gilt für die in den Vorschriften der Umweltgesetzgebung anzutreffenden Grenz- und Richtwerte, so für Emmissionen und Immissionen, die auf außergesetzlichen Festlegungen, z.B. in Verwaltungsvorschriften (z.B. die Immissionswerte der TA-Luft) oder technischen Regelwerken (z.B. DIN- Normen), beruhen.

Rechtsquellen für das geltende Umweltrecht der Bundesrepublik sind das Grundgesetz sowie die Länderverfassungen, die Bundes–und Landesgesetze sowie die Bundes- und Landesrechtsverordnungen, die jeweils einem von der jeweiligen Verfassung bestimmten Gesetzgebungs- oder Erlaßverfahren unterworfen sind. Als weitere Rechtsquellen dienen die Satzungen von Gebietskörperschaften, insbesondere von Gemeinden, z.B. im Bereich der Hausabfallentsorgung oder der Abwasserbeseitigung. Daneben ist das Recht der Europäischen Gemeinschaften, und zwar das der Verordnungen und der Richtlinien der EG, Rechtsgrund für das nationale Umweltrecht. Verwaltungsvorschriften, technische Normen, Regeln oder Richtlinien, die von Privaten bekanntgemacht wurden, sind keine eigenständigen Rechtsquellen des Umweltrechts, es sei denn, sie wurden durch Verweisung per Gesetz oder Rechtsverordnung zur Ausfüllung unbestimmter Rechtsbegriffe (z.B. "Stand der Technik") ausdrücklich in den Normenkontext aufgenommen.

1.3 Umweltbehörden

Aufgaben im Bereich des Umweltschutzes sind in ihrem jetzigen Umfang für die traditionellen Strukturen der Verwaltung neu. Umweltprobleme sind zumeist fachübergreifend. Sie treten in unterschiedlichen Bereichen auf wie bei der Bauaufsicht, bei der Landschaftsplanung, bei der Verkehrsplanung, bei der Gewerbeaufsicht usw. Einige dieser Aufgaben werden schon seit langem in besonderen Verwaltungen wie in Gesundheitsämtern, Gewerbeaufsichtsämtern, Wasserwirtschaftsämter u.a. bearbeitet. Die Zuständigkeiten im Umweltschutz sind in den einzelnen Bundesländern unterschiedlich organisiert. Grundsätzlich wirken die zuständigen Ministerien als oberste Bundes– bzw. Landesbehörden. Ihnen obliegt die Rechtsaufsicht und die Rechtsentwicklung, indem sie z.B. Verordnungen und Verwaltungsvorschriften erlassen. Die nachgeordneten Behörden, sei es innerhalb der Allgemeinen Verwaltung, sei es in besonderen Fachbehörden, sorgen auf den verschiedenen Verwaltungsebenen (Bezirksregierung, Kreisverwaltung) für den Vollzug der Umweltgesetze, indem sie Genehmigungen erteilen oder entziehen.

Daneben gibt es Sonderbehörden beim Bund und bei den Ländern, die für die Erfassung und Bewertung von Umweltzuständen eingerichtet wurden. Sie unterstehen den zuständigen Ministerien direkt. Derartige Einrichtungen des Bundes sind beispielsweise das Umweltbundesamt, das Bundesgesundheitsamt, die Biologische Bundesanstalt, die Bundesanstalt für Gewässerkunde, die Physikalisch–Technische Bundesanstalt.

Vergleichbare Behörden auf Länderebene sind Landesämter für Umweltschutz, Gewerbeaufsichtsämter, Gesundheitsämter usw. Auf kommunaler Ebene, also bei den Gemeinden, den Gemeindeverbänden und den Kreisen gibt es zahlreiche Fachämter, die auch mit Umweltfragen betraut werden. Die vielfach sehr komplizierten Aufgaben lassen auf Gemeindeebene besondere Ämter für Umweltschutz selten sinnvoll erscheinen. Zu den Fachämtern auf kommunaler Ebene gehören: Planungsämter für die Bauleitplanung, die Verkehrsplanung, Ordnungsämter für die Überwachung von Luft, Wasser, Boden, Abfallbeseitigung, Gesundheitsämter für die Überwachung und Kontrolle gefährlicher Substanzen, Reinigungsämter für Stadtentwässerung, Abfallbeseitigung, Wasserwerke für die Trinkwasseraufbereitung und -kontrolle. Die Verwaltungsstrukturen sind gerade auf kommunaler Ebene so vielfältig organisiert, daß allgemeine Aussagen nicht möglich sind.

1.4 Umweltökonomie

Nach der Definition des Umweltprogramms der Bundesregierung von 1971 ist Umweltökonomie "die Wirtschaftswissenschaft, die in ihren Theorien, Analysen und Kostenrechnungen ökologische Parameter miteinbezieht". Umweltökonomie ist also keine bestimmte Teildisziplin der Wirtschaftswissenschaft. Eine betriebswirtschaftliche Umweltökonomie hätte beispielsweise zu zeigen, wie Produktionsvorschriften in die betriebliche Faktorenkombination hineinwirken, wie sie die Absatzpolitik beeinflussen, wie monetäre Umweltpolitik die Preisstruktur der Produktionsfaktoren verändert usw. Ziel der Nationalökonomie ist es, die gesellschaftliche Wohlfahrt unter Einschluß der Komponente "Umweltzustand" zu maximieren. Jede Maßnahme muß hierbei dem ökonomischen Prinzip genügen. Dies bedeutet für die Umweltökonomie: "Mit einem gegebenen Gütereinsatz soll ein möglichst hoher Umweltnutzen erreicht werden" oder "Ein gegebenes Umweltnutzenniveau soll mit möglichst geringem materiellen Gütereinsatz erzielt werden". Ob Umweltaktivitäten dieser Forderung genügen, ist nur zu beurteilen, wenn Umweltziele und -schäden quantifiziert werden können. Mit Hilfe eines Umweltindex können Umweltschutzmaßnahmen mit der Versorgung an sonstigen Gütern verglichen werden. Um ihn mit preisbewerteten, anderen Wohlstandskomponenten vergleichen zu können, muß er in Geldwerten ausgedrückt werden. Es ist möglich, den Ertrag der Verbesserung der Luft dem Aufwand für Filterstäube und Gipsberge gegenüberzustellen. Schließlich summiert das Bruttosozialprodukt z.B. Kämme und Autos und zieht wieder andere Vorleistungen ab. Wird Umweltzuständen eine Preisskala zugeordnet, können die Zustände von Luft, Wasser usw. addiert und Verschlechterungen entsprechend abgezogen werden.

Durch Behauptungen wie "Ökonomie plündert Ökologie" oder "Ökonomie und Ökologie müssen versöhnt werden." wird ein Gegensatz angedeutet, der in dieser Form nicht existiert. Ökonomie als Lehre von dem Gebiet menschlicher Tätigkeiten, welche die Knappheit an Gütern mindern soll, ist auch ein Mittel der Ökologie. Die veränderte Einstellung der Gesellschaft gegenüber Umweltgütern hat dazu geführt, daß sich die Ökonomie bemüht, Wege aufzuzeigen, der Knappheit an Umweltgütern zu begegnen. Die Wirtschaftswissenschaften bieten sowohl das theoretische wie das praktische Rüstzeug zur Problemlösung. Die wachsende Umweltindustrie zeigt, daß der Markt angesichts der Umweltprobleme keineswegs versagt, er wird nur zu wenig genutzt.

Natur ist Rohstoff, Betriebsstoff, Konsumgut oder Standort ökonomischer Betätigung. Die Lösungsalgorithmen der Investitionstheorie werden von der Politik noch zu wenig genutzt. So werden ähnliche Probleme völlig unterschiedlich behandelt. Bei Abwärme wird mit einem Abwärmenutzungsgebot gearbeitet, bei Lärm mit Grenzwerten, bei Abwasser mit Abgaben und Zuschüssen, bei Abgasen mit Benutzervorteilen und Grenzwerten. Die Umweltökonomie soll Mechanismen entwickeln, die unausgelastete oder verwendete Produktionsfaktoren für die Produktion von Umweltgütern verfügbar machen. So könnten viele Arbeitslose im Umweltschutz sinnvoll beschäftigt werden, z.B. bei der Behebung von Waldschäden. Widerstand gegen Umweltpolitik entsteht, wenn die Kosten für den Umweltschutz überschätzt werden. Dies ist dann zu erwarten, wenn Umweltschutzmaßnahmen für sich alleine betrachtet werden. Eine Kläranlage kostet soviel wie 50 Einfamilienhäuser. Sind aber die Flüsse wieder sauber, dann kann z.B. wieder Fischfang betrieben werden und es können Freibäder eingespart werden, von denen jedes dem Wert von 50–100 Einfamilienhäuser entspricht. Die Kläranlage kostet dann volkswirtschaftlich nichts, wenn auf ein gleich teures Freibad verzichtet werden kann. Häufig werden die Kosten für unterlassenen Umweltschutz unterschätzt. Die OECD schätzt die

Kosten der unterlassenen Luftreinhaltung auf 3 bis 5 % des Sozialprodukts, also weit höher als den gesamten Produktionsbeitrag der bundesdeutschen Landwirtschaft (1,6 %). Die Umweltökonomie kann also Widerstände abbauen helfen und Verbündete gewinnen, indem sie Verfahren entwickelt, die die Kosten des Umweltschutzes ermitteln und die Kosten der Unterlassung saldieren.

Die bundesdeutsche Umweltpolitik wird beherrscht von Geboten und Verboten. Sie arbeitet wenig mit monetären Mitteln. Entweder wird der Verursacher mit einer Abgabe belastet oder mit einer Subvention dafür belohnt, daß er die Umweltbeeinträchtigung mindert oder unterläßt. Die Umweltsubvention kann allerdings auch "Nicht–Verursachern" zugedacht sein, die sich in Forschung oder Administration um die Umwelt verdient machen. Der klassische fiskalische Umweltschutz finanziert die Versorgung mit Wasser, die Entwässerung und die Abfallbeseitigung. Die Gebühren oder Beiträge, die von den Verursachern aufzubringen sind, sollen den Zu- und Abtransport sowie die ordnungsgemäße Klärung und Ablagerung gewährleisten. Dies geschieht jedoch nur unzureichend. Die Verursacher erhalten also die Entsorgungsleistung zu billig. Das verschärft sich noch dadurch, daß durch Kredite und Zuschüsse anderer Gebietskörperschaften die Behandlungs- und Beseitigungsanlagen von den Betreibern zu weniger als den volkswirtschaftlichen Kosten erstellt werden. Hinzu kommen Gebührengestaltungen, die nicht verursachergerecht sind: Müllgebühren knüpfen nicht am Inhalt des Müllgefäßes an, sondern werden pro Jahr erhoben, gleichgültig, was und wieviel in der Tonne ist. Verbrauchsabhängige Gebühren sollten die Müllmenge berücksichtigen. Eine indirekte Möglichkeit hierfür besteht in der Ausgabe von Entsorgungsscheinen, die bei Nichtgebrauch erstattet werden. Der umweltbewußte Konsument, der Recyclinggelegenheiten wahrnimmt, wird also auch finanziell motiviert. Heute werden Abfall- und Abwassergebühren so verteilt, daß die Entwässerungskosten auf das Frischwasser und die Abfallbeseitigungskosten auf die Gefäße verteilt werden (s. Kap. 5 und 6). Die Umweltökonomie ist aufgerufen, verbrauchsabhängige, verursachergerechte und praktikable Gebührengestaltungen zu finden. Steuerfinanzierte Umweltschutzausgaben sind weit vom Verursacherprinzip entfernt. Umweltschutzanlagen müßten von denen bezahlt werden, die solche Maßnahmen erforderlich machen. Die Abwasserabgabe ist ein erfolgreiches Beispiel für eine gerechte Kostenverteilung. Direkt- und Indirekteinleiter werden entsprechend der von ihnen verursachten Umweltbelastung zur Kasse gebeten (s. Kap. 5). Leider ist es bisher zu weiteren monetären Anreizen wie zu einer Abwärmeabgabe, einer Lärmabgabe oder einer CO_2–Abgabe nicht gekommen.

Umweltzertifikate sind Rechte, die Umwelt zu beeinträchtigen. Umweltbehörden verkaufen sie oder teilen sie kostenlos zu. Der Vorteil liegt darin, daß ein monetärer Anreiz besteht, sie nicht auszunutzen, da sie gehandelt werden können. Mit der Zahl der ausgegebenen Lizenzen ist die Gesamtbelastung begrenzt und die Unternehmen, die die Umwelt schonen, werden honoriert.

Ein anderer schwerwiegender Mangel der Umweltpolitik ist noch nicht einmal theoretisch aufgearbeitet: Umweltmaßnahmen setzen fast stets auf der Nachfrageseite an, nicht auf der Angebotsseite. Diejenigen, die aktiven Umweltschutz betreiben, erhalten kein Entgelt. Das wäre anders, wenn nicht der Staat die Erlöse aus den Umweltabgaben und Zertifikaten erhielte, sondern der Anbieter von Umweltschutz. Dem Widerstand gegen Umweltsteuern oder "Bezugskarten" kann begegnet werden mit der Auslieferung der Umwelteinnahmen an die Umweltschützer, z.B. über einen Umweltfond.

Literatur

(1) Jonas, H.: Das Prinzip Verantwortung. Insel Verlag, Frankfurt, 8. Auflage, 1988.

(2) Von Weizsäcker, E.U.: Erdpolitik. Ökologische Realpolitik an der Schwelle zum Jahr hundert der Umwelt, Wissenschaftliche Buchgesellschaft Darmstadt, 2. Auflage, 1990.

(3) Hoppe, W., Beckmann, M.: Umweltrecht, München 1989.

(4) Kloepfer, M.: Umweltrecht, München 1989.

(5) Rehbinder, E.: Allgemeines Umweltrecht, in: Salzwedel,J. (Herausgeber) Grundzüge des Umweltrechts, Berlin 1982.

(6) Storm, P.–Chr.: Umweltrecht, 3. Auflage, Berlin 1988.

(7) Umweltbundesamt: Behördenführer– Zuständigkeiten im Umweltschutz; Berlin.

(8) Endres, A.: Umwelt– und Resourcenökonomie (Erträge der Forschung, Bd. 229), Wissenschaftliche Buchgesellschaft, Darmstadt 1985.

(9) Wicke, L.: Umweltökonomie, Verlag Franz Vahlen, München 1982.

(10) Seidel, E., Menn, H.: Ökologisch orientierte Betriebswirtschaft, Kohlhammer Verlag, Stuttgart 1988.

2 Ökologische Grundlagen

2.1 Einleitung

Die Erde, der Lebensraum von Pflanzen, Tieren und Menschen, ist ein äußerst komplexes System. Zwischen belebter und unbelebter Natur findet ein ständiger Austausch von Materie, Energie und Information statt. Die Ökologie untersucht diese Wechselbeziehungen. Die Basis des Lebens ist die geophysikalische Umwelt, welche sich aus den 3 Unterbereichen Atmosphäre (Luft), Lithosphäre (Boden) und Hydrosphäre (Wasser) zusammensetzt. So wie die geophysikalischen Gegebenheiten die Art und Weise von Leben bestimmen, so wirkt das Geschehen in der Biosphäre auf das geophysikalische Geschehen zurück. In einer vom Menschen noch unbeeinflußten Natur herrschte zwischen den vier Bereichen eine Art von Gleichgewicht:

Atmosphäre ⇌ Biosphäre
↑↓ ↗↙ ↑↓
Lithosphäre ⇌ Hydrosphäre

Die große Anzahl der Menschen sowie die heutigen Produktionsweisen haben dazu geführt, daß wir Menschen zu einem Faktor von geophysikalischer Bedeutung geworden sind. Aus natürlichen Ökosystemen wurden modifizierte bzw. künstliche Ökosysteme. Die qualitativen wie quantitativen Auswirkungen menschlicher Tätigkeiten ergaben Veränderungen der ursprünglichen Gleichgewichte. Diese wirken nun auf den Menschen zurück. Das modifizierte natürliche Ökosystem läßt sich grob vereinfacht wie folgt darstellen:

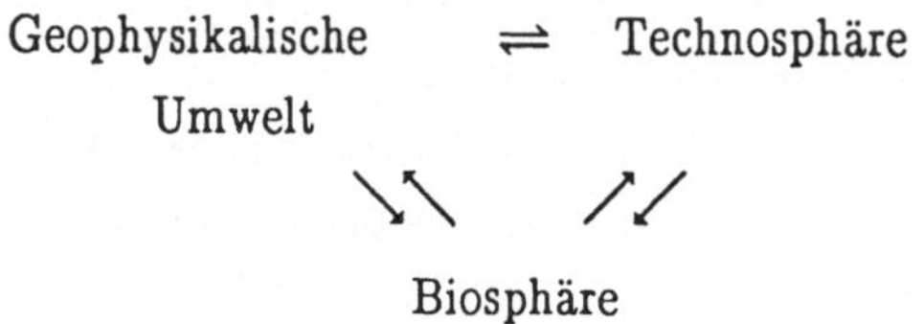

Der Austausch von Materie und Energie über Fließgleichgewichte ist im wesentlichen in Stoffkreisläufen organisiert. Solche Kreisläufe gibt es etwa beim Wasser in den Niederschlags- und Verdunstungszyklen, im Kreislauf des Kohlendioxids bei Photosynthese und Atmung zwischen Pflanzen und Tieren. Die Stoffkreisläufe sind wechselweise voneinander abhängig, d.h. sie sind miteinander verkoppelt. Die Verhältnisse werden zusätzlich dadurch kompliziert, daß sich die Stoffe chemisch verändern. Die für das Leben besonders wichtigen chemischen Elemente C, H, O, N, S und P treten beim Austausch innerhalb und zwischen den Umweltbereichen in sehr unterschiedlichen Assoziationen auf. Die Verweilzeit der Stoffe innerhalb der einzelnen Bereiche ist sehr unterschiedlich. Die beiden umfangreichsten Bereiche der geophysikalischen Umwelt sind die Ozeane mit ihren Bodensedimenten und das Festland. Beide verändern sich in geologisch langen Zeiträumen. Die Verweilzeiten der Stoffe in der Biosphäre, also in den lebenden und toten Organismen (Biomasse), ist vergleichsweise kurz. Wegen der menschlichen Produktion und Konsumption haben sich in den natürlichen Regelkreisen teilweise erhebliche Veränderungen ergeben. Bei den von uns Menschen an die Umwelt abgegebenen Stoffen unterscheiden wir grundsätzlich zwei Arten: Stoffe, die in den natürlichen Kreisläufen vorkommen, wegen ihrer Menge aber die Regelkreise verändern können und Stoffe, die in den natürlichen Kreisläufen nicht vorkommen, oder nur eine ganz untergeordnete Rolle spielen. Zu den natürlich vorkommenden Stoffen zählt vor allem das Kohlendioxid, welches trotz seines geringen Gehalts von etwa 0,03 % Volumenanteilen für das klimatische Geschehen auf der Erde von sehr großer Bedeutung ist. Die industrielle Produktion hat den CO_2–Gehalt in der Atmosphäre bedenklich ansteigen lassen. Zu den unnatürlichen Stoffen zählen z.B. die sogenannten Fluorchlorkohlenwasserstoffe, welche in der oberen Atmosphäre an der Zerstörung der Ozonschicht beteiligt sind.

Wegen der großen Trägheit, mit der manche Ökosysteme auf Veränderungen reagieren, wissen wir nicht, ob die eingetretenen Veränderungen bereits irreversibel sind. Unabhängig davon hat die moderne Umwelttechnik die Aufgabe, Technosphäre und Biosphäre so zu verknüpfen, daß die geophysikalische Umwelt nicht geschädigt wird. So müssen z.B. Verbrennungsprozesse eingeschränkt werden oder Fluorkohlenwasserstoffverbindungen dürfen nicht mehr produziert werden.

In den natürlichen Ökosystemen entstehen bei den chemischen Umwandlungen zahlreiche Nebenprodukte. Diese sind jedoch in Kreisläufe eingebunden, es entsteht also kein Abfall. Die Stoffe für die technische Produktion werden zwar den natürlichen Umweltbereichen entnommen, die Produkte und Abfälle sind jedoch häufig für diese Bereiche unverträglich.

2.2 Systemtheorie

Von der Vielzahl der Ereignisse, die ständig auf den Menschen einwirken, kann nur eine begrenzte Zahl herausgefiltert und einer theoretischen Vorstellung zugeordnet werden. Ebenso kann die reale Umwelt mit ihren nie identischen Situationen nur durch ein verallgemeinertes Abbild, durch eine Theorie, verstanden werden. Wissenschaftliche Beobachtungen bedürfen einer theoretischen Grundlage, die Einzelaussagen ordnet und verallgemeinert. Während sich die klassischen Naturwissenschaften bemühten, einzelne Phänomene und deren Zusammenhänge zu erklären, setzte sich heute die Erkenntnis durch, daß nicht nur die Einzelprozesse bekannt sein müssen, um das Funktionieren des Ganzen zu erklären. Dies führte zur Entwicklung einer prozeßorientierten Theorie, die bewußt alle "Störungen" einer Beobachtung miteinbezieht, der *Systemtheorie*.

Ein System wird definiert als eine Menge von Elementen und den Relationen zwischen ihnen. Die Elemente werden beschrieben durch ihre Zustände, die Beziehungen können Stoff-, Energie- oder Informationsflüsse sein. Es können aber auch Wechselwirkungen mit der Umgebung stattfinden. Derartige Systeme nennt man "offen". Abgeschlossene Systeme, die keine Energie oder Materie mit ihrer Umgebung austauschen, kommen in der Natur nicht vor, sind aber als mathematischer Ausdruck denkbar. Offene Systeme haben das Bestreben, nach Störungen bestimmter Größenordnungen von außen oder von innen in die Ausgangssituation zurückzukehren. So paßt sich der Mensch veränderten äußeren Bedingungen an. Höhere Lufttemperaturen werden durch höheren Pulsschlag, Gefäßerweiterung und Schwitzen ausgeglichen. Bei massiven Störungen, wie der längere Aufenthalt in großen Höhen, passen sich die Organe der veränderten Situation an: das Lungenvolumen steigt, das Herz vergrößert sich und die Zahl der roten Blutkörper nimmt zu. Damit wird deutlich, daß natürliche Systeme mehr sind als die Summe ihrer Teile. Es handelt sich um zielgerichtete Organisationen, die bestrebt sind, ihren stabilen Zustand selbst aus unterschiedlichen Anfangsbedingungen zu erreichen. Es steht also nicht, wie etwa bei künstlichen Organisationen, die maximale Produktion im Vordergrund. Durch den ständigen Austausch mit der Umgebung sind offene Systeme dynamisch. Trotzdem bleibt das System als Ganzes stabil, Input und Output halten sich die Waage. Dieser Zustand des Fließgleichgewichts gilt auch für den hier als Beispiel herangezogenen menschlichen Körper. Die stoffliche Zusammensetzung der Organe bleibt zwar relativ konstant, die einzelnen Moleküle durchwandern sie jedoch mit unterschiedlicher Geschwindigkeit. Diese Gleichgewichte können nur erhalten bleiben durch die Zufuhr von Energie, ohne die Potentiale zwischen einzelnen Elementen mit der Zeit abgebaut und das System zusammenbrechen würde.

Auf der Basis der hier nur in ihren wesentlichen Zügen dargestellten Theorie wird die Erforschung komplexer Systeme in Zukunft eine der wesentlichen Aufgaben der Wissenschaft sein. Ein ganz wichtiger Aspekt für das Verständnis der menschlichen Umwelt ist dabei die Ökosystemforschung.

2.3 Ökosystemforschung

2.3.1 Grundlagen

Seit Beginn der siebziger Jahre rückte der Umweltschutz zunehmend ins Licht der breiten Öffentlichkeit und die Umweltforschung stieß auf größeres Interesse. Durch die Unterstützung von politischer Seite erweiterte sich dieser Wissenschaftszweig auch durch die Umorientierung mancher Disziplinen erheblich und widmete sich zunächst der Sanierung aktueller Schadensfälle. So wurden zwar Erfolge in der Abfallentsorgung, der Abwasserbeseitigung und in der Staubentlastung der Luft erzielt, aber auch weiterhin ist das Grundwasser gefährdet und zahlreiche Tier- und Pflanzenarten sind vom Aussterben bedroht. Ganz besonders machte das Waldsterben weiten Bevölkerungskreisen deutlich, daß vielfach die scheinbare Lösung eines Problems, nämlich der Bau höherer Schornsteine, nur eine Verlagerung in andere Bereich bedeutete. So wuchs auch in Politik und Planung die Erkenntnis, daß nicht nur sektorale Ursache–Wirkungsbeziehungen Gegenstand der Forschung sein sollten, sondern daß die Struktur und Funktion ganzer Systeme bekannt sein müssen, um ihr Verhalten auf Belastungen vorhersagen zu können. Diese aktuellen Fragen an die Wissenschaft zeigten nachdrücklich den mangelnden Wissenstand in der Ökosystemforschung.

Erste Projekte, in denen interdisziplinär an der Untersuchung von Ökosystemen gearbeitet wurde, begannen in den sechziger Jahren in den USA. In Europa wurde 1964 das "Internationale Biologische Programm" initiiert, in dem in verschiedenen Staaten die Produktivität von Waldökosystemen untersucht wurde. Dabei ging es primär um die Erforschung der Funktion naturnaher Systeme. Das anschließende Programm der UNESCO "Man and the Biosphere" (MAB) stellt darüber hinaus die Frage nach der Belastbarkeit durch den Menschen in den Vordergrund. Die

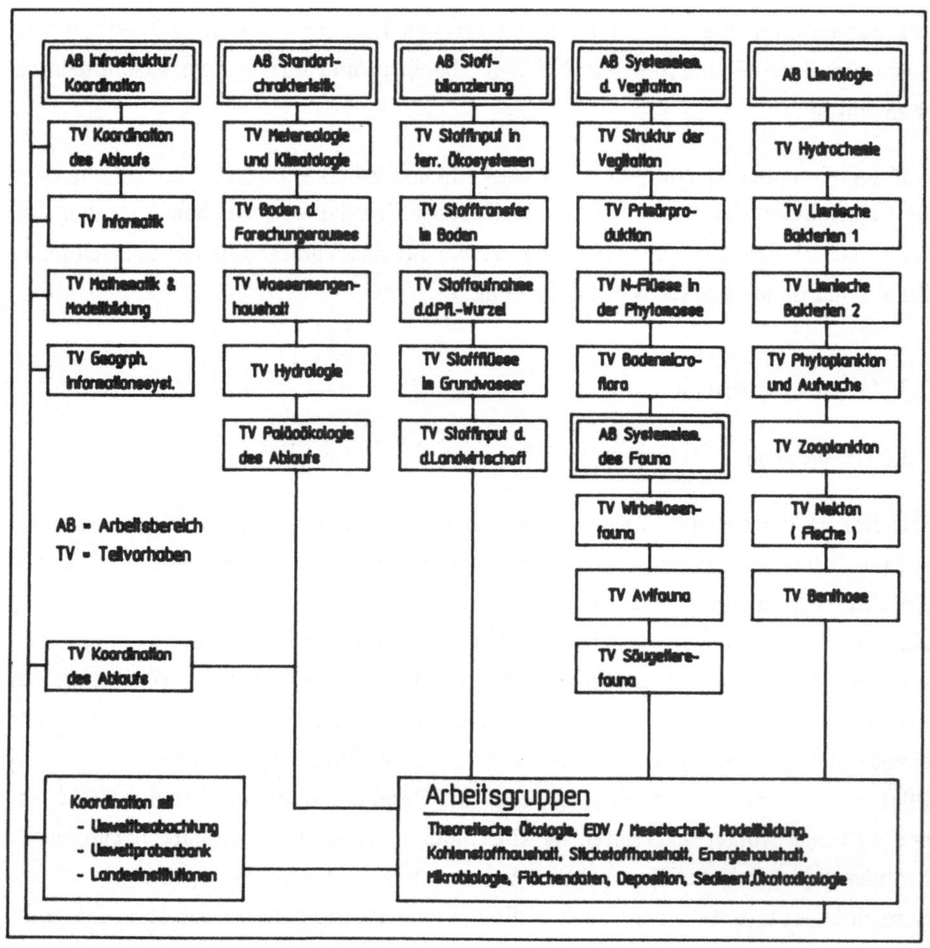

Bild 2–1: Struktur der Ökosystemforschung

Bundesrepublik lieferte in diesem Rahmen einen Beitrag mit dem Projekt "Zum Einfluß des Menschen auf Hochgebirgsökosysteme" im Nationalpark Berchtesgaden. Daneben wurden verschiedene Untersuchungen unterschiedlicher Schwerpunktsetzung wie die Belastbarkeit agrarisch genutzter Räume in Osnabrück und Fragen der Waldschadensforschung in Göttingen, Bayreuth und im Solling durchgeführt. Im Frühjahr 1988 begann das Ökosystemforschungsprogramm des Bundesministers für Forschung und Technologie mit der Einrichtung eines Großprojektes an der Universität Kiel mit dem Ziel, nicht nur einzelne Wirkungsmechanismen in Agrar-, Wald- und Seeökosystemen, sondern alle wesentlichen Elemente und Funktionen innerhalb und zwischen ihnen zu erforschen.

2.3.2 Ziele der Ökosystemforschung

Aus den Anforderungen der Politik und Planung an die Wissenschaft, nämlich zur Belastbarkeit verschiedener Ökosysteme durch den Menschen, vor allem durch die zahllosen Umweltchemikalien Aussagen zu treffen, ergeben sich die Hauptaufgaben der Ökosystemforschung.

Da in der Natur nahezu unbegrenzt viele Elemente und Relationen bestehen, gilt es, Indikatoren zu wählen, anhand derer die wichtigsten Stoff-, Energie- und Informationsflüsse untersucht werden können. Die Kenntnis des Energieflusses in einem Ökosystem ist von besonderer Bedeutung, denn sie macht die Verknüpfung aller Elemente anhand einer Größe möglich. Am Beispiel des Stickstoffkreislaufes werden im folgenden Methoden und Arbeitsweisen der Ökosystemforschung verdeutlicht. Stickstoff spielt eine ganz wesentliche Rolle für den Menschen als häufigstes Element in der Atmosphäre, als Bestandteil der Eiweißstoffe in den Zellen von Mensch, Pflanze und Tier und in der Form von Nitrat als Umweltbelastung in Grund- und Oberflächengewässern. Das stark vereinfachte Bild 2–2 zeigt die wesentlichen Größen des Kreislaufes in einem agrarisch genutzten Raum.

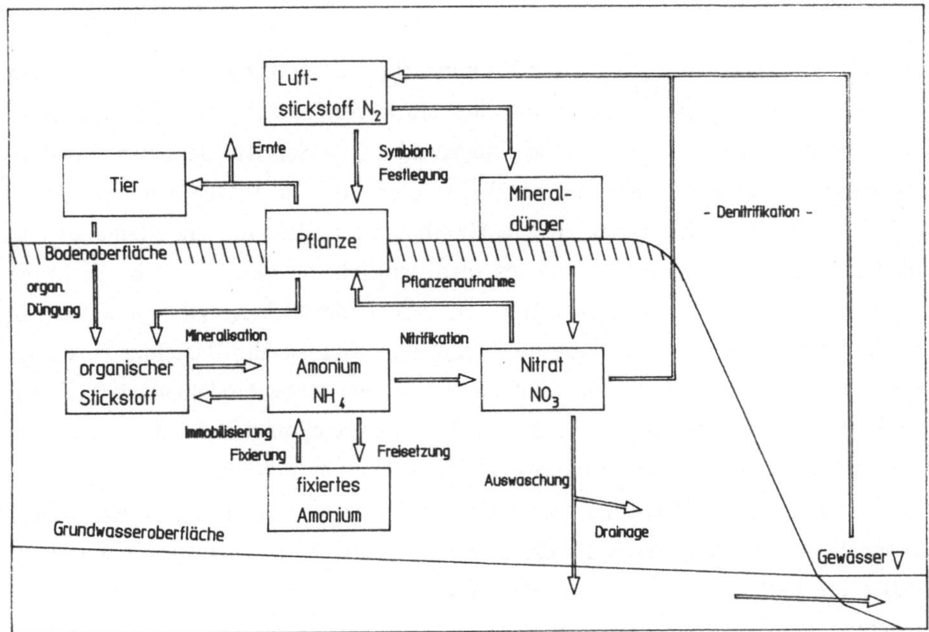

Bild 2–2: Vereinfachter Stickstoffkreislauf

Der Luftstickstoff wird von frei oder in Symbiose an Pflanzenwurzeln lebenden Mikroorganismen in pflanzenverfügbaren Stickstoff überführt, der assimiliert und in die Zellstruktur eingebaut wird. Nach der Ernte wird ein Teil des so organisch gebundenen Stickstoffs über den tierischen Harnstoff direkt dem Boden zugeführt. Dieser Speicher, zu dem auch die Körper der Bodenfauna zählen, besteht aus großen Molekülen und kann so nicht von Pflanzen verwertet werden. Durch Verwesung, Humifizierung und Mineralisierung erfolgt der mikrobielle Abbau über Ammonium (NH_4^+) zum wasserlöslichen Nitrat (NO_3^-). Ammonium wird teilweise von Bodentierchen aufgenommen und kann an Tonmineralen oder an Humus fixiert werden. Der durch die Ernte abgezogene Stickstoff wird in agrarisch genutzten Ökosystemen über Mineraldünger dem rasch verfügbaren Nitratspeicher wieder zugeführt und kann bei zu hohem Angebot nicht vollständig von der Pflanze aufgenommen werden. So kommt es vor allem im Winterhalbjahr zur Auswaschung des NO_3^- aus dem Boden über die Drainage und über das Grundwasser in den Vorfluter. Hier wird, wie auch im Boden selbst, durch bakterielle Tätigkeit Stickstoff durch Denitrifikation zu N_2 und anderen Verbindungen abgebaut und in die Atmosphäre abgegeben. Allerdings ist die Mikrofauna mit heutigen Stickstofffrachten überfordert, so daß es zur Gefährdung der oberflächennahen Trinkwasserversorgung und in Seen, Flüssen sowie in Nord- und Ostsee zu den bekannten Überdüngungseffekten gekommen ist.

Um planungsrelevante Aussagen zur Verminderung dieser Umweltbelastung treffen zu können, müssen die Prozesse, die hier stark vereinfacht wiedergegeben sind, möglichst genau bekannt sein. Dazu sind verschiedene Schritte der Systemanalyse notwendig. Zunächst gilt es, die wesentlichen Elemente und Beziehungen des Kreislaufs zu bestimmen. Sie lassen sich in Graphen darstellen, die die Elemente und Relationen qualitativ abbilden, d.h. es wird deutlich, ob und in welche Richtung Beziehungen bestehen. Wünschenswert ist jedoch der Schritt zur quantitativen Beschreibung etwa durch Differentialgleichungen. Können alle Beziehungen derart konkretisiert werden, ist die Entwicklung von numerischen Modellen möglich, um das Verhalten der Systeme zu simulieren. Modellentwicklung findet dabei auf zwei Ebenen statt: zum einen wird die Struktur des Systems mathematisch dargestellt, zum anderen müssen Daten der realen Natur erhoben werden, an denen das Modell überprüft werden kann. Wenn für einen Acker also der Nitrataustrag in das Grundwasser bei bestimmten Standortbedingungen und Düngeverhalten des Landwirts berechnet werden soll, müssen sowohl Vorstellungen über das Zusammenwirken der entscheidenden Größen wie Humusgehalt, Korngrößenverteilung des Bodens, Abstand des Grundwassers und Stickstoffgabe pro Hektar formuliert werden, zum anderen müssen diese Angaben im Feldversuch bestimmt und die Nitratkonzentration im Grundwasser gemessen werden. Erst dann kann das Modell anhand der gemessenen Werte geeicht werden. Bei einer ausreichend genauen Beschreibung dieser Vorgänge durch das Modell lassen sich Simulationen für planerische Alternativen aber auch zur Belastung des Systems schneller, kostengünstiger und risikoloser durchführen als Versuche in der Natur. Die Entwicklung von Modellen ist damit ein wesentlicher Aspekt der Ökosystemforschung.

Neben der Erfassung von Struktur und Funktion eines Ökosystems gilt es, sein Verhalten über längere Zeit zu beobachten und zu simulieren. Ob die Fähigkeit der Selbstregulierung von der Diversität und Produktivität des Systems abhängt, ist noch weitgehend unbekannt. Ob also ein Ökosystem mit vielen verschiedenen Elementen und vielfältigen Verknüpfungen, wie etwa ein naturbelassener Bruchwald, anfälliger gegenüber Störungen ist als eine landwirtschaftliche Monokultur, oder ob ein hoher Energie- und Stoffdurchsatz günstig für eine Restabilisierung ist, müssen kommende Untersuchungen zeigen. Eng damit verknüpft ist die Frage nach möglichen Störgrößen auf die Ökosysteme: Welche Störungen können auftreten, wie intensiv und wie häufig sind sie zu erwarten? Aufbauend auf diese die Struktur und Funktion beschreibenden Aufgabenfelder gilt es schließlich, planerische Aussagen zur Belastbarkeit von Ökosystemen zu machen. So lassen sich optimale Stickstoffgaben für bestimmte Landwirtschaftsflächen angeben, bei denen keine Überschreitung des gesetzlichen Grenzwertes zu erwarten ist.

2.3.3 Forschungspraxis

Um diesen übergeordneten Forschungszielen näher zu kommen, müssen wichtige Voraussetzungen geschaffen werden. Ökosystemforschung ist interdisziplinär, die komplexe Materie erfordert die intensive Zusammenarbeit von Naturwissenschaftlern verschiedenster Fachrichtungen. Am Beispiel des Stickstoffkreislaufes wird deutlich, daß die Randbedingungen für dessen Modellierung vielfältig sind. So untersuchen Bodenkundler die physiko–chemischen Eigenschaften des Bodens, Biologen bestimmen die maßgeblichen Größen der Tier- und Pflanzenwelt, Geologen stellen Tiefe und Fließrichtung des Grundwassers fest, Limnologen erforschen Flora und Fauna der Seen in einem Forschungsraum. Diese Teilaspekte eines Systems gilt es zu einem Gesamtbild zusammenzutragen. Das erfordert ein hohes Maß an Teamarbeit und eine straffe Organisation des Vorhabens. Zur Beobachtung der Stoff– und Energieflüsse in der Natur muß ein umfangreicher Meß- und Analyseapparat aufgebaut werden. Dazu zählt zum einen der Betrieb herkömmlicher Verfahren zur Probenahme und Analyse chemischer Stoffkonzentrationen in Luft, Wasser und Boden, aber auch die Entwicklung neuer Methoden und Meßtechniken für die besonderen Aufgaben der Ökosystemforschung. Zur Beschreibung des Inventars werden so über Fallen der Besatz an Bodentierchen, Insekten und Kleinsäugern festgestellt, Blattoberflächen verschiedener Pflanzen gemessen, der Grundwasserspiegel über Beobachtungsbrunnen ermittelt und Zu- und Abflüsse der Seen bestimmt. Stoffflüsse werden durch Analysen des Regenwassers, des Bodenwassers, des Grundwassers und der Gewässer verfolgt. Informationen zum Energiefluß geben Messungen der Strahlungsbilanz, der Lichtverhältnisse in bestimmten Vegetationsschichten und ein Temperaturprofil durch verschiedene Luftschichten bis in den Boden. Neben herkömmlicher Probenahme und Analyse werden in Teilbereichen Daten automatisch erhoben. Vor allem die Erfassung klimatischer Größen erfolgt über Sensoren (Bild 2–3).

Datenlogger rufen in zeitlichen Abständen zwischen 0,6 Sekunden und einer Minute Daten ab und aggregieren sie auf RAM–Speichern zu Mittelwerten, die wiederum in größeren Abständen von mehreren Personal–Computern abgerufen und

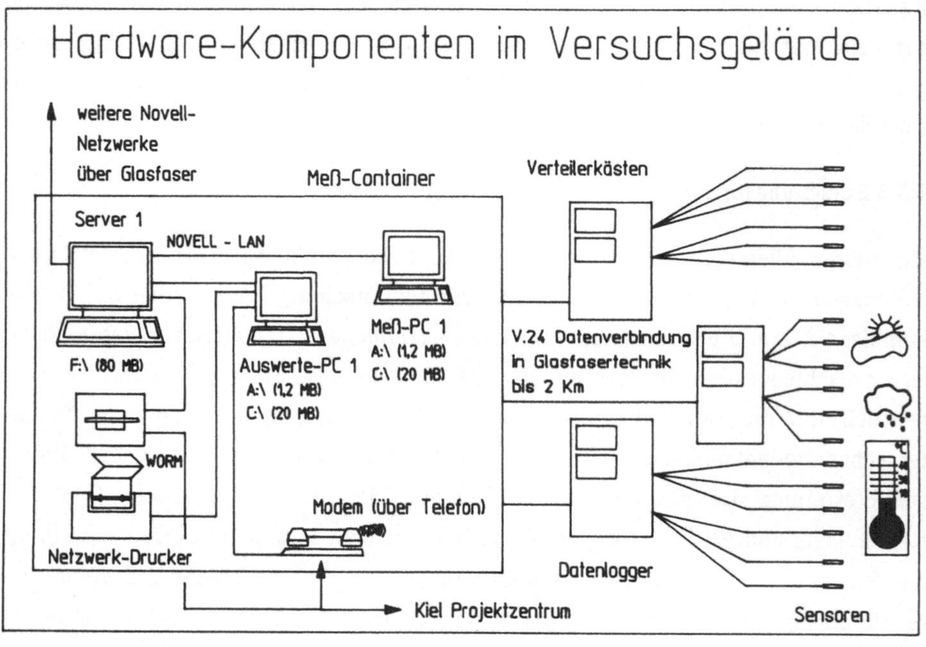

Bild 2–3: Hardwarekomponenten im Versuchsgelände

zwischengespeichert werden. Ein Zentralcomputer zieht die Daten über ein Netzwerk ab und schreibt sie auf eine optische Platte, die zum einen als Transportmedium vom Forschungsgelände in das Projektzentrum dient, aber auch archiviert wird. Dieses abgestufte System mit herkömmlicher Hard- und Software hat Vorteile durch die hohe Datensicherheit, die Austauschbarkeit der Komponenten und die einfache Handhabung durch Wissenschaftler unterschiedlicher Fachrichtungen. Die so gewonnenen Informationen werden von den jeweiligen Bearbeitern überprüft, statistisch ausgewertet und aggregiert, um sie dann einer zentralen Präsentationsdatenbank zuzuführen. So stehen alle Daten allen Wissenschaftlern für medienübergreifende Auswertungen und Modellvalidierungen zur Verfügung. Die Datenbank erfüllt damit eine in so großen Projekten wichtige Funktion der Integration, der Zusammenführung aller Beteiligten.

2.3.4 Ergebnisse der Ökosystemforschung

Erkenntnisse der Ökosystemforschung sollen der Beantwortung verschiedener Fragen aus Politik und Planung dienen. Damit ergeben sich besondere Anforderungen an die Ergebnisse. Zum einen müssen sie so aufbereitet und formuliert sein, daß ihre Berücksichtigung in der Planung auch möglich ist. Komplexe Modelle ganzer Systemkompartimente sind dann nicht anwendbar, wenn die Eingangsgrößen für eine Simulation in der Praxis nicht bekannt sind. Soll beispielsweise die optimale Düngergabe für einen Acker errechnet werden und der Humusgehalt des Bodens, die Durchläsigkeit des Untergrundes und der Grundwasserstand sind unbekannt, so versagt ein zu anspruchsvolles Modell. Eine flächenhafte Erfassung aller notwendigen Daten ist jedoch aufgrund des oben beschriebenen technischen und personellen Aufwands unmöglich. Hier gilt es, die Modelle soweit zu vereinfachen, daß ihre Ergebnisse planerischen Ansprüchen genügen, ihre Anwendung aber mit vorhandenen oder leicht zugänglichen Daten möglich ist. Die Übertragung der in einem Forschungsraum gewonnenen Erkenntnisse in die Praxis erfordert weiterhin, daß der Forschungsraum großen Flächen der Bundesrepublik ähnelt. Ergebnisse der Hochgebirgsforschung können kaum Gültigkeit in einer Nordseemarsch haben, ein Waldökosystem des Hochschwarzwaldes ist nicht mit den Rheinauen vergleichbar. Der Forschungsraum muß daher ein Vertreter eines weit verbreiteten Ökotoptyps sein. Solche Ökotoptypen lassen sich zum einen aufgrund weniger, aber wesentlicher Größen, wie Bodenparameter, Klimadaten, Nutzungen und Höhenlage, zum anderen anhand ihrer Lage im Raum ausreichend genau beschreiben. In einer Vorstudie wurden deshalb die Hauptökotoptypen und ihre Vertreter ausgewiesen, es wurde also untersucht, wo Ökosystemforschung in der Bundesrepublik am sinnvollsten erscheint. Neben der aktuellen Situation der Ökosysteme wird auch versucht, zeitliche Veränderungen der Umweltbelastung mit zu erfassen. Dazu werden verschiedene Umweltproben auch aus dem Forschungsraum der Ökosystemforschung entnommen und tiefgefroren. Damit sind Proben des Bodens, der Vegetation und der Mensch- und Tierwelt der ganzen Bundesrepublik auch späteren, genaueren Analysen zugänglich, wenn aus dann aktuellem Anlaß die Vorgeschichte einer Belastung von Bedeutung ist.

2.4 Ökosysteme

2.4.1 Natürliche Ökosysteme

Wer die Wechselbeziehungen der Lebewesen untersuchen will, muß sich zunächst mit den Grundbegriffen vertraut machen. In Bild 2–2 ist ein vereinfachtes Schema über den strukturellen Aufbau eines Ökosystems dargestellt.

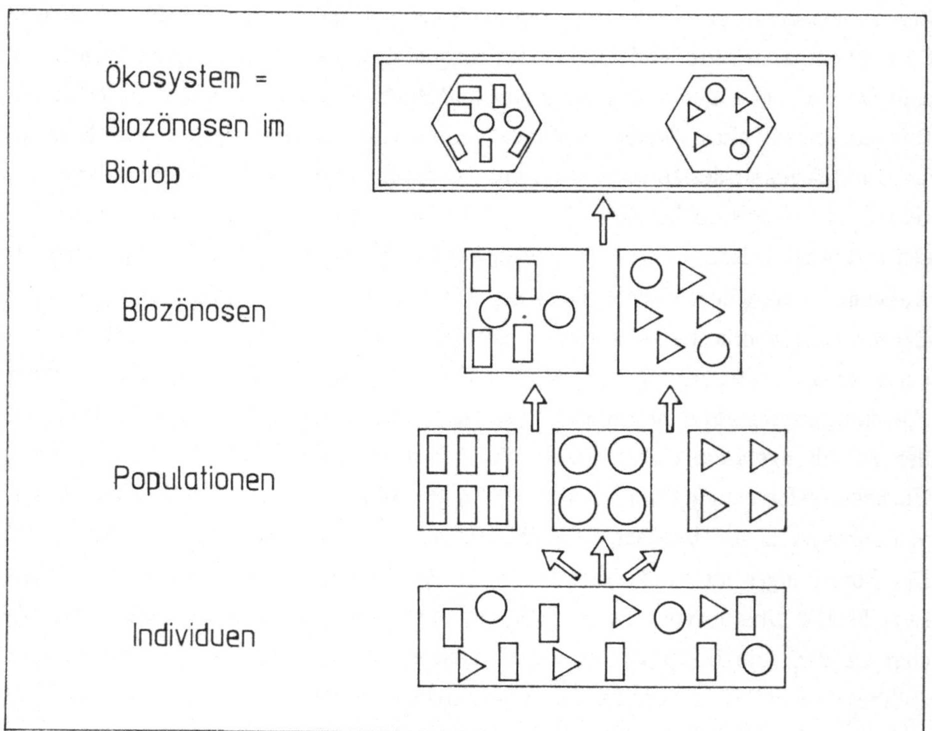

Bild 2–4: Aufbau eines globalen Ökosystems

Man unterscheidet terrestrische Ökosysteme (Wald, Aue, Steppe, Hochgebirge, Boden), limnische Ökosysteme (Bach, Fluß, Teich, See, Tümpel) und marine Ökosysteme (Lagune, Korallenriff, Atoll, Tiefsee, Binnenmeer). Das ökologische Wirkungsgefüge wird durch eine Reihe von biotischen und abiotischen Faktoren beeinflußt. Biotische Faktoren sind beispielsweise Ernährungsverhalten, Sozialverhalten, Wanderungsverhalten. Wesentlichen Einfluß darauf haben die abiotischen Faktoren wie Temperatur, Wassergehalt, pH–Wert, Luft, Licht, Löslichkeit und Sorption von Bodenstrukturen.

Die Temperatur wirkt sich vor allem auf die Geschwindigkeit chemischer Reaktionen aus. So können bestimmte Vorgänge der Fotosynthese (z.B. Dunkelreaktion) durch eine Erhöhung der Temperatur um 10°C in ihrer Reaktionsgeschwindigkeit verdoppelt werden. Verschiedene Keimungsvorgänge bestimmter Getreidearten (z.B. Winterweizen) bedürfen der Frosteinwirkung, um eine beschleunigte Blütenbildung zu erfahren (Vernalisation).

Lebende Zellen bestehen zu einem hohen Anteil aus *Wasser*. Die Pflanzen benötigen das Wasser auch als ein Ausgangsstoff für die Fotosynthese. Das folgende Bild 2–5 verdeutlich in groben Zügen den Wasserkreislauf.

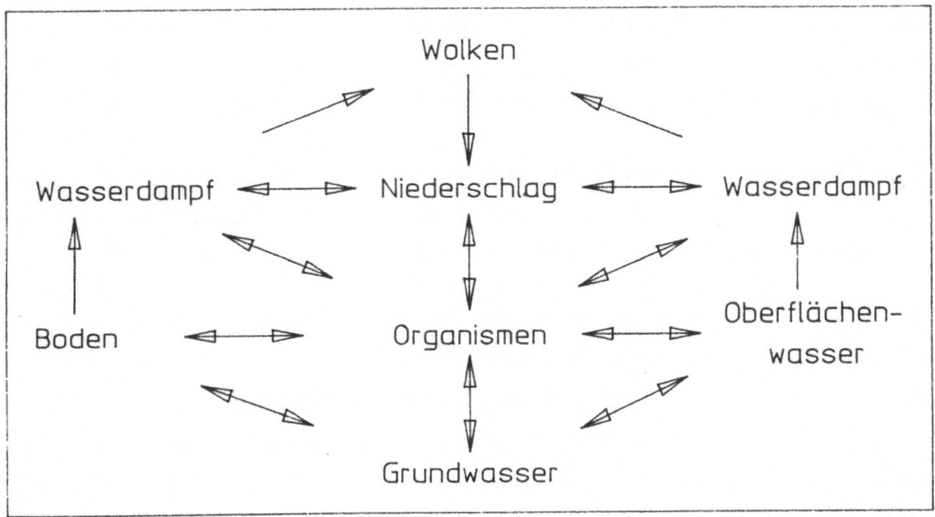

Bild 2–5: *Wasserkreislauf*

Der pH–Wert (ein Maß für den Säuregrad hauptsächlich wäßriger Lösungen) nimmt einen wesentlichen Einfluß auf die Nährsalzverfügbarkeit im Boden. Er beeinflußt zum einen die Mineralisierung der organischen Stoffe, die im Boden durch humifizierende Bakterien vorgenommen wird. Bei starkem Säurewert (niedriger pH–Wert) sind die vorgenannten säureempfindlichen Bakterien in ihrer biochemischen Funktionsweise stark gehemmt. Zum anderen regelt der pH–Wert die Ionenabsorption und den Ionenaustausch. Ein zu niedriger pH–Wert setzt aus dem Boden Al^{3+}–Ionen frei, die die empfindlichen Membranen der Wurzelhaare stark in ihrer Funktion beeinträchtigen. So wird derzeit angenommen, daß diese Aluminiumionen die allgemeine Aufnahme von Ionen wie z.B. Ca^{2+}–Ionen oder PO_4^{3-}–Ionen negativ beeinflussen und außerdem den Energiespeicher der Zelle beeinträchtigen. Nicht nur die Pflanzen, auch die Tiere und der Mensch leiden unter einem zu niedrigen pH–Wert.

Licht ist eine Grundlage allen Lebens auf der Erde. Ca. 45% der Sonnenstrahlung werden von der Erdoberfläche absorbiert. Nur etwa 0,03% des Lichtes werden zur Fotosynthese genutzt. Es ist die Energie, die zusammen mit dem Chlorophyll aus CO_2 und H_2O die energiereiche Verbindung Glucose herstellt. Insgesamt sind das für alle Pflanzen ca 150·109 t Trockensubstanz pro Jahr. Mit zunehmender Lichtintensität steigt die fotosynthetische Leistung der Pflanzen. Durch starke Rauchentwicklung oder Smogbildung nimmt sie ab. In der Natur sind die Pflanzen an unterschiedliche Lichtverhältnisse angepaßt. Dies erkennt man an dem Stockwerksbau des Waldes und an der Schichtung bzw. Zonierung der Ufer- und Wasserpflanzen an einem See.

Das Lebensmedium *Luft* ist für Pflanzen und Tier gleichermaßen von großer Bedeutung. Vor ca. 2 Milliarden Jahren produzierten primitive Pflanzen Sauerstoff, der die weitere Entwicklung von Pflanzen und Tieren erst ermöglichte.

Die mineralische Zusammensetzung des *Bodens*, die Stoffwechselreaktionen der Pflanzen und der Saure Regen bestimmen die Reaktionen des Bodenwassers. Durch den Stoffwechsel der Pflanzen gelangen H_3O^+–Ionen (Säureteilchen) in den Boden. Diese Ionen stammen zum einen von der durch die Pflanzenwurzeln abgegebenen Kohlensäure, zum anderen aus den abgegebenen Stoffwechselsäuren wie Citronensäure, Maleinsäure und Weinsäure. Bei den durch die Luft eingetragenen Säureteilchen handelt es sich um Ionen, die aus der Kohlensäure, der Salpetersäure und der Schwefelsäure stammen. Dieses Säurepotential muß vom Boden kompensiert werden, da sonst eine sehr starke pH–Erniedrigung (Übersäuerung) die Folge davon wäre, die ihrerseits die Nährsalzaufnahme in die Pflanzen stark beeinflußt. Das Abfangen der Säureteilchen heißt Pufferung. Dabei werden die H_3O^+–Ionen in einem im wesentlichen carbonathaltigen Boden abgefangen und umgewandelt.

Bei Stoffwechselsäuren :	$CaCo_3 + H_3O^+$	$\rightleftharpoons$	$Ca^{2+} + HCO_3^- + H_2O$
Bei Kohlensäure :	$CaCO_3 + CO_2 + H_2O$	$\rightleftharpoons$	$Ca^{2+} + 2\,HCO_3^-$
Bei Saurem Regen:	$CaCO_3 + H_2SO_4$	$\rightleftharpoons$	$Ca^{2+} + SO_4^{2-} + CO_2 + 2H_2O$

Diese Carbonatpufferung ist die wichtigste von allen Pufferungsreaktionen. Sind die Kalziumionen aus dem Boden ausgewaschen, dann können die H_3O^+–Teilchen nicht mehr abgepuffert werden.

Als Produzenten bezeichnet man die fotosynthetisch aktiven (autotrophen) Pflanzen. Sie stellen in großen Mengen Sauerstoff, Kohlenhydrate und Fette zur Verfügung. In geringeren Mengen liefern sie Eiweiß. Ohne diese Grundstoffe ist tierisches Leben undenkbar. Die größte Produzentengruppe in Seen und Meeren sind die Algen. Die meisten von ihnen schweben im Wasser entweder als einzelne Zellen oder als Zellkolonien. Zur Gruppe der Konsumenten zählen die Tiere und die Menschen, aber auch Pilze und fleischfressende Pflanzen. Sie sind im Gegensatz zu den autotrophen Pflanzen heterotroph, d.h. unfähig, Lichtenergie in chemische Energie der organischen Stoffe umzuwandeln. Viele Tiere ernähren sich deshalb direkt oder indirekt von pflanzlichen Materialien. Diese Pflanzenfresser (Herbivore) werden auch Konsumenten 1. Ordnung genannt. Da sie wiederum Nahrungsgrundlage für andere Tiere sind, nennt man diese Konsumenten 2. Ordnung usw. bis Konsumenten 4. Ordnung (Carnivore). Solche gegliederten Nahrungssysteme bezeichnet man als Nahrungsketten. In der Natur vorkommende Nahrungsketten bestehen meist aus vier Gliedern. Hierzu zwei Beispiele aus zwei verschiedenen Ökosystemen:

Ökosystem	Produzenten	Konsumenten 1. Ordnung	Konsumenten 2. Ordnung	Konsumenten 3. Ordnung
Feld/Wiese	Laubblätter	Käfer	Fledermaus	Eule
See	Algen	Krebse	Blaufelchen	Seeforelle

Als Spezialfall von Konsumenten können die Destruenten angesehen werden. Es handelt sich um Organismen, die totes biogenes Material abbauen und in Form von Mineralstoffen und Kohlenstoffdioxid an das Ökosystem zurückgeben. Diese Funktion hat ihnen auch den Namen Mineralisierer oder Reduzenten eingebracht. Im Ablauf einer Nahrungskette werden Entwicklungen bezüglich der Konsumenten deutlich, die grafisch aufgetragen stets pyramidenförmig erscheinen:

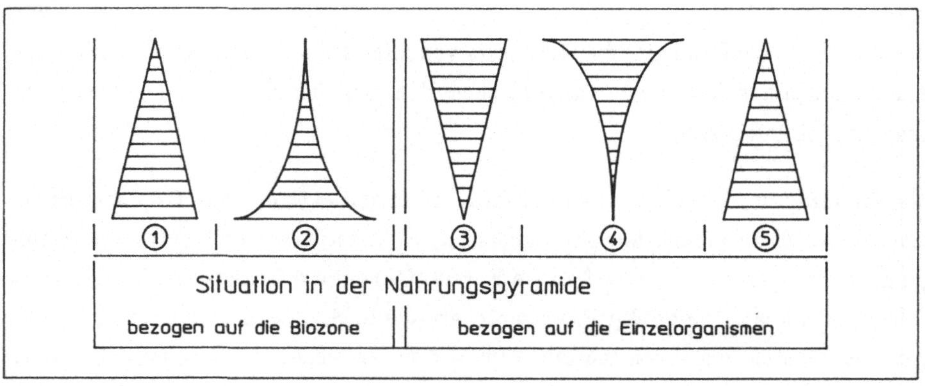

① Zahl und Stellung der Arten
② Biomasse und festgelegte Energie
③ Größenzunahme der Tiere
④ Zunahme von Aktionsraum b.z.w. Territorium
⑤ Reproduktionsrate der Tiere

Bild 2–6: *Schematische Darstellung der Änderung ökologischer Faktoren (Biomasse, auf die Masse fixierte Energie, Körpergröße, Territoriums größe, Reproduktionsrate) im Verlauf einer Nahrungskette.*

Aufgrund dieser Darstellung können folgende Aussagen getroffen werden: Je höher die Ordnung der Konsumenten,

- um so kleiner die Biomasse, d.h. umso geringer die Individuenzahl pro Art (Biomasse nimmt von einer Ordnungsstufe zur anderen um 90% ab);
- um so größer der Körper des Konsumenten;
- um so größer das Territorium des Konsumenten;
- um so geringer die Fortpflanzungsrate des Konsumenten.

Zusammenfassend kann gesagt werden: Um einen Konsumenten am Leben zu erhalten, muß eine vielfache Masse an Produzenten verbraucht werden. Auf dem Weg vom Produzenten zum Endkonsumenten (oft der Mensch) geht ein Großteil der in der Nahrungskette steckenden Energie verloren. Setzt man den Energiegehalt der

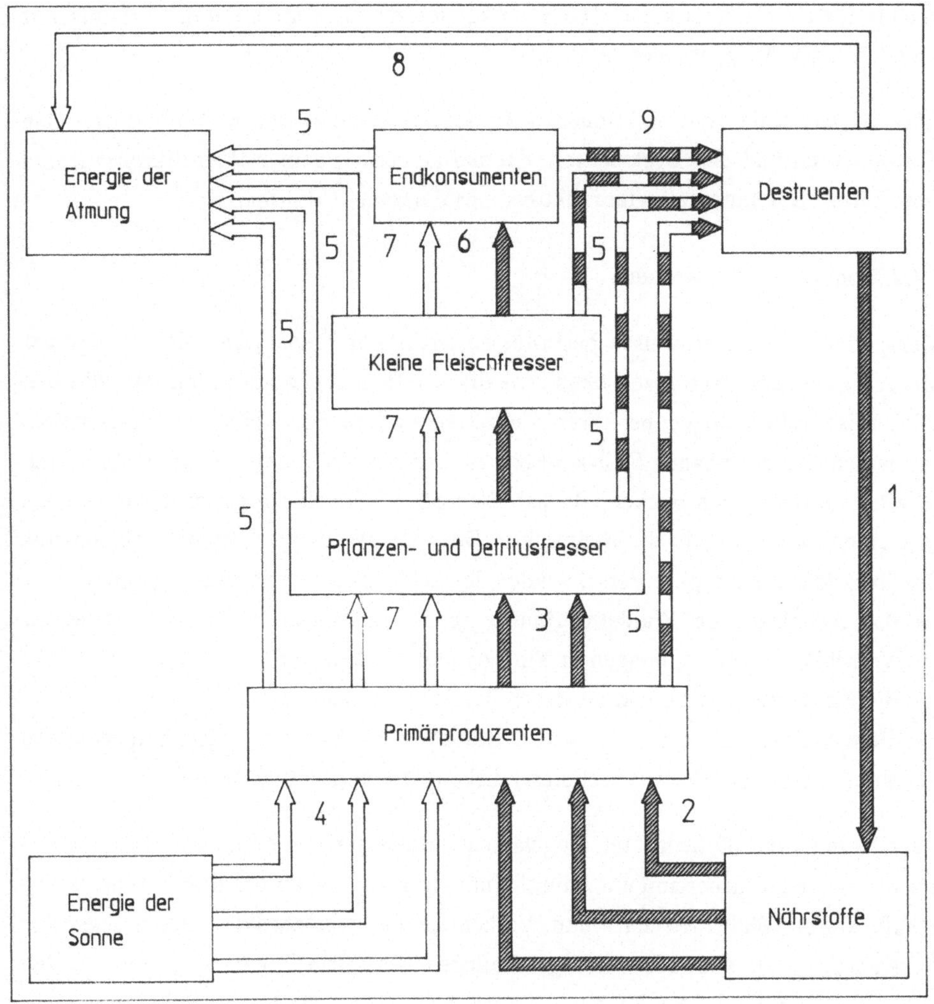

Bild 2–7: *Die Destruenten bilden durch Abbau organischen Materials Nährstoffe (1), mit deren Hilfe die Produzenten assimilieren (2). Sie bauen unter Zuhilfenahme der Sonnenenergie (4) organisches Material auf (3), das unter Massen- und Energieverlust (5) die Nahrungskette durchläuft. Nur ein geringer Teil der ehemals vorhandenen Masse und Energie (6) erreicht den Endkonsumenten. Der Großteil der eingestrahlten (4) und im organischen Material fixierten (7) Energie geht in der Atmung verloren (5). Auch die Destruenten verbrauchen während ihrer Tätigkeit Energie (8). Die in der Nahrungskette verbleibende Biomasse und Energie (9) werden den Destruenten zur Remineralisierung zugeführt. Damit schließt sich der Kreislauf.*

Produzenten eines Sees gleich 100%, so können die Konsumenten 3. Ordnung nur noch 0,1% der Ausgangsenergie nutzen.

Abschließend sollen die funktionellen Zusammenhänge zwischen Produzenten, den Konsumenten und den Destruenten, deren Biomassen, dem Nährstoffkreislauf und dem Energiefluß innerhalb eines Ökosystems dargestellt werden.

2.4.2 Modifizierte Ökosysteme

Menschliche Verhaltensweisen beeinflussen natürliche Ökosysteme derart, daß der Mensch zu einem Faktor von ökophysikalischer Bedeutung geworden ist. Wie beispielsweise Wildbiologen bei ihren Verhaltensstudien der Rebhühner feststellten, vermeiden Rebhuhnpaare Sichtkontakt zu anderen Rebhühnern. Je mehr Landschaftsstrukturen, wie Hecken, Bachstreifen oder Feldgehölze entfernt werden, um so geringer wird deshalb die Paardichte. Ein weiteres Beispiel ist die Schleiereule. Die Gründe für das rapide Verschwinden der Schleiereulen sind unter anderen:

- das Abholzen von Wäldern, Baumgruppen und solitären Bäumen sowie das Verschließen von Öffnungen in Türmen und Dachgiebeln,
- die Einengung des Luftraums durch bauliche Maßnahmen,
- Umweltchemikalien wie Pestizide, die über die Nahrungskette aufgenommen werden und den Stoffwechsel dieser Lebewesen empfindlich stören.

Über 50 der rund 80 bedrohten Vogelarten werden durch die moderne Landbewirtschaftung und Flurbereinigung, durch Industrie und Gewerbe, durch Wasserwirtschaft, durch Waldwirtschaft und Verkehrsplanung gefährdet. Andere Tierarten haben sich an die vom Menschen geschaffenen Umweltbedingungen angepaßt. Hier sind an erster Stelle die Ratten zu erwähnen. Ohne chemische Bekämpfung der Ratten in den Abflußkanälen käme es zu einer Übervölkerung dieser Tiere ungeheuren Ausmaßes. Wie lange jedoch die Chemie diesen Kampf gewinnt, kann keiner vorhersagen. Des Menschen ständiger Begleiter in der Großstadt sind die Kakerlaken (z.B. Periplaneta americana). In New York City müssen jedes Jahr Millionen Dollar ausgegeben werden, um der Plage Herr zu werden. Die Zoologen glauben jedoch, daß sich langfristig das Verhalten der Menschen ändern muß, damit dieser Ausweitung gezielt entgegengewirkt werden kann.

Auch die Verarmung an Pflanzen führt zu einer Verarmung an Tieren. Nur die genetische Vielfalt hat eine Überlebenschance. Deshalb sollten Pflanzengemeinschaften angesiedelt werden, die den vorgegebenen Standorten entsprechen. Ein weiterer Grund für die Verarmung an Pflanzen- und Tierarten liegt in der heutigen Intensivierung der Landwirtschaft. Eine Vergrößerung der landwirtschaftlichen Nutzfläche konnte nur durch Waldvernichtung herbeigeführt werden. Die bevorzugten Monokulturen entblößen die Böden. Erosion durch Wasser und Wind ist die unabdingbare Folge einer solchen Bewirtschaftung. Jeder Schritt, den der Mensch in seinem Lebensraum handelnd vollzieht, hat eine Auswirkung auf seine Umwelt. Die bisherige Erfahrung hat jedoch gezeigt, daß die menschliche Behandlung des Lebensraumes zur Reduzierung der Fauna und Flora geführt hat. Daraus kann man nur folgern, daß bei künftigen Planungen in der Industrie, der Kommune und im privaten Bereich neben den architektonischen Planungsarbeiten parallele, korrelierte Ökopläne erstellt werden müssen.

Literatur

(1) Bertalanffy, L.v., Beier W & Laue, R.:Biophysik des Fließgleichgewichts. Braunschweig: Vieweg, 1977

(2) Bossel, H.: Introduction to System Analysis. In: Bruening et al.: Ecologic— Socioeconomic System Analysis and Simulation (MAB—Mitteilungen, Bd. 24), 1987

(3) Eilenberger, G.: Erforschung komplexer Systeme. Allgemeine Forstzeitschrift, 1986, 22, 537—542.

(4) Ellenberg, H., Fränzle,O. & Müller,P.: Ökosystemforschung im Hinblick auf Umweltpolitik und Umweltplanung. InUmweltforschungsplan des Bundesministers des Innern—Ökologie (Forschungsbericht 78— 109 04005) Bonn, 1978

(5) Fränzle, O.: Ökosystemforschung: allgemeine Grundlagen und Definitionen, trophische Strukturen, biozonotische Gesetze und Thermodynamik. In: Deutsche Forschungsgemeinschaft (Ökosystemforschung als Beitrag zur Beurteilung der Umweltwirksamkeit von Chemikalien. Bericht über ein Symposium der Arbeitsgruppe "Umweltwirksamkeit von Chemikalien" des Senatsausschusses für Umweltforschung der DFG 20./21.11.1980), 1983.

(6) Fränzle, O., Kuhnt, D., G. & Zölitz, R.: Auswahl der Hauptforschungsräume für Ökosystemforschungprogramm der Bundes republik Deutschland. In: N. u. R., Umweltforschungsplan des Bundesministers für Umwelt, Natur schutz und Reaktorsicherheit (Forschungsbericht 101 04 043/02) Berlin, 1987

(7) Hoffmann, F.: Modellierung des Stickstoffhaushaltes in Agraökosystemen—Literaturübersicht. Interne Mitteilungen des Projektes Ökosystemforschung im Bereich der Bornhöveder Seenkette; 1989, Heft 4, 33— 61

(8) Jantsch, E.: Die Selbstorganisation des Universums, München, 1982

(9) Joergensen, S.E.: Fundamentals of Ecological Modelling. Amsterdam, Oxford, New York, Tokyo,1986

(10) Miser, H.J. & Quade, E.S.: Handbook of System Analysis. Chichester, New York, Brisbane, Toronto, Singapore, 1985

(11) Müller, F. & Reiche, E.–W.: Ein Modell zur Beschreibung der Wasser und Stoffdynamik im Boden. Interne Mitteilungen des Projektes Ökosystemfor schung im Bereich der Bornhöveder Seenkette, 1989, Heft 4, 2– 18

(12) Nicolis, G. & Prigogine, J.: Die Erforschung des Komplexen. München, Zürich, 1987

(13) Osten, W. v. & Rami, B.: Ökos stemforschung, eine notwendige Weiterent wicklung der Umweltforschung,Allgemeine Forstzeitschrift, 1986, 22, 535– 536

(14) Ostertag, S. & Eck– Düpont, M.:Herkunft, Wege und Verbleib von Stick stoff in Oberflächengewässern. Umweltforschungsplan des Bundesministers für Umwelt, Naturschutz und Reaktorsicherheit, Forschungsbericht 102 04 364, 1989

(15) Windhorst, W., Schaefer, W., Salski, A. & Meyer, M.: Erfassung, Verwaltung und Auswertung von Daten im Projektzentrum Ökosystemforschung der Christian– Albrechts– Universität zu Kiel. In: A. Jaeschke,

(16) W. Geiger und B. Page (Hg), Informatik im Umweltschutz, 4. Symposium Karlsruhe, 6. — 8.11.1989, Informatik Fachberichte 228, 1989

3 Ökologische Energieprobleme

3.1 Einleitung

Energie kann weder erzeugt noch vernichtet werden. Nach den Vorstellungen Einsteins sind Masse und Energie äquivalent. Atome und Moleküle stellen danach nichts anderes dar als besonders dichte Packungen der Energie. Alle Anwendungen von Energie in der Natur oder Zivilisation sind nichts anderes als die Umwandlung von einer in eine andere Energieform.

Die immer noch wichtigste Form von Primärenergie zur Nutzung in technischen Prozessen liegt chemisch gebunden vor in den sogenannten fossilen Energieträgern Erdgas, Erdöl und Kohle. Diese Energie ist nichts anderes als über die Fotosynthese der Pflanzen umgewandelte und gespeicherte Sonnenenergie. Darüber hinaus enthalten auch Abfall–und Reststoffe chemisch gebundene Energie. Beim Verbrennen wird die gespeicherte Energie in Form von Wärme freigesetzt. Es entstehen Wasser und Kohlendioxid als stabile Endprodukte der Verbrennung. Daneben enthalten die Rauchgase Schadstoffe in geringen Konzentrationen. Ferner entstehen feste Rückstände, die entsorgt werden müssen. Aus Kernbrennstoff wird bei der Kernspaltung durch den Massendefekt Wärme freigesetzt und es entstehen mit wachsendem Abbrand eine Vielzahl von Spaltprodukten. In sehr geringen Konzentrationen werden radioaktive Gase emittiert. Die Entsorgung der festen radioaktiven Abfälle stellt ein bis heute nicht befriedigend gelöstes Problem dar. Lediglich bei der Wasserkraft wird mit der potentiellen Energie zwischen Ober- und Unterwasser eine mechanische Energieart ohne Emissionen und Abfall genutzt. Andere erneuerbare Energien spielen volkswirtschaftlich noch keine Rolle. Windenergie steht an der Schwelle zu einer Nutzung in größerem Maßstab.

Aus Primärenergie wird durch Energieumwandlung Nutzenergie und Abfallenergie. Nutzenergie ist z.B. mechanische Antriebsenergie oder elektrischer Strom, aber auch die direkte Nutzung von Wärme in Form von Prozeßwärme oder Heizwärme. Derzeit wird Primärenergie ganz überwiegend durch Verbrennung oder durch Kernspaltung entbunden und zunächst in Form von Wärme eingesetzt. Der über der Umgebungstemperatur liegende Anteil der thermischen Energie, d. h. der theoretisch nutzbare Anteil, wird Exergie genannt. Dieser Anteil wird dann gewonnen, wenn der gesamte Umwandlungsprozeß reversibel (umkehrbar) abläuft. Der Maßstab zur quantitativen Bestimmung der Irreversibilitäten ist die Entropie.

Jeder reale Prozeß ist mit Irreversibilitäten verbunden. Es wird Energie zerstreut, verbunden mit einer Entropiezunahme. Damit ist die tatsächlich gewonnene Nutzenergie stets geringer als die Exergie. Abfallenergie ist die nicht mehr genutzte Abwärme. Wird sie an die Umgebung, also an die Atmosphäre oder an Gewässer abgegeben, so wird sie zu thermodynamisch vollkommen entwerteter Anergie.

Bei der Energieumwandlung ist zweierlei zu bedenken: Damit die Energie von einer Form in eine andere umgewandelt werden kann, bedarf es eines Potentialunterschieds. Die beim Umwandlungsprozeß entstehenden Energiearten sind unterschiedlich zu bewerten. Dazu die folgenden Beispiele:

Die im Potentialunterschied steckende Exergie kann vollständig dissipiert, d.h. in Anergie überführt werden. Man denke an einen Wasserfall oder an die Abgabe von heißen Gasen an die Umgebung.

In einem Wasserkraftwerk ist die Potentialdifferenz durch die Spiegeldifferenz zwischen Ober- und Unterwasser vorgegeben. Die vorhandene potentielle Energie wird zum größten Teil in Form von mechanischer Energie über die Welle der Wasserturbine an den Generator abgegeben, die den elektrischen Generator antreibt. Rund 90% der primär vorhandenen Energie wird zu elektrischer Nutzenergie, der Rest geht durch Dissipation in den Rohrleitungen, an der Beschaufelung der Turbine und bei der Umwandlung von mechanischer in elektrische Energie im Generator verloren. Der Prozeß ist bis auf die geringen Umwandlungsverluste umkehrbar: Im Pumpbetrieb kann bei Stromzufuhr das Wasser wieder hochgepumpt werden. Dieses Speicherprinzip wird in sogenannten Pumpspeicherwerken angewandt.

Bei einem Dampfkraftwerk zur reinen Stromerzeugung kann die Differenz zwischen der mittleren Temperatur der Wärmezufuhr im Dampferzeuger und der Temperatur der Wärmeabfuhr im Kondensator genutzt werden. Die dem Dampferzeuger zugeführte thermische Energie wird in mechanische Energie zum Antrieb des Generators und in Abwärme aufgeteilt, die vom Kondensator mit geringer Temperaturdifferenz über einen Kühlkreislauf an die Umgebung abfließt. Die Exergieausbeute ist umso höher, je größer das zur Verfügung stehende Temperaturgefälle zwischen Dampferzeuger und Kondensator ist und je reversibler der Prozeß ausgeführt wird. Die im Prozeß zulässige Höchsttemperatur wird durch Werkstoffeigenschaften festgelegt. Unter dieser Voraussetzung erreichen Dampfkraftwerke heute bei reiner Stromerzeugung, naturwissenschaftlich bedingt, eine Ausbeute von 38%. Der Rest der eingesetzten Primärenergie, etwa 62%, wird zu Anergie.

Die Abgabe von Abwärme aus einem thermischen Kraftwerk kann ganz erheblich reduziert werden, wenn Kraft–Wärmekopplung, d.h. die simultane Erzeugung von elektrischer Energie und Prozeß- bzw. Heizwärme, angewendet wird. Unter diesen Bedingungen kann eine maximale Ausnutzung der Primärenergie von über 90% erreicht werden.

Anergie kann durch die Zufuhr höherwertiger Energie in Heizwärme umgewandelt werden. Dies geschieht in der Kompressions–Wärmepumpe, deren Verdichter mechanisch angetrieben wird. Dem Verdampfer fließt auf niedrigem Temperaturniveau Umweltwärme zu. Diese Anergie wird in der Wärmepumpe thermodynamisch aufgewertet. Die zugeführte mechanische Energie wird dagegen abgewertet. Die Summe aus Anergie und Exergie wird über den Kondensator der Wärmepumpe in Form von Heizwärme abgegeben. Bei der Absorptions–Wärmepumpe, die auch als Wärmetransformator bezeichnet wird, ersetzt man den mechanischen durch einen thermischen Verdichter. Hier muß als Antriebsenergie thermische Energie auf einem Temperaturniveau von ca. 200^0 C zugeführt werden, um Heizwärme auf einem mittleren Temperaturniveau von 80 ^{0}C zu erhalten.

Für alle technischen Anwendungen muß Primärenergie in möglichst konzentrierter Form vorliegen, damit eine Umwandlung in Nutzenergie wirtschaftlich möglich ist. Die Nutzenergie wird letztlich unter Entropiezunahme dissipiert. Das Pflanzenwachstum verläuft auf der Entropieskala den meisten technischen Prozessen entgegen, weil hier Energie von der Sonne bezogen wird. Diese Energie wird im pflanzlichen Stoffwechsel dazu benutzt, um aus Kohlendioxid, Wasser und Nährstoffen aus dem Boden Strukturen höherer Komplexität aufzubauen, also Materie aufzuwerten. Biomasse besitzt chemisch gebundene Energie, die in technischen Prozessen genutzt werden kann.

Technische Energieumwandlungen, die sich direkt oder indirekt der Sonnenenergie bedienen, sind, ebenso wie das Pflanzenwachstum, erneuerbar. Gezeitenenergie, die durch Gravitationswechselwirkung zwischen Erde und Mond verursacht wird, stellt ebenfalls eine erneuerbare Energie dar. Das erneuerbare (regenerative) Prinzip steht im Gegensatz zur Verbrennung fossiler Brennstoffe oder zur Kernspaltung (nicht–regenerativ), wo in einem einmaligen Vorgang Nutzenergie gewonnen wird. Alle Energie geht letztlich als Anergie verloren, ebenso wie alle Produkte letztlich als Abfall enden, bei dem die Ausgangsstoffe in ungeordneter und verdünnter Form vorliegen. Kein einziger Prozeß ist beliebig oft zu wiederholen.

3.2 Gesetzliche Bestimmungen zur umweltverträglichen Energienutzung

3.2.1 Verordnung über Großfeuerungsanlagen (13. BImSchV)

Element des umweltpolitischen Grundverständnisses ist die Erkenntnis, daß energiepolitische Versorgungskonzepte nicht ohne Berücksichtigung und Integration ökologischer Basisdaten verwirklicht werden können. Vielmehr sind, da jede Energienutzung die Umwelt beeinflußt, Energie- und Umweltpolitik eng miteinander verbunden. Das Bundes–Immissionsschutzgesetz (BImSchG), das das Recht der Luftreinhaltung regelt, enthält angesichts einer Reihe von Rechtspflichten, deren Inhalt mit unbestimmten Rechtsbegriffen umschrieben wird, eine Vielzahl gesetzlicher Ermächtigungen, mit deren Hilfe die gesetzlichen Vorschriften und Rechtspflichten ausgefüllt, konkretisiert und präzisiert werden. Mit Hilfe solcher Ermächtigungsnormen kann der Verordnungsgeber – das Verfahren zum Erlaß von Rechtsverordnungen ist weniger formalisiert, kompliziert und zeitaufwendig als das Gesetzgebungsverfahren – der raschen Entwicklung im technisch–naturwissenschaftlichen Bereich schnell und flexibel Rechnung tragen.

Entsprechend dieser Systematik des BImSchG sind im Bereich der Energienutzungen nach der 4. Verordnung zur Durchführung des Bundes–Immissionsschutzgesetzes (4. BImSchG) laut Anhang Spalte 1, Nummer 1.1, die Kraftwerke, Heizkraftwerke und Heizwerke mit Feuerungsanlagen für den Einsatz von festen, flüssigen oder gasförmigen Brennstoffen mit einer Feuerungswärmeleistung bei festen oder flüssigen Brennstoffen ab 50 MW und bei gasförmigen Brennstoffen ab 100 MW genehmigungsbedürftige Anlagen im Sinne des Immissionsschutzrechts; zugleich unterliegen sie hinsichtlich des Standes der Emissions–Abscheidetechnik dem Regelungsbereich der Verordnung über Großfeuerungsanlagen, der 13. Verordnung des BImSchG. Gegenstand und Anwendungsbereich der Großfeuerungsanlagenverordnung sind Feuerungsanlagen mit der gleichen Feuerungswärmeleistung, wie sie bereits im Anhang, Spalte 1, Nr. 1.1 der 4. BImSchV festgehalten wurden.

Nach der Zielsetzung der 13. BImSchV sollen durch Maßnahmen an den Emissionsquellen die Gesamtemission an Schwefeldioxyd, Stickoxyden, Kohlenmonoxyd, Halogenverbindungen sowie Stäuben mit den darin enthaltenen Schwermetallverbindungen wesentlich gesenkt werden. Die bundeseinheitliche Festlegung von verbindlichen Grenzwerten standardisiert insofern die Genehmigungsverfahren und verbessert damit die Rechtssicherheit für den Anlagenbetreiber.

Konstitutiv für die 13. BImSchV ist die Einbeziehung der Altanlagen in ihren Regelungsbereich. Nach der Begriffsbestimmung des § 2 Nr. 3 der Vorschrift sind als Altanlagen solche Feuerungsanlagen zu verstehen, deren Errichtung und Betrieb zum Zeitpunkt des Inkrafttretens dieser Verordnung entweder genehmigt sind bzw. solche Feuerungsanlagen, die zwar noch nicht endgültig genehmigt wurden, deren Emissionen jedoch bereits z.B. im Wege eines Vorbescheides definitiv festgelegt worden sind. Dem Ziel der Verordnung, die gewollte rasche und drastische Verminderung von Emissionen an den Quellen, wird duch die Einbeziehung der Altanlagen in den Anwendungsbereich der Verordnung am besten Rechnung getragen. Die Verordnung schafft zudem für alle alten Anlagen unmittelbar geltendes Recht, indem sie – wie bei den neu in Betrieb gegangenen Anlagen – die Betreiberpflichten einheitlich und neu definiert.

Der Durchsetzung der Betreiberpflichten nach der Großfeuerungsanlagenverordnung für Altanlagen entspricht die Behörde mit den nachträglichen Anordnungen nach § 15 BImSchG. Nach dem Wortlaut des § 17 Abs.1 Satz 2 BImSchG soll die Behörde dann nachträgliche Anordnungen treffen, wenn nach Erteilung der Genehmigung festgestellt wird, daß die Allgemeinheit oder die Nachbarschaft nicht ausreichend vor schädlichen Umwelteinwirkungen oder sonstigen Gefahren, erheblichen Nachteilen oder erheblichen Belästigungen geschützt ist. Inhaltlich können nachträgliche Anordnungen die Forderung nach strengeren Emissionsgrenzwerten, Betriebseinschränkungen, Umbauten, Umstellen auf andere Produktionsverfahren oder auch nach schwefelärmeren Brennstoffen enthalten.

Neben den Grenzwertanforderungen, die die 13. BImSchV für Neu- und Altanlagen hinsichtlich staubförmiger Emissionen, Kohlenmonoxid, Stickoxide oder Schwefeldioxid sowie Halogenverbindungen stellt, sind die Betreiber der in Frage stehenden Anlagen verpflichtet, Meßstellen einzurichten, Messungen und Meßprogramme durch zugelassene Stellen durchführen zu lassen sowie unter bestimmten Voraussetzungen das Ergebnis der Einzelmessungen bzw. der kontinuierlichen Messungen aufzuzeichnen und der zuständigen Behörde vorzulegen (vgl. §§ 24 ff).

Der Forderungskatalog der Großfeuerungsanlagenverordnung hat dazu geführt, daß zwischenzeitlich alle Steinkohle- und Braunkohlekraftwerke die vorgegebenen Grenzwerte einhalten. Neben einer wesentlichen Verbesserung der Umweltbedingungen wurden zusätzlich ausreichend Innovationsanreize für die Feuerungsanlagen selbst geschaffen. Nach seriösen Berechnungen werden seit dem Jahr 1990 nur noch rund 25% an Schwefeldioxid und Stickoxiden im Vergleich zum Zeitpunkt des Inkrafttretens der Großfeuerungsanlagenverordnung jährlich ausgestoßen.

3.2.2 Atomgesetz (AtG)

Die wirtschaftliche Ausnutzung der Atomenergie richtet sich vornehmlich auf die Dienstbarmachung der durch Kernspaltung freiwerdenden Energie in Atomreaktoren zur Gewinnung von Wärme für die Erzeugung elektrischer Energie in stationären Anlagen der Energieversorgung. Die Freisetzung von Energie durch Spaltung, Vereinigung oder sonstige Umwandlung von Atomkernen erfordert angesichts der weitgehenden, zu beherrschenden Auswirkungen auf Mensch, Umwelt, Wirtschaft und Staat ein Regelwerk, das diesen Bedürfnissen Rechnung trägt. Die Rechtsordnung muß sicherstellen, daß Mensch, Umwelt und Gesellschaft gegen die Gefahren der Kernenergie einschließlich der Strahlung geschützt, daß Störungen der öffentlichen Sicherheit und Ordnung ausgeschlossen sind, daß eine ausreichende Haftung für Schadensfälle normiert wird, die auf einem von einer Kernanlage ausgehenden nuklearen Ereignis beruhen und daß schließlich geeignete Strafsanktionen für Zuwiderhandlungen gegen Rechtspflichten aufgestellt werden.

Rechtsgrund für die Nutzung der Kernenergie zu friedlichen Zwecken ist das Atomgesetz (AtG). Das Atomgesetz behandelt die Nutzung der Kernenergie zu friedlichen Zwecken. Die Gesetzesregelung zur Verwendung von Kernbrennstoffen wird zusätzlich durch eine Reihe von Rechtsverordnungen, z.B. Strahlenschutzverordnung und Röntgenverordnung ergänzt.

Die Zweckbestimmung des AtG ist Inhalt der Regelung des § 1 AtG. Nummer 1 des § 1 enthält die Grundsatzentscheidung für die Förderung der friedlichen Nutzung der Kernenergie. Die wichtigste Zweckbestimmung ist in Nr.2 festgelegt. Danach ist Zweck des Atomgesetzes der Schutz von Leben und Gesundheit des Menschen sowie von Sachgütern gegen die Gefahren der Kernenergie und, soweit dieser Schutz nicht gewährleistet werden konnte, der Ausgleich der durch die Kernenergie verursachten Schäden. Nr.3 fordert den Schutz der inneren und äußeren Sicherheit des Staates gegen die gezielte Anwendung oder gegen ein nicht beabsichtigtes Freiwerden von Kernenergie. Nr.4 schließlich statuiert die Erfüllung der internationalen Verpflichtungen der Bundesrepublik Deutschland auf diesem Gebiet.

Das Atomgesetz enthält im wesentlichen drei Gruppen von Vorschriften, und zwar die verwaltungsrechtlichen Normen der §§ 3 – 24, die sogenannten Überwachungs–, Kompetenz- und Ermächtigungsregeln. Die haftungsrechtlichen Regelungen sind in den §§ 25 – 40 AtG zusammengefaßt. In Verbindung mit den internationalen

Atomhaftungsübereinkommen, auf die jeweils von Gesetzes wegen verwiesen wird, garantieren sie den finanziellen Opferschutz gegenüber den Risiken der Nutzung der Kernenergie und der Anwendung ionisierender Strahlen. Der dritte Komplex der §§ 45 – 49 AtG enthält Straf- und Bußgeldvorschriften, also die notwendigen Sanktionen zur strafrechtlichen Absicherung des staatlichen Überwachungssystems.

Als Eingriffsmaßnahmen enthält das AtG Genehmigungspflichten, zum Beispiel für die Ein- und Ausfuhr von Kernbrennstoffen (§ 3 AtG), für die Aufbewahrung von Kernbrennstoffen (§ 6 AtG), für Anlagen zur Erzeugung, Bearbeitung, Verarbeitung und Spaltung von Kernbrennstoffen sowie zur Aufarbeitung bestrahlter Kernbrennstoffe (§ 7 AtG), für die Verwertung radioaktiver Stoffe und die Beseitigung radioaktiver Abfälle (§ 9 a AtG).

Die Erteilung einer Genehmigung hängt von persönlichen und sachlichen Voraussetzungen ab. In den vorerwähnten Genehmigungstatbeständen finden sich als Voraussetzung der Erteilung folgende sechs Kriterien: Zuverlässigkeit, Fachkunde und notwendige Kenntnisse, Schadensvorsorge, Deckungsvorsorge, Schutz gegen Einwirkungen Dritter, Umweltverträglichkeit.

Die wichtigste Genehmigungsvorschrift des AtG ist § 7. Danach unterliegen der Genehmigungspflicht die Errichtung, der Betrieb, wesentliche Änderungen sowie die Stillegung und Beseitigung von ortsfesten Reaktoren. In Absatz 2 werden als Voraussetzung der Erteilung einer Genehmigung die v.g. sechs Kriterien im einzelnen aufgeführt. Wesentlich ist die Regelung in Absatz 2 Nr. 3, nach der das Gesetz hinsichtlich der erforderlichen Schadensvorsorge ausdrücklich auf den "Stand von Wissenschaft und Technik" verweist. Danach muß diejenige Vorsorge getroffen werden, die nach den neuesten wissenschaftlichen Erkenntnissen für erforderlich gehalten wird, unabhängig davon, ob sie bereits technisch zu verwirklichen ist oder nicht. Allerdings ist festzuhalten, daß im Gegensatz zu den meisten Genehmigungsvorschriften in anderen Regelwerken § 7 AtG, selbst bei Vorliegen aller Genehmigungsvoraussetzungen, keinen Rechtsanspruch auf die Erteilung der Genehmigung begründet. Vielmehr steht die Erteilung im Ermessen der Genehmigungsbehörde.

Da sich die Prüfung der Genehmigungsbehörde auf die gesamte "Anlage" im Sinne des § 7 AtG erstreckt, entscheidet die Definition des Anlagenbegriffes über den Umfang der Prüfungsbefugnis der Genehmigungsbehörde und über die Reichweite der Genehmigung. Nach dem derzeitigen sogenannten "weiten Anlagenbegriff", der seine Rechtfertigung aus dem umfassenden Schutzzweck des AtG bezieht, erstreckt sich die Anlage im Sinne des § 7 AtG auf alle Teile, die in einem sicherheitstechnisch–funktionalen Zusammenhang mit dem nuklearen Teil der Anlage stehen. Danach fiele z.B. auch der Kühlturm eines Kernkraftwerks unter diesem Anlagenbegriff.

§ 7 Abs. 2 Nr.3 AtG enthält als wichtigste Genehmigungsvoraussetzung "die Sicherheit der Anlage". Die bereits erwähnte Schadensvorsorge nach dem "Stand von Wissenschaft und Technik" ist auch – in Auslegung dieser Vorschrift – auf die Sicherstellung einer ausreichenden Entsorgung auszudehnen bzw. anzuwenden.

Die Verwahrung von Kernbrennstoffen erfolgt grundsätzlich durch den Staat (§ 5 AtG), in Ausnahmefällen, also außerhalb der staatlichen Verwahrung, bedarf die Aufbewahrung der Genehmigung nach § 6 AtG. Dessen Genehmigungsvoraussetzungen, insbesondere die Kriterien der Zuverlässigkeit, Fachkunde etc. entsprechen denen des § 7 AtG.

§ 9 a Abs. 1 AtG statuiert in Nr. 1 ein Verwertungsgebot für anfallende radioaktive Reststoffe. Für den Fall, daß diese nach dem Stand von Wissenschaft und Technik nicht verwertbar sind, trifft den Anlagenbetreiber die Beseitigungspflicht. Die Pflicht zur geordneten Beseitigung bezieht sich dabei auch auf die vor der Ablieferung notwendigen Tätigkeiten wie z.B. die der Behandlung radioaktiver Abfälle mit dem Ziel der Herstellung endlagerfähiger Produkte durch Konditionierung, Verfestigung, Verglasung etc. In Abs. 2 dieser Vorschrift wird die grundsätzliche Ablieferungspflicht für radioaktive Abfälle begründet. Diese sind an Landessammelstellen oder an Abfallendlager des Bundes abzuliefern (§ 9 a Abs. 3 AtG).

§ 8 Abs. 1 AtG – eine sogenannte gesetzliche Konkurrenzklausel – bestimmt, daß die Vorschriften des BImSchG auf Anlagen nach § 7 AtG keine Anwendung finden, soweit es um nuklearspezifische Wirkungen durch den Anlagenbetrieb geht. Nach Absatz 2 derselben Vorschrift gilt der Ausschluß der Regelungen des BImSchG auch für solche nicht–nuklearspezifischen Einrichtungen, die wegen ihres spezifisch–technischen Zusammenhangs mit dem Nuklearteil in den Anwendungsbereich der Genehmigung nach § 7 AtG fallen, wie z.B. bei Kühltürmen. Damit sind sämtliche nuklearspezifischen und -unspezifische Aggregate, Anlagenteile etc. direkt durch das Atomgesetz erfaßt. Die unter Umständen in Frage kommenden Regelungen des BImSchG sind vorliegend nicht anwendbar.

Das Verfahren zur Genehmigung von Anlagen nach § 7 AtG richtet sich in erster Linie nach den Vorschriften des Bundesverwaltungsverfahrensgesetzes und, soweit

Landesbehörden zuständig sind, nach den Normen der Länderverwaltungsverfahrensgesetze. Ergänzend greifen die Vorschriften der Atomrechtlichen Verfahrensverordnung (AtVfV), die spezifische Besonderheiten des atomrechtlichen Genehmigungsverfahrens enthalten.

3.2.3 Strahlenvorsorgegesetz (StrVG)

Die Erfahrungen, die die Überwachungsbehörden von Bund und Ländern zur Minimierung der Strahlenexposition der Bevölkerung nach dem Reaktorunfall in Block 4 des Kernkraftwerkes Tschernobyl in der UDSSR machten, fanden ihren Niederschlag im "Gesetz zum vorsorgenden Schutz der Bevölkerung gegen Strahlenbelastung (Strahlenschutzvorsorgegesetz – StrVG)". Seiner Zielrichtung nach bezweckt das StrVG die Verbesserung des bisher geltenden Strahlenschutzrechts. Während die bis dato gültigen Vorschriften allein Unfälle, Störfälle und sonstige sicherheitstechnisch bedeutsame Ereignisse erfaßten, die innerhalb der Bundesrepublik Deutschland auftraten, soll darüber hinaus durch das StrVG, in Ergänzung zum AtG, bei wesentlichen radiologischen Auswirkungen von nuklearen Unfällen ein einheitliches System der laufenden Überwachung der Umweltradioaktivität und der Einrichtung eines Informationssystems des Bundes auf der Ebene des Bundesrechts geschaffen werden.

Die gesetzliche Zweckbestimmung in § 1 besteht darin, zum Schutz der Bevölkerung die Radioaktivität in der Umwelt zu überwachen und darüber hinaus die Strahlenexposition der Menschen und die radioaktive Kontamination der Umwelt durch angemessene Maßnahmen so gering wie möglich zu halten.

Die einzelnen Maßnahmen zur Überwachung der Umweltradioaktivität werden in den §§ 2 – 5 aufgeteilt, wobei dem Bund unter anderem die großräumige Ermittlung der Radioaktivität in Luft und Niederschlägen, die Zusammenfassung, Aufbereitung und Dokumentation der vom Bund ermittelten Daten sowie deren Bewertung zugeschrieben wird, wogegen die Länder die Radioaktivität insbesondere in Lebensmitteln, in Futtermitteln, im Trinkwasser, in Abwässern, in Düngemitteln etc. ermitteln.

Der dritte Abschnitt des Gesetzes enthält einen Maßnahmekatalog, wie z.B. den der Bestimmung von Dosiswerten und Kontaminationswerten, Verbote sowie Beschränkungen für das Inverkehrbringen von Lebensmitteln, Futtermitteln, Arzneimitteln und sonstiger Stoffe, die die festgesetzten Dosis- und Kontminationswerte überschreiten. Schließlich werden im vierten Abschnitt neben der Verteilung der

Zuständigkeiten insbesondere verschiedene Bundesanstalten als Leitstellen für die Überwachung der Umweltradioaktivität bestimmt.

3.3 Technische Energienutzung im historischen Rückblick

Energie wird heute zur Aufrechterhaltung industrieller Prozesse und zum Ablauf unserer gewohnten Lebensumstände in vielen verschiedenen Formen, zu verschiedenen Zeiten und an verschiedenen Orten benötigt. Dabei ist die Bedarfsmenge um so höher, je "entwickelter" die energieverbrauchende Gesellschaft ist. Im historischen Rückblick lassen sich unterschiedliche Epochen in der Energieversorgung erkennen.

Die vorindustrielle Zeit war durch die Nutzung von Energieträgern wie Holz, getrockneter Tierdung, Torf, Windkraft, Wasserkraft und Muskelkraft gekennzeichnet. Bemerkenswert ist, daß dies fast ausschließlich erneuerbare Energien sind. Bei der Nutzung und Verteilung dieser Energieträger wurde keine besondere Infrastruktur benötigt, da diese Energien praktisch vor der Haustür lagen und nur "eingesammelt" werden mußten. Einwirkungen auf die Umwelt waren bei dieser Energiewirtschaft minimal, ebenso die Entsorgungsprobleme. Dennoch war der erste Umweltverschmutzer bereits Kain mit seinem schlecht brennenden Opferfeuer.

Die Ära der Nutzung der Kohle wurde durch die Erfindung der Dampfmaschine im Jahre 1765 und die damit einsetzende industrielle Revolution eingeleitet. Die Erschließung und Nutzbarmachung der in Europa in großen Mengen vorkommenden Kohlevorräte durch den Bergbau ermöglichte ein rasches Wachstum der Volkswirtschaften. Da sich die Industrie in der Nähe der Kohleförderung ansiedelte, entstanden Ballungsgebiete wie in Mittelengland oder im Ruhrgebiet. Rasch wurden negative Auswirkungen sichtbar: Abraumhalden, verschmutzte Gewässer, Smog und starke, allerdings noch lokale Auswirkungen auf die Vegetation. Gemessen an Hunger und Armut der Bevölkerung glaubte man jedoch, diese Auswirkungen zugunsten des Fortschritts und der Verbesserung der Lebensqualität hinnehmen zu müssen.

Nach dem zweiten Weltkrieg begann der Bedarf an Primärenergie in den industriellen Ländern steil anzusteigen, verbunden mit einem steilen Anstieg des Lebensstandards und wachsender Mobilität der Bevölkerung. Der Verbrauch von Primärenergie verdreifachte sich in der Zeit von 1950 bis 1980. Dieser Energiehunger wurde weitgehend mit den fossilen Energieträgern Erdöl und Erdgas gestillt. Da zwischen

Förderung und Verbrauch dieser Primärenergieträger ohnehin große Entfernungen liegen, zu deren Überwindung ein hocheffizientes Transport- und Verteilungssystem notwendig ist, begann die Erschließung neuer Industriestandorte, und es fand trotz zunehmender Industrialisierung eine gewisse Entlastung der Ballungsräume, und damit eine Reduzierung lokaler Schäden statt. Die Wahrnehmung von Schädigungen der Umwelt blieb immer noch auf lokale Auswirkungen beschränkt. Zur Entlastung der Ballungsräume wurden immer höhere Schornsteine gebaut. Bis vor kurzem war der Spruch zu hören: "Der Schornstein muß rauchen.". Umweltschutz und Entsorgung sind auch bei uns relativ neue Begriffe, für die sich erst spät ein Bewußtsein herausbildete.

Lange Zeit galt die Kernenergie als eine große Hoffnung zur Überwindung aller volkswirtschaftlichen Energieprobleme. Man lese nach, mit welchem Optimismus in den fünfziger Jahren das Programm "Atom for Peace" in den USA ins Leben gerufen wurde. In der Bundesrepublik begann man Ende der sechziger Jahre mit dem kommerziellen Ausbau der Kernenergie. Die Szenarien, die damals für eine Weiterentwicklung dieser Energieart entworfen wurden, mit Nuklearinseln, in denen sich Leichtwasserreaktoren um schnelle Brüter scharen, muten aus heutiger Sicht grotesk an. Die Hoffnung auf Energie im Überfluß suggerierte den Traum eines immer weitergehenden, exponentiellen Wirtschaftswachstums. Die Hoffnung, alle Energiesorgen mit der Kernenergie zu überwinden, hat bekanntlich getrogen. Die Gründe, die zuerst in den USA und dann auch in der Bundesrepublik zu einem defacto Moratorium für einen weiteren Ausbau der Kernenergie geführt haben, sind vielschichtig (s. Abschnitt 3.6).

Eine Zäsur stellte auch die erste Ölkrise im Jahr 1973 dar. Hier wurde ein Prozeß ausgelöst, bei dem der Öffentlichkeit immer bewußter wurde, daß Ressourcen und Energie nur in beschränkten Ausmaßen zur Verfügung stehen. Darüber hinaus wurden weiträumige Umweltschäden sichtbar: das Wort "Waldsterben" trug dazu bei, daß Umweltschutz zu einem zentralen Thema der politischen Auseinandersetzung wurde. Die "Politik der hohen Schornsteine" wurde als Fehlentwicklung, die Umweltverschmutzung als grenzüberschreitendes, kontinentales Problem erkannt.

In zunehmendem Maß setzt man seither auf erneuerbare Energien. Die Wasserkraft ist weitgehend genutzt, Windenergie steht an der Schwelle zu einer großtechnischen Nutzung. Beide Energieformen zusammen können nur ein geringes Segment des volkswirtschaftlichen Bedarfs an elektrischem Strom abdecken. Direkt wird Sonnenenergie heute im Bereich der Niedertemperaturwärme mit Sonnenkollektoren genutzt. Alle genannten regenerativen Energien können in der zukünftigen Energiewirtschaft grundsätzlich nur eine begrenzte Rolle spielen. Die einzige derzeit denkbare regenerative Energiequelle großen Stils scheint die solare Wasserstofferzeugung zu sein. Während das grundsätzliche naturwissenschaftliche Rüstzeug hierfür vorhanden ist, müssen noch gewaltige technische und wirtschaftliche Probleme gelöst werden.

Unter Einbeziehung ökologischer Aspekte bleiben schon heute nur die vier folgenden Wege offen: Ausschöpfung des wirtschaftlich nutzbaren Potentials erneuerbarer Energien, Verbesserung der Effizienz vorhandener Systeme, Verwertung von Abfallenergie und Einsparung von Nutzenergie. Daran wird sich auch in Zukunft nichts ändern.

3.4 Derzeitige Struktur des Energieverbrauchs

Tabelle 3–1 gibt einen Überblick über die Entwicklung des Primärenergiebedarfs in Westeuropa von 1970 bis 1990. Zugleich gibt die Tabelle einen Überblick über die zur Zeit genutzten, nichtregenerativen Energieträger:

Tab.3–1: *Primärenergiebedarf in Europa*

Energieträger	1970	1980	1990
Mineralöle	57%	53%	41%
Erdgas	7%	15%	19%
Kohle	27%	21%	20%
Kernenergie	1%	3%	12%
Energieäquivalent in PJ	46.427	54.223	64.482

Wie aus Tabelle 3–1 zu ersehen ist, ist unsere Zeit immer noch durch die Vorherrschaft des Primärenergieträgers Erdöl gekennzeichnet, obwohl der Zuwachs von Erdgas und Kernenergie in den letzten zwei Jahrzehnten das Erdöl zurückgedrängt hat. Nach zwei Ölpreiskrisen und der erneuten Verschärfung der Versorgungslage durch die Golfkrise Ende 1990 gilt es in Verbindung mit Abschätzungen der Ressourcen als sicher, daß eine billige langfristige Nutzung eine Illusion sein muß. Daß heißt, Erdöl muß in der Zukunft in noch stärkerem Maße eingespart bzw. durch andere Energieträger substituiert werden.

Im folgenden sei die Energiebilanz der Bundesrepublik Deutschland (alte Bundesländer) zwischen 1970 und 1986 nach Angaben des Bundesumweltamtes dargestellt. Zunächst wird die Abdeckung des Primärenergiebedarfs in der Tabelle 3–2 in Peta-Joule (1 PJ = 10^{15} J) zusammengestellt. In jedem Jahr umfaßt die erste Spalte den Gesamteinsatz der Primärenergieträger und die zweite Spalte den emissionsrelevanten Einsatz in Feuerungen und Verbrennungsmotoren. Sonstige Energieträger sind Brenn- und Abfallholz, Brenntorf, Müll, Klärgase, sonstige Abfallgase und Abhitze zur Strom- und Fernwärmeerzeugung.

Tab.3–2: *Abdeckung des Primärenergiebedarfs*

Primärenergieträger	1970		1978		1986	
Mineralöle	5.264	4.512	5.975	5.075	4.936	4.282
Erdgas	545	501	1.780	1.696	1.745	1.619
Steinkohle	2.831	2.443	2.029	1.696	2.278	1.939
Braunkohle	93	933	1.067	1.067	984	982
Kernenergie	61	–	345	–	1134	–
Wasserkraft	245	–	193	–	208	–
Sonstige Energietr.	96	96	129	125	188	188

Der Primärenergieverbrauch stieg von 1966 bis 1973 mit 5%/a deutlich an, verringerte sich dann als Folge der ersten Ölkrise bis 1975 um 4,4%/a. Bis 1979 war dann erneut mit 4,2%/a ein kräftiger Anstieg zu verzeichnen. Während von 1979 bis 1982 der Gesamtverbrauch mit 4% rückäufig war, nahm er danach bis 1986 mit 1,7% wieder leicht zu. Dagegen stieg der emissionsrelevante Anteil des Energieverbrauchs zwischen 1966 und 1973 um 4,5%/a an und bis 1979 um 1%/a, bis 1982 verringerte er sich um 4,2%/a, um dann mit 0,7%/a bis 1986 anzusteigen. Entsprechend verringerte sich der emissionsrelevante Anteil des Primärenergieverbrauchs im Zeitraum 1966 bis 1986 von 87% auf 79%. Die Ursache dieser Differenz liegt im wesentlichen im Ausbau der Kernenergie. Die Kernenergie steigerte sich auf 10% der eingesetzten Primärenergie. Daraus wurde ca. 3,4% in Form elektrischen Stroms nutzbar. Für die Emissionsentwicklung bedeutsam sind Verschiebungen zugunsten emissionsärmerer Brennstoffe, insbesondere Erdgas. Der Erdgaseinsatz erhöhte sich bis 1973 sehr stark und danach bis 1979 erheblich. Nach einer rückläufigen Periode steigt der Verbrauch seit 1983 wieder mäßig an. Der Mineralölverbrauch stieg bis 1978 kontinuierlich an. Zwischen 1978 und 1982 war eine rückläufige Tendenz zu beobachten, seither stagniert der Verbrauch. Der Grund hierfür ist der ständig wachsende Straßenverkehr, der Substitutionen von schwerem Heizöl durch Kernenergie und Kohle im Kraftwerksbereich weitgehend neutralisiert. Bei der Steinkohle wurde der starke Rückgang 1973 abgeschwächt. Ab 1979 ist wieder ein Zuwachs dieses Energieträgers zu beobachten. Braunkohle, die fast ausschließlich verstromt wird, wurde bis 1979 mit zunehmender Tendenz verbraucht. Bis 1982 schwächte sich der Zuwachs ab. Seither nimmt der Verbrauch deutlich ab, da im Grundlastbereich der Stromerzeugung Braunkohle durch Kernenergie substituiert wird. Die Wasserkraft ist durch die Abhängigkeit vom Wasseranfall erheblichen Schwankungen unterworfen. Der Primärenergieanteil beträgt rund 1,7%, wegen der hohen Effizienz von Wasserkraftwerken werden rund 1,4% in Form elektrischen Stroms nutzbar.

Neben den Begriffen Primär- und Nutz- oder Endenergie taucht als Zwischenstufe der Begriff der Sekundärenergie auf. Diese muß erst zum Endverbraucher transportiert werden. Hierbei ist die elektrische Energie wohl die Sekundärenergie, die am vielseitigsten verwendbar ist. Elektrische Energie läßt sich leicht in die Endenergie Kraft, Wärme oder Licht umwandeln. Deshalb ist elektrische Energie defacto Nutzenergie.

Die Primärenergie wird für die in Tabelle 3–3 zusammengestellten Zwecke eingesetzt, wobei die Abdeckung mit Primärenergie für die einzelnen Verwendungszwekke und Verluste und der emissionsrelevante Anteil aufgelistet werden.

Tab. 3–3: Verwendung der Primärenergie

Endverbrauchssektoren	1970		1978		1986	
Straßenverkehr	+935	935	1.374	1.374	1.582	1.582
übriger Verkehr	+359	304	339	263	387	293
Haushalte	+1.813	1.606	2.093	1.735	2.187	1.761
Kleinverbraucher	+1.064	901	1.236	963	1.219	861
Industrie	+2.637	1.850	2.625	1.770	2.233	1.352
Nichtenerg.Verbrauch	+722	–	936	–	687	–

In Tabelle 3–3 enthält der erste Teil die Nutzenergie, die bei den Endverbrauchern ankommt, neben dem emissionsrelevanten Anteil. Der zweite Teil nichtenergetischer Nutzung trägt nicht zur Emission von Schadstoffen bei. Im dritten Teil werden die Auswirkungen der Energieumwandlung dargestellt. Der Energieeinsatz umfaßt die Primärenergien in Kraftwerken, Heizkraftwerken, Heizwerken und Großfeuerungen inklusive Eigenverbrauch der Anlagen und Leitungsverlusten bis

Tab. 3–3: Verwendung der Primärenergie

Umwandlungsbereich	1970		1978		1986	
Kraft/Fernheizwerke						
• Energieeinsatz	+2.742	2.333	+3.750	3.044	+4.302	2.733
• Energieausstoß	–1.027	–	–1.455	–	–1.693	–
Übrige Umwandlung						
• Energieeinsatz	+7.686	556	+6.575	510	+5.627	388
• Energieausstoß	–6.956	–	–5.955	–	–5.058	–
Summe	9.975	8.485	11.518	9.659	11.473	9.010

hin zum Endverbraucher. Daneben steht der emissionsrelevante Anteil der Umwandlungsverluste. Von der eingesetzten Primärenergie wird die beim Verbraucher ankommende Nutzenergie abgezogen. Die durch die Nutzenergie verursachten Emissionen werden in den verschiedenen Endverbrauchssektoren berücksichtigt.

Vom gesamten Primärenergieeinsatz in der Bundesrepublik Deutschland (1980: 12.992 PJ) dienten 58% zur Deckung des Endenergiebedarfs. Etwa 18% werden exportiert, gebunkert oder nichtenergetischen Zwecken zugeführt. Der Rest von 24% wird als Eigenbedarf bei der Umwandlung von Primär- in Sekundärträger, Transportverlust und weiterem Verlust im Wirtschaftszweig Energieversorgung ausgewiesen. Tab. 3–4 gibt eine Übersicht über die Aufteilung des Endenergiebedarfs auf die einzelnen Anwendungen.

Die Effizienz der Umwandlung von Primärenergie in Nutzenergie erreicht im Gesamtbereich der Industrie etwa 55%, im Haushalt und Kleinverbrauch etwa 45% und im Verkehr nur 17%. Damit entstehen bei der Nutzenergieerzeugung Verluste, die fast 40% des eingesetzten Primärenergiepotentials ausmachen. Das deutet schon darauf hin, daß die größten Reserven der Einsparung im Bereich der Umwandlungs- und Anwendungstechnik liegen. Die sich hieraus ergebenden Forderungen seien schon hier genannt: Vermeidung unnötigen Nutzenergieverbrauchs, Senkung des Nutzenergieverbrauches bei bestimmten Anwendungen, Erhöhung der Effizienz bei den Umwandlungsprozessen, Rückgewinnung von Energie, Abwärmenutzung, Substitution nichtregenerativer durch regenerative Energie, Nutzung der Energie in Abfallstoffen.

Tab.3–4: Aufteilung des Endenergiebedarfs auf die Anwendungsbereiche

Endenergiebedarf		Anteil
• Raumheizung		36 %
	Industrie	4 %
	Haushalt	20 %
	Kleinverbrauch	11 %
	Verkehr	1 %
• Prozeßwärme		36 %
	Industrie	25 %
	Haushalt	6 %
	Kleinverbrauch	5 %
• Kraft		27 %
	Verkehr	21 %
	Kleinverbrauch	1 %
	Haushalt	<1 %
	Industrie	4 %
• Licht		4 %

3.5 Konventionelle Energieerzeugungsanlagen

3.5.1 Stromerzeugung

Im Folgenden sollen die Prinzipien der Umwandlung von nichtregenerativer Primärenergie in die Nutzenergien elektrischer Strom, Prozeßwärme und Heizwärme besprochen werden. Obwohl die Kernenergie auch zu diesem Bereich zählt, werden Prinzipien der Kernenergienutzung und die speziellen mit dieser Technik verbundenen Umweltprobleme in Abschnitt 3.7 gesondert behandelt.

In der Bundesrepublik Deutschland wird die Elektrizität in erster Linie mit über 80% in EVU–eigenen Kraftwerken der öffentlichen Versorgung erzeugt (EVU = Elektrizitätsversorgungsunternehmen), in deren Netze auch große industrielle Kraftwerke vorwiegend aus dem Steinkohlebergbau einen über den Eigenbedarf hinausgehenden Anteil ihrer Stromerzeugung einspeisen. Darüberhinaus speisen auch private Betreiber von Klein- und Kleinstkraftwerken mit einem heute noch sehr geringen, aber zunehmenden Anteil in das Netz ein. Die Bundesbahn betreibt ein eigenes Netz mit Kraftwerken. Der Anteil an Elektrizitätsversorgung am Gesamtenergieverbrauch in der Bundesrepublik lag 1980 bei ca. 30%. Tabelle 3–5 zeigt den Anteil verschiedener Primärenergieträger an der Erzeugung von Elektrizität und den Anteil an der Stromerzeugung.

Tab. 3–5: *Anteil verschiedener Primärenergien an der Stromversorgung in der Bundesrepublik Deutschland (1980)*

Primärenergie	a)	b)
Stein– und Braunkohle	60 %	63 %
Erdöl	5 %	4 %
Erdgas	18 %	15 %
Kernenergie	15 %	13 %
Wasserkraft	2 %	5 %

Die Abdeckung der Grundlast erfolgt vorwiegend durch thermische Kraftwerke hoher Blockleistungen aus den Primärenergiebereichen Kernenergie (900 bis 1300 MW) und Kohle (600 bis 750 MW). Der Kernenergieanteil an der Stromproduktion ist inzwischen auf 34% angestiegen. Die Mittellast wird vorwiegend durch Kohle erzeugt. Bei thermischen Spitzenlastkraftwerken stehen mit Erdöl oder Erdgas befeuerte Gasturbinenanlagen im Vordergrund, die rasch angefahren werden können. Die Kraftwerke müssen das Netz in Lastfolge versorgen. Zum Augleich zwischen Grundlast und Spitzenlast werden Pumpspeicherwerke (s. Abschnitt 3.8.4.1) oder Luftspeicherkraftwerke mit großen Luftspeichern in unterirdischen Kavernen betrieben.

Bei der Nutzung des Primärenergieträgers Kohle für die Stromerzeugung wird die in der Kohe gebundene chemische Energie in einem Dampfkraftwerk in elektrische Energie umgewandelt. Dazu wird die Kohle in einer Feuerung verbrannt, um über Heizflächen Dampf mit einer Temperatur um 530 ^{0}C und einem Druck bis 240 bar zu erzeugen. Dieser Frischdampf gibt in einer nachgeschalteten Dampfturbine unter Entspannung und Abkühlung Arbeit ab. Die über die Welle der Dampfturbine abfließende mechanische Energie treibt den Generator zur Erzeugung elektrischer Energie an. Der entspannte Dampf aus der Turbine wird in einem Kondensator niedergeschlagen und das Kondensat über Kondensat- und Speisewasserpumpen und über eine Vorwärmstrecke zum Dampferzeuger zurückgeführt.

Die Kondensationswärme ist Verlustwärme, die aus thermodynamischen Gründen durch Direktkühlung an Flußwasser oder über Kühltürme an die Atmosphäre abgeführt werden muß. Sie ist thermodynamisch weitgehend entwertet und fließt mit einem geringen Temperaturgefälle an die Umwelt ab. Die Art der Kühlung legt die Kondensationstemperatur und damit auch den Druck im Kondensator mit Werten um 50 mbar fest. Der Energieinhalt der Rauchgase wird weitgehend genutzt, zuletzt im Luftvorwärmer zur Vorwärmung der Verbrennungsluft. Die Rauchgase haben vor Eintritt in die Rauchgasreinigung Temperaturen $\succ$ 100 °C. Dies verursacht neben den Kondensatorverlusten weitere Verluste in der Größe einiger Prozent. Der Wirkungsgrad wird letztlich durch das Gefälle zwischen der mittleren Temperatur der Wärmezufuhr im Dampferzeuger und der Temperatur im Kondensator sowie durch möglichst reversible Prozeßführung bestimmt. Maßnahmen zur weitgehend reversiblen Durchführung des Kreisprozesses sind zum einen die Zwischenüberhitzung, die eine Steigerung des Frischdampfdrucks und damit eine Erhöhung der mittleren Temperatur der Wärmezufuhr zuläßt und zum anderen die regenerative Speisewasservorwärmung durch Anzapfdampf, die erheblich zur Steigerung der mittleren Temperatur der Wärmezufuhr beiträgt. Bei modernen Dampfkraftwerken zur Stromerzeugung läßt sich die Frischdampftemperatur aus Werkstoffgründen nicht über 540 °C steigern. Die Prozeßführung erfolgt soweit als möglich reversibel. Die Rauchgasverluste sind minimiert. Die Kühlmöglichkeit hängt vom Standort ab. Der heute erreichte Wirkungsgrad von etwa 38% ist deshalb nur noch in geringem Maß steigerungsfähig. Auf Grund der Umweltschutzgesetze sind Entschwefelungs- und Entstickungsanlagen vorgeschrieben. Dies führt zu einer Verringerung des Wirkungsgrades und damit zu einem Anstieg der Stromproduktionskosten. Tabelle 3–6 gibt einen Überblick über die Entwicklung der Wirkungsgrade und des Brennstoffeinsatzes bei der Stromerzeugung durch Kohlekraftwerke.

Eine wirkungsvolle Steigerung der Wirkungsgrade kann nur erreicht werden, wenn die obere Prozeßtemperatur angehoben wird. Gas- und Dampfturbinenkraftwerke (GuD) erreichen beim Einsatz von Erdgas oder Erdöl als Primärenergie zur Verstromung schon heute bei einer Eintrittstemperatur von 1100 °C in die Gasturbine Wirkungsgrade von ca. 50 %. Neuentwicklungen dieses Prinzips mit Kohleverflüssigung oder -vergasung oder des Kombi–Prinzips mit Verbrennung in einer druckaufgeladenen Wirbelschicht zur effektiveren Nutzung der Kohle sind weit fortgeschritten. Brennstoffzellen erlauben Wirkungsgrade bis über 60 %. Diese Technik

Tab. 3–6: Entwicklung der Wirkungsgrade und des Brennstoffeinsatzes bei Kohlekraftwerken (1 kg SKE = 29,31 MJ)

Jahr	1948	1955	1959	1965	1970	1975	1980	1985
Wirkungsgrad	0,188	0,267	0,306	0,341	0,357	0,369	0,381	0,384
kg SKE/kWh	0,654	0,490	0,402	0,360	0,344	0,333	0,322	0,320

wird in der Zukunft eine große Rolle spielen, wenn sich die Wasserstofftechnik durchsetzt (s. Abschitt 3.7.4.6).

3.5.2 Kraft–Wärme–Kopplung

Um Kohle wieder für die direkte Wärmeerzeugung nutzbar zu machen, sind neue Ansätze notwendig, da kohlebefeuerte Einzelheizungen wegen schlechter Brennstoffausnutzung und hoher Schadstoffemission nicht mehr akzeptabel sind. Sammel- und Fernheizsysteme für Ballungsgebiete werden favorisiert. Zur Versorgung von Fernheizsystemen werden heute – sofern nicht industrielle Abwärme zur Verfügung steht– Heizkraftwerke eingesetzt, die nach dem Prinzip der Kraft–Wärme–Kopplung arbeiten. Dieses Verfahren wird auch zur Erzeugung von Prozeßwärme in der Industrie angewandt. Durch Investitionszuschüsse von insgesamt 1,2 Mrd. DM im Rahmen des Programms des Bundes für Zukunftsinvestitionen sollen Investitionen von mehr als 5 Mrd. DM mobilisiert werden, die zum Bau von Kohleheizkraftwerken, zur Umrüstung von Öl- und Gaskraftwerken auf Kohle mit Kraft–Wärme–Kopplung sowie zum Ausbau der Fernwärmenetze dienen.

Bei Dampfkraftwerken wird die Kraft–Wärme–Kopplung durch Abbrechen der Entspannung in der Dampfturbine auf einem über dem Kondensatordruck liegenden höheren Druckniveau (Gegendruckbetrieb) oder durch Dampfentnahme aus der Turbine bei der Entspannung auf dem entsprechenden Druckniveau (Anzapf-betrieb) bewerkstelligt. Damit sinkt die Ausbeute an elektrischer Energie ab, die Nutzenergie als Summe aus mechanischer bzw. elektrischer Energie und Prozeß- bzw. Heizwärme steigt jedoch an und erreicht bei Gegendruckbetrieb den vollständigen Wert der an den Turbinenkreislauf übertragenen thermischen Energie. Dann fließt Abwärme nur in Form der fühlbaren Wärme der Rauchgase ab und die Primärenergie wird zu über 90 % genutzt.

Beim Einsatz von Heizöl oder Erdgas als Brennstoff wird die Kraft–Wärme–Kopplung in kleineren, dezentralen Anlagen (Blockheizkraftwerken) mit Gasturbinen oder Verbrennungsmotoren durchgeführt. Bei einer Gasturbinenanlage mit offenem Kreislauf findet die Verbrennung unmittelbar im Prozeßmedium Luft statt. Die Anlage setzt 25 bis 30 % der eingesetzten Brennstoffenergie in mechanisch/ elektrische Energie um und gibt Abgase hoher Temperatur ab. Die im Abgas enthaltene Abwärme kann in einem Abhitzekessel zur Prozeßdampferzeugung oder in einem Abgaswärmetauscher zur Erzeugung von Heißwasser verwendet werden, ohne daß die Erzeugung elektrischer Energie nennenswert vermindert würde. Das gilt auch für Verbrennungsmotoren, bei denen die mechanisch–elektrische Energieausbeute 30 bis 40 % beträgt. Neben der in den Abgasen enthaltenen Abwärme fällt hier keine Abwärme durch die Motorkühlung an. Diese Kühlwasserwärme kann vollständig als Heizwärme genutzt werden. Die Verluste der eingesetzten Primärenergie liegen bei konsequenter Abwärmenutzung sowohl bei der Gasturbine als auch beim Verbrennungsmotor in der Wärme, die das Abgas nach dem Austritt aus dem Abgaswärmetauscher noch mit sich führt. Bei der Nutzung von Heizwärme sinkt der Abgasverlust auch bei den Blockheizkraftwerken auf etwa 10 bis 15 % der eingesetzten Brennstoffenergie ab.

Die Einsparungen an Primärenergie, die mit der Kraft–Wärme–Kopplung erreicht werden können, sind beträchtlich. Besteht z.B. das Ziel, 30 Teile elektrischen Strom und 60 Teile Heizwärme zu erzeugen, so ist bei getrennter Erzeugung des elektrischen Stroms in einem zentralen Kondensationskraftwerk und der Heizwärme in einzelnen Hausheizungen ein Einsatz von 161 Teilen Primärenergie erforderlich. Dieser Betrag reduziert sich auf 100 Teile, wenn ein Blockheizkraftwerk mit Verbrennungsmotor ein Wohngebiet direkt mit elektrischem Strom und mit Heizwärme versorgt.

Bei kohlebefeuerten Heizkraftwerken stellt die atmosphärische Wirbelschichtfeuerung wegen geringer Schadstoffbildung einen erheblichen Fortschritt dar. Oberhalb eines Anströmbodens befindet sich feinkörniges Ballastmaterial, das von der Verbrennungsluft so angeblasen wird, daß es gerade in der Schwebe gehalten wird. Die pneumatisch zudosierte Kohle wird bei 800 °C verbrannt. Da ohnehin Ballaststoffe benötigt werden, können auch minderwertige Balastkohlen oder Kohlenschlämme aus Absetzweihern verbrannt werden. Infolge der niedrigen Verbrennungstemperatur werden kaum schädliche Stickoxide gebildet. Durch Zugabe von Kalkstein wird der in der Kohle enthaltene Schwefel gebunden. Die erzeugte Wärme wird an in die

Wirbelschicht eingetauchten Dampferzeugerrohre abgegeben. Es schließt sich ein konventioneller Dampfprozeß mit Kraft–Wärme–Kopplung an.

Neueste Entwicklung auf diesem Gebiet ist die druckaufgeladene Wirbelschicht. An einem vom Bundesministerium für Forschung und Technologie geförderten Projekt mit dem Namen DAWID (Druckaufgeladene Wirbelschichtfeuerung) arbeiten derzeit die Saarbrücker Energieversorgungsunternehmen und die Saarbergwerke AG. Bei diesem Kombi–Prozeß werden die 850 °C heißen Rauchgase aus der auf 10 bar aufgeladenen Wirbelschicht entstaubt und in einer Gasturbine entspannt. In die Wirbelschicht tauchen Dampferzeugerheizrohre ein. Die Wärme der Abgase der Gasturbine wird ebenfalls auf den Dampfkreislauf übertragen. Bei einer Feuerungsleistung von 85 MW soll die Gasturbine etwa 5 MW und die Dampfturbine bei Kondensationsbetrieb 28 MW leisten. Wenn die volle Fernwärmeleistung von 40 MW ausgekoppelt wird, sinkt die elektrische Leistung der Dampfturbine auf 24 MW. Vorteil dieses Kombi–Blocks ist, daß bei voller Fernwärmenutzung ein elektrischer Wirkungsgrad von 34 % erreicht wird, während bei einem reinen Dampfkreislauf bei gleicher Wärmeauskopplung nur 30 % erreicht werden. Der Ausnutzungsgrad der Primärenergie liegt bei voller Fernwärmenutzung bei 81 %, wobei etwa 10 MW als Abwärme über den Kondensator abfließen. Günstig sind auch die zu erwartenden Emissionswerte dieses Heizkraftwerks. Lediglich wegen der im Vergleich mit atmosphärischen Wirbelschichten erhöhten Verbrennungstemperatur treten etwas höhere Stickoxidemissionen auf.

3.5.3 Umweltschutzaspekte der konventionellen Energieerzeugung

Jeglicher Betrieb von Einrichtungen zur Erzeugung von Nutzenergie bedingt den Eingriff in "natürliche" Prozesse und führt zu Veränderungen in der näheren oder weiteren Umgebung. Die zentrale Aufgabe besteht darin, diese Veränderungen möglichst gering zu halten. Bei der Lösung dieses Problems unterscheidet man die folgenden Teilaspekte:

- Maßnahmen zum rationellen Einsatz von Energie,
- Maßnahmen zur Reinhaltung der Luft,
- Maßnahmen zur Reinhaltung der Oberflächengewässer,
- Maßnahmen zum Landschaftsschutz,
- Maßnahmen zur Lärmbegrenzung.

Aktiver Umweltschutz ist das Vermeiden unnötigen Nutzenergie- und Rohstoffbedarfs, wie z.B. im privaten Bereich der Verbrauch an Licht, Kraft, Wärme und

Wasser, der nicht dazu beiträgt, die Lebensqualität zu verbessern. Beispiele hierzu sind der leerlaufende Fahrzeugmotor, das unnötige Herumfahren mit Kraftfahrzeugen, das Beheizen oder Beleuchten nicht genutzter Räume, zu hohe Temperaturen in beheizten Räumen, zu hohe Brauchwassertemperatur, übermäßiges Lüften von Räumen sowie der Verbrauch unnötig großer Mengen an Wasser. Die Elektroindustrie konnte zwischen 1975 und 1985 den Stromverbrauch von Haushaltsgeräten im Durchschnitt um 25% absenken. Durch gesetzliche Vorschriften zur verbesserten Wärmedämmung wird Primärenergie für Heizzwecke eingespart. Solare Architektur senkt den Verbrauch an fossilen Brennstoffen zu Heizzwecken weiter ab. Wärmerückgewinnung wird in der Industrie nur im Rahmen wirtschaftlicher Randbedingungen ausgenutzt. Ein größerer Teil des Potentials wird genutzt, wenn erhöhte Investitionen wirtschaftlich vertretbar werden. Zur Wärmerückgewinnung genügt oft der Einbau von Wärmetauschern. Zum Teil muß auch höherer Aufwand getrieben werden. Steht z.B. Abwärme auf einem zu niedrigen Temperaturniveau zur Verfügung, so kann entweder der Wärmeabnehmer an das verfügbare Temperaturniveau angepaßt werden (z.B. Niedrigtemperaturheizungen) oder die Abwärme kann durch den Einsatz von Wärmepumpen aufgewertet werden. Für das Jahr 2000 wird ein wirtschaftlich nutzbares Potential der Aufwertung von Ab- und Umweltwärme in Elektrowärmepumpen von 14 PJ/a und in Gas/Dieselmotorwärmepumpen von 42 PJ/a vorhergesagt. Abwärme hoher Temperatur kann auch über ORC–Kreisläufe (Organic Rankine Cycles) zum Teil in mechanisch–elektrische Nutzenergie verwandelt werden. Anlagen zur Wärmerückgewinnung werden seit 1978 durch das Investitionszulagengesetz gefördert. Eine weitere Möglichkeit liegt in der Rückgewinnung von kinetischer Energie beim Abbremsen von Fahrzeugen. Eine Stoffrückführung (Recycling) kann neben der Schonung von Rohstoffresourcen auch den Energiebedarf für die Herstellung neuer Materialien wesentlich senken. So liegt der Endenergieverbrauch bei der primären Aluminiumherstellung aus Bauxit bei etwa 24.000 kWh/t, während er für die Herstellung aus Aluminiumschrott nur 750 kWh/t beträgt. Bei der Stahlherstellung kommt man bei Verwendung von Schrott im Elektrostahlofen mit etwa 780 kWh/t auf nur 15% des Endenergieverbrauchs für die Roheisengewinnung aus Erz.

Bei der Luftreinhaltung stehen bei der Verwendung fossiler Energieträger die Begrenzung und die Zusammensetzung der Abgase aus den Verbrennungsvorgängen im Vordergrund. Hier findet in zunehmendem Maß die CO_2–Emission im Zusammenhang mit dem globalen Treibhauseffekt Beachtung. Wie in Kapitel 4 näher ausgeführt, werden von Feuerungen und Verbrennungsmotoren neben Stäuben und

Ruß hauptsächlich die Schadstoffe Schwefeldioxid, Stickoxide, Kohlenmonoxid und Kohlenwasserstoffverbindungen emittiert. Die Hauptemittenten von Schwefeldioxid sind Kraftwerke und Industriefeuerungen, die darüber hinaus Stickoxide in erheblichen Mengen abgeben. Die maximal zulässigen Immissionen von Schadstoffen aus diesen Großfeuerungen sind im Bundesimmissionsschutzgesetz (BImSchG) durch Festlegung von Grenzwerten geregelt. In der neuen TA–Luft sowie der Großfeuerungsanlagenverordnung werden maximal zulässige Emissionswerte festgesetzt, die in vielen Fällen eine Ausrüstung der Feuerungen mit Entschwefelungs- und Enstikkungsanlagen und mit hocheffizienten Staubfiltern erforderlich machen. Naßwäsche der Rauchgase ziehen erhebliche Probleme mit Abwässern nach sich. Bei fast allen Rauchgasreinigungsverfahren fallen feste Rückstände an, die deponiert werden müssen, sofern sie nicht genutzt werden können. Die Umweltschutzmaßnahmen an Großfeuerungen erfordern hohe Investitionen. So beträgt der Aufwand für den Umweltschutz bei einem 750 MW Steinkohlekraftwerk bei einer Gesamtinvestition von rund 1 Mrd DM etwa 26%.

Der Verkehr emittiert im wesentlichen Stickoxide, Kohlenmonoxid und Kohlenwasserstoffverbindungen. Bei Kraftfahrzeugen schreibt der Gesetzgeber regelmäßige Abgasuntersuchungen (ASU) vor. Die Nachrüstung von Kraftfahrzeugen mit Dreiwegekatalysatoren zur Abgasreinigung wird zur Zeit staatlich gefördert, europaweit gültige gesetzliche Vorschriften werden folgen. Die Hauptemittenten von Staub sind Haushalte und Kleinverbraucher, die auch Kohlenmonoxid emittieren. Auch hier wird eine Schadstoffminderung durch gesetzlich vorgeschriebene regelmäßige Überwachungen der Feuerungen erreicht.

In diesem Zusammenhang sei noch erwähnt, daß Kernkraftwerke im Normalbetrieb günstigere Emissionen als fossil befeuerte Kraftwerke aufweisen. Es entfallen die Schadstoffabgaben und auch die Emissionen von Kohlendioxid. Dafür sind jedoch die Emissionen radioaktiver Stoffe zu beachten. Allerdings werden auch bei fossil befeuerten Kraftwerken radioaktive Stoffe natürlichen Ursprungs wie etwa ^{14}C, Radium und Thorium in nicht zu vernachlässigenden Mengen emittiert. So kann, bezogen auf die gleiche Leistung, die zusätzliche Strahlenexposition in der Nähe eines Steinkohlekraftwerkes höher sein als in der Umgebung eines intakten Kernkraftwerkes. Die Probleme der Kernenergie liegen in den Bereichen der Reaktorsicherheit und der Abfallentsorgung. Bei schweren Reaktorunfällen besteht die Möglichkeit, daß große Landstriche radioaktiv verseucht werden. Der radioaktive Abfall strahlt noch nach mehreren tausend Jahren.

Zum Abschluß sei bemerkt, daß Umweltschäden, die durch technische Prozesse verursacht werden, letztlich durch das Spannungsfeld zwischen bestehenden volkswirtschaftlichen Strukturen, energiepolitischen Vorgaben wie Förderung durch Investitionszuschüsse, Steuererleichterungen und Sonderabschreibungen, Auflagen des Gesetzgebers sowie den Erfordernissen des Marktes und damit dem Konsumverhalten eines jeden einzelnen Verbrauchers festgelegt werden. Dem Ingenieur bieten sich nur zwischen diesen Polen die Möglichkeit, die technischen Prozesse weiter zu entwickeln, zu optimieren und Innovationen einzuführen. Einerseits wurde in der Bundesrepublik durch das Investitionszulagengesetz im Bereich von KWK, Wärmerückgewinnung, Wasser-, Solar- und Windenergie bis 1983 ein Investitionsvolumen von rund 15 Mrd DM stimuliert, was zu einer Primärenergieeinsparung von 325 PJ/a führte. Auf der anderen Seite wird eine Zunahme des Energieverbrauches durch überproportionales Wirtschaftswachstum ebenso wie ein weiteres Anwachsen des Individualverkehrs eine Zunahme der Umweltschäden bewirken, auch wenn die in letzter Zeit eingeführten gesetzlichen Regelungen zum Umweltschutz eingehalten werden.

3.6 Energiegewinnung aus Reststoffen: Müll, Deponiegas, Klärgas und Gichtgas

In den alten Bundesländern der Bundesrepublik werden heute pro Einwohner und Jahr etwa 300 bis 350 kg Müll erzeugt. Von den ca. 25 Mio.t Hausmüll pro Jahr werden etwa 1/3 verbrannt und 2/3 deponiert. Zur Reduzierung des Problems und zur Schonung der Ressourcen müssen künftige Entwicklungen auf Müllvermeidung und auf die weitgehende Rezyklierung von Wertstoffen abzielen.
Bei der Müllverbrennung geht es in erster Linie um eine Kompaktierung und Inertisierung des Mülls, die jedoch zusammen mit der Gewinnung von Nutzenergie gesehen werden muß. Siedlungsmüll hat je nach seiner Zusammensetzung einen Brennwert von 3.000 bis 10.000 kJ/kg. Somit könnten theoretisch ca. 1,5% des Gesamtenergiebedarfs der Bundesrepublik Deutschland durch Müllverbrennung abgedeckt werden. Tatsächlich werden jährlich etwa 8 Mio.t verbrannt, damit wird ein Anteil von ca. 0,5% am Primärenergieeinsatz erreicht. Die Verbrennungsanlagen arbeiten dann optimal, wenn der Müll möglichst homogen ist und sein Brennwert über 6.000 kJ/kg liegt. Wenn der Brennwert nicht ausreicht, müssen Zusatzbrennstoffe eingesetzt werden. Die bei der Verbrennung freigesetzte thermische Energie wird zumeist in einem Dampfprozeß mit Kraft–Wärme–Kopplung

umgewandelt. Als Nutzenergie wird elektrischer Strom in das Netz eingespeist und die ausgekoppelte Wärme kann als Fernwärme oder Prozeßwärme Verwendung finden. Bei maximaler Wärmeauskopplung, d.h. bei Gegendruckbetrieb im Dampfprozeß, wird auch hier eine Ausnutzung der im Siedlungsmüll chemisch gebundenen Energie von etwa 90 % erreicht.

Die besondere Art des Brennstoffs Müll erzwingt wegen der wechselnden Zusammensetzung nach Art und Menge besondere technische Lösungen, die von den Feuerungen in Kraftwerken für fossile Brennstoffe zum Teil erheblich abweichen. Diese verfahrenstechnischen Besonderheiten beziehen sich auf den Verbrennungsrost, die Zufuhr der Verbrennungsluft und die Gestaltung des Feuerungsraums.

Speziell für die Müllverbrennung wurde der Walzenrost entwickelt. Hierbei sind zylindrische Walzen stufenförmig hintereinander angeordnet. Der Verbrennungsablauf wird durch variable Drehgeschwindigkeit der Walzen und durch Abänderung der Luftzufuhr an die Art des Mülls angepaßt. Der Feuerungsraum muß eine Nachbrennzone aufweisen, in der mindestens eine Temperatur von 800 °C und eine minimale Verweilzeit des Gasstroms gewährleistet werden muß. Die Feuerraumgestaltung hat beträchtliche Auswirkung auf die Form und Art des Dampferzeugers.

Die atmosphärische Wirbelschicht wird zunehmend in modernen Müllverbrennungsanlagen eingesetzt, da sich dieses Verfahren durch eine noch bessere Anpaßbarkeit des Verbrennungsablaufs an die Art des Mülls sowie durch hohe Verweilzeiten und gleichmäßige, gut einstellbare Temperaturen in der Verbrennungszone auszeichnet.

Aus wirtschaflichen Gründen sind Müllverbrennungsanlagen nahe bei Ballungsräumen erbaut worden, um die Kosten für Sammlung und Transport des Hausmülls möglichst niedrig zu halten. Bau und Betrieb einer Müllverbrennungsanlage sind teuer. Diese Kosten müssen im wesentlichen von den Kommunen aufgebracht werden. Aus dem Verkauf von Kraft und/oder Wärme lassen sich allerdings Erträge von 25 bis 100 DM/t Müll erzielen.

Jede Müllverbrennungsanlage läßt Folgeprobleme entstehen. Bei der Verbrennung erhält man feste Rückstände. Pro Tonne Siedlungsabfall entstehen 300 bis 400 kg Rohschlacke und ca. 25 bis 80 kg Filterasche. Darüberhinaus müssen die Abgase aus der Verbrennungsanlage entsprechend den Vorschriften der TA–Luft gereinigt werden. Hierbei fallen nach der Abwasseraufbereitung ca. 10 kg/t feste oder pasteuse, salzhaltige und mit Schwermetallen verunreinigte Abfälle an. Bei der Schlacke strebt man eine Weiterverwendung in granulierter Form an. Filterstäube und pasteuse Abfälle müssen entsorgt werden.

Bei der Verbrennung können sich Stoffe wie Dioxine oder Furane bilden, die selbst in sehr geringen Konzentrationen ein erhebliches Gefahrenpotential darstellen. Dies ist ein Grund für die Forderungen nach ausreichend hohen Temperaturen und Verweilzeiten in der Verbrennungszone der Feuerung. Durch eine sorgfältige Überwachung des Verbrennungsablaufes kann die Bildung dieser Stoffe weitgehend vermieden werden (s. Abschnitt 4.5.3.4).

Gefährliche Reaktionsprodukte lassen sich auch dadurch vermeiden, daß der Problemmüll ausgesondert und gezielt eingesammelt wird. Dieser Sondermüll umfaßt z.B. Haushaltschemikalien, Medikamente, Akkumulatoren, Batterien, Kunststoffe u.s.w. Auch in der Industrie fallen Produktionsrückstände an, die gefährliche Stoffe wie Halogene, Schwefel, Phosphor und Schwermetalle enthalten und deren Zusammensetzung teilweise unbekannt ist. Darüberhinaus sind diese Abfälle meist toxisch, korrosiv, reaktiv oder selbstentzündend. Bei der Behandlung dieser Abfälle geht es in erster Linie um eine Minderung des Schadenpotentials. Die Verbrennung des Sondermülls erfolgt in speziellen Drehrohröfen bei hohen Temperaturen $\succ$ 1200 ^{0}C unter Einsatz von Heizöl als Zusatzbrennstoff mit hohen Verweilzeiten des Sondermülls in der Verbrennungszone. Dabei werden auch sehr stabile chemische Bindungen aufgebrochen. Die Anlagen zur Sondermüllverbrennung unterliegen ebenfalls der TA–Luft.

Im Gegensatz zur Abfallverbrennung, für die mehr als 25 Jahre großtechnische Erfahrungen vorliegen, befinden sich andere Verfahren zur energetischen Nutzung von Müll wie die Pyrolyse (thermische Zersetzung) oder die Herstellung von Brennstoffen aus Müll (BRAM) noch in den Anfängen einer betrieblichen Nutzung. Zur Pyrolyse sind derzeit in der Bundesrepublik vier großtechnische Demonstrations- bzw. Prototypanlagen in Betrieb.

Bei dem Abbau der organischen Bestandteile von Müll in Deponien entstehen durch anaerobe Gärung vor allem Kohlendioxid und Methan. Der Heizwert von Deponiegas liegt bei 22.000 kJ/m^3. Aus einer Tonne Müll können in einem Zeitraum von 15 Jahren ca. 180 m^3 Gas gewonnen werden. In den alten Ländern der Bundesrepublik werden derzeit 350 Großdeponien betrieben, daneben gibt es noch 50.000 gasaktive Altdeponien. Der Deponiegasanfall wird auf 0,3% des Primärenergieverbrauchs geschätzt. Die Deponiegasnutzung betrug 1985 8,5%, sie wird zügig ausgebaut. Die Aufbereitung von Deponiegas auf Erdgasqualität mit anschließender Einspeisung in Gasversorgungsnetze befindet sich im Versuchsstadium. 1985 liefen 28 BHKW's mit einer elektrischen Gesamtleistung von 14,1 MW. 1988 wurde in Berlin–Wannsee die größte Anlage zur Deponiegasnutzung in Europa in Betrieb genommen. Die Gasmotoren des Blockheizkraftwerks erzeugen eine elektrische Leistung von 4,5 MW. Mit der Abwärme werden öffentliche Gebäude und Wohnhäuser beheizt.

Klärgas mit einem Methanghalt von 65 % entsteht in den Faulbehältern von Abwasseraufbereitungsanlagen beim bakteriellen Abbau des organischen Schlamms. Dabei liegt die Ausbeute im Mittel bei 11 m^3 Klärgas je m^3 Faulschlamm. Der mittlere Heizwert liegt bei 23.000 kJ/m^3. Das Klärgas wird heute noch weitgehend in Kesseln verfeuert und zur Faulraum- und Gebäudeheizung genutzt. Daneben wurden in der Bundesrepublik im Jahr 1986 33 gasmotorische Blockheizkraftwerke mit einer elektrischen Gesamtleistung von 17,5 MW betrieben. Die Nutzung von Klär- und Deponiegas in Blockheizkraftwerken wird in den nächsten Jahren weiter ausgebaut werden.

Gichtgas ist ein Reststoff, der bei der Erzeugung von Roheisen im Hochofen anfällt und bereits seit Jahrzehnten weitgehend energetisch genutzt wird. Der weitaus größte Anteil des Gichtgases wird in den Gießereien zur Prozeßwärmeerzeugung und in Unterfeuerungen eingesetzt. Im übrigen wird es in öffentlichen und industriellen Wärmekraftwerken zusammen mit Kohle zur Strom-, Prozeß- und Fernwärmeerzeugung eingesetzt.

3.7 Nutzung der Kernenergie

3.7.1 Reaktortypen und Brennstoffkreislauf in der Bundesrepublik Deutschland

In den USA wurde in den fünfziger Jahren das Programm "Atom for Peace" ins Leben gerufen. Bis heute sprechen Befürworter der Kerntechnik von der "friedlichen Nutzung der Kernenergie", um den Kontrast zur "militärischen Nutzung der Kernenergie" durch Atom- und Wasserstoffbomben deutlich zu machen. In der Bundesrepublik Deutschland griff man den Leitgedanken des erstgenannten Programms bald auf und gründete die Kernforschungszentren. Im Forschungsbereich begann man zunächst, eigene Reaktorlinien zu entwickeln. Parallel dazu begann die

Großindustrie, sich mit der Kerntechnik zu beschäftigen. Mit Lizenzen amerikanischer Hersteller griff man zunächst bei der AEG die Technik der Siedewasserreaktoren (SWR) und später bei Siemens die Technik der Druckwasserreaktoren (DWR) auf. Bild 3–2 zeigt schematisch eine DWR–Anlage. Beide Baulinien werden als Leichtwasserreaktoren (LWR) bezeichnet. Um 1970 gründeten die beiden Hersteller die Kraftwerk Union (KWU), die seither beide Reaktortypen herstellt. In der Bundesrepublik Deutschland (alte Bundesländer) ist heute (1991) eine LWR–Gesamtkapazität von knapp 20.000 MW zur Grundlast–Stromerzeugung installiert. Davon werden 7.270 MW durch Siedewasserreaktoren abgedeckt, die verbleibende Leistung durch Druckwasserreaktoren.

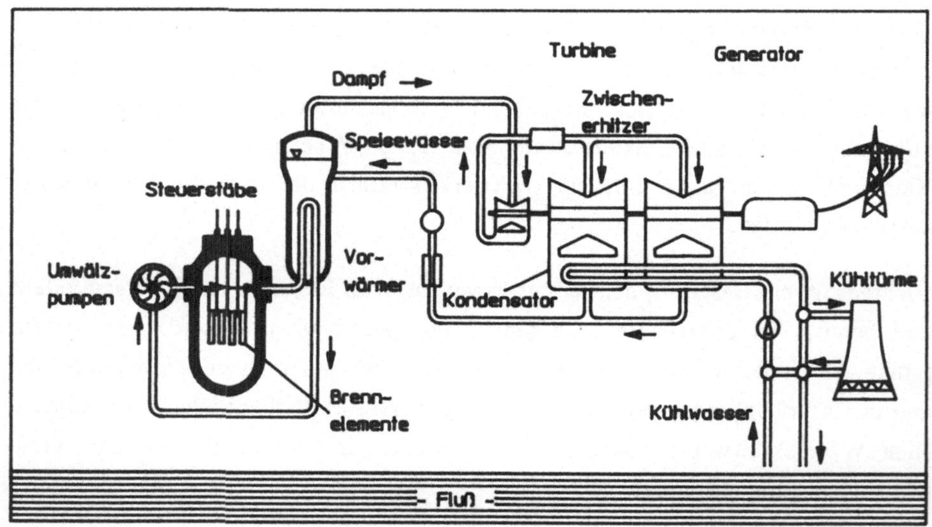

Bild 3–1: Prinzipskizze eines DWR

Beide Reaktorlinien decken heute auch weltweit ganz überwiegend die Stromproduktion aus Kernenergie ab. LWR arbeiten, ebenso wie z.B. Gas–Graphit–Reaktoren, mit langsamen, d.h. "thermischen" Neutronen. Die Abbremsung der bei der Kernspaltung freigesetzen Neutronen wird durch einen Moderator bewirkt. Dadurch wird der "Einfangquerschnitt" des Spaltmaterials für Neutronen vergrößert und eine weitere Kernspaltung ausgelöst. Daneben kann festes Absorbermaterial für Neutronen (z.B. Silber oder Borcarbid) zu Steuerungszwecken in Steuerstäben eingesetzt werden. Als Resultat läuft die Kernspaltung "kontrolliert" ab. Je kleiner der Einfangquerschnitt für Neutronen ist, desto kompakter muß der Kern und desto höher die Anreicherung sein. LWR arbeiten mit Kernbrennstoff, der sich im frischen Zustand aus den Oxiden des nicht–spaltbaren Uran (^{238}U) und aus 3% des spaltbaren Uranisotops ^{235}U zusammensetzt. Dieser Brennstoff, der in Form von Tabletten in Brennstäbe eingefüllt wird, ist zunächst nicht radioaktiv. Die Kernspaltung muß deshalb bei frischem Kern durch eine externe Neutronenquelle in Gang gesetzt werden. Ist die Kernspaltung einmal in Gang gekommen, so entstehen mit wachsendem Abbrand des Kerns radioaktive Stoffe in erheblichem Umfang, die sogenannten Spaltprodukte. Zentrale Aufgabe der Reaktorsicherheit ist es, die im Kernbrennstoff sich mit wachsendem Abbrand akkumulierenden Spaltprodukte, die über das gesamte Periodensystem von Edelgasen bis hin zu seltenen Erden und zu Plutonium reichen, an einer Freisetzung in die Umgebung des Kernkraftwerks zu hindern. Bei der Kernspaltung wird Wärme freigesetzt. Diese Wärme muß durch ein Kühlmittel aus dem Kern abgeführt und der Nutzung zugeführt werden. Bei LWR wirkt das Kühlmittel Wasser gleichzeitig auch als Moderator. Geht das Kühlmittel z.B. über ein Leck im Reaktorkreislauf verloren, so wird der Reaktor unterkritisch, die Kernspaltung kommt zum Erliegen. Die normale, betriebliche Abschaltung des Reaktors erfolgt durch Einschießen der Steuerstäbe über das Schnellabschaltsystem. Als diversitäres System zur langsamen Abschaltung und langfristigen Haltung des Kerns im unterkritischen Zustand kann der Reaktor durch Injizieren von absorbierender Flüssigkeit (z.B. Bor) in den Moderator "vergiftet" werden. Wird der Reaktor unterkritisch, so endet die Kettenreaktion, der Zerfall der radioaktiven Spaltprodukte geht aber unter Produktion der sogenannten Nachzerfallswärme weiter. Als Folge fällt die thermische Leistung im Kern exponentiell ab, und zwar umso langsamer, je höher der Abbrand ist. Ein LWR mit einer thermischen Leistung von 3750 MW (Standard–DWR vom Typ Biblis B) setzt 10 Minuten nach dem Abschalten noch 75 MW frei. Nach einer Stunde sind es noch rund 41 MW, nach 10 Tagen immer noch 9 MW. Diese Wärmeproduktion macht es zwingend erforderlich, daß der Reaktorkern ständig mit Wasser bedeckt bleiben und die Nachwärme über spezielle Kühl- oder Wärmeabfuhrsysteme abgeführt werden muß. Daraus folgt, daß bei Kühlmittelverlust ein Kernnotkühlsystem wirksam werden muß, welches den Kern langfristig mit Wasser versorgt. Geschieht dies nicht, oder versagt die Wärmeabfuhr bei intaktem Primärkreis, so verdampft das Wasser und der freigelegte Kern beginnt sich aufzuheizen: die Kernschmelze beginnt.

Im Normalbetrieb wird die im Kern produzierte Wärme an das Kühlwasser übertragen. Der Kern wird vom Reaktordruckbehälter (RDB) umschlossen. Bei DWR steht das Kühlmedium unter einem Druck von ca. 160 bar und heizt sich im Kern von ca. 290 auf 340 °C auf. Erst bei 347 °C würde Verdampfung einsetzen. Über mit Kühlmittelpumpen versehenen Rohrschleifen ist der RDB mit den Dampferzeugern verbunden. Das gesamte System bildet den Primärkreis. Das aufgeheizte Druckwasser strömt zum Dampferzeuger und gibt dort seine Wärme an den Sekundärkreislauf ab. Das sekundärseitig mit 70 bar in den Damperzeuger eingespeiste Wasser verdampft und bildet Sattdampf mit einer Temperatur von 286 °C. Dieser Sattdampf wird in einer Naßdampfturbine unter Zwischenüberhitzung entspannt und, wie bei einem konventionellen Kraftwerk, über Kondensator, Kondensat- und Speisewasserpumpen und eine regenerative Vorwärmstrecke in den Dampferzeuger zurückgeführt. Der Standard–DWR produziert eine elektrische Leistung von 1.300 MW. Die im Vergleich zu konventionellen Kraftwerken niedrige Frischdampftemperatur bedingt einen niedrigeren thermischen Wirkungsgrad, der bei etwa 34 % liegt. Bei SWR–Anlagen findet die Dampferzeugung direkt im Reaktorkern statt. Es wird ebenfalls Sattdampf von 70 bar erzeugt, der direkt mit Primärdampf versorgte Wasser/ Dampfkreislauf entspricht weitgehend dem einer DWR–Anlage.

Beim Betrieb eines Standard–LWR werden in drei Jahren rund 100 t Kernbrennstoff verbraucht. Es fallen also pro Betriebsjahr 33 t abgebrannte Brennelemente an. Diese werden unter Wasser eingelagert. Im Laufe der Zeit sinkt die Nachzerfallswärme immer weiter ab. Das Kompaktlager kann mehrere Kernladungen aufnehmen. Es befindet sich im DWR im Sicherheitsbehälter, dem sogenannten Containment. Bei älteren SWR ist es im Reaktorgebäude außerhalb des Sicherheitseinschlusses angeordnet. Der Sicherheitseinschluß hat die Aufgabe, austretendes Kühlmittel aufzufangen und auch bei anderen Störfällen die austretenden radioaktiven Substanzen von der Umwelt fernzuhalten. Den Sicherheitseinschluß umgibt bei neueren Anlagen eine Hülle aus Stahlbeton, die einen Schutz gegen Einwirkungen von außen (EVA) wie z.B. gegen abstürzende Flugzeuge realisiert.

Andere Reaktorlinien, die mit thermischen Neutronen arbeiten, sind gasgekühlte Reaktoren. In der Bundesrepublik wurde in Niederaichbach ein schwerwassermoderierter Druckröhren–Prototyp mit Kohlendioxid als Kühlmittel gebaut. Kurz nach der Inbetriebnahme wurde dieser Reaktor stillgelegt, da sich im Forschungsreaktor in Lucens in der Schweiz mit 30 MW thermischer Leistung, der nach dem gleichen Prinzip arbeitete, am 22.01.1969 ein Unfall mit vollständiger Kernzerstörung ereignet hatte. Der Versuchsreaktor war in einer Felskaverne untergebracht, die den explosiven Vorgängen bei der Kernzerstörung widerstand. Die Felskaverne wurde nach dem Unfall versiegelt. Die Beseitigung der Reaktorruine von Niederaichbach beginnt erst heute und dient als Pilotprojekt für die Beseitigung anderer stillgelegter Reaktoren. Eine andere gasgekühlte Baulinie, die als Hochtemperaturreaktor (HTR) bezeichnet wird, arbeitet mit kugelförmigen Thorium–Brennelementen, die ein Graphitmantel als Moderator umgibt. Den Kugelhaufen durchströmt Helium als Kühlmittel (Kugelhaufenreaktor). Der Forschungsreaktor AVR in Jülich und der Prototyp THTR–300 mit einer elektrischen Leistung von 300 MW in Hamm–Uentrop wurden aus wirtschaftlichen Gründen vor kurzem stillgelegt.

Im Gegensatz zu Reaktoren mit thermischen Neutronen stehen Schnelle Brutreaktoren (SBR), die mit schnellen Neutronen arbeiten. Wegen des geringen Einfangquerschnitts muß der Brennstoff in einem SBR höher angereichert und kompakter sein als in Reaktoren mit thermischen Neutronen. Der nukleare Kernbrennstoff enthält die Oxide von nicht spaltbarem ^{238}U und von spaltbarem Plutonium (^{239}Pu). Im Kern eines großen Brutreaktors befinden sich mehrere Tonnen Plutonium. Während LWR–Kerne im Betriebszustand in ihrer reaktivsten Form sind, folgt aus Anreicherung und Kompaktheit des Kerns und aus Rückwirkungen des Kühlmittels auf den Neutronenhaushalt, daß sich der Kern nicht in seiner reaktivsten Konfiguration befindet. Durch Abweichungen wie zum Beispiel Blasenbildung im Kühlmittel können Zustände höherer Reaktivität entstehen, wodurch in Sekundenschnelle durch autokatalytisches (anfachendes) Verhalten Kritikalitätsunfälle ausgelöst werden mit der Folge, daß der Kern explosionsartig auseinanderfliegt (Kernzerlegungsunfall). Dies stellt den einzigen Weg dar, um das Kernmaterial wieder in eine unterkritische Konfiguration zu bekommen. Ein derartiges Ereignis fand beim Unfall in Tschernobyl statt. Bei dem graphitmoderierten Druckröhren–SWR, der sich bei bestimmten Betriebszuständen ebenfalls autokatalytisch verhalten kann, wurde der Unfall durch fehlerhafte Bedienung und durch einen nachfolgenden Anstieg der Dampfblasen in den Kühlkanälen ausgelöst, mit den bekannten Folgen.

Wegen der hohen Energiedichte im Brüterkern muß ein hocheffizientes Kühlmittel Anwendung finden. Als Kühlmittel dient im SBR nahezu druckloses flüssiges Natrium, das in einem aus Reaktortank, Rohrleitungen, Kühlmittelpumpen und Wärmetauschern bestehenden Primärkreis umgewälzt wird und seine Wärme an einen ebenfalls mit flüssigem Natrium gefüllten Zwischenkreislauf übergibt. Insgesamt enthält ein SBR hoher Leistung mehrere tausend Tonnen flüssiges Natrium. Natriumbrände und mögliche explosive Reaktionen zwischen Natrium und Wasser in den Dampferzeugern stellen Probleme dar, die in SBR beherrscht werden müssen. In den Dampferzeugern wird die Wärme des Sekundärnatriums an den Dampf/Wasserkreislauf übergeben. Da die Temperaturen des Natriums hoch sind, kann Frischdampf von 530 °C erzeugt werden. Der Dampf/Wasserkreislauf ist der gleiche wie bei einem fossil beheizten Kraftwerk. Der Sicherheitseinschluß enthält den Reaktortank mit den Steuerstäben. Ein speziell geschützter Deckel bildet den Abschluß gegen die Reaktorhalle, die gegen Einwirkungen von außen geschützt ist.

Das Besondere am Brüter ist nun, daß freigesetzte schnelle Neutronen auf einen Brutmantel aus Uran–238 einwirken und dort eingefangen werden. Damit entsteht aus nichtspaltbarem Brutstoff (^{238}U) spaltbarer Brennstoff (^{239}Pu und andere Plutoniumisotope). Diese "Brutreaktion" läuft zwar auch im LWR ab, die Ausbeute im Brüter ist jedoch viel höher. Bei einer Brutrate < 1 verbraucht der Brüter mehr Brennstoff, als er erbrütet, er läuft also als Konverter. Erst bei Brutraten > 1 wird mehr Brennstoff erbrütet, als verbraucht wird.

In der Kerntechnik ist die Betrachtung des Brennstoffkreislaufs wichtig. Die HTR–Linie ist unter anderem daran gescheitert, daß sie einen gesonderten Brennstoffkreislauf benötigt. LWR und SBR ergänzen sich in einem Uran–Plutonium–Brennstoffkreislauf: das Bindeglied ist die Wiederaufbereitung. In einer Wiederaufbereitungsanlage (WAA) wird der abgebrannte Kernbrennstoff chemisch aufgeschlossen, rezyklierbare Bestandteil wie ^{235}U, ^{238}U, und Plutonium abgetrennt und der hochradioaktive Abfall kompaktiert. Daneben entsteht mittel- und niedrigaktiver Abfall. Die rezyklierbaren Stoffe werden der Brennelementfertigung zugeführt, denn ein LWR kann auch mit Brennstoff aus U/Pu–Mischoxiden betrieben werden. Dadurch verringert sich der Bedarf an frisch angereichertem Brennstoff. Die Abfälle müssen geeignet gelagert werden. Die Endlagerung des hochaktiven Abfalls ist besonders problematisch.

Das geschilderte Verfahren stellt den vollständigen U/Pu–Brennstoffkreislauf dar. Es sind auch "abgemagerte" Varianten möglich: Ohne Brutreaktor mit Wiederaufbereitung wird aus den abgebrannten LWR–Brennstäben ein wesentlich geringerer Anteil an Brennstoff rezykliert. Die Endlagerungsproblematik des kompaktierten, hochradioaktiven Abfalls bleibt. Ferner können LWR auch ohne WAA betrieben werden. Dann besteht die Entsorgungsaufgabe, die abgebrannten Brennstäbe direkt einem Endlager zuzuführen.

In der Bundesrepublik stellt sich die Situation heute so dar: Es erscheint mehr als fraglich, ob der schnelle Brutreaktor SNR–300 in Kalkar, der weitgehend fertiggestellt, aber noch nicht mit einem Kern beladen ist, in Betrieb gehen wird. Die WAA in Wackersdorf ist gescheitert. Als Ersatz wurde eine europäische Lösung über Verträge mit der französischen WAA in La Hague gefunden. Somit läuft es wohl auf die zweite Variante des Brennstoffkreislaufs hinaus. Die Endlagerung ist immer noch nicht gelöst. Das Projekt in Gorleben stagniert. Ein neuer Anlauf wird in den neuen Bundesländern versucht. Das Hauptproblem bei der Endlagerung liegt in der Langlebigkeit einiger Spaltprodukte, die noch nach Tausenden von Jahren radioaktiv sind. Für ein Endlager ist also die Prognose zu erstellen, ob die Lagerstätte über diesen alles menschliche Maß übersteigenden Zeitraum ihre Funktion erfüllen kann.

3.7.2 Reaktorsicherheit und Risiko

Da der SNR–300 wahrscheinlich als Bauruine enden wird, genügt es, auf die LWR–Sicherheit einzugehen. Ein großer Leistungsreaktor enthält ein Aktivitiätspotential von $3{,}7 \cdot 10^{20}$ Bq. (Ein Bequerel entspricht der Aktivität von einem Kernzerfall pro Sekunde). Dieses Potential ist um ca. 2 Größenordnungen höher als das gesamte Potential des in der Natur vorkommenden radioaktiven Kohlenstoffs ^{14}C. Aufgabe der Reaktorsicherheit ist es, das Aktivitätspotential im Reaktorkern von der Ökosphäre fernzuhalten.

Aus der im letzten Abschnitt beschriebenen Wirkungsweise läßt sich unschwer folgern, welche einheitlichen Schutzziele für den sicheren Betrieb eines Reaktors gewährleistet werden müssen. Es sind dies Abschaltbarkeit, Abfuhr der nuklearen Nachzerfallswärme auch bei Auslegungsstörfällen, sicherer Einschluß des radioaktiven Inventars bei allen Betriebszuständen bis hin zu Auslegungsstörfällen, sowie Schutz gegen Einwirkungen von außen. Die Einhaltung der Schutzziele muß im durch das Atomgesetz geforderten Genehmigungsverfahren nachgewiesen werden.

Als Auslegungsstörfälle werden Maximalereignisse definiert, die von den Sicherheitseinrichtungen beherrscht werden müssen. Aktive Komponenten dieser Einrichtungen, wie zum Beispiel das Abschaltsystem oder Notkühleinrichtungen, müssen in ausreichendem Maße redundant (mehrfach vorhanden) und diversitär (nach verschiedenen Prinzipien arbeitend) vorgesehen werden.

Für LWR galt lange Jahre der vollständige Bruch einer großen kühlmittelführenden Leitung als Auslegungsstörfall. Der Sicherheitsbehälter muß so ausgelegt sein, daß er den dynamischen Lasten beim Ausströmen standhält, das verdampfende Kühlmittel auffängt und während der Phase der Notkühlung intakt bleibt. Inzwischen wird, begründet durch Fortschritte in der Werkstoffwissenschaft, der vollständige Bruch ausgeschlossen und nur noch ein Leck als Auslegungsstörfall postuliert. Als Folge wurden alle Ausschlagssicherungen an den Rohrleitungen von LWR-Anlagen entfernt. Trotzdem fordert das Genehmigungsverfahren nach wie vor die Auslegung des Sicherheitsbehälters nach dem alten Kriterium. Unfälle mit Kernzerstörung, die etwa beim langfristigen Versagen der Kernnotkühlung auftreten können, sind nicht Gegenstand des Genehmigungsverfahrens. Es wird also im Genehmigungsverfahren nicht gefordert, daß der Sicherheitseinschluß bei einer Kernschmelze intakt bleiben muß. Derartige Vorgänge, die als "hypothetisch" bezeichnet werden, sind das Thema von Risikostudien.

Risikostudien haben die folgenden Aufgaben: In probabilistischen Analysen von Ereignisabläufen wird die Auswirkung des Ausfalls technischer Komponenten auf die Schutzziele untersucht. Damit sollen Schwachstellen im hochkomplexen technischen System aufgedeckt werden. Als Endergebnis werden Aussagen über die Eintrittswahrscheinlichkeit von auslegungsüberschreitenden Ereignissen angegeben. Deterministische Analysen von auslegungsüberschreitenden Unfällen dienen der Quantifizierung des "Quellterms", also der Freisetzung der an Gase und Aerosole gebundenen Radioaktivität, die nach der Zerstörung des Sicherheitsbehälters an die Umwelt abgegeben wird. Darüberhinaus werden Ausbreitungsrechnungen unter Variation der meteorologischen Bedingungen durchgeführt.

Die Vorteile des ersten Punktes liegen auf der Hand und sind konsensfähig. Durch die Aufdeckung von Schwachstellen in der Anlage wird die Einhaltung der Schutzziele objektiv verbessert. So wurde der Ausfall der elektrischen Eigenversorgung bei Störfällen als Schwachstelle aufgedeckt. Bei LWR müssen zur Aufrechterhaltung der Abfuhr der Nachzerfallswärme langfristig Pumpen mit elektrischem Antrieb in Betrieb gehalten werden. Dies war der Anlaß zu umfangreichen Nachrüstmaßnahmen an den LWR der Bundesrepublik, nach deren Verwirklichung der rechnerische Wert für eine Auslösung des Unfalls durch diese Ursache absank. In der 1989 veröffentlichten Deutschen Risikostudie Phase B (DRS-B) wird die Eintrittswahrscheinlichkeit hierfür zu $2{,}2 \cdot 10^{-6}$ pro Jahr angegeben. Der Stromausfall führt zum Kernschmelzen, wenn nicht in ca. einer Stunde die Versorgung zum Antrieb der Pumpen und damit die Kernnotkühlung wieder hergestellt wird. Wie wenig diese Zahl taugt, sei durch das folgende Beispiel belegt: In der Anlage Buguey, einem französischen DWR der 900 MW_{el}-Klasse, trat ein unerkannter Fehler am automatisch arbeitenden Reaktorschutzsystem zutage. Dieser Fehler führte über einen Zeitraum von über einer halben Stunde defacto zu einem Ausfall der Stromversorgung, bis nach improvisierten Handmaßnahmen der Reaktorschutz überlistet und die Notstromdiesel in Betrieb genommen werden konnten. Wäre dies nicht gelungen, so wäre dieser Störfall in eine Kernschmelze unter vollem Systemdruck eskaliert. Der Störfall von Buguey kann als klassischer "Common–Cause"–Ausfall (Ausfall von redundant und diversitär vorhandenen Sicherheitssystemen durch gemeinsame Ursache) aufgefaßt werden. Die Prognostizierung derartiger Ausfälle ist mehr als problematisch, sie können eigentlich nur durch Betriebserfahrung aufgedeckt werden. Durch "Common–Cause"–Ausfall kann die auf statistischer Grundlage abgeschätzte Wahrscheinlichkeit auf den Wert 1 springen, d.h., daß sich in Buguey ein Systemausfall ereignete, der eigentlich nur alle 450.000 Reaktorbetriebsjahre auftreten dürfte.

Man kann nun argumentieren, daß Schlimmeres durch manuelle Eingriffe verhindert wurde. In der Tat wird in der DRS–B versucht, durch die Einbeziehung von sogenannten "Accident–Management–Maßnahmen" die rechnerische Eintrittswahrscheinlichkeit eines Unfalls herunterzurechnen und die Auswirkungen durch Beeinflussung der Unfallsequenz abzumildern. Die Praxis weist aber durchaus auch auf gegenteilige Auswirkungen hin: ohne menschliches Fehlverhalten hätte es weder die Unfälle in Three Miles Island (DWR TMI–2, 1979) noch in Tschernobyl (1986) gegeben. Auch der Totalschaden am SWR Gundremminge A (1977; danach stillgelegt) hätte sich ohne Fehler der Betriebsmannschaft nicht ereignet, ebenso wäre der Störfall im DWR Biblis–A (1987) glimpflicher abgelaufen. Der letztgenannte Fall ist insofern interessant, als hier ein unvorhergesehenes Ereignis (Bypass des Sicherheitsbehälters) eintrat, das erst dann Eingang in die damals in Arbeit befindliche Risikostudie fand. Schließlich kann TMI–2 als Beweis dafür dienen, wie schwierig schon die nachvollziehende deterministische Beschreibung einer Unfallsequenz ist. Erst nach sechs Jahren wurde dieser Unfall als partielle Kernschmelze eingeordnet. Bei hohem Systemdruck und nicht ausreichender Kernnotkühlung hatte sich im Kernbereich ein Schmelzeklumpen gebildet. Etwa 16t Schmelze flossen in das Wasser im unteren Bereich des Reaktordruckbehälters ab. Glücklicherweise erstarrte die Schmelze dort zu einem kühlbaren Schüttbett durch die wieder in Gang gekommene Kernnotkühlung.

Dies muß nicht so sein. Der Systemdruck lag beim Abfließen der Schmelze bei ca. 90 bar. Beim Einfließen von Schmelze in Wasser bei Drücken unter 15 bar werden oft heftige, explosiv ablaufende Verdampfungen des Kühlmittels unter Pulverisierung der Schmelze beobachtet. Diese als "Dampfexplosion" bezeichnete Wechselwirkung zwischen geschmolzenem Kernmaterial und Kühlmittel wird in der Risikostudie nur in Bezug auf das Potential untersucht, ob durch die Schockwelle der Explosion der RDB und als Folge der Sicherheitsbehälter zerstört werden kann; mit verneinender Antwort. Aus Unfällen in der Stahlindustrie und aus Beobachtungen der Vulkanologen ist bekannt, daß diese Wechselwirkung auch nach Art eines explosiven Vulkanausbruchs ablaufen kann. Diese Phänomen wird in der Risikostudie ignoriert.

Schmilzt der Kern unter vollem Systemdruck ab, so sagt auch die DRS–B als Folge der Ausströmvorgänge nach dem Versagen des RDB–Bodens ein Herausreißen des RDB aus seiner Verankerung voraus. Der RDB wird dann wie eine Rakete beschleunigt und durchschlägt die Sicherheitshülle. Dies soll durch die "Accident–Management"–Maßnahme einer Druckentlastung des Primärkreises verhindert werden. Diese Maßnahme ist zweischneidig. Wäre beim Umfall in TMI–2 diese Maßnahme vor Beginn der Kernschmelze eingeleitet worden, so wäre der Unfall durch Aktivierung der Niederdruck–Kernnotkühlung verhindert worden. Wäre die Maßnahme nach der Ausbildung des Schmelzklumpens erfolgt, so hätte sich mit hoher Wahrscheinlichkeit eine Dampfexplosion ereignet.

Als Folge würden Schmelzepartikel und überhitzter Dampf mit hoher kinetischer Energie in den Sicherheitsbehälter ejiziert. Dies kann durch direkte Einwirkung des Strahls auf die Stahlhülle des Sicherheitsbehälters oder durch rasche Aufheizung der Atmosphäre im Sicherheitsbehälter zu seiner Zerstörung führen. Darüberhinaus enthält die Atmosphäre des Sicherheitsbehälters Wasserstoff, der sich beim Abschmelzen des Kerns aus der Oxidation metallischen Materials unter Reduktion von Wasserdampf gebildet hat. Deshalb kann durch den hochenergetischen Schmelzestrahl auch eine Wasserstoffdetonation ausgelöst werden, die den Sicherheitsbehälter zerstört.

Zusammenfassend sei die Risikostudie sowie der aktuelle Stand der Reaktorsicherheit in den folgenden Punkten kritisiert:

- Es wird nur der Standard–DWR untersucht. Anlagen mit höherem Risiko wie der SWR mit seinem bei Unfällen wesentlich problematischeren Sicherheitseinschluß oder ältere Anlagen, zum Teil ohne Schutz gegen Einwirkungen von außen, bleiben unberücksichtigt.
- Die Abschätzung der globalen Eintrittswahrscheinlichkeiten von möglichen Unfällen sind wenig zuverlässig.
- Die menschliche Einwirkung auf Auslösung und Ablauf von Unfällen kann weder im positiven noch im negativen Sinn seriös ermittelt werden.

- Es können sich Störfallsequenzen ereignen, die nicht vorhergesehen wurden.
- Der Quellterm kan durch das Ignorieren physikalischer Abläufe bei einer Unfallsequenz stark unterschätzt werden.

Auch in Zukunft wird es Unfälle in Kernreaktoren geben. Der Versuch, mit der Grenzziehung des Genehmigungsverfahrens physikalisch mögliche Ereignisse als "hypothetisch" abzutun, ist als gescheitert anzusehen. Dies kommt auch dadurch zum Ausdruck, daß heute Containment–Konzepte diskutiert werden, die den Auswirkungen eines schweren Unfalls standhalten sollen.

Darüberhinaus hat die DRS–B einen weiteren einschneidenden Mangel: Nach allgemeiner Auffassung setzt sich der Zahlenwert des Risikos aus einem Zahlenwert für die Eintrittswahrscheinlichkeit und einem für das Schadensausmaß des betrachteten Schadensfalls zusammen. Der Einfachheit halber wird meist das Produkt dieser beiden Zahlen gebildet. In der DRS–B wird die Eintrittswahrscheinlichkeit überbetont, eine Ermittlung des Schadesausmaßes unterbleibt. Bei der Ermittlung des Schadensausmaßes geht es nicht nur um Menschenleben, sondern um die radioaktive Verseuchung von Landstrichen mit immensen wirtschaftlichen Einbußen und Unbewohnbarkeit. Seit Tschernobyl weiß man, das ein schwerer Reaktorunfall ein kontinentales Problem nach sich zieht, dessen Ausmaße durch Wind und Wetter beeinflußt werden. Man weiß aber auch, daß nach einem Unfall die öffentliche Diskussion aufschäumt und sich dann wieder beruhigt. Mit wissenschaftlichen Mitteln kann man grundsätzlich nur den Zahlenwert eines Risikos (wohlgemerkt unter Einbeziehung von Wahrscheinlichkeit und Schadensausmaß) angeben. Die Beurteilung der Akzeptabilität des Risikos ist eine Angelegenheit, in die persönliche und gesellschaftliche Wertvorstellungen eingehen. Zu diesem Werturteil ist ein Wissenschaftler kaum besser qualifiziert als sonst jemand. In anderen Worten: die Akzeptanz der Kernenergie ist eine Frage an die gesamte Gesellschaft. Dies gilt nicht nur isoliert für die Reaktorunsicherheit, sondern umfaßt die gesamte Technik inklusive Uranförderung, Brennstoffkreislauf und Endlagerung. Darüberhinaus steht durchaus auch die Frage der Entscheidung für eine zentralistische Großtechnik oder für dezentrale Lösungen zur Debatte. Die Kerntechnik ist für dezentrale Anwendungen weitgehend ungeeignet. Die technische Anwendung der Kernfusion mit ihren ungeheuren, noch ungelösten Problemen würde zu noch größeren Anlagen mit noch höheren Energiekonzentrationen führen. Schon heute gilt es als sicher, daß auch Reaktoren dieses Typs nicht ohne Gefahrenpotential betrieben werden können.

3.8 Nutzung alternativer Energieformen

3.8.1 Formen alternativer Primärenergie

Neben den fossilen und nuklearen Primärenergieträgern, die in einem einmaligen Nutzungsvorgang verbraucht werden und deshalb als nichtregenerative Energieträger einzuordnen sind, stehen regenerative, also erneuerbare Energiequellen zur Verfügung. Hierzu gehören die Sonnenenergie, die Gezeitenenergie und die Erdwärme. Der größte Energiestrom resultiert aus der solaren Strahlung, die über die Prozesse der Bioprokuktion vor Millionen von Jahren zur Entstehung der fossilen Energieträger Erdgas, Kohle und Mineralöl beigetragen hat. Verglichen mit der Energie, welche die Sonne pro Jahr auf die Erdatmosphäre einstrahlt, ist der gesamte Energievorrat der fossilen Primärenergieträger jedoch gering. Die Sonne strahlt der Erde Jahr für Jahr mehr als zehnmal soviel Energie zu, wie diese voraussichtlich an fossilen Energieträgern besitzt. Der heutige Weltprimärenergieverbrauch beträgt 0,05 % der jährlichen Sonneneinstrahlung, d.h. die Sonne liefert in ca. 27 Minuten den Weltenergieverbrauch der Erde. Allerdings ist die Sonnenenergie im strengen Sinn auch nicht unerschöpflich. Die Lebensdauer der Sonne ist auf 3 bis 5 Mrd. Jahre begrenzt, denn dann ist ihr Wasserstoffvorrat verbraucht und sie wird sich in einen roten Riesen umwandeln, mit einer über die Erdumlaufbahn gehenden Ausdehnung. Falls die Menschheit dann noch existiert, werden also andere als Energiesorgen vorherrschen. Wir wissen, daß die Oberfläche der Sonne mit einer "effektiven" Temperatur von 5712 K in den Weltraum abstrahlt. Die oberen Schichten der Erdatmosphäre erreicht bei senkrechtem Einfall ein Energiestrom von 1,33 kW/m^2. Der Gehalt an Wasserdampf und Kohlendioxid in der Atmosphäre absorbiert einen erheblichen Anteil, so daß auf der Erdoberfläche in unseren Breiten ein Energiestrom zwischen 400 W/m^2 bei Sonnenschein und 200 W/m^2 bei bewölktem Himmel ankommt. Die Einsatzmöglichkeiten der Sonnenenergie zur technischen Nutzung sind in dem nachfolgenden Bild 3–2 dargestellt.

Die Sonnenenergie kann demnach direkt oder nach einer natürlichen (nicht vom Menschen bewirkten) Energieumwandlung indirekt genutzt werden. Diese Folgenergien sind Wasserkraft sowie Windkraft und Wellenenergie. Da alle Lebensprozesse letztlich von der Sonne gespeist werden, steckt in der Biomasse kurzfristig gespeicherte und eventuell über Nahrungsketten transformierte Sonnenenergie. Deshalb kommt als weitere regenerative Energieform die Energiegewinnung aus Biomasse hinzu. Während die direkte Nutzung der Sonnenenergie sowie Wasser- und Wind-

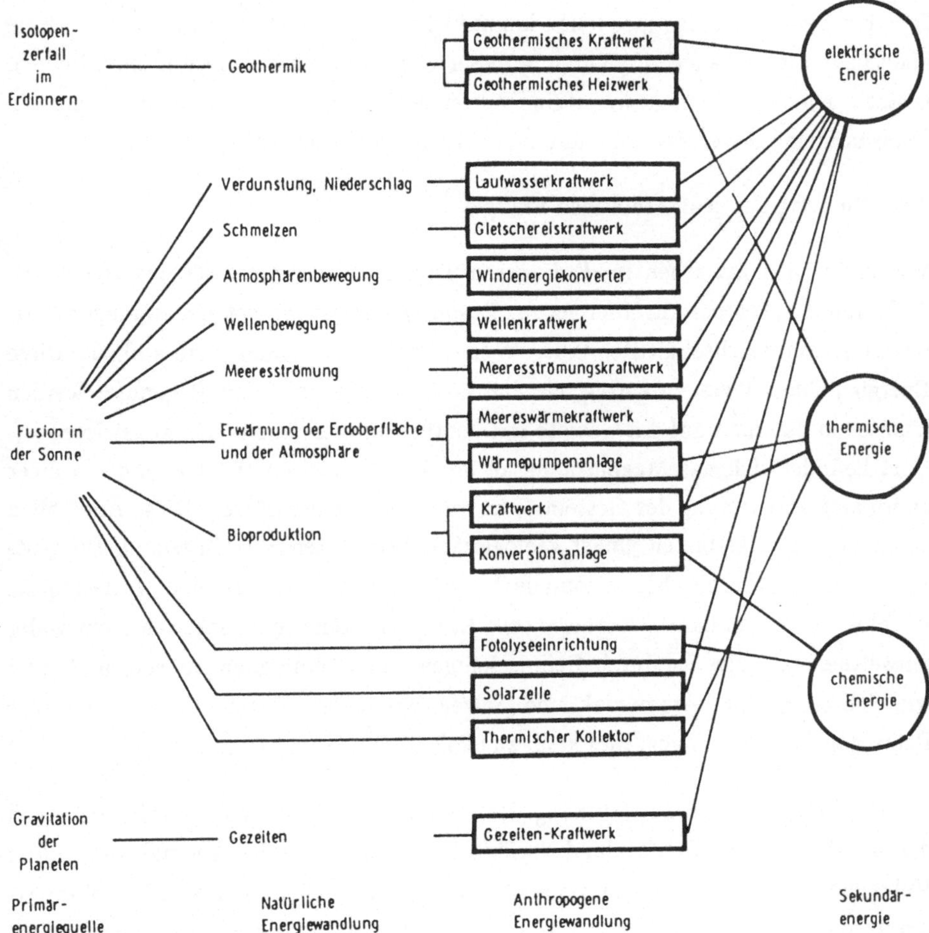

Bild 3–2: *Nutzung der Sonnenenergie*

kraft emissionsfrei arbeiten, erfolgt die energetische Nutzung der Biomasse meist über Verbrennungsvorgänge in Verbindung mit Schadstoffemissionen.

Die zweite Energiequelle, die sogenannte geothermische Energie, entstammt der Erde selbst. Im Erdkern ist eine sehr große thermische Energiemenge gespeichert. Der geothermische Wärmestrom, der über die Erdkruste an die Atmosphäre abfließt, ist um fast vier Größenordnungen kleiner als derjenige der solaren Strahlung.

Die dritte regenerative Energiequelle resultiert aus der Bewegung der Himmelskörper und führt auf der Erde aufgrund von Gravitationswechselwirkungen zur Erscheinung der Gezeiten. Das Potential ist noch um den Faktor 10 geringer als dasjenige der Geothermie.

Jede der genannten Energiequellen könnte leicht den Weltbedarf an Primärenergie abdecken. Eine Chance zur Nutzung dieser Energiequellen im technischen Bereich besteht jedoch nur dann, wenn eine ausreichende Energiedichte vorliegt, um ein "Einsammeln" dieser Energien mit vertretbarem Aufwand zu erlauben.

3.8.2 Nutzung der geothermischen Energie

Voraussichtlich herrschen im Erdinneren Temperaturen von 3.000 bis 10.000 °C. Aufgrund der Temperaturdifferenz zur Erdoberfläche ergibt sich ein ständiger Wärmestrom von durchschnittlich 0,063 W/m^2, der an die Atmosphäre abfließt. Diese Energiedichte ist viel zu gering, als daß sie in absehbarer Zukunft genutzt werden könnte, so daß man auf die Gebiete mit geothermischen Anomalien angewiesen ist. Dort befindet sich das Magma nahe an der Erdoberfäche und es kommt zu einer anormalen Erwärmung des Gesteins oder von Wassereinschlüssen. Diese Anomalien befinden sich in Gebieten junger geologischer Aktivitäten, z.B. in Island. Die Nutzung einer geothermischen Anomalie hängt davon ab, mit welchem Aufwand sie erschlossen werden kann. Geothermische Kraft- und Heizwerke arbeiten nicht völlig umweltneutral. Dies ist durch Beimischungen von Chemikalien im heißen Wasser wie Schwefel, Bor, Ammoniak und Salzen begründet. Daraus folgt eine starke Belastung für die Anlagen; dies kann zu ökologischen Folgelasten führen.

An den Möglichkeiten zur Nutzung der Erdwärme wird intensiv gearbeitet. Auch die Bundesrepublik Deutschland verfügt über geothermische Anomalien in alten Vulkangebieten. Das Potential ist aber sehr begrenzt. Wenn man von Einzelprojekten absieht, ist in naher Zukunft kein nennenswerter Beitrag zur Deckung des Primärenergiebedarfs zu erwarten.

3.8.3 Nutzung der Gezeiten–Energie

Die auf die Erde einwirkenden Massenanziehungskräfte des Mondes und der Sonne führen, verbunden mit der Erdrotation, zu den sich periodisch wiederholenden Wasserstandsänderungen der Weltmeere. Diese Änderungen werden als Tidenhub bezeichnet. Sie betragen auf offener See etwa 1 m. Der Tidenhub kann jedoch an bestimmten Küstenregionen wie Meeresbuchten oder Flußmündungen durch Resonanzerscheinungen und Trichterwirkung auf bis zu 20 m ansteigen. Das theoretische Potential der Gezeitenenergie wird weltweit auf 3.000 GW geschätzt. Technisch nutzbar ist diese Energiequelle aber nur in Regionen, die einen Tidenhub von mehr als 3 m aufweisen. Die weltweit untersuchten Standorte für Gezeitenkraftwerke weisen ein Leistungsangebot von 360 GW aus. Unter realistischen Annahmen werden davon etwa 35 GW nutzbar sein. Die Arbeitsweise der Gezeitenkraftwerke zeigt gleichzeitig die hohen Anforderungen an den Standort. Für den Betrieb sind mindestens zwei Becken notwendig, von denen eines das Meer sein kann. Als zweites Becken wird vorzugsweise eine Flußöffnung oder eine große Bucht verwendet, die bei möglichst großem Wasserinhalt leicht abschließbar sein muß. Das im Flut– und Ebbebetrieb hin und herströmende Wasser betreibt die Turbinen.

Derzeit gibt es nur ganz wenige Gezeitenkraftwerke. Das einzige, das als Prototyp für große Gezeitenkraftwerke angesehen werden kann, ist an der Rance–Mündung in der Bretagne installiert. Bei einem Tidenhub von 8,5 m sind hier 240 MW installiert. Das Kraftwerk ist seit 1966 in Betrieb. Die Investitionskosten von umgerechnet 15.000 DM/kW sind aus heutiger Sicht mit verbesserten Bautechniken deutlich zu senken. Wenn die geographischen Voraussetzungen günstig sind, ist festzuhalten, daß die Stromgestehungskosten eines Gezeitenkraftwerks deutlich unter denen eines thermischen Kraftwerks liegen, zumal die Lebensdauer von 75 Jahren weit höher liegt als bei Dampfkraftwerken mit fossilem oder nuklearem Brennstoff mit ca. 30 Jahren. Für die Bundesrepublik gibt es keine lohnenden potentiellen Standorte; deshalb gibt es auch keine konkreten Projekte.

3.8.4 Nutzung der Sonnenenergie

3.8.4.1 Nutzung der Sonnenenergie als Wasserkraft

Das durch Sonneneinstrahlung auf Oberflächengewässer verdunstende Wasser enthält potentielle Energie, die es teilweise durch Herabfallen aus den Wolken und teilweise während des Abflusses auf der Erdoberfläche wieder abgibt. Die Menschheit bedient sich der Wasserkraft seit Jahrtausenden. Die in Fließgewässern enthaltene potentielle Energie wird heute mit Wirkungsgraden über 80% in Wasserkraftwerken zur Erzeugung elektrischer Energie (hydroelektrische Kraftwerke) genutzt. Hier steht eine vollkommen ausgereifte Technik zur Verfügung. Bei Laufwasserkraftwerken, die meist zur elektrischen Grundlasterzeugung dienen, wird Flußwasser mit Wehren aufgestaut. Das geringe Gefälle wird in Kaplan–Turbinen umgesetzt, die Generatoren antreiben. Hohe Leistungen werden durch hohen Durchsatz von Flußwasser erzielt. Beim Speicherkraftwerk entnimmt man das Wasser aus einem hochgelegenen natürlichen oder künstlichen See mit Talsperre, die von Fließgewässern geringerer Ergiebigkeit versorgt werden. Das Wasser wird den Francis–bzw. Peltonturbinen über Druckrohre zugeführt. Wegen der hervorragenden Regelbarkeit sind diese Kraftwerke besonders geeignet, Lastschwankungen im elektrischen Netz auszugleichen. Fehlt der Wasserzufluß zum Obersee, so baut man Pumpspeicherwerke, die nur noch zur Speicherung elektrischer Energie als Ausgleich zwischen Schwachlast und Spitzenlast dienen.

Das Potential der Wasserkraft liegt weltweit bei 158.400 PJ/a. In den weniger entwickelten Ländern bestehen noch große Möglichkeiten des Ausbaus der Wasserkraft. Besonders bei Großprojekten sollten die ökologischen Auswirkungen sorgfältig bedacht werden. Negative Effekte, wie sie natürlich auch in den hochindustrialisierten Ländern sichtbar werden, umfassen u.a. Eingriffe in die Landschaft, Überflutung von Gebieten, Zerstörung von Ökosystemen (z.B. Hochgebirge, Auenlandschaft), Rückgang der Wasserführung in Wasserläufen, Veränderung des Grundwasserhaushalts, Verschlechterung der Wasserqualität durch Eutrophierung sowie die Risiken durch Dammbrüche oder Erdrutsche in Staubecken. Angepaßte Projekte sollten angestrebt werden, da über die ökologischen Folgen hinaus die Finanzierung von Großprojekten "pharaonischer" Größe wie das Itaipú–Kraftwerk in Brasilien mit einer geplanten Leistung von 10.000 MW das Entwicklungsland in hohe Auslandsverschuldung stürzt.

In den hochindustrialisierten Ländern der Welt zeigt sich ein ganz anderes Bild. So werden z.B. in Europa 97% des großtechnisch nutzbaren Potentials in Höhe von 3.294 PJ/a tatsächlich genutzt. Der Anteil der Wasserkraft an der Stromerzeugung hängt stark von den geographishen Gegebenheiten ab. Während in der Bundesrepublik etwa 4,5 % der elektrischen Energieerzeugung aus Wasserkraft erfolgt, sind es in Frakreich 21%. Obwohl die Anlagenkosten für große Wasserkraftwerke relativ hoch sind, erreichen die Anlagen eine gute Rentabilität, da der Betriebsaufwand gering und die Lebensdauer hoch ist. Ein weiterer Ausbau der Wasserkraft wäre nur durch Klein- und Kleinstwasserkraftwerke mit Leistungen im Bereich zwischen 1 MW und einigen kW möglich. Abschätzungen ergeben, daß allein in der Bundesrepublik bei voller Nutzung dieses Potentials fast eine Verdoppelung der Stromproduktion aus Wasserkraft erreicht werden könnte. Günstige Voraussetzungen bestehen heute für Neuanlagen, wenn die Energiegewinnung mit anderen Zwecken, wie Wasserrückhaltung, Hochwasserschutz, Anreicherung des Grundwassers für die Trinkwassergewinnung, Hebung des Grundwasserspiegels und Eindämmung der Erosion verbunden werden kann. Bei Klein- und Kleinstanlagen steht zur Zeit die Modernisierung alter Anlagen bzw. die Wiederinstandsetzung aufgegebener Anlagen (Mühlen, Sägewerke) im Vordergrund. In der Bundesrepublik wird zwischen den Jahren 1990 und 2000 eine Steigerung der Stromproduktion aus Wasserkraft von 195 auf 206 PJ/a erwartet.

Zwar sind die Energieversorgungsunternehmen heute durch gesetzliche Vorgaben dazu verpflichtet, Strom aus regenerativ arbeitenden Kleinkraftwerken zu günstigen Preisen abzunehmen, was neben der Gewährung steuerfreier Zulagen im Rahmen staatlicher Förderung die Wirtschaftlichkeit für private Betreiber entscheidend verbessert. Auf der anderen Seite ist das wasserrechtliche Genehmigungsverfahren auf der Basis des Wasserhaushaltsgesetzes kompliziert. In jedem Einzelfall müssen die ökologischen Folgen berücksichtigt werden, die der Aufstau und die Umleitung der Gewässer aus kleinen Flüssen oder Bächen nach sich zieht. Der vollständige Ausbau der Wasserkraft würde aus jedem Fluß bzw. Bach ein vollständig kanalisiertes und träge fließendes Gewässer machen.

3.8.4.2 Nutzung der Sonnenenergie als Windenergie

Solare Strahlung hält neben dem Wasserkreislauf der Erde auch die Bewegung der Erdatmosphäre aufrecht. Das Potential der Windenergie ist mit 2% der eingestrahlten Sonnenenergie nicht unerheblich. Die Kraft des Windes wurde schon in der Antike zum Antrieb von Mühlen oder zum Schiffsantrieb ausgenutzt. Heute steht die Umwandlung der Windenergie in elektrische Energie mittels Windgeneratoren im Vordergrund. Nachteilig ist die Wechselhaftigkeit des Windes. Die Umwelt wird durch den großen Platzbedarf der Anlagen zur Erzeugung nennenswerter Leistungen ("Windparks") sowie durch die Geräuschentwicklung der Rotoren beeinflußt.

Die unterschiedlichsten Rotortypen mit horizontalen oder vertikalen Achsen als Schnell- oder Langsamläufer wurden entwickelt. Als Konverter haben sich heute im mittleren Leistungsbereich bis 1.200 kW langsam laufende Windräder mit horizontaler Achse und mit ein bis drei Rotorblättern durchgesetzt, die bei Nennlast einen Wirkungsgrad von 45% erreichen. Einzelkonverter im hohen Leistungsbereich von mehreren MW haben sich nicht bewährt. Im mittleren und niedrigen Leistungsbereich sind zahlreiche weitgehend automatisierte Konverter mit ausgereifter Technik auf dem Markt. Anlagen, die an windreichen Standorten mit mehr als 3.000 Vollaststunden arbeiten, können bezüglich ihrer Stromgestehungskosten mit thermischen Mittellastkraftwerken konkurrieren. Weiterentwicklungen zielen auf eine Verbesserung des Teillastverhaltens, auf weitgehende Wartungsfreiheit, hohe Lebensdauer und Verringerung der Herstellungskosten.

Heute befinden sich weltweit rund 16.000 Windkraftwerke mit einer elektrischen Gesamtleistung von 1.500 MW in Betrieb, aufgrund entsprechender Förderung vor allem in Dänemark und in den USA. In der Bundesrepublik waren 1987 sechs Rotoren mit Leistungen zwischen 500 und 1.200 kW sowie kleinere Anlagen im Bereich von 200 kW mit einer gesamten installierten Leistung von 8.710 kW in Betrieb, im Bau oder in der Planung. Daneben gibt es noch rund 500 Kleinstanlagen, die ohne Verbindung mit dem Netz betrieben werden, sowie 200 Wind–Wasserpumpen. Der Bau von Windkraftanlagen wird seitens des Bundes durch Zuschüsse und Steuererleichterungen gefördert. Darüberhinaus wurde in jüngster Zeit der gesetzliche Rahmen geschaffen, um die Stromproduktion aus Windenergie durch garantierte Abnahmepreise seitens der Energieversorgungsunternehmen zu fördern. Deshalb stehen wir heute auch in der Bundesrepublik an der Schwelle zu einer großtechnischen Nutzung der Windenergie. Das wirtschaftlich nutzbare Potential wird für die Bundesrepublik mit 370 PJ/a angegeben. Heute wird rund 1 PJ/a genutzt. Bis ins Jahr 2000 wird eine Ausschöpfung von 37 PJ/a erwartet.

Eine hauptsächlich von der Windenergie induzierte Energie ist die Wellenenergie der Weltmeere. Obwohl eine Reihe von Energiewandlern vorgeschlagen werden, die Wellenenergie z.B. über Schwimmflügel in Drehbewegung umwandeln, kommt ein wirtschaftlicher Beitrag zur Energieerzeugung wegen der geringen Energiedichte derzeit nicht in Frage. Für kleintechnische Anwendungsgebiete wie Leuchtbojen werden Wellenenergiegeneratoren bereits eingesetzt.

3.8.4.3 Nutzung der Sonnenenergie mittels Biomasse

Da die Sonnenenergie über die Photosynthese die Quelle allen pflanzlichen und damit auch allen tierischen und menschlichen Lebens ist, kann man die Nutzung tierischer und pflanzlicher Stoffe (Biomasse) auch als indirekte Nutzung der Sonnenenergie auffassen. Für die energetische Nutzung trockener Biomasse kommt die direkte Verbrennung, gegebenenfalls mit vorheriger Vergasung oder Pyrolyse, in Frage. Die wirtschaftlich interessanteste Nutzung ist die direkte Verfeuerung von Holz oder Stroh. In ländlichen Gebieten dient dies von alters her zur Wärmeerzeugung und wird auch heute noch als Zusatzenergie zur Wohnraumheizung genutzt. Durch kommerzielle Brennholznutzung wurden 1985 ein Primärenergieäquivalent von 40 PJ substituiert. Vergasung und Pyrolyse führen bei Umwandlungswirkungsgraden zwischen 45 und 80% zwar zu höherwertigen Energieträgern mit einem breiten Anwendungsspektrum. Die Verfahren arbeiten jedoch bis auf Sonderfälle noch nicht wirtschaftlich.

In Bioreaktoren entsteht aus feuchter Biomasse wie Gülle oder Fäkalien durch anaerobe Gärungsprozesse ein Gasgemisch, das zu 65% aus Methan und daneben hauptsächlich aus Kohlendioxid besteht. Dieses Gas entspricht in seinen Eigenschaften dem Klär- und Deponiegas (s. Abschnitt 3.6) und dient zur Wärmeerzeugung oder zur Stromerzeugung mit Kraft–Wärme–Kopplung in BHKW– Modulen. Je Großvieheinheit (500 kg Tiergewicht) sind täglich netto ca. 7 kWh bei Rindern und Schweinen bzw. 10 kWh bei Geflügel an thermischer Energie gewinnbar. Das Restsubstrat aus Biogasanlagen ist als veredelter Dünger unproblematischer als die Ausbringung von Frischgülle. Geruchsbelästigung und Nitratbelastung der Gewässer werden bei richtiger Ausbringung verringert, die Düngewirkung verbessert. Biogasanlagen werden durch Abschreibungsmöglichkeiten gefördert.

In der Biosolarzelle wird Sonnenenergie in chemische Energie umgewandelt. In einem Teil der Zelle werden niedere Grünalgen (z.B. Chlorella), die bis zu 30% der Sonneneinstrahlung in chemische Energie umwandeln können, in organischen Abwässern herangezogen. Im anderen Teil der Zelle werden die Algen von Bakterien anaerob fermentiert. Das dabei entstehende Biogas besteht zu 60% aus Methan, das ebenfalls weiter zur Erzeugung von elektrischer und/oder thermischer Nutzenergie verwendet werden kann.

Von der Nutzung landwirtschaftlicher Anbauflächen für die gezielte Produktion von Biomasse für energetische Zwecke wird von Agrarpolitikern vielfach eine Lösung der Überschußprobleme in der Landwirtschaft erhofft. Grundsätzlich kommt der Anbau von zucker- und stärkehaltigen Pflanzen (Zuckerrüben), ölhaltigen Pflanzen (Sonnenblumen, Raps) und schnellwachsenden Hölzern (Pappeln) in Betracht. Hieraus gewonnene Energieträger (z.B. Methanol, Ethanol) sind aber bei weitem noch nicht konkurrenzfähig. Aus Umweltsicht werden gegen Energieplantagen immer wieder Vorbehalte geltend gemacht, darunter hauptsächlich das Entstehen von Mono- und Intensivkulturen mit erheblichem Bedarf an Düngemitteln und Pestiziden und der daraus resultierenden Belastung für Böden und Gewässer.

3.7.4.4 Direkte Nutzung der Sonnenenergie im Bereich der Niedertemperaturwärme

Heute liegen etwa 40% des Nutzenergiebedarfs bei Heizwärme im Niedertemperaturbereich. Folglich besteht hier ein besonders großes Potential, durch passive Nutzung der Sonnenenergie fossile Primärenergie einzusparen oder durch aktive Nutzung zu substituieren. Die passive Nutzung der Sonnenenergie durch die energiebewußte architektonische Gestaltung von Gebäuden unter Optimierung des Wärmegewinns durch Fenster und Fassaden mit guter Wärmedämmung stellt derzeit die umweltfreundlichste und wirtschaftlich sinnvollste Nutzung der direkten Sonneneinstrahlung dar. Durch bewußte Nutzung wird die Einsparung heute mit einem Primärenergieäquivalent von 3 PJ/a abgeschätzt. Bis ins Jahr 2000 wird mit einer Steigerung auf 21 PJ/a gerechnet. Bei konsequenter Anwendung mit Wärmerückgewinnung läßt sich der Wärmebedarf eines Einfamilienhauses um 60% und eines Mehrfamilienhauses um 80% absenken. Bei entsprechender Steigerung des Aufwandes sind –bei günstigen Voraussetzungen– selbst Null–Energie–Häuser möglich. Neue Impulse ergeben sich aus der Entwicklung von Fenstern mit hoher Licht- und geringer Wärmedurchlässigkeit sowie von transparenten Wärmeisolierungen.

In der Bundesrepublik hat die Sonnenstrahlung einen hohen diffusen Anteil. Deshalb haben nur nichtkonzentrierende Kollektoren praktische Bedeutung. Konzentrierende Systeme sind nur für sonnenreiche Zonen mit hoher Direkteinstrahlung von Interesse. Mit einer derzeit installierten Kollektorfläche von etwa 230.000 m² (etwa 30.000 Anlagen) werden in der Bundesrepublik fast ausschließlich Flachkollektoren mit einer Ernte von ca. 9 PJ/a eingesetzt. Bis 2000 wird mit einer Steigerung auf 25 PJ/a gerechnet.

Das Kernstück eines Kollektors ist der Absorber, der die Sonneneinstrahlung in möglichst hohem Maß in Wärme umwandelt und diese an ein flüssiges oder gasförmiges Transportmedium abgibt. Zur Verringerung von Wärmeverlusten wird der Kollektor auf der Rückseite mit einer Wärmeisolierung versehen und auf der Vorderseite mit einer transparenten Wärmedämmung. Der Wirkungsgrad eines Kollektors ist nicht ein fixierter Wert, sondern er hängt von der Einstrahlungsrichtung und -intensität, von der Temperaturdifferenz zwischen Absorber und Umgebung und auch von der Windgeschwindigkeit ab. Aus einem Kennliniendiagramm (Bild 3–3) kann in Abhängigkeit von den Betriebsbedingungen der Wirkungsgrad entnommen werden. Deutlich ist zu erkennen, wie der Wirkungsgrad mit zunehmender

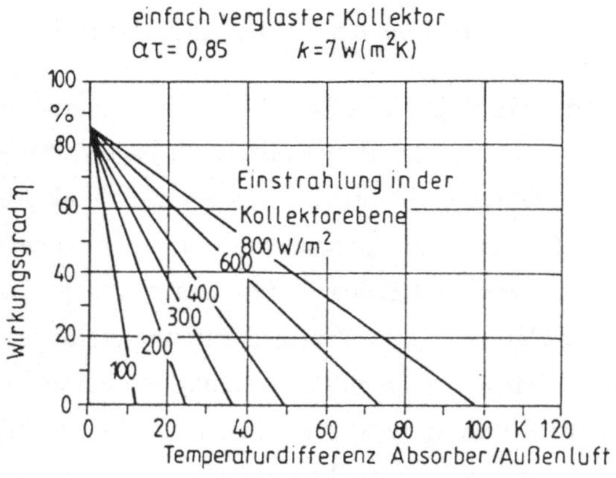

***Bild 3–3:** Kennlinienfeld Solarkollektor*

Temperaturdifferenz zwischen Absorber und Umgebung und auch mit abnehmender Einstrahlungintensität abnimmt. Also verringert sich gerade in der kalten Jahreszeit der Kollektornutzungsgrad.

Dieses Manko hat zur Folge, daß in der warmen Jahreszeit betriebene Kollektoren am rentabelsten sind. Deshalb werden Kollektoranlagen sehr häufig in Freibädern eingesetzt, zumal bei dieser Anwendung als Folge der niedrigen Wassertemperatur billige Kollektoren zum Einsatz kommen und kein Wärmespeicher notwendig ist. Die nächste Verwendungsmöglichkeit ist die Brauchwassererwärmung mit Warmwasserspeicherung. Es ist die Frage, welche solaren Deckungsanteile unter den heutigen wirtschaftlichen Randbedingungen erreicht werden. In Bild 3–4 ist der Deckungsanteil in Abhängigkeit von der Kollektorfläche und vom Speichervolumen gemäß einer Modellrechnung dargestellt. Danach ist für einen 4–Personenhaushalt eine Kollektorfläche von 8 m² und ein Tankinhalt von 200 l eine sinnvolle Grenze, da weitere Steigerungen von Kollektorfläche und Speichervolumen die solare Deckungsrate nicht mehr wesentlich erhöhen. Deutlich verbessert allerdings ein hocheffizienter Kollektor die Bilanz. Mit den genannten Werten folgt ein solarer Deckungsanteil von 50% für den einfachen und von 70% beim hocheffizienten Kollektor. Mit dem letztgenannten Kollektor beträgt die Ernte bis zu 4.000 kWh/a. Durch Förderungsmaßnahmen sind derartige Anlagen heute schon wirtschaftlich, bei größeren Anlagen für Mehrfamilienhäuser liegen noch günstigere Bedingungen vor. Die Wirtschaftlichkeit kann sich durch steigende Energiepreise und sinkende Herstellungspreise bei hohen Stückzahlen noch weiter verbessern.

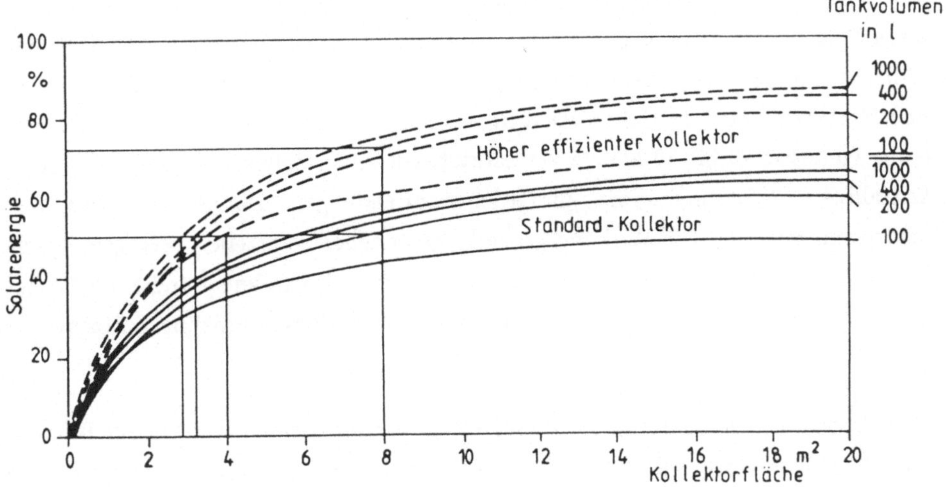

Bild 3.4: Modellrechnung Kollektor

Der Einsatz von Kollektoranlagen zur Erzeugung von Heizwärme erscheint unter den hiesigen klimatischen Bedingungen noch nicht wirtschaftlich. Lösungen sollten in Verbindung mit Solararchitektur unter Integration eines großen Speichers angestrebt werden.

3.8.4.5 Direkte Nutzung der Sonnenenergie zur Stromerzeugung

Große Solarkraftwerke auf thermischer Basis lassen sich in sonnenreichen Gegenden betreiben. Sie bestehen meist aus fokussierenden Parabolspiegeln, die auf einen Turm ausgerichtet sind. Das fokussierte Sonnenlicht wird an der Turmspitze absorbiert, auf einen drucklosen Zwischenkreislauf mit Salzschmelze oder flüssigem Natrium übertragen und zu einem Dampferzeuger transportiert, in dem Frischdampf produziert wird. Der Wasser/Dampfkreislauf ist dann wie bei einem konventionellen thermischen Kraftwerk ausgelegt. Größere Versuchs- und Demonstrationsanlagen sind z.B. das Solarkraftwerk Thémis in den Pyrenäen, das mittlerweile stillgelegt wurde, oder das mit deutscher Beteiligung gebaute Sonnenkraftwerk in Almeria (Spanien). Für deutsche Klimaverhältnisse ist diese Art der Sonnenenergienutzung nicht praktikabel.

Solarzellen ermöglichen die direkte Wandlung der solaren Strahlungsenergie in elektrische Energie, ohne daß sie ein einziges bewegliches Teil beinhalten. Basis dieser eleganten Energieumwandlung ist der photovoltaische Effekt. In bestimmten Halbleitern können Elektronen die Energie aus der solaren Einstrahlung entnehmen, die sie benötigen, um sich aus der Verbindung an ein Atom zu befreien. Diese frei beweglichen Elektronen werden durch ein an den Halbleiter angelegtes elektrisches Feld abgesaugt und über Kontakte und Leitungen makroskopisch verfügbar gemacht. Solarzellen wurden ursprünglich für die Energieversorgung von Satelliten und Raumstationen entwickelt. Derzeit werden weltweit Solarzellen mit einer Leistung von etwa 20 bis 30 MW/a vermarktet, vor allem Zellen aus mono- und polykristallinem Silizium, sowie für Kleinstanwendungen Dünnschichtzellen aus amorphem Silizium. Die Wirkungsgrade kommerzieller Solarzellen betragen derzeit bis zu 16% bei monokristallinem, bis zu 13% bei multikristallinem und etwa 7% bei amorphem Silizium. Im Labor wurden bei monokristallinem Silizium Spitzenwerte bis 27% erreicht.

Obwohl der technische Stand der Photovoltaik bereits hoch ist, wird in der Bundesrepublik vor allem aus Kostengründen erst langfristig eine Nutzung erwartet, die nennenswert zur Substitution fossiler oder nuklearer Brennstoffe beitragen kann.

Bei einem System mit Netzkopplung, bestehend aus Solargenerator, Aufständerungsmechanik und Wechselrichter müssen zur Zeit wenigstens 20.000 DM/kW$_{el}$ investiert werden. Heute stehen Anwendungen an abgelegenen Standorten ohne Stromanschluß im Vordergrund. Beispiele hierfür sind Autotunnelbeleuchtungen, Meßstationen, Füllsender für Rundfunk und Fernsehen und Berghütten.

Für einen Beitrag zur Energieversorgung in erheblichem Umfang besteht ein hohes technisches und wirtschaftliches Entwicklungspotential. Deshalb werden schon heute große Versuchs- und Demonstrationsanlagen gebaut. Das bislang größte photovoltaische Kraftwerk wurde mit einer Leistung von 6,5 MW in Kalifornien errichtet, die größte Anlage Europas mit 300 kW auf der Nordseeinsel Pellworm. Energieversorgungsunternehmen in der Bundesrepublik planen derzeit Anlagen von 500 und 1000 kW. Für eine auf 1 MW ausgelegte Anlage liegt der Flächenbedarf in Mitteleuropa bei etwa 3 ha. Dies erfordert aber nicht unbedingt einen entsprechenden Landschaftsverbrauch, da wegen des geringen Gewichts der Solarzellen z.B. auch Dachflächen genutzt werden können. Sonstige Umweltsauswirkungen ergeben sich allenfalls durch den Herstellungsprozeß und die Entsorgung der Anlagen.

Untersucht werden zur Zeit sogenannte Tandemzellen, bei denen mehrere Schichten verschiedener Materialien hintereinander angeordnet sind. Im Labor erreichen solche Zellen mit zwei Schichten 32% oder gar 42% Energieausbeute bei fünf Schichten. Die Entwicklung ist in vollem Gange. Neben Wirkungsgradverbesserungen konzentriert man sich auf verbesserte und verbilligte Produktionsprozesse, auf die Weiterentwicklung der Gesamtsysteme mit Wandlern, Speichern und Ladungsreglern sowie auf photochemische Verfahren mit einer Kombination aus Halbleitern und Elektrolytzellen.

3.8.4.6 Solare Wasserstoffgewinnung

Bei der Photovoltaik ist die Stromerzeugung an den Sonnenstand gekoppelt. Für die Stromversorgung ist dies insofern günstig, als in der Tagesmitte auch ein hoher Strombedarf (Spitzenlast) besteht. Prinzipiell ist jedoch, ebenso wie bei Windenergieanlagen, Produktion und Abnahme entkoppelt. Solange die Photovoltaik und die Windenergie nur geringe Anteile der Stromerzeugung abdecken, spielen Probleme der Lastfolge noch keine Rolle. Wenn aber Photovoltaik und Windenergie erhebliche Anteile der Stromversorgung übernehmen, rückt das Problem der Entkoppelung von Erzeugung und Verbrauch über Speicherung in den Vordergrund. Neben der Photovoltaik können zur Wasserstofferzeugung auch solarthermische oder solarchemische Verfahren eingesetzt werden.

Wasserstoff wird aus der Aufspaltung des Wassermoleküls gewonnen. Die verschiedenen Verfahren der Wasserspaltung weisen einen sehr unterschiedlichen Entwicklungsstand auf. Die direkten, einstufigen Methoden der katalytischen oder biologischen Hydrolyse, der Photolyse an Halbleiteroberflächen und der thermischen Zerlegung von Wasser befinden sich noch weitgehend im Stadium des Grundlagenversuchs. Auch die Hochtemperatur–Dampfelektrolyse und die thermochemischen Kreisprozesse werden allenfalls nach langen Forschungs- und Entwicklungsaktivitäten technisch nutzbar sein. Konventionelle und fortschrittliche Elektolyseverfahren sind dagegen kurz- bis mittelfristig verfügbar.

Die Nutzung solar erzeugten Wassserstoffs wird in großtechnischem Maßstab erst zu Beginn des nächsten Jahrhunderts einsetzen, wobei zunächst Stromerzeugung aus photovoltaischen Anlagen oder Windkraftanlagen in Verbindung mit Elektrolyseverfahren dominieren werden. Zur Zeit werden erste Demonstrationsanlagen erstellt. In der Oberpfalz wird von einem Energieversorgungsunternehmen mit Unterstützung des BMFT und des Freistaats Bayern ein Versuchsprojekt mit dieser Technik verwirklicht. Es umfaßt die Einrichtung einer Solarzellenanlage von 500 kW (jährliche Ernte etwa 1.8 TJ/a), eine Elektrolyseanlage, Wasserstoffspeicher und die Erprobung von Nutzungstechniken. Ziel des Vorhabens ist die Zusammenführung innovativer Techniken und die Weiterentwicklung im Systemverbund. In deutsch/saudarabischer Kooperation wird ein weiteres Projekt zur Untersuchung einer dezentralen Nutzung in sonnenreichen Ländern durchgeführt. Wirtschaftliche Analysen zeigen, daß langfristig die Entwicklung einer Wasserstoffwirtschaft, sowohl aus Sicht der Ressourcen als auch der Kapitalverfügbarkeit, keine unüberwindlichen Probleme aufwirft.

Die großen Vorteile des Wasserstoffs liegen in seiner hohen Energiedichte (Brennwert 120 MJ/kg gegenüber 45 MJ/kg von Heizöl), seiner Speicherbarkeit, dem kostengünstigen Transport über große Entfernungen sowie den relativ geringen Umweltbelastungen bei seiner Nutzung.

Für den Einsatz in stationären Verbrennungsanlagen ergeben sich außer der Bildung von Stickoxiden keine Umweltprobleme, da als Reaktionsprodukt nur Wasserdampf entsteht. Die Stickoxide können mit der herkömmlichen Katalysatortechnik beseitigt werden. Weitere Entsorgungsprobleme treten nicht auf. Für Fahrzeugantriebe müssen Kompaktspeicher wie Flüssigwasserstoff- oder Metallhydridtanks eingesetzt werden. Die Entwicklung solcher Tanks ist weit fortgeschritten. Hinsichtlich Kosten, Energiedichte und Wirkungsgrad müssen noch einige Optimierungsschritte durchlaufen werden.

Sehr attraktiv ist die kalte Verbrennung von Wasserstoff in Brennstoffzellen. Hierbei läßt man die Oxidation des Wasserstoffs an einer katalytisch wirkenden Anode und die Reduktion des Sauerstofs (Sauerstoffentzug) an einer Kathode getrennt ablaufen. Im Elektrolyt wandern Ionen von der Kathode zur Anode. Die in der Anode freigesetzten Elektronen fließen über eine externe Stromleitung zur Kathode; der so entstandene elektrische Strom kann Arbeit verrichten. Die Umsetzung von chemisch gespeicherter in elektrische Energie erfolgt mit Wirkungsgraden über 60%. Dies wird allerdings nur erreicht, wennn die Anode mit reinem Sauerstoff versorgt wird. Ein praktischer Einsatz derartiger Brennstoffzellen erfolgt schon heute in der Weltraumfahrt. Im Prinzip kann die Anode auch mit Luft versorgt werden, allerdings verringert sich dabei der Wirkungsgrad. Auch diese Entwicklung ist in vollem Gange.

Wie sich eine Energiewirtschaft auf der Basis solarer Wasserstoffgewinnung entwickeln wird, wird die Zukunft zeigen. Gigantische Projekte mit Energiefarmen in sonnenreichen Wüstengebieten und Transport über Pipeline–Systeme in die hochindustrialisierten Länder sind in der Diskussion. Dabei gerät ein wesentlicher Vorteil dieser Technik aus dem Blick: Die solare Wasserstoffgewinnung mit Nutzung in Brennstoffzellen umfaßt sehr kleine Einheiten, größere Energiesysteme lassen sich modular strukturiert aufbauen. Es bietet sich die Chance, in fernerer Zukunft zu einer umweltneutral produzierenden und weitgehend dezentralen Energiewirtschaft zu kommen.

Literatur

(1) G.Bischoff, W.Goeht (Hrsg.): Energietaschenbuch, Vieweg Verlag, Braunschweig 1984.

(2) VDI–Bericht 630: Blockheizkraftwerke– Stand der Technik und Umweltaspekte. VDI–Verlag Düsseldorf 1987.

(3) K.H.Suttor, W.Suttor: Die Kraft–Wärmekopplungsfibel, Resch Verlag Gröfelfing 1988

(4) Umwelt–Bundesamt: Luftreinhaltung '88, Tendenzen, Probleme, Lösungen. E.Schmidt Verlag Berlin 1989.

(5) VVS Verkehrs- und Versorgungsgesellschaft Saarbrücken mbH: Saarbrücker Informationen, Informationspapier zum Saarbrücker Zukunftskonzept Energie, 1990.

(6) E. Lüscher (Hrsg.): Kernenergie und Kerntechnik, Vieweg Verlag, Braunschweig 1982.

(7) Gesellschaft für Reaktorsicherheit: Deutsche Risikostudie Phase B. GRS–72, Köln 1989.

4 Ökologische Probleme der Luft

4.1 Einleitung

Luft als Sauerstofflieferant ist das wichtigste Lebensmittel für Tiere und Menschen. Darüberhinaus ist der Sauerstoff ein unverzichtbarer Reaktionspartner aller technisch wichtigen Verbrennungsprozesse. Bei derartigen Verbrennungsprozessen entstehen klimawirksame Gase wie Kohlenstoffdioxid und Stickstoffdioxid sowie Wasserdampf. Seit Beginn der Industrialisierung hat sich der Gehalt an Kohlenstoffdioxid etwa verdoppelt. Die Luft ist außerdem ein wichtiger technischer Hilfsstoff als Transport- und Verdünnungsmittel für Stäube, Gase und Dämpfe, als Trocknungsmittel, zur Übertragung mechanischer Kräfte, als Kühlmittel für Verbrennungswärme usw. Alle technisch genutzte Luft wird zu Abluft. Abluft enthält Stoffe, welche die natürliche Zusammensetzung der Luft nach Qualität und Quantität verändern. Da bei allen technischen Verbrennungsprozessen Wärme entsteht, muß letztlich die Luft diese Abwärme aufnehmen. Wärme ist Energie, welche – zumindest räumlich begrenzt z.B. über Großstädten – das Klima beeinflussen kann. Verunreinigungen der Luft lassen sich praktisch nur an der Quelle begrenzen. Schadstoffe, einmal an die Luft abgegeben, lassen sich nicht wieder zurückgewinnen.

Zur Schadensbegrenzung gibt es verhältnismäßig wenige Möglichkeiten. Die Verfahren müssen so verändert werden, daß die Schadstofffracht verringert wird. Die Abluft muß von den Schadstoffen befreit werden; dies hat Konsequenzen für Abwasser und Abfall. Unter besonderen Bedingungen müssen gefährliche Produktionsverfahren verboten werden.

Zur Überwachung von luftgefährdenden Schadstoffen bedarf es zunächst der gesetzlichen Voraussetzungen, wie sie im Bundesimmissionschutzgesetz und in den zugehörigen Verordnungen vorliegen. Diese gesetzlichen Bestimmungen erfordern eine umfangreiche und aufwendige Luftüberwachung. Darüberhinaus sorgen sie dafür, daß Prokuktionsverfahren entsprechend verändert werden können.

Luft selbst hat noch immer fast keinen Preis, sieht man von den Investitionen für Umweltschutzmaßnahmen ab. Vorsichtiger und schonender Umgang mit unserem wichtigsten Lebensmittel wird kaum belohnt und Strafen allein sind wenig wirksam.

4.2 Gesetzliche Bestimmungen zur Luftreinhaltung

Das "Gesetz zum Schutz vor schädlichen Umwelteinwirkungen durch Luftverunreinigung, Geräusche, Erschütterungen und ähnliche Vorgänge" (BImSchG) enthält die gesetzlichen Grundlagen für die Luftreinhaltung. Weitere Rechtsquellen sind die auf der Grundlage dieses Gesetzes erlassenen Rechtsverordnungen und Verwaltungsvorschriften. Ziel dieses Gesetzes ist es, Menschen, Tiere, Pflanzen und Sachgüter vor schädlichen Immissionen zu schützen, sowie dem Entstehen von Umweltschäden vorzubeugen (Vorsorgeprinzip). Nach der Konzeption des BImSchG sind vier Hauptbereiche des Immissionsschutzes zu unterscheiden: der anlagenbezogene Immissionschutz, der produktionsbezogene Immissionsschutz, der verkehrsbezogene Immissionsschutz und der gebietsbezogene Immissionsschutz.

Die anlagenbezogenen Vorschriften bilden den Schwerpunkt des Regelungsbereichs dieses Gesetzes (§§ 4–31 BImSchG). Der Begriff "Anlage" ist weit gefaßt. Dazu zählen grundsätzlich alle baulichen und technischen Einrichtungen sowie alle Grundstücke, bei denen Emissionen entstehen können.

Anlagen, die auf Grund ihrer Beschaffenheit oder ihres Betriebs in besonderem Maße geeignet sind, schädliche Umwelteinwirkungen hervorzurufen, dürfen nur errichtet und betrieben werden, wenn die Behörde dies zuvor ausdrücklich genehmigt hat (§ 4 Abs.1 Satz 1 BImSchG). Die vierte Bundesimmissionsschutzverordnung zählt die Anlagen auf, für die diese Voraussetzungen zutreffen. Hierzu zählen Kraftwerke, chemische Fabriken, Tierkörperbeseitigungsanstalten usw. Die Pflichten der Betreiber genehmigungsbedürftiger Anlagen regelt § 5 BImSchG. Diese Pflichten lassen sich in vier Grundsätze fassen: Nach dem ersten Grundsatz dürfen Anlagen keine schädlichen Umwelteinwirkungen und sonstige Gefahren, erhebliche Nachteile und erhebliche Belästigung für die Allgemeinheit und die Nachbarschaft hervorrufen. Der zweite Grundsatz, der sich auf die Emissionen bezieht, schreibt Umwelteinwirkungen, insbesondere durch die dem Stand der Technik entsprechenden Maßnahmen gemäß § 3 Abs.6 BImSchG vor. Der dritte Grundsatz soll die Reststoffverwertung sicherstellen, d.h. beim Betrieb genehmigungsbedürftiger Anlagen anfallende Reststoffe müssen verwertet und erst wenn die Verwertung technisch nicht möglich oder aber wirtschaftlich unvertretbar ist als Abfälle gemeinwohlverträglich entsorgt werden. Der vierte Grundsatz betrifft die bei entsprechenden Betrieben anfallende Abwärme. Die gesetzliche Regelung beinhaltet ein internes Abwärmenutzungsgebot und bezweckt eine erweiterte Nutzung vorhandener

Energieeinsparungspotentiale. Damit wird dem Vorsorgeprinzip durch Ressourcenschonung genügt.

Mittels der Vorschriften der "Technischen Anleitung zur Reinhaltung der Luft" (TA–Luft) stellt die Genehmigungsbehörde fest, ob der Betreiber einer geplanten Anlage die notwendige Vorsorge gegen schädliche Umwelteinwirkungen trifft. Entsprechend den unter Nr. 2 der TA–Luft aufgeführten "Allgemeinen Vorschriften zur Reinhaltung der Luft" ruft eine Anlage dann keine schädlichen Umwelteinwirkungen hervor, wenn in ihrer Umgebung die Schadstoffkonzentrationen in der Luft bestimmte, exakt festgelegte Werte, die sogenannten "Immissionswerte" oder "Immissionsgrenzwerte", nicht überschreiten. Zur Ermittlung dieser Grenzwerte sind die schon vorhandenen Immissionen mitzuberücksichtigen.

Das BImSchG enthält hinsichtlich der behördlich zugelassenen Maßnahmen solche, die der Gefahrenabwehr dienen (§1 BImSchG). Zu diesen Eingriffsmaßnahmen zählen als wichtigste die der Anlagengenehmigung (§§4–21 BImSchG), der Sanierung von Altanlagen (§7 Abs.1 und 2 BImSchG), der nachträglichen Anordnungen (§17 BImSchG), die Betriebsverbote (§§20,25 BImSchG) sowie die der Bauartzulassung (§ 33 BImSchG).

Das behördliche Verfahren zur Genehmigung einer Anlage ist grundsätzlich (§ 10 BImSchG) ein "förmliches" Verfahren. Danach ist das Vorhaben öffentlich bekanntzumachen; die Antragsunterlagen sind öffentlich auszulegen, so daß jeder Einwendungen gegen das Vorhaben erheben kann. Rechtzeitig erhobene und eingegangene Einwendungen müssen dann in einem "Erörterungstermin" beraten werden. § 10 BImSchG enthält zusammen mit den Vorschriften der 9. BImSchVO weitere Grundsätze des Genehmigungsverfahrens.

Kleinere Anlagen, oder Anlagen mit überschaubaren Emissionsproblemen können einem sogenannten vereinfachten Genehmigungsverfahren nach § 19 BImSchG unterzogen werden. Im Unterschied zum förmlichen Verfahren findet keine öffentliche Bekanntmachung des Vorhabens statt. Die Betroffenen haben also keine Gelegenheit, gegen die Anlage formell Einwendungen zu erheben.

Wesentliche Änderungen an einer genehmigungsbedürftigen Anlage dürfen nur dann vorgenommen werden, wenn diese ausdrücklich genehmigt worden sind (§15 BImSchG). Voraussetzungen und Verfahren einer solchen sogenannten "Änderungsgenehmigung" entsprechen denen einer im normalen Verfahren zu erteilenden Genehmigung.

Für die Sanierung von Altanlagen aus Gründen der Umweltvorsorge hat § 7 BImSchG eine spezielle Regelung dahingehend getroffen, daß die Bundesregierung durch Rechtsverordnung die Sanierung von Altanlagen vorschreiben kann. Inhalt einer solchen Verordnung können die Festlegung bestimmter technischer Anforderungen von Grenzwerten für Emissionen, von Meßverfahren für Emissionen und Immissionen sowie die Bestimmung von Übergangsfristen sein. Die Genehmigungsbehörde kann den Anlagenbetreiber unter bestimmten Voraussetzungen im Wege einer nachträglichen Anordnung zur Nachrüstung verpflichten. Diese Voraussetzungen bestehen, wenn ein Anlagenbetreiber die gesetzlichen Verpflichtungen für die Errichtung oder den Betrieb nicht einhalten kann, weil entweder im Genehmigungsverfahren bestimmte Auswirkungen nicht erkannt worden sind, oder weil sich die Verhältnisse in der Umgebung der Anlage verändert haben, weil der fortgeschrittene Stand der Technik neue Werte zur Emissionsbegrenzung erfordert, oder weil die Bundesregierung in Ausübung ihrer Ermächtigung die Sanierung von Altanlagen festsetzte. Solche Anordnungen sind nur zulässig, wenn sie nicht "unverhältnismäßig" sind. Unverhältnismäßig sind nachträgliche Anordnungen dann, wenn der mit der Erfüllung der Anordnung verbundene Aufwand außer Verhältnis zu dem mit der Anordnung angestrebten Erfolg steht. Dabei sind Art, Menge und Gefährlichkeit der von der Anlage ausgehenden Emissionen und der von ihr verursachten Immissionen, schließlich die Nutzungsdauer und technische Besonderheiten der Anlage zu berücksichtigen (§ 17 Abs.2 BImSchG).

Das schärfste Mittel der Gefahrenabwehr ist das Betriebsverbot. Nach § 20 BImSchG kann die Behörde eine genehmigungsbedürftige Anlage stillegen und beseitigen lassen, wenn der Betreiber einer Auflage, einer vollziehbaren nachträglichen Anordnung oder einer abschließend bestimmten Pflicht aus einer Rechtsverordnung nach § 7 BImSchG nicht nachkommt. Der Katalog der Sanktionsmöglichkeiten geht dabei abgestuft von der befristeten Betriebsuntersagung bis zu deren völligen Einstellung.

Für serienmäßig hergestellte Teile von Betriebsstätten und für Geräte, Maschinen, Apparate sowie für ortsveränderliche Anlagen gemäß § 3 Abs. 5 Nr.2 BImSchG ist eine "Bauartzulassung" erforderlich (§ 33 BImSchG).

Besondere Bestimmungen für sogenannte "Belastungsgebiete" bzw. besonders schutzbedürftige Gebiete enthalten die Vorschriften der §§ 44, 47–49 BImSchG. Als Folge der gesetzlichen Pflicht, Art und Umfang bestimmter Luftverunreinigungen in Belastungsgebieten zu erfassen (§ 44 BImSchG), müssen die nach

Landesrecht zuständigen Behörden flächendeckende Emissionskataster erstellen. Diese enthalten Angaben über Art, Umfang, räumliche und zeitliche Verteilung und die Austrittsbedingungen von Luftverunreinigungen bestimmter Anlagen und Fahrzeuge (§ 46 BImSchG). Soweit die Auswertung der Messungen und der katastermäßigen Aufzeichnungen ergibt, daß tatsächlich schädliche Umwelteinwirkungen auftreten oder zu erwarten sind, sind laut § 47 BImSchG sogenannte "Luftreinhaltepläne" aufzustellen. Sie müssen Maßnahmen zur Verminderung der Luftverunreinigungen und zur Vorsorge aufweisen.

Auf der Grundlage des Bundesimmissionsschutzgesetzes sind zahlreiche ergänzende sowie präzisierende Rechtsverordnungen erlassen worden. Als wichtigste Verordnungen seien an dieser Stelle die Verordnung über Kleinfeuerungsanlagen (1. BImSchVO), die Verordnung über genehmigungsbedürftige Anlagen (4. BImSchVO), die Rasenmäherlärmverordnung (8. BImSchVO), die Verordnung über Grundsätze des Genehmigungsverfahrens (9. BImSchVO), die Verordnung über Großfeuerungsanlagen (13. BImSchVO), die Verkehrslärmschutzverordnung (16. BImSchVO) und die Verordnung über Verbrennungsanlagen für Abfälle und ähnliche brennbare Stoffe (17. BImSchVO) genannt.

4.3 Belastungen der Luft

4.3.1 Schadstoffe in der Luft

Belastungen der Luft sind Veränderungen der natürlichen Luftzusammensetzung. Hierzu zählen primär Gase, Tröpfchen und Stäube, sekundär deren chemische und physikalische Umwandlungsprodukte. Zu letzteren gehören die Aerosole und Gemische aus Luft mit Schwebstoffen (Nebel bzw. Rauch).

Kohlenwasserstoffverbindungen werden bei ihrer Entstehung, Umsetzung oder unvollständigen Verbrennung an die Umwelt abgegeben. Man unterscheidet dabei wegen ihrer Molekülstruktur zwischen aliphatischen (Paraffinen) und aromatischen Kohlenwasserstoffverbindungen. Reine Kohlenwasserstoffverbindungen können innerhalb der Natur abgebaut werden, während Abkömmlinge (substituierte Kohlenwasserstoffverbindungen) wie die Chlorkohlenwasserstoffe oft persistent sind. Von den substituierten Kohlenwasserstoffverbindungen sind bestimmte Aromaten für den Menschen gesundheitsschädlich. Der einfachste aromatische Kohlenwasserstoff, das Benzol, ist bekannt für seine Auslösung von Leukämien. Bestimmte polycyclische Aromaten (PAH) haben carcinogene Wirkung. Beide werden in der Regel über die Lunge aufgenommen. Halogenkohlenwasserstoffe werden in der Natur nur schwer abgebaut, d.h. sie lagern sich an bestimmten Punkten der Ökosysteme, z.B. im Boden oder im Körperfett des Menschen, ab und reichern sich damit in der Natur an. Zu den Chlorkohlenwasserstoffverbindungen gehören Insektizide wie DDT, die polychlorierten Biphenyle (PCB) sowie die polychlorierten Dibenzodioxine (PCDD), darunter das als Sevesogift bekannt gewordene 2.3.7.8–Tetra–chlordibenzodioxin (TCDD), und die polychlorierten Dibenzofurane (PCDF).

Schwefeldioxid (SO_2) ist ein Oxidationsprodukt des Schwefels. Es entsteht bei allen Verbrennungsvorgängen, bei denen Schwefel zugegen ist. Schwefeldioxid ist ein farbloses Gas und übt oberhalb einer Konzentration von 1 ppm eine Reizwirkung auf die Bronchien des Menschen aus. Die toxische Konzentration für den Menschen liegt zwischen 1000 und 2000 ppm. Bei Pflanzen ruft es besondere Blattschäden (Nekrosen) hervor. Bei Bauwerken setzt es den Kalk der Steine und des Mörtels langsam zu Gips um und bewirkt so den Zerfall. Beim Transport über große Entfernungen hydrolysiert es erst zu Schwefliger Säure (H_2SO_3), die dann zu Schwefelsäure (H_2SO_4) oxidiert und anschließend als saurer Regen ausgewaschen wird.

Stickstoffmonoxid (NO) ensteht aus dem Stickstoff der Luft bei allen Verbrennungsvorgängen, die unter hohen Temperaturen ablaufen. Stickstoffmonoxid ist toxisch, übt jedoch keine schädigende Wirkung auf die Umwelt aus, da es nach relativ kurzer Zeit zu Stickstoffdioxid oxidiert.

Stickstoffdioxid (NO_2) entsteht aus NO durch langsame Umsetzung mit Luftsauerstoff (Autoxidation) bzw. schnelle Umsetzung mit Ozon. NO_2 ist ein starkes Reizgas mit einem charakteristischen Geruch, in hohen Konzentrationen von bräunlicher Farbe und übt auf die Lunge des Menschen eine toxische Wirkung aus. Bei Konzentrationen über 0,2 mg/m^3 treten Bronchialschäden auf und die toxische Wirkung setzt schon oberhalb 1,0 mg/m^3 ein. Es ruft bei Metallen Korrosionen hervor, schädigt Pflanzen und wird beim Ferntransport ähnlich Schwefeldioxid zu einer Säure, der Salpetersäure (HNO_3) umgesetzt, womit es ebenfalls ein Bestandteil des Sauren Regens ist.

Während Kohlenstoffdioxid generell das Endprodukt aller Verbrennungen organischen bzw. kohlenstoffhaltigen Materials ist, entsteht *Kohlenstoffmonoxid* (CO) immer bei Verbrennungen mit ungenügender Sauerstoffzufuhr. Für den Menschen wird es erst in höheren Konzentrationen zu einer Gefahr, da es sich anstelle von Sauerstoff an das Hämoglobin anlagert und somit zum Ersticken führt.

Ozon (O_3) entsteht mit Sauerstoff (O_2) unter Einwirkung von UV–Strahlung oder bei elektrischen Entladungen. Ozon ist ein farbloses Gas mit einem charakteristisch stechenden Geruch, das oberhalb 200 $\mu g/m^3$ eine Geruchsbelästigung darstellt. Im Bereich von 800 bis 2000 $\mu g/m^3$ ruft es chronische Schäden des Atemtraktes hervor. Es ist in niedrigen Konzentrationen ein natürlicher Bestandteil der Luft und ist in der Troposphäre für die Filterung der UVC– Strahlen verantwortlich, die beim Menschen Hautkrebs hervorrufen können. Ozon wird in der Troposphäre u.a. durch Fluorchlorkohlenwasserstoffverbindungen (FCKW) abgebaut, die dorthin von der Erdoberfläche in einem zehnjährigen Diffusionsprozeß gelangen. In den bodennahen Luftschichten kommt es in den Industrieregionen und den Nachbargebieten wegen verstärkter Stickoxidemissionen zu einer erhöhten photochemischen Ozonproduktion. Stickoxide und Kohlenwasserstoffverbindungen wiederum setzen sich mit Ozon zu den sogenannten Photooxidantien um, deren bekanntester Vertreter das Peroxiacetylnitrat (PAN) ist. Während Ozon selbst pflanzenschädlich ist, schreibt man den Photooxidantien die Verursachung von Ernteschäden zu.

Chlorwasserstoff (HCl) wird bei Chlorierungen von chemischen Betrieben emittiert, wird beim Beizen (Entrosten) von Metallen verwandt und entsteht beim Verbrennen von Chlorkohlenwasserstoffverbindungen, z.B. Polyvinylchlorid (PVC) in Müllverbrennungsanlagen. Chlorwasserstoff übt eine Reizwirkung auf Schleimhäute aus, bewirkt Korrosion bei Metallen und ist für Pflanzenschäden (Nekrosen) verantwortlich.

Fluorwasserstoff (HF) entsteht bei der Aluminiumverhüttung, beim Glasschmelzen und beim Brennen keramischer Erzeugnisse. Fluorwasserstoff ist in seiner Wirkung dem Chlorwasserstoff verwandt.

Stäube sind feste Partikel, die nach der Größe in Grob- (sedimentierende) und in Feinstäube unterschieden werden. Jeder technische Prozeß, bei dem Feststoffe eingesetzt werden oder entstehen können, gibt Stäube an die Umwelt ab. Die Gefährlichkeit der Stäube ist abhängig von der Partikelgröße und von ihren Inhaltsstoffen. Beim Schwebstaub, dessen Partikelgröße kleiner 10 μm ist, unterscheidet man zwischen dem atembaren Feinstaub, der eine Reizwirkung auf die Schleimhäute des Bronchialsystems ausübt, und einer lungengängigen Fraktion mit einer Partikelgröße kleiner 5 μm. Diese sind in der Lage, wasserlösliche Bestandteile an die Lungenbläschen abzugeben. Eine Sonderstellung nimmt der Asbeststaub ein, der wegen seiner besonderen, nadelförmigen Partikel zu ständigen mechanischen Gewebsverletzungen und schließlich zu einer besonderen karzinogenen Erkrankung, der Asbestose, führt.

4.3.1.1 Smog

Smog (*Sm*oke, *Fog*) ist eine sekundäre Luftverunreinigung. Beim Abklingen langandauernder Hochdruckwetterlagen mit Festlandskaltluft entsteht häufig die Situation, daß sich wärmere Luftmassen über die bodennahe Kaltluft schieben. Aufgrund geringer Luftbewegung kommt es zu keiner Durchmischung. Mit zunehmender Höhe über dem Boden nimmt die Lufttemperatur naturgemäß ab, steigt jedoch beim Erreichen der Luftmassengrenze wieder an und es kommt zu einer Umkehrung (Inversion) der normalen Bedingungen. Man bezeichnet deshalb diese Grenzschicht zwischen den beiden Luftmassen als Inversionsgrenze und die Wetterlage als Inversionswetterlage.

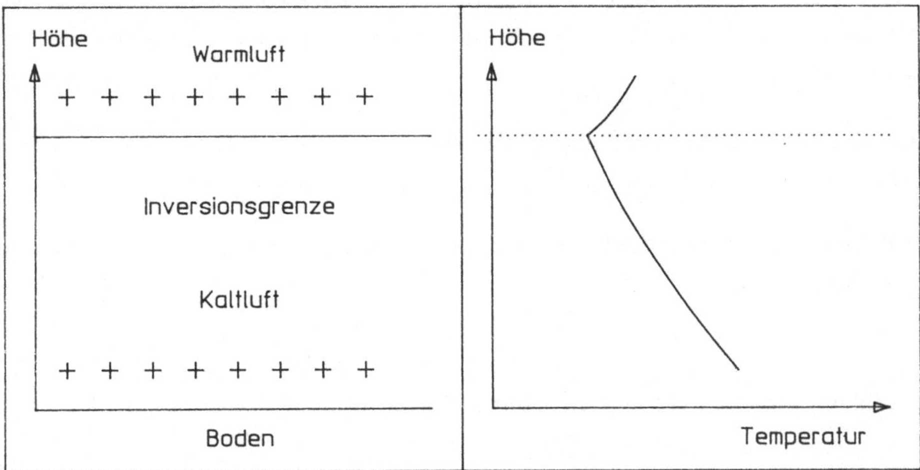

Bild 4–1: *Die Lufttemperatur im Fall der Inversionswetterlage.*

Diese Inversionswetterlage ist die Vorbedingung für Smog. Sinkt die Inversionsgrenze weit unter 1000 m über Boden und bleibt die Luftbewegung unterhalb dieser Grenzschicht aus, so ist der Schadstofftransport horizontal wie vertikal behindert. Es entsteht eine austauscharme Wetterlage. Diese bewirkt ein Ansteigen der Schadstoffkonzentration in der Luft. Die gesundheitlich relevanten Schadstoffe sind Schwefeldioxid, Schwebstaub, Stickstoffdioxid und Kohlenmonoxid. Für diese Schadstoffe enthalten die Smog–Verordnungen der Bundesländer (Polizei–Verordnungen) für die Vorwarnstufe und die einzelnen Alarmstufen verschiedene Grenzwerte. Bei Alarmstufenüberschreitungen werden Maßnahmen wie Brennstoffwechsel, Lastreduzierungen und Außerbetriebnahme von Feuerungsanlagen bis hin zu Verkehrsstillegungen in Sperrbezirken ergriffen. Während die beiden charakteristischen Schadstoffe beim klassischen Winter–Smog Schwefeldioxid und Schwebstaub sind, muß mittlerweile auch ein Sommer–Smog in die Immissionsüberwachung einbezogen werden. Die charakteristischen Schadstoffe sind in diesem Fall Stickstoffdioxid, Kohlenwasserstoffverbindungen und das daraus gebildete Ozon. Bei der Reaktion von Ozon mit Kohlenwasserstoffverbindungen entstehen Photooxidantien, die auch für massive Vegetationsschäden verantwortlich sind. Wegen der durch die Photoreaktion gebildeten Schadstoffe bezeichnet man den Sommersmog auch als Photosmog. Auslöser für den Photosmog sind die Emissionen der Kraftfahrzeuge an Sommertagen in Großstädten und die wegen der fehlenden Luftbewegung sich daraus ausbildenden Dunstglocken, unter der dann die Photoreaktionen ablaufen. Man bezeichnet diesen Smog auch nach dem Ort, an dem er erstmals aufgetreten ist, als Los–Angeles–Smog. Den Wintersmog bezeichnet man nach dem Ort, an dem er erstmals für Todesfälle verantwortlich gemacht werden konnte, als London–Smog.

Die wichtigsten im Sommer–Smog ablaufenden chemischen Reaktionen sind folgende:

- Bildung von Sauerstoffradikalen aus Stickstoffdioxid unter der Einwirkung von Sonnenlicht.

$$NO_2 \longrightarrow NO + O^{\cdot}$$
$$2NO + O^{\cdot} \longrightarrow 2\,NO_2$$

- Bildung von Ozon aus Luftsauerstoff

$$O_2 + O^{\cdot} \longrightarrow O_3$$

- der Ozonabbau durch Stickstoffmonoxid

$$NO + O_3 \longrightarrow NO_2 + O_2$$

- die Bildung von OH–Radikalen

$$H_2O + O^{\cdot} \longrightarrow 2\,OH^{\cdot}$$

Dies ist die Schlüsselreaktion des Sommer–Smogs. Die OH–Radikale sind ver antwortlich für die Bildung von Aldehyden und von Photooxidantien:

$$C_nH_m + OH^{\cdot} \longrightarrow R\text{–}CHO$$

Entspricht der Rest R– einem H_3C–, so heißt die Verbindung Acetaldehyd.

$$C_nH_m + OH^{\cdot} + NO_2 \longrightarrow R\text{–}\underset{\underset{O}{\|}}{C}\text{–O–O–}NO_2$$

Entspricht der Rest R– einem H_3C–, dann heißt die Verbindung Peroxiacetylnitrat (PAN), welches sich am leichtesten von allen Peroxiacylnitraten nachweisen läßt.

Die Ozonfrachten, die durch abendliche Luftbewegungen aus den Ballungsgebieten in die ländlichen Regionen transportiert werden, können wegen dort fehlendem Stickstoffmonoxid (aus Kraftfahrzeugen) nicht abgebaut werden. Eine Möglichkeit, die NO–Emissionen zu vermindern, besteht in der Verwendung von Abgaskatalysatoren (s. Kap.8).

4.3.1.2 Der Saure Regen

Die durch hohe Verbrennungsanlagen emittierten Schadstoffe Stickstoffmonoxid und Schwefeldioxid setzen sich in der Atmosphäre um zu Stickstoffdioxid und dann zu Salpetersäure: $NO \longrightarrow NO_2 \longrightarrow HNO_3$, bzw. zuerst zu Schwefliger Säure und weiter zu Schwefelsäure: $SO_2 \longrightarrow H_2SO_3 \longrightarrow H_2SO_4$. Diese Säuren werden durch Regen aus der Luft ausgewaschen (Saurer Regen). Die Wirkungen des Sauren Regens sind z.Z. immer noch nicht vollständig erforscht. Er schädigt einmal das Blattwerk, das dadurch empfindlicher wird gegenüber den Einflüssen anderer Schadstoffe wie Ozon und den Photooxidantien. Zum anderen schädigt er das Wurzelwerk und beeinflusst den Nährstoffhaushalt der Pflanzen. Hierdurch werden die Pflanzen anfällig gegenüber biotischen sowie abiotischen Einflüssen.

4.3.2 Die Ausbreitung von Luftschadstoffen

Man bezeichnet die Abgabe von Luftschadstoffen an die Umgebungsluft als Emission, ihre Einwirkung auf den Menschen und auf seine Umwelt als Immission und ihren Transport als Transmission. Die Emissionsquelle kann sowohl eine Punktquelle als auch eine Flächenquelle sein. Flächenquellen bestehen meist aus einer größeren Zahl von Punktquellen, bei denen die Emissionen den einzelnen Punkten nicht eindeutig zugeordnet werden können. Punktquellen sind meist Schornsteine. Die jeweiligen Emissionsbedingungen entscheiden über die Menge des emittierten Schadstoffes und damit indirekt auch über die Immission.

Die Emission läßt sich durch Messungen am Schornstein ermitteln, für einige Schadstoffe ist auch die Transmission meßbar (Vgl. Remote–Sensing–Verfahren). Die Immission läßt sich bei Kenntnis der Emissionsbedingungen rechnerisch bestimmen. Von der Immission kann man jedoch nicht auf die Emission zurückschließen. Sind die Emissionsbedingungen bekannt, kann die Zusatzbelastung für ein Beurteilungsgebiet bei einer neu zu genehmigenden Anlage mit Hilfe einer Ausbreitungsrechnung bestimmt werden. Addiert man diese zu der schon existierenden Grundbelastung, so erhält man die zu erwartemde Gesamtbelastung nach Inbetriebnahme der Anlage. Die Ergebnisse der Transmissionsmessungen dienen der Ermittlung von Ferntransporten.

4.3.2.1 Die effektive Quellhöhe und die Abgasfahnenüberhöhung

Jede Abgasfahne aus einem thermischen Prozeß erfährt nach Verlassen des Schornsteins durch den herrschenden Wind eine Horizontalbewegung und gleichzeitig durch den thermischen Auftrieb eine Vertikalbewegung. Der Abgastransport geht in einen reinen Horizontaltransport über, wenn die Temperatur des Abgases die der Umgebungsluft angenommen hat. Man bezeichnet diese Transporthöhe als *effektive Quellhöhe h*. Sie ergibt sich aus der Schornsteinhöhe und aus der thermischen Abgasfahnenüberhöhung ü:

$$h = ü + H$$

Die thermische Abgasfahnenüberhöhung ü läßt sich in einem Abstand x von der Emissionsquelle folgendermaßen berechnen:

$$ü(x) = f(M, x, u_H, a, b, c, d)$$

mit

M	= emittierter Wärmestrom in MW
a, b, c, d	= spezifische Faktoren für die jeweilige Temperaturschichtung (labil, neutral, stabil). Sie ergeben sich für verschiedene Ausbreitungsklassen aus den meteorologischen Daten einer 10-Jahresstatistik des Deutschen Wetterdienstes für den jeweiligen Standort.

4.3.2.2 Die Ausbreitungsrechnung

Die Ausbreitungsrechnung ermöglicht die Berechnung der Massenkonzentration einer Luftverunreinigung an einem beliebigen Aufpunkt in einer bestimmten Entfernung zum Emittenten. Die Berücksichtigung der Geländeunebenheiten geschieht in dem Modell AUSTAL 86 der TA–Luft in der Schornsteinüberhöhung. Die Massenkonzentration der Luftverunreinigung am jeweiligen Aufpunkt (x,y,z) ist darin eine Funktion der Windgeschwindigkeit, der effektiven Quellhöhe, des Emissionsmassenstroms und der Höhe des Aufpunktes unter Berücksichtigung von Ausbreitungsparametern:

$$C(x,y,z) = f(x,y,z,Q,h,u_h,\sigma_y,\sigma_z)$$

x,y	= kartesische Koordinaten der Aufpunkte
z	= Höhe des Aufpunktes über Flur

C(x,y,z)	= Massenkonzentration der Luftverunreinigung am Aufpunkt
Q	= Emissionsmassenstrom
h	= effektive Quellhöhe
σ_y, σ_z	= horizontale und vertikale Ausbreitungsparameter
u_H	= Windgeschwindigkeit

Für Stäube müssen zusätzlich noch die Korngröße und bei sedimentierenden Stäuben die Ablagerungsgeschwindigkeit berücksichtigt werden.

Zur Durchführung der Ausbreitungsrechnung legt man ein kartesisches Koordinatensystem fest, in dessen Mittelpunkt der Emittent liegt. Die Koordinatenschnittpunkte sind jeweils 1 km voneinander entfernt (vgl. Pegelmessungen) und der Radius des Berechnungsgebietes wird je nach Emissionsleistung und damit Schornsteinhöhe vorgegeben. Nunmehr legt man der Berechnung einen meteorologischen Datensatz zugrunde, der die statistische Häufigkeit der entsprechenden Ausbreitungsklassen sowie die Häufigkeit der verschiedenen Windrichtungen und -geschwindigkeiten enthält und damit die jeweiligen Ausbreitungsparameter σy und σz vorgibt.

Aus der Ausbreitungsrechnung ergibt sich im Genehmigungsverfahren gemäß Bundesimmisionsschutzgesetz die zu erwartende Zusatzbelastung, welche der schon bestehenden Grundbelastung hinzuaddiert werden muß. Die hieraus resultierende Gesamtbelastung entscheidet dann im Vergleich mit den Grenzwerten darüber, ob der Bau einer Anlage genehmigt werden kann.

4.3.3 Grenzwerte für Luftschadstoff

4.3.3.1 Emissions– und Immissionsgrenzwerte

Grenzwerte für Luftschadstoffe am Arbeitsplatz sind in der TRGS 900 (= Technische Richtlinie für Gefahrstoffe) als MAK–Werte (Maximale Arbeitsplatzkonzentrationen) und TRK–Werte (Technische Richtkonzentrationen für krebserzeugende Arbeitsstoffe) zusammengefaßt; sie werden ständig aktualisiert. Rechtliche Grundlage für die TRGS bzw. TRGA (Technische Richtlinien für gefährliche Arbeitsstoffe) ist die Gefahrstoffverordnung, eine Durchführungsverordnung zum Chemikaliengesetz. Soweit nicht in Verordnungen zur Durchführung des BImSchG (z.B. Großfeuerungsanlagenverordnung) aufgeführt, sind die Emissionsgrenzwerte, mitunter sogar anlagenspezifisch, in der TA–Luft mit den entsprechenden Meßverfahren zur Emissionsüberwachung zusammengefaßt. Bei der Immissionsüberwachung unterscheidet man 3 verschiedene Gruppen von Grenzwerten, die in den folgenden Tabellen zusammengefaßt sind.

- Die Maximalen Immissionskonzentrationen (MIK–Werte) der VDI–Richtlinie 2310 als Wirkungsgrenzwerte zum Schutz des Menschen und der Vegetation vor schädlichen Umwelteinflüssen. Diese Grenzwerte dienen der Interpretation der Immissionsbelastung und beinhalten keine rechlichen Konsequenzen bei Überschreitungen.
- Die Immissionswerte der TA–Luft. Sie dienen zur Beurteilung der Immissions belastung im Rahmen eines Genehmigungsverfahrens und entscheiden über die Genehmigung einer neu zu errichtenden Anlage. Die Immissionswerte gelten nur im Zusammenhang mit den vorgeschriebenen Meß- und Beurteilungsverfahren.
- Die Smog–Verordnungen der Bundesländer. Sie enthalten neben den Grenzwerten auch Maßnahmen zur Emissionsminderung im Brennstoffwechsel über die Stillegung thermischer Anlagen bis zur Verkehrsstillegung in Sperrbezirken.

Tab. 4–1: Maximale Immissionskonzentrationen für Menschen und Pflanzen in mg/m³

empfindliche Pflanzen		Menschen	
SO_2	0.40 (98P/7M) 0.08 (MW/7M)	SO_2	1.00 (MW/H/2) 0.30 (MW/1D)
HF	2.00 (MAX/1D) 0.60 (MAX/1M) 0.40 (MAX/7M)	CO	50.0 (MW/H/2) 10.0 (MW/1D) 10.0 (MW/1Y)
HCl	1.20 (MW/1D) 0.15 (MW/1M)	NO	1000 (MW/H/2) 500 (MW/1D)
NO_2	6.00 (MW/H/2) 0.35 (MW/7M)	NO_2	0.20 (MW/H/2) 0.10 (MW/1D) 0.10 (MW/1Y)
O_3	0.50 (MAX/H/2) 0.17 (MAX/8H)	O_3	0.12 (MW/H/2)
		Schweb–staub	0.45 (MW/H/2) 0.30 (MW/1D) 0.15 (MW/1Y)

MAX = Maximalwert, MW = Mittelwert, P = Perzentil, H = Stunde, D = Tag, M = Monat, Y = Jahr, H/2 = Halbstundenmittel

Tab.4–2: *Immissionswerte IW1 und IW2 der TA– Luft für Gase und Schwebstaub in mg/m^3 sowie für Staubniederschlag (Beispiele)*

	IW1	IW2
Schwebstaub	0.15	0.30
Chlorwasserstoff (als Cl)	0.10	0.20
Kohlenmonoxid	10.00	30.00
Schwefeldioxid	0.14	0.40
Stickstoffdioxid	0.08	0.30
Staubniederschlag (in $g/m^2 \cdot d$)	0.35	0.65

Tab.4–3: *Grenzwerte der Smog– Veordnungen in mg/m^3 (Beispiele)*

	Mittelungs–zeitraum	Vorwarnstufe	1.Alarm–stufe	2.Alarm–stufe
SO_2	3 Std.	0.60	1.20	1.80
NO_2	3 Std.	0.60	1.00	1.40
CO	3 Std.	30.00	45.00	60.00

4.3.3.2 Festlegung von Grenz– und Richtwerten für Luftschadstoffe

Um Grenzwerte für verschiedene Luftschadstoffe festzulegen, bedarf es eingehender Untersuchungen hinsichtlich der Wirkung auf Menschen, Tiere und Pflanzen. Hierbei können mitunter verschiedene Gefährdungspotentiale festgestellt werden, wie z.B. aus den MIK–Werten für Fluorwasserstoff bei Menschen und Pflanzen ersichtlich ist. Davon abgesehen, muß man bei Grenzwerten generell zwischen 4 verschiedenen Typen unterscheiden:

- Grenzwerte, die in ein gesetzliches Regelwek eingebunden sind und bei deren Überschreitung sofortige Maßnahmen wie Stillegung von Anlagen und Betriebseinrichtungen eingeleitet werden. Hierzu zählen vor allem die MAK–Werte, die Grenzwerte der Smog–Verordnungen sowie alle Emissionsgrenzwerte der TA–Luft und entsprechender Bundesimmissionsschutzverordnungen wie beispielsweise die 13. BImSchVO (Großfeuerungsanlagenverordnung).
- Grenzwerte, die in ein gesetzliches Regelwerk eingebunden sind und bei der Begutachtung der Immissionssituation einer ganzen Region dienen, um daraus langfristige Maßnahmen abzuleiten. Hierzu zählen die Erstellung von Luftreinhalte-

plänen und damit großräumige Sanierungskonzepte sowie Genehmigungsverfahren für Neuanlagen in Belastungsgebieten. Dies sind die Immissionswerte der TA–Luft.

- Grenzwerte, die aus eingehenden Dosis–Wirkungs–Beziehungen (z.B. für den Menschen) abgeleitet werden und der Interpretation einer Immissionssituation dienen, ohne jedoch daraus behördliche Maßnahmen abzuleiten. Hierzu zählen v.a. die MIK–Werte der VDI–Richtlinien.
- Richtwerte, die aus keiner Dosis–Wirkungs–Beziehung abgeleitet werden, sondern aus Risikoabschätzungen entstehen und auch zum Schutze des Menschen vor etwaigen gesundheitlichen Schäden dienen. Diese Richtwerte können Grenzwerte ersetzen, die ein behördliches Handeln bei Überschreitung erfordern, sofern keine Dosis–Wirkungs–Beziehung aufgestellt werden kann, wie dies bei Schadstoffen mit kanzerogenem (krebsauslösendem) Potential ist. Richtwerte können also den Charakter von Grenzwerten mit entsprechenden rechtlichen Konsequenzen haben. Dies ist der Fall bei den TRK–Werten, die anstelle von MAK–Werten für krebserregende Arbeitsstoffe gelten. Als typischer Richtwert ohne jede Möglichkeit einer gesetzlichen Handhabe ist beispielsweise der empfohlene Richtwert für die maximale Dioxinaufnahme beim Menschen von 1 pg/kg Körpergewicht · Tag zu nennen.

Bei der Festlegung von Grenzwerten und Richtwerten unterscheidet man grundsätzlich zwischen zwei verschiedenen Dosis–Modellen: die Dosis–Wirkungs–Beziehung, basierend auf einer reinen Konzentrationswirkung, und die Dosis–Zeit–Beziehung, basierend auf einer Summationswirkung.

Bei einer *Dosis–Wirkungs–Beziehung* nimmt die Wirkung des Schadstoffes mit zunehmender Konzentration zu und verschwindet auch wieder bei Abwesenheit des Schadstoffs. Die Stärke der Wirkung eines Schadstoffs hängt nicht ab von der absoluten Menge im Organismus, sondern von seiner Konzentration am Wirkort. Deshalb spielen beim Menschen Körpergewicht, physische Konstitution und gesundheitliche Verfassung ebenfalls eine wichtige Rolle. Grenzwerte berücksichtigen dies. Deshalb liegt der MAK–Wert für einen Schadstoff, bei dem man von der Exposition eines gesunden Arbeiters über einen genau definierten Zeitraum ausgeht, wesentlich höher als der Smog–Grenzwert für den gleichen Schadstoff (beispielsweise Kohlenmonoxid), der auch Kinder sowie kranke und alte Menschen berücksichtigen muß und über einen unbegrenzten Zeitraum Anwendung findet.

Kohlenmonoxid ist ein Schadstoff mit einer typischen Dosis–Wirkungs–Beziehung, der durch Anlagerung an das Hämoglobin im Blut des Menschen eine Sauerstoffbindung verhindert und deshalb zum Ersticken führt, wobei aber der Vorgang der Anlagerung an das Hämoglobin reversibel ist. Solche Dosis–Wirkungs–Beziehungen enden jedoch bei einer charakteristischen Schwelldosis, oberhalb derer irreversible Zustände eintreten. Beispielsweise wirkt Stickstoffdioxid beim Menschen als Reizstoff für den Bronchialbereich, oberhalb einer bestimmten Dosis treten dann jedoch irreversible morphologische Veränderungen des Lungengewebes ein. Ebenfalls bei der Pflanze zeigt Stickstoffdioxid unterhalb einer bestimmten Dosis durch Aufnahme über die Spaltöffnungen der Blätter und Umwandlung in Ammoniumverbindungen eine Wirkung als Düngemittel und bewirkt oberhalb dieser Dosis irreversible Stoffwechselstörungen. Grenzwerte, die aus Dosis–Wirkungs–Beziehungen abgeleitet werden, berücksichtigen nur den Bereich der reinen Dosis–Wirkung–Beziehung. Die der Berechnung des Grenzwertes zugrunde gelegten Dosen liegen deutlich niedriger als die Dosen, bei denen irreversible Schäden eintreten.

Bei einer Summationswirkung bleibt die Wirkung des Schadstoffs auch nach dessen Verschwinden erhalten und führt über längere Zeiträume zu einer Summation. Die eigentliche Initialwirkung ist zu klein, um sichtbar zu werden. Die Abhängigkeit ist eine *Dosis–Zeit–Beziehung*. Beispiele hierfür sind Schadstoffe mit mutagener (erbgutverändernder) und kanzerogener Wirkung sowie ionisierende Strahlungen. Die kanzerogene Wirkung an einem Körpergewebe wird erst manifest, wenn eine entsprechend große Zahl essentieller Strukturen geschädigt wurde. Dadurch wird zunächst der Eindruck erweckt, daß für die kanzerogene Wirkung eine Art Mindestdosis notwendig ist. In der Regel wird ein Tumor dann manifest, wenn eine hohe Dosis kurze Zeit oder eine niedrige Dosis lange Zeit eingewirkt hat. Eine quantitative Risikoabschätzung ist für karzinogene Stoffe sowohl durch tierexperimentelle als auch durch epidemiologische Studien möglich. Eine qualitative Einteilung von Stoffen mit und ohne mutagenem Potential geschieht zunächst durch Kurzzeittests mittels Untersuchungen an kultivierten Säugerzellen oder Bakterienschnelltests. Im Tierversuch wird dann die Dosis–Häufigkeits–Beziehung untersucht und mittels Initiations–Promotionsexperimenten geprüft, ob ein Stoff krebsfördernd wirkt. Im Gegensatz zu Tierexperimenten basieren epidemiologische Studien (Epidemiologie = Wissenschaft, die mit statistischen Methoden das Auftreten von Krankheiten untersucht) nicht auf kontrollierten Experimenten. Bei statistischen Analysenmodellen geht man von Dosis–Häufigkeits–Beziehungen aus, die auf "Treffer– Modellen" basieren. Epidemiologische Analysenmethoden beinhalten das sogenannte "relative Risiko" (RR), welches definiert ist als das Verhältnis der Wahrscheinlichkeiten, eine Krankheit zu entwickeln, sowie die "standardisierte Mortalitätsrate" (SMR) das Verhältnis der beobachteten zu den erwarteten Todesfällen. Man bedient sich hierbei sogenannter Kohorten–Studien, in denen die Mortalität einer definierten Population (z.B. Arbeiter einer Fabrik) gegenüber einem Arbeitstoff mit der Mortalität einer nicht exponierten Kohorte verglichen wird. Demgegenüber werden bei Fall–Kontroll–Studien Fälle einer definierten Krankheit in verschiedenen Belastungskategorien unterteilt und mit Kontrollgruppen verglichen, um relative Risiken bei verschiedenen Expositionen abzuschätzen. Aus diesen Risikoabschätzungen gelangt man dann zur Schätzung des "unit risk", d.h. der Schätzung der Konzentration einer Substanz, bei der die Wahrscheinlichkeit für das Auftreten eines Tumors einen bestimmten Wert überschreitet.

4.3.3.3 Überwachung von Grenzwerten

Grenzwertüberwachungen bedienen sich entweder kontinuierlich arbeitender Meßgeräte wie bei der Emissionsüberwachung und der Smog–Überwachung oder einer genau vorgegebenen Zahl einzelner Stichproben nach einem Probenahmeplan (Ort und Zeit) bei Pegelmessungen nach TA–Luft. Hierbei müssen sowohl die Meßverfahren vorgegeben als auch die Meßgeräte eignungsgeprüft sein und damit bestimmte, vorgegebene analytische Parameter (z.B. Nachweisgrenze, Nullpunktsdrift, Querempfindlichkeit usw.) eingehalten werden. Bei automatischen Messungen werden die gemessenen Analogdaten zunächst digitalisiert, wobei der am Meßgerät anliegende Analogwert in einem bestimmten Zeittakt abgefragt und in einem Speicher zwischengelagert wird. Hieraus werden dann beipielsweise bei Immissionsmessungen als kleinste Konzentration–Zeit–Beziehungen Halbstundenmittelwerte gebildet, die als Einzelwerte mit Zeitzuordnungen in Meßwertdateien abgelegt werden. Die Überprüfung einer Grenzwertüberschreitung bei der Smog–Überwachung geschieht dann derart, daß aus diesen Halbstundenmitteln gleitend Dreistundenmittel oder Tagesmittelwerte gebildet und diese mit den entsprechenden Grenzwerten verglichen werden.

Grenzwerte beinhalten hinsichtlich ihrer Aussagekraft immer sowohl die Ableitung der Dosis–Wirkungs–Beziehung als auch die durch notwendige und genau festgelegte statistische Rechenoperationen in die ermittelten Kenngrößen eingebrachten Unsicherheiten. Sowohl bei automatischen Immissions- als auch bei Emissionsmessungen werden nicht die digitalisiserten Originaldaten gespeichert, sondern aus Gründen der Speicherkapazität lediglich klassierte Daten. Hierbei wird jeder Meßwert zunächst einer Meßwertklasse mit einer definierten Klassenbreite zugeordnet. Daraus resultiert auch die Sinnlosigkeit der übermäßigen Angabe von Dezimalstellen. Die minimale Klassenbreite resultiert aus drei Vorgaben, wobei der jeweils größte Wert die minimale Klassenbreite vorgeben sollte: die Nachweisgrenze des Meßverfahrens, die Auflösung des AD–Wandlers (Bitzahl), die zugelassene Meßwertunsicherheit. Letztere ist auch meistens der Grund dafür, daß Meßgeräte, die zur Grenzwertüberwachung konzipiert und eignungsgeprüft sind, z.B. nicht zu Messungen der exakten Hintergrundbelastung eingesetzt werden dürfen (Messungen im Bereich des Gerätenullpunktes). Meßgeräte zur Grenzwertüberwachung besitzen eine zugelassene Unsicherheit von ± 2% des Meßbereichsendwertes. Diese Unsicherheit würde beispielsweise bei einem Grenzwert von 0,5 mg/m^3 und einem Meßbereich von 1,0 mg/m^3 ± 0,02 mg/m^3 betragen, d.h. Angaben im Mikrogrammbereich beinhalten im Bereich von 0–20 $\mu g/m^3$ den gleichen Unsicherheitsbereich und lassen somit keine genaue Aussage über den exakten Nullpunkt zu.

Von der Grenzwertüberwachung nicht zu trennen ist die Qualitätskontrolle. Jedes Meßverfahren und –gerät muß durch ein von der internen elektronischen Kalibrierung unabhängiges Verfahren regelmäßig überwacht werden. Man unterscheidet bei automatischen Meßgeräten zwischen interner und externer chemischer Qualitätskontrolle. Unter interner chemischer Qualitätskontrolle versteht man den regelmäßigen Test des Analysators mit einem genau eingestellten Prüfgas vorgegebener Konzentration und Zusammensetzung, wobei anstelle des Meßgases das Prüfgas dem Analysator aufgegeben wird. Das Prüfgas selbst kann aus einer Permeationszelle (Containment des reinen Gases mit einer permeablen Membran und konstanter Permeationsrate) oder einer Druckflasche stammen und entweder schon in der richtigen Konzentration oder nach entsprechender Verdünnung durch einen Gasmischer dem Analysator angeboten werden. Bei der externen Qualitätskontrolle hingegen wird ein Gasgemisch, welches den entsprechenden Schadstoff in verschiedenen Verdünnungen enthält, jeweils durch eine Prüfgasstrecke geleitet und gleichzeitig durch den automatischen Analysator als auch durch ein unabhängiges naßchemisches Analysenverfahren (Stichprobenmeßverfahren) die Schadstoffkonzentration ermittelt und die Ergebnisse verglichen bzw. die Meßwerterfassung des automatischen Analysators entsprechend abgeglichen werden. Man bezeichnet diese naßchemischen Analysenverfahren auch als Basisverfahren, da sie die Basis der gesamten Qualitätskontrollen darstellen.

4.3.4 Immissionsstatistik, Meßdaten und Kenngrößen

Zur Beurteilung der Luftqualität müssen statistische Größen der Immission, die *Immissionskenngrößen*, ermittelt und den entsprechenden Grenzwerten, z.B. den MIK–Werten oder den Immissionswerten der TA–Luft gegenübergestellt werden. Zur Ermittlung von Immissionskenngrößen werden die Einzelergebnisse der Stichprobenmessungen eines Pegel–Meßprogramms dem jeweiligen Meßpunkt, d.h. dem Koordinatenschnittpunkt, zugeordnet. Bei kontinuierlichen Messungen mit automatischen Analysatoren wird als Einzelwert jeweils ein Halbstundenmittel gebildet. Die Anzahl der Einzelmessungen eines Meßprogramms nach TA–Luft im Rahmen eines Genehmigungsverfahrens ist genau vorgegeben und beträgt entweder 26 oder 13 Einzelmessungen pro Meßpunkt im gesamten Meßzeitraum. Bei kontinuierlichen Messungen im Rahmen der Immissionsüberwachung resultiert die Anzahl der Halbstundenmittel aus der Verfügbarkeit des Analysators im Meßzeitraum. Man unterscheidet generell statistische Größen zur Beurteilung der Langzeitbelastung und der Kurzzeitbelastung. Der Tagesmittelwert ist das arithmetische Mittel aller Halbstundenmittel eines Tages. Er ist bei einigen MIK–Werten eine selbständige Kenngröße, sonst ist er selbst wieder Einzelwert bei Immissionstatistiken, z.B. im Rahmen von EG–Richtlinien. Die Immissionskenngröße I1 ist das arithmetische Mittel aller Einzelwerte aus dem Beurteilungszeitraum als Langzeitkenngröße. Die Immissionskenngröße I2 ist das 98–Perzentil, d.h. der 98%–Wert der Summenhäufigkeit aller Einzelwerte aus dem Beurteilungszeitraum als Kurzzeitkenngröße. Zur Ermittlung des 98%–Wertes der Summenhäufigkeit werden alle Einzelwerte der numerischen Größe nach aufgereiht und vom höchsten Wert her 2% der Einzelwerte eliminiert. Der nunmehr verbliebene höchste Wert ist die Kenngröße I2. Wird die Aufreihung der Einzelwerte mittels Klassierung vorgenommen, so sollte die Klassenbreite mit angegeben werden, ebenfalls die etwaige Ermittlung der eigentlichen Kenngröße mittels Interpolation. Wird die Kenngröße I2 aus den Halbstundenmitteln berechnet, die ein automatischer Analysator ermittelt hat, so ist leicht zu demonstrieren, daß mehrstündige Spitzenbelastungen nicht erfaßt werden. Bei der Kenngröße I2 eines Monats werden in der Regel rund 1440 Halbstundenmittel zur Berechnung herangezogen. Eliminiert man 2% der Einzelwerte, so entfallen 28 Halbstundenmittel. Im ungünstigsten Fall würde eine zusammenhängende Episode von 14 Stunden von der Kurzzeitkenngröße nicht erfaßt werden. Deshalb sollte im Zusammenhang mit der Kenngröße I2 immer der Maximalwert mit angegeben werden. Der Median ist das 50–Perzentil aller Einzelwerte als Langzeitkenngröße anstelle des arithmetischen Mittels in EG–Richtlinien. Beide Kenngrößen sind im Betrag nicht identisch. Zur Ermittlung der Kenngrößen werden bei automatischen

Messungen alle Halbstundenmittel des zu beurteilenden Meßzeitraums gleichzeitig herangezogen und ergeben somit für eine Meßstation je Schadstoff jeweils nur eine Kenngröße der Langzeitbelastung und eine Kenngröße der Kurzzeitbelastung. Bei Pegelmessungen werden jeweils die Einzelmessungen der 4 Eckpunkte einer 1 km^2 Einheitsfläche zur Kenngrößenermittlung zusammengefaßt. Aus maximal $4 \cdot 13 = 52$ Einzelwerten pro Fläche werden jeweils eine Kenngröße der Kurzzeit- sowie der Langzeitbelastung für jede einzelne Beurteilungsfläche erhalten.

4.4 Luftanalytik und Meßtechnik

Emissionsmeßverfahren dienen der Überwachung von Anlagen; Immissionsmessungen überwachen die Luftqualität. Hierbei ist grundsätzlich jede quantitative Beziehung zwischen einer stoffbezogenen physikalischen Eigenschaft und der Konzentration eines Stoffes für die Analyse geeignet. Die Auswahl der Meßverfahren richtet sich nach Selektivität, Nachweisgrenze und Reproduzierbarkeit. Verfahren mit direkter Meßwertanzeige existieren nur für Luftqualitätsparameter wie Luftdruck, Temperatur, Windgeschwindigkeit usw.. Die meisten Verfahren arbeiten entweder mit einer unspezifischen Probenahme wie der Absorption organischer Schadstoffe auf einer festen Absorbermatrix oder mit einer spezifischen Probenahme bei gleichzeitiger Erhöhung der Selektivität wie z.B. die Absorption von Fluorid an Silberkugeln.

4.4.1 Emissionsmeßverfahren

Die Verfahrensauswahl ergibt sich neben den analytischen Kriterien aus der geforderten Repräsentativität der Meßdaten und aus der anlagenspezifischen Grenzwertüberwachung. Grundlagen hierbei sind die gesetzlichen Bestimmungen des BImSchG. Anlagen können kontinuierlich oder per Stichproben überwacht werden. Reine Stichprobenmessungen sind zur Anlagenüberwachung nicht geeignet. Sie sind nur insofern als repräsentativ zu betrachten, als sie von den Randbedingungen her klar definiert sind. So muß hinsichtlich einer Grenzwertüberwachung das Hauptgewicht auf die maximale Auslastung der Anlage bzw. auf den für die Emission ungünstigsten Betriebszustand gelegt werden. Soll jedoch die im Mittel emittierte Schadstoffmenge festgestellt werden, so ist hinsichtlich der Repräsentativität eine genügend große Zahl von Stichproben über alle Betriebszustände der Anlage festzulegen. Bei der Anlagenüberwachung gibt es manuelle und automatische Meßverfahren. Manuelle Verfahren sind häufig naßchemisch. Die Auswertungen erfolgen im Labor. Automatische Meßverfahren sind besonders geeignet, die Häufigkeit und Höhe von Grenzwertüberschreitungen zu ermitteln. Um Vergleichbarkeit der Ergebnisse zu gewährleisten, sind regelmäßige Kalibrierungen erforderlich.

4.4.1.1 Probenahme

Bei der Probenahme muß gewährleistet sein, daß die entnommene Stoffportion repräsentativ ist. Hierbei muß der Teilgasstrom die gleiche Strömungsgeschwindigkeit (isokinetisch) als auch die gleiche Temperatur (isothermisch) wie der Hauptgasstrom aufweisen. Die Volumenstrommessung erfolgt im Hauptgasstrom durch eine Geschwindigkeitsmessung mittels Messung des dynamischen Drucks. Diese erfolgt entweder mit dem Pitot–Rohr, das den am Meßort vorhandenen Luftdruck mißt, also den Gesamtdruck, oder dem Prandtl'schen Staurohr, das den unmittelbaren Staudruck unabhängig vom vorhandenen Luftdruck mißt. Zur Messung des Teilgasstromes eignen sich genormte Düsen, Blenden und Venturidüsen sowie Gasmengenzähler, die als Naßgaszähler oder Balgenzähler ausgelegt sind (Gasuhren). Bei automatischen Analysatoren erfolgt die Durchflußmessung in der Regel mittels Schwebkörper. Bei Volumenstrommessungen in Kaminen bedient man sich neuerdings eines Direktmeßverfahrens mittels Ultraschall, das darauf beruht, daß ein schräg zur Strömungsrichtung eingestrahlter und wieder rückgespiegelter Ultraschall eine unterschiedliche Ausbreitungsgeschwindigkeit hat, ob er sich nun in oder gegen die Strömungsrichtung ausbreitet. Bei Immissionsmesungen bedient man sich neben der Durchflußmessung in automatischen Analysatoren und der Gasmengenmessung mittels Gasmengenzähler zusätzlich noch der Messung der Windgeschwindigkeit mittels Anemometer (Windrad).

4.4.2 Immissionsmeßverfahren

Die Meßergebnisse werden mit Kenngrößen verglichen, die auf Meßgebiete bezogen sind. Je nach Anforderung unterscheidet man 3 Verfahrenstypen.

Die Verfahren der *Immissionsratenmessung* liefern rein qualitative Ergebnisse, welche die Belastung einer Region kennzeichnen. Sie sind in der Regel sehr preisgünstig und deshalb großräumig anwendbar. Ein Verfahren der Immissionratenmessung ist das Biomonitoring. Es bezieht sich auf die Schädigungen von Pflanzen. Beim passiven Biomonitoring untersucht man Pflanzen an ihrem natürlichen Standort hinsichtlich bestimmter Schadstoffgehalte und kann so Regionen höherer Belastung lokalisieren. Beim aktiven Biomonitoring werden die zu untersuchenden

Pflanzen nach einem Meßprogramm exponiert, d.h. sie werden zu bestimmten Orten gebracht und über eine gewisse Zeit den dortigen Verhältnissen ausgesetzt. Bekannte Verfahren sind die Exposition von Tabak zur Charakterisierung der O_3–Konzentration einer bestimmten Region, die Exposition von Flechten zur Lokalisierung von Rauchschadensgebieten (Schwefeldioxid) und das Verfahren der standardisierten Graskultur zur Feststellung von Schwermetalldepositionen.

Ein weiteres Verfahren der Immissionsratenmessung ist das *SAM–Verfahren* (Surface Active Monitoring). Es bedient sich der Tatsache, daß Carbonate, die man als Feststoff exponiert, saure, gasförmige Bestandteile der Luft absorbieren und neutralisieren können. Exponiert man mit gesättigter Kaliumcarbonatlösung behandelte Papierfilter so, daß sie zwar regengeschützt, aber frei von Luft anströmbar sind, so lassen sich nach einer Expositionszeit von einem Monat die Immissionsraten der entsprechenden Anionen bestimmen. Dieses Verfahren wurde großräumig anwendbar, nachdem die Ionenchromatographie es ermöglichte, die o.a. Anionen in einem Analysengang in relativ kurzer Zeit parallel zu bestimmen. In der Praxis wird die SAM– Methode mit dem Bergerhoff–Verfahren zur Staubniederschlagsmessung kombiniert.

Zur Quantifizierung der Belastung einer Region dienen z.B. Staubniederschlagsmessungen. Bei dem *Staubniederschlagsmeßverfahren nach Bergerhoff* handelt es sich um eines der ältesten Immissionsmeßverfahren, das zwar nicht durch ein unabhängiges Verfahren kalibriert werden kann, aber trotz der Ungenauigkeiten immer noch die beste großräumige Information über Staubdepositionen liefert. Man exponiert ein Gefäß (Glas- oder Kunststofftopf) auf einem Ständer etwa 2 Meter über Boden und ermittelt nach einer Expositionszeit von einem Monat die Staubniederschlagsbelastung nach dem Eindampfen der Flüssigkeit durch gravimetrische Bestimmung (Auswiegen). Bei Kenntnis der Gefäßöffnung lassen sich jeweils für eine Einheitsfläche von 1 km^2 nach Ablauf eines Meßjahres Kenngrößen gemäß TA–Luft ermitteln, die in $g/m^2 \cdot$Tag dimensioniert sind.

Zur Ermittlung der Grundbelastung durch einen Luftschadstoff in einem Genehmigungsverfahren gemäß Bundesimmissionsschutzgesetz werden Pegelmessungen durchgeführt. Hierbei bedient man sich entweder eines manuellen Verfahrens, bei dem am jeweiligen Meßpunkt eine Probenanreicherung vorgenommen und im Labor die eigentliche analytische Bestimmung durchgeführt wird, oder man setzt mobile automatische Analysatoren (Meßwagen) ein, die am Meßpunkt sofort das Analysenergebnis als Halbstundenmittel einer kontinuierlichen Messung liefern. Bei den manuellen Analysenverfahren wendet man entsprechend TA–Luft vorgegebene Verfahren an. Neben der gravimetrischen Bestimmung für Schwebstaub werden die Bestimmungen gasförmiger Schadstofffe in den meisten Fällen durch naßchemische Analysenverfahren mittels charakteristischer Farbreaktionen nach dem Verfahren der Photometrie vorgenommen. Diese Nachweisverfahren sind in der Regel gleichzeitig die sogenannten "Basisverfahren" zur unabhängigen Kalibrierung automatischer Analysatoren. Die Größe des Meßgebietes ergibt sich im Genehmigungsverfahren nach Bundesimmissionsschutzgesetz (TA–Luft) aus der Schornsteinhöhe der zu genehmigenden Anlage. Das Meßnetz ist ein kartesisches Koordinatensystem, wobei jeder Koordinatenschnittpunkt einen Meßpunkt darstellt. Der Meßzeitraum beträgt in der Regel ein Jahr. Werden Pegelmessungen zur kontinuierlichen Immissionsüberwachung durchgeführt, so wird die Größe des Meßgebietes z.B. durch die Grenzen eines Belastungsgebietes vorgegeben. Der Meßzeitraum ist auch hier zur Ermittlung der Immissionskenngrößen jeweils ein Jahr.

Im Genehmigungsverfahren ist nach TA–Luft das Meßgebiet bei einer Schornsteinhöhe von weniger als 30 m ein Meßquadrat von 2 km Kantenlänge und bei Flächenquellen größer 0,04 km^2 generell ein Meßquadrat von 4 km Kantenlänge. Die Beurteilungsflächen sind jeweils Quadrate von 1 km Kantenlänge. Bei Schornsteinhöhen von mehr als 30 m ist das Beurteilungsgebiet eingeteilt in zwei konzentrische Kreise mit dem Emittenten im Mittelpunkt und dem 30–fachen bzw. 50–fachen Wert der Schornsteinhöhe als Radius. Das Meßgebiet ergibt sich zunächst aus allen quadratischen Beurteilungsflächen von 1 km Kantenlänge innerhalb der inneren Kreisfläche zuzüglich der Beurteilungsflächen der äußeren Kreisfläche, in denen die Ausbreitungsrechnung eine Zusatzbelastung von mehr als 1% des Immissionswertes ergibt. Die Immissionskenngrößen der Zusatzbelastung für jede Einheitsfläche werden ermittelt aus den errechneten Daten für die 4 Eckpunkte der Fläche. An jedem Meßpunkt werden mittels Ausbreitungrechnung Konzentrationswerte des jeweiligen Schadstoffs ermittelt, welche der prozentualen Häufigkeit der jeweiligen Ausbreitungssituation entsprechen.

In dem hiermit erhaltenen Meßgebiet werden an 26 bzw. 13 Tagen innerhalb des Meßzeitraums an Zeitpunkten, die mittels Zufallsgenerator vorgegeben werden, Stichprobenmessungen durchgeführt. Für jede quadratische Einheitsfläche erhält man durch die Eckpunkte $4 \cdot 26$ bzw. $4 \cdot 13$ Meßwerte, aus denen die Immissionskenngrößen I1 der Langzeitbelastung und I2 der Kurzzeitbelastung ermittelt werden. Die Gesamtbelastung durch die zu genehmigende Anlage ergibt sich additiv aus den ermittelten Kenngrößen der Grundbelastung sowie den errechneten Kenngrößen der Zusatzbelastung. Die Kenngrößen der Gesamtbelastung werden mit den Grenzwerten – d.h. den Immissionswerten IW1 und IW2 – verglichen und entscheiden darüber, ob dem Bau und Betrieb einer nach dem Bundesimmissionsschutzgesetz genehmigungsbedürftigen Anlage zugestimmt werden kann.

4.4.3 Meßmethoden im Überblick

Tab.4–4: *Beispiele für die Bestimmung von Gasen*

SO_2 manuell	Photometrisch (VIS = visible, sichtbarer Bereich)
SO_2 automatisch	UV–Fluoreszens
NO_x	Photometrisch (VIS)
CO	IR–Absorption (IR = Infrarot)
O_3 manuell	Titration mit $I_2/Na_2S_2O_3$
O_3 automatisch	UV–Absorption
HCl	elektrische Leitfähigkeit
HF	Ionenchromatographie
H_2S	Photometrisch
Kohlenwasserstoffverbindungen	meist gaschromatisch

Physikalische Verfahren untersuchen Stoffe ohne chemische Umwandlungen. Hierzu zählen z.B. Absorption von Licht, Bestimmung der Wärmeleitfähigkeit, Bestimmung der elektrischen Leitfähigkeit etc. Bei chemischen Untersuchungsmethoden müssen die zu bestimmenden Substanzen mittels geeigneter chemischer Reaktionen umgewandelt und so einer physikalischen Messung zugänglich gemacht werden.

Im Folgenden soll eines der am häufigsten angewendeten Verfahren näher erläutert werden: die photometrische Bestimmung. Das Prinzip der photometrischen Analyse beruht auf der chemischen Umsetzung der zu untersuchenden Substanz mit einem geeigneten Reaktionspartner in einem Lösungsmittel, wobei die Umsetzung quantitativ abläuft und ein Farbstoff entsteht, der gelöst bleibt. Die Färbung der Lösung kann durch eine charakteristische Absorption von Licht einer ganz bestimmten Wellenlänge gemessen werden. Zwischen der Konzentration des Farbstoffs in der Lösung und der Absorption des Lichtes besteht eine lineare Abhängigkeit. Es gilt das *Lambert– Beer'sche Gesetz:*

$$E = \log \phi/\phi_0 = \log 1/D = \epsilon \cdot c \cdot d$$

E = Extinktion

ϕ = Lichtstrom (vor und hinter der Probe)

D = Durchlässigkeit

ϵ= Extinktionskoeffizient

c = Konzentration

d = Schichtdicke

Bei konstantem Extinktionskoeffizienten und konstanter Schichtdicke, d.h. bei gleichbleibender Dimensionierung der Küvette, ist die Extinktion direkt abhängig von der Konzentration. Die photometrische Messung ist auch direkt bei Gasen möglich, da diese in bestimmten Wellenlängenbereichen absorbieren. Man unterscheidet 3 Wellenlängenbereiche des Lichts: 180 nm – 400 nm = UV– Licht, 400 nm – 760 nm = sichtbares Licht, 760 nm – 3000 nm = IR– Strahlung. Die Absorption von Gasen in diesen Wellenlängenbereichen ist wie folgt:

180 nm – 760 nm: SO_2, NO_2, NO, Cl_2, O_3, H_2S, C_nH_m

180 nm – 400 nm: SO_2, H_2S, NO, O_3, Cl_2

760 nm –3000 nm: CO, CO_2, C_nH_m, H_2O.

Meßtechnisch genutzt wird dies meist wegen der verhältnismäßig geringen Nachweisempfindlichkeit nur bei automatischen Emissionsmeßverfahren. In der Immissionmeßtechnik haben sich nur das UV– photometrishe Verfahren für Ozon sowie die Messung im nichtdispersiven Infrarot (NDIR) für Kohlenmonoxid bewährt.

4.5 Technische Verfahren zur Luftreinhaltung

4.5.1 Beurteilungskriterien von Anlagen zur Erzeugung von Nutzenergie

4.5.1.1 Brennstoff– und prozeßabhängige Schadstoffbildung

Die integralen Schadstoffemissionen stiegen in der Bundesrepublik Deutschland bis zum Beginn der 80er Jahre ständig an. So wurden für das Jahr 1978, gegliedert nach Verursachern, vom Umweltbundesamt für die wichtigsten Schadstoffe die folgenden Werte angegeben:

Tab.4–5: *Schadstoffemissionen des Jahres 1978*

	Jährliche Schadstoffemission in 1000 t					
Verursachergruppe	SO_2		CO		NO_x	
Kraftwerke, Heizwerke	2060	59%	940	31%	30	0%
Industrie	1024	30%	580	19%	1360	15%
Haushalt,Kleingewerbe	310	9%	140	5%	1700	18%
Verkehr	75	2%	1340	45%	6200	67%
Summe	3469	100%	3000	100%	9290	100%

Bei den CO– Emissionen verursachten die Kraftfahrzeuge mit OTTO– Motoren den überwiegenden Anteil der Emissionen, in weitem Abstand gefolgt von Haushalt, Kleingewerbe und Industrie. Kraft– und Heizwerke waren nach der Tabelle die bei weitem bedeutendsten Emittenten von Schwefeldioxid; mit Abstand folgen Industriefeuerungen. Bei der Emission von Stickoxiden werden beide Gruppen von den Kraftfahrzeugen übertroffen. Maßnahmen zur Senkung des Ausstoßes an SO_2 und NO_x konzentrierten sich vordringlich auf die Abgase von Großfeuerungen in Kraftwerken und Industrieanlagen und von Kraftfahrzeugen.

Die Veränderung der Schadstoffemission durch den Vergleich der vom Bundesumweltamt angegebenen Zahlen von 1978 und 1986 und die Zielwerte für das Jahr 1995 werden durch die folgende Tabelle aufgezeigt:

Tab.4–6: *Jährliche Schadstoffemission in 1000 t*

Jahr	SO_2	NO_x	CO
1978	3440	2860	12870
1986	2230	2960	8905
1995	1025	2010	4295

Durch die Einführung regelmäßiger Abgaskontrollen bei den OTTO–Motoren und bei Kleinfeuerungen konnte inzwischen eine beträchtliche Absenkung der CO–Emissionen erreicht werden. Durch Rauchgasentschwefelung von Großfeuerungen verminderte sich der SO_2–Ausstoß. Dagegen blieben die Emissionen von Stickoxiden trotz partieller Einführung der Katalysatortechnik im PkW–Bereich und beginnender Installation von Entstickungsanlagen in Kraftwerken nahezu konstant. Dies deshalb, weil das Verkehrsaufkommen in den vergangenen zehn Jahren ganz erheblich angestiegen ist. 1989 konnte mit 2,70 Mio t erstmals ein leichter Rückgang der Stickoxidemissionen registriert werden.

Wie Tabelle 4–5 zeigt, spielen die Schadstoffemissionen von industriellen Prozessen nur eine untergeordnete Rolle. Der weitaus überwiegende Anteil der Emissionen wird durch die Energieumwandlung verusacht, die mit Verbrennungsvorgängen gekoppelt ist. Im Abgas von derartigen Anlagen zur Bereitstellung von Nutzenergie (mechanische bzw. elektrische Energie, Prozeßwärme und Heizwärme) treten neben den Hauptschadstoffen SO_2, NO_x und CO auch noch die weiteren, in Abschnitt 4.1 aufgeführten Schadstoffe auf. Diese können unter dem Gesichtspunkt ihrer Bildung im technischen Verbrennungsprozeß eingeteilt werden in

- brennstoffabhängige Luftverunreinigungen aus den schadstoffbildenden Elementen im Brennstoff und
- prozeßabhängige Luftverunreinigungen, die durch Feuerungstechnik, Betriebsführung und Konstruktion der Anlage bedingt sind.

Rein brennstoffabhängige Luftschadstoffe sind Schwefeldioxid, Fluor- und Chlorverbindungen, Blei- und Cadmiumverbindungen sowie radioaktive Substanzen. Stickoxide resultieren sowohl aus dem Stickstoffgehalt des Brennstoffs als auch aus der Verbrennungsluft, die zu 79 Vol.% aus Stickstoff besteht. Der letztgenannte Bildungsmechanismus hängt stark von der Gestaltung des Verbrennungsablaufes in den Auswirkungen auf die Reaktionskinetik ab. Weitere prozeßabhängige Produkte, wie in erster Linie Kohlenmonoxid, aber auch Schwefelwasserstoff, Ammoniak, Kohlenwasserstoffe, Aldehyde und weitere organische Verbindungen treten entweder als Folge unzureichender Luftzufuhr auf, oder sie entstehen bei ausreichender Luftzufuhr als Folge unzureichender Reaktionskinetik.

4.5.1.2 Wichtung der Schadstoffemissionen und feuerungsspezifische Schadstoffbildung

Um technische Anlagen in Bezug auf ihre Auswirkungen auf die Umwelt besser beurteilen zu können, muß man eine Wichtung der einzelnen Schadstoffarten über Bewertungsfaktoren vornehmen. Diese Wichtung beinhaltet eine subjektive Komponente und gründet sich auf den derzeitigen Kenntnisstand von Schädigungsmechanismen. Außerdem kann z.B. die Auswirkung auf die menschliche Gesundheit eine andere sein als die Auswirkungen auf Wälder in den Kammlagen der Mittelgebirge. An den Wichtungen müssen selbstverständlich Änderungen vorgenommen werden, wenn neue Kenntnisse über die Wirkungsmechanismen einzelner Schadstoffe auf das Ökosystem vorliegen. Trotz aller Einschränkungen ist eine derartige Wichtung zur Beurteilung der Umweltverträglichkeit von Anlagen zur Erzeugung von Nutzenergie hilfreich. Sie wird derzeit auf der Basis von maximalen Langzeitwerten der spezifischen Schadstoffbelastung, die in der TA–Luft angegeben werden, unter Einbeziehung von Richtwerten wie z.B. von MIK– und MAK–Werten vorgenommen. Diese Wichtung wird auf den Schadstoff SO_2 bezogen und führt zu den in Tabelle 4–7 angegebenen Ergebnissen:

Tab.4–7: Wichtungsfaktoren von Schadstoffen

Schadstoff	Faktor
Schwefeldioxid SO_2	1,0
Stickoxide NO_x	1,75
Kohlenmonoxid CO	0,014
Benzpyrene $C_{20}H_{12}$	140.000
Aldehyde RCHO	11,6
Ruß, Staub	0,93
Bleiverbindungen	70
Chlorverbindungen	1,4
Fluorverbindungen	140
Ozon	4,7

Tab.4–8: Schadstoffemissionen aus Feuerungen bei der Verbrennung (ohne Rauchgasreinigung), bezogen auf 1 MJ Brennstoffwärme.

	Schadstoffemissionen in mg/MJ				
Feuerung bzw. Brennstoff	SO_2	NO_x	CO	Staub	Gewichtete Emission
Ölheizung HL	125				207
HEL (0,15%S)	70	45	70	2	152
Erdgasheizung	0,3	42	70	0,1	75
Steinkohlebrikett– Heizung	590	50	5400	250	986
Heizkessel HL	125	100	10	2	30
≻ 1MW HS (1,0% S)	490				816
HS (1,9% S)	930	170	10	30	1256
WS –Feuerung mit Entstaubung ≻ 1MW					
Kohle (1,0% S)136		170	40	100	453
Staubfeuerung ≻ 1MW Steinkohle (1,0% S)	680	230	40	100	1176

Tabelle 4–8 gibt einen groben Überblick über die spezifischen Schadstoffemissionen, die bei der Verbrennung in verschiedenen Feuerungsanlagen entstehen, unter Beschränkung auf die Hauptschadstoffe Schwefeldioxid, Stickoxide, Kohlenmonoxid und Staub.

Die angegebenen Werte beziehen sich auf 1 MJ Verbrennungswärme; die Wichtung der Gesamtemission erfolgte nach Tabelle 4–7. Aus Tabelle 4–8 lassen sich die folgenden Trends erkennen: Die SO_2–Emission hängt vom Schwefelgehalt der Kohle ab, aber auch von erfolgreichen Primärmaßnahmen z.B. bei der Wirbelschichtverbrennung. NO_x bildet sich bevorzugt bei Verbrennungsabläufen mit hohen Maximaltemperaturen. Hohe CO–Emissionen sind ein Zeichen für unvollkommene Verbrennung und weisen auf eine ungünstige Verbrennungskinetik hin. In Kleinanlagen treten wegen mangelhafter Kontrolle des Verbrennungsablaufs höhere CO– Emissionen auf. Staubemissionen sind bei der Verbrennung von festen Brennstoffen in Kleinanlagen am höchsten. Die gewichteten Schadstoffemissionen sind ohne zusätzliche Maßnahmen der Rauchgasreinigung in starkem Maße von den Brennstoffeigenschaften, aber auch vom Verbrennungsverfahren und von der Anlagengröße abhängig.

Alle genannten Feuerungsarten sind Verfahren, die mit stationären Flammen arbeiten. Der Verbrennungsprozeß in der Brennkammer einer Gasturbine ist ebenfalls stationär. Im Gegensatz dazu verlaufen die Verbrennungsvorgänge in Verbrennungsmotoren hochgradig instationär. Durch die raschen Temperaturänderungen wird die Verbrennungskinetik ungünstig beeinflußt. In Verbindung mit den hohen Temperaturen beim Verbrennungsablauf wird die Stickoxidbildung begünstigt.

4.5.1.3 Forderungen der TA–Luft und Beurteilung von Verbrennungsprozessen auf der Basis der erzeugten Nutzenergie

Mit Verabschiedung der Neufassung der "Technischen Anleitung zur Reinhaltung der Luft" (TA–Luft) im Jahre 1986 als Verwaltungsvorschrift zur Durchführung des Bundesimmissionsschutzgesetzes (BImSchG) traten Auflagen für die Emission von SO_2 und NO_x für Feuerungen mit festen, flüssigen und gasförmigen Brennstoffen in Kraft. Die TA–Luft gibt Grenzwerte für Schadstoffkonzentrationen im Rauchgas vor. Die Grenzwerte der TA–Luft beziehen sich auf den Normkubikmeter Rauchgas (trocken). Die Grenzwerte werden nach Neuanlagen, Altanlagen bei unbegrenzter Restnutzung und Altanlagen bis 30.000 h Restnutzung und nach Leistungsklassen $\succ$ 300 MW, 50 bis 300 MW und 1 bis 50 MW gestaffelt. Von der TA–Luft sind ca. 1500 Großfeuerungsanlagen über 50 MW und ca. 14.000 Anlagen zwischen 1 und 50 MW betroffen. Bei Einsatz von Kohle oder Öl unterliegen etwa 99% der Kraftwerkskapazität den Anforderungen der Verordnung. Etwa 90% der Kraftwerke fallen in die Leistungsklasse mit Feuerungsleistungen von mehr als 300 MW, sie haben die schärfsten Anforderungen zu erfüllen. Es ist damit zu rechnen, daß die derzeit gültigen Grenzwerte für Altanlagen weiter gesenkt werden. Als Sofortmaßnahmen zur Minderung der SO_2–Emissionen aus den Feuerungen von Großkraftwerken wurde in den Jahren 1984 bis 1988 bevorzugt Erdgas und schwefelarme Importkohle verfeuert. Die zunächst auf Halde gelegte heimische Steinkohle mit größerem Schwefelgehalt wurde erst nach Ausrüstung der Kraftwerke mit Entschwefelungsanlagen verbraucht. Nach Änderung der 5. BImSchVO 1985 haben viele Betreiber von Anlagen mit Heizöl HS im Bereich 1 – 50 MW begonnen, auf emissionsärmere Brennstoffe wie Heizöl HL oder Gas umzustellen. Die restlichen Schwerölanlagen dieser Klasse werden der Umsetzung der TA–Luft zum Opfer fallen, wenn sie nicht mit Rauchgasentschwefelung ausgerüstet werden oder entschwefeltes schweres Heizöl verfeuern.

Durch die von der Anlagengröße und dem Anlagenalter abhängigen rechtsverbindlichen Grenzwerte der TA–Luft werden besonders bei größeren, kohle- oder schwerölgefeuerten Anlagen Maßnahmen der Rauchgasreinigung erzwungen. Bei Großfeuerungsanlagen ist die Rauchgasentschwefelung derzeit Stand der Technik, Entstikkungsanlagen gehen in Betrieb oder befinden sich im Bau bzw. in der Planung. Für Gasmotoren und Gasturbinen in stationären Anlagen legt die TA–Luft Grenzwerte für die Emissionen von NO_x und CO fest. Bei den Verbrennungsmotoren in PkW's wird versucht, über staatliche Zuschüsse und Steuerermäßigungen die Ausrüstung von Neuwagen bzw. die Nachrüstung von Altwagen mit Katalysatoren zu fördern.

Die Bewertung der Umweltverträglichkeit von Anlagen zur Erzeugung von Nutzenergie darf sich jedoch nicht auf das Verbrennungsverfahren mit abgasseitigen Maßnahmen beschränken. Man muß sich darüber hinaus die Frage stellen, was mit der bei der Verbrennung freigesetzten thermischen Energie angefangen wird. Energiesparmaßnahmen, Maßnahmen zur effizienteren Energienutzung oder die Substitution von fossilen Brennstoffen durch regenerative Energien sind neben möglichen wirtschaftlichen Vorteilen auch aktiver Umweltschutz, da fossile Brennstoffe eingespart werden und damit die Emission der bei der Verbrennung freigesetzter Schadstoffe unterbleibt. So bewirkt die verbesserte Wärmedämmung an Gebäuden eine Verringerung des Heizöl- oder Erdgasverbrauchs für die Gebäudeheizung und die Verwendung von effizienteren Haushaltsgeräten führt zu einer Einsparung an elektrischer Energie, die dann nicht über thermische Energie erzeugt werden muß. Beide Maßnahmen beeinträchtigen weder den Komfort noch die Gewohnheiten des Verbrauchers. Darüber hinaus besteht die Möglichkeit, durch eine geänderte Tarifgestaltung und durch bessere Meß- und Aufzeichnungsmöglichkeiten des Energieverbrauchs in Privathaushalten und im Kleingewerbe eine Veränderung der Verbrauchergewohnheiten und damit die Einsparung von Energie zu erreichen. Ebenso bewirken Maßnahmen der Wärmerückgewinnung oder eine verbesserte Effizienz der Energieumwandlung in industriellen Prozessen unmittelbar eine Einsparung von Primärenergie. Weiterhin führt die Nutzung der Solarenergie oder anderer regenerativer Energien zu einer Entlastung des Verbrauchs von fossilen Brennstoffen. Eine Verlagerung des Verkehrs von der Straße auf die Schiene spart ebenfalls Primärenergie ein. Unterbliebene Verbrennungen sowie der Einsatz regenerativer Primärenergien reduzieren ganz direkt den Ausstoß von Schadstoffen.

Wie in Kapitel 3 dargestellt, liegt bei fossilen Brennstoffen die Ausnutzung der Primärenergie bei Dampfkraftwerken zur reinen Stromerzeugung bei ca. 40 %. Bei Dampfkraftwerken mit konsequenter Kraft–Wärme–Kopplung steigt die Brennstoffnutzung auf 85 bis 90 % an. Diese Werte werden auch von kleineren Einheiten, den sogenannten Blockheizkraftwerken (BHKW) erreicht. Die BHKW sind mit Gasturbine oder mit Verbrennungsmotor ausgerüstet.

Es ist sinnvoll, eine Bewertung der anlagenspezifischen Schadstoffemissionen auf der Basis der beim Verbraucher ankommenden Nutzenergie durchzuführen, da nach der Erzeugung noch Übertragungsverluste in den Verteilernetzen auftreten. Hier ergibt sich die Schwierigkeit, daß mechanisch/ elektrische und thermische Energien unterschiedlich zu bewerten sind. Um die Auswirkungen der Art der Energienutzung auf die Schadstoffemission deutlich zu machen, soll das folgende Beispiel diskutiert werden: Es bestehe das Ziel, Heizwärme zu erzeugen. Wird in den Nutzenergieerzeugungsanlagen elekrischer Strom produziert, so kann dieser Strom entweder in Widerstandsheizungen direkt in Heizwärme verwandelt werden, oder er kann über elektrisch angetriebene Wärmepumpen mit einer Leistungsziffer $\epsilon_{WP} = 3$ in Heizwärme umgewandelt werden. Auf dieser Basis wurden die Zahlenwerte in Tabelle 4–9 ermittelt. Diese Werte beziehen sich auf die Schadstoffemissionen, die pro MJ Heizwärme beim Verbraucher ankommt, von den entsprechenden Anlagen zur Erzeugung von Nutzenergie also abgegeben wurden:

Tab.4–9: Schadstoffemissionen verschiedener Energieumwandlungsanlagen, bezogen auf die Nutzenergie

	Schadstoffemissionen in mg/MJ Nutzwärme				
Energieumwandlungs–einrichtungen	I	II	III	IV	V
Kohle–Kondensationskraft–werk mit Schmelzfeuerung	6030	2010			
Kohle–Kondensationskraft–werk mit Staubfeuerung	3500	1170			
Kohle–Kondensationskraft–werk mit Rauchgas–reinigung	1280	430			
Kohle–Heizkraftwerk mit Rostfeuerung	2580	1550			
Kohle–Heizkraftwerk mit Staubfeuerung	1530	920			
Kohle–Heizkraftwerk mit Wirbelschichtverbrennung			590	350	
Kohle–Heizkraftwerk mit Rauchgasreinigung			530	320	
Gasmotor–BHKW ohne Entstickung			1110	610	
Gasmotor–BHKW $<$ 1 MW $\lambda = 1{,}0$; 3–Wege–Kat.			60	33	
Gasmotor–BHKW $>$ 1 MW $\lambda = 1{,}6$; Magermotor			120	64	
Heizwerk 100 MW Schweröl HS					1600
Heizwerk $<$ 10 MW Leichtöl HL				380	
Heizwerk $<$ 10 MW Erdgas				100	
Einzelfeuerungen					
Braunkohlebrikett				2980	
Steinkohlebrikett				1920	
Leichtöl HL	530				
Erdgas	110				

Erläuterungen zur umseitigen Tabelle:

I elektrische Direktheizung
II elektrische Direktheizung und Fern- bzw. Nahwärme
III elektrische Wärmepumpenheizung
IV elektrische Wärmepumpenheizung und Fern- bzw. Nahwärme
V Fern- bzw. Nahwärme

Aus dieser Tabelle ergeben sich die folgenden Trends: Elektrische Direktheizung sollte auf jeden Fall vemieden werden. Zu einem einigermaßen objektiven Vergleich der Schadstoffemissionen von Energieumwandlungsanlagen müssen die Spalten III, IV und V herangezogen werden. Verfeuerung von Braunkohle bzw. Steinkohle in Einzelfeuerungen verursacht extrem hohe spezifische Schadstoffemissionen. Diese Heizungsanlagen sind in der Bundesrepublik zwar fast vollständig verschwunden, sie spielen aber in den osteuropäischen Ländern noch eine dominierende Rolle. Dies gilt auch für veraltete Stromerzeugungsanlagen mit Rost- oder Schmelzfeuerungen ohne Rauchgasreinigung. Bei Kohlekraftwerken kann die Schadstoffemission schon durch das Verbrennungsverfahren bei Einsatz von modernen Kohlestaubbrennern um ca. 40 % reduziert werden. Bei Kohlekraftwerken lassen sich die pro MJ Nutzenergie emittierten Schadstoffe um rund ein Viertel reduzieren, wenn Kraft–Wärme–Kopplung eingesetzt wird. Rauchgasreinigung reduziert den Schadstoffausstoß zwischen 60 und 80 %. Verbrennung der Kohle in einer Wirbelschicht führt auch ohne Rauchgasreinigung zu Emissionswerten, die nur etwa 10 % über jenen konventioneller Kohleverbrennung mit Rauchgasreinigung liegen. Schweres Heizöl ist ein problematischer Brennstoff, der ebenfalls Rauchgasreinigung erfordert. Der umweltverträglichste Brennstoff ist Methan. Der Einsatz von Gas in Heizwerken zur Versorgung von Heiznetzen ist nicht sinnvoll, da durch die problemlose Verbrennung auch in nicht überwachten Einzelfeuerungen keine nennenswerte Steigerung der spezifischen Schadstoffemission beobachtet wird. Die spezifischen Schadstoffemissionen bei der Verbrennung von leichtem Heizöl liegen bei Heizwerken etwa um den Faktor 4 und bei Einzelheizungen um den Faktor 5 über den Gaswerten, sie sind bei gut geregeltem Verbrennungsablauf von gleicher Größe wie bei der Kohleverbrennung in einer Wirbelschicht oder mit Rauchgasreinigung unter Einsatz der Kraft–Wärme–Kopplung. Eine absolute Minimierung des Schadstoffausstoßes wird in Gasmotor–Blockheizkraftwerken erreicht, die auf stöchiometrische Verbrennung ($\lambda = 1$) eingestellt und mit einem geregelten Dreiwegekatalysator ausgerüstet sind. Solche BHKW können ohne Schwierigkeiten in Leistungsgrößen bis 1 MW hergestellt werden. Sie sind besonders geeignet zur Versorgung von Gebäudekomplexen oder Wohnbereichen mit Heizwärme unter Einspeisung von elektrischem Strom in das öffentliche Netz. Voraussetzung für ihren wirtschaftlichen Einsatz ist die Akzeptanz solcher Anlagen durch die Energieversorgungsunternehmen, die Erlaubnis der Einspeisung von Strom in das öffentliche Netz und das Erzielen eines vernünftigen Erlöses für die ins Netz abgegebene elektrische Energie. Die Gasmotor–BHKW's können neben dem fossilen Energieträger Erdgas auch mit Gruben-, Klär-, Deponie- oder Biogas betrieben werden.

4.5.2 Brennstoffeigenschaften und feuerungstechnische Maßnahmen (Primärmaßnahmen)

4.5.2.1 Primärseitige Verringerung der SO_2–Emissionen

Die SO_2–Emissionen von Feuerungen und Verbrennungskraftmaschinen hängen vom Schwefelgehalt des Brennstoffes ab. Sie können durch Umstellen auf einen weniger schwefelhaltigen Brennstoff oder den Einsatz eines entschwefelten Brennstoffes gemindert werden. Der Schwefelgehalt im schweren Heizöl S liegt bei 1%. Der entsprechende Wert für leichtes Heizöl EL ist durch die 3. BImSchVO vom 14.12.1987 auf 0,2 Massenanteile beschränkt. Bei zahlreichen Feuerungsanlagen in den Leistungsklassen 1 bis 50 MW können die Anforderungen der TA–Luft durch Umstellung auf leichtes Heizöl EL erfüllt werden. Für schweres Heizöl S sind Entschwefelungsverfahren in der Entwicklung. Nach dem derzeitigen Stand erfolgt die Entschwefelung der Ölfraktionen katalytisch unter Druck. Dabei wird Schwefelwasserstoff gebildet, der anschließend ausgewaschen wird. Heizöl S wird heute mit einem Schwefelgehalt von 0,5% angeboten.

Der Schwefelanteil in der heimischen Steinkohle liegt im Durchschnitt bei 1,3% Massenanteil. Der organisch gebundene Schwefelanteil umfaßt etwa die Hälfte des gesamten Schwefelgehalts; die andere Hälfte ist anorganisch gebundener Schwefel vorwiegend in der Form von Pyrit (FeS_2). Der organische Schwefelanteil läßt sich mechanisch nicht abtrennen. Pyrit läßt sich in Abhängigkeit von seiner Verteilung in der Kohle mechanisch abtrennen. Der Schwefelgehalt heimischer Steinkohle läßt sich demnach auf durchschnittlich 1,0 bis 1,1% Massenanteil verringern. Der Schwefel in der Braunkohle ist fast ausschließlich organisch gebunden. Mechanische Trennverfahren sind deshalb nicht einsetzbar. Die katalytische Abtrennung des organisch gebundenen Schwefels scheidet sowohl bei der Steinkohle als auch bei der Braunkohle aus Kostengründen aus.

Eine direkte Entschwefelung bei der Verbrennung im Feuerraum wird durch das Additivverfahren ermöglicht. Dabei wird Kalkstein ($CaCO_3$) oder gelöschter Kalk ($Ca(OH)_2$) in den Feuerraum eingeblasen oder der Kohle zugemischt. Bei nicht zu hohen Temperaturen im Feuerraum zerfallen die Additive und bilden somit große Oberflächen. Ein Teil des Schwefeldioxids reagiert an den Oberflächen der basischen Additive unter Bildung von Sulfiten/ Sulfaten. Als Endprodukt entsteht ein Gemisch aus Flugasche, Kalziumsulfit/ sulfat und unverbrauchtem Additiv. Die erreichbaren Abscheidegrade von SO_2 liegen – je nach Gestaltung der Feuerung,des Brennraums und dem Verteilungsgrad nach der Zudosierung – zwischen 30 und 70 %. Durch CaO kann auch eine Reinigung der Rauchgase von HCl und HF erreicht werden. Dies ist jedoch nur in Zonen niedrigerer Temperatur möglich, etwa durch Zudosieren der Additive in das Rauchgas an der entsprechenden Stelle im Dampferzeuger.

Das Additivverfahren kann auch bei Altanlagen nachgerüstet werden. Die Betreiber von kleineren Anlagen erwarteten zunächst gegenüber anderen Verfahren deutliche betriebliche und kostenmäßige Vorteile. Inzwischen hat sich herausgestellt, daß die zur Einhaltung der Grenzwerte der TA–Luft erforderliche Additivmenge deutlich höher liegt als bei Naßwäsche der Rauchgase. Das erforderliche molare Verhältnis von Kalzium zu Schwefel (Ca/S) liegt bei konventionellen Feuerungen zwischen 2,5 und 5. Das Additivverfahren eignet sich hervorragend für Feuerungen mit zirkulierender Wirbelschicht (ZWS). Diese Feuerungen eignen sich besonders zur Verbrennung von feinkörnig gemahlener, minderwertiger Abfallkohle mit einem hohen Bestandteil von Ballaststoffen und hohem Schwefelgehalt, aber auch von Raffinerierückständen oder anderen minderwertigen Brennstoffen, die in konventionellen Feuerungsanlagen (Rostfeuerung, Staubfeuerung) nicht verbrannt werden können. Die Verbrennung findet bei moderaten Temperaturen zwischen 800 und 850 ^{o}C statt. Durch die lange Verweilzeit des Brennstoffs in der Verbrennungszone der ZWS–Brennkammer wird ein Ausbrand des Brennstoffs von $\succ$ 99% erreicht. Aus dem gleichen Grund liegt der Entschwefelungsgrad der Rauchgase bei ca. 90%, wenn man der Verbrennungszone gemahlenen Kalkstein oder Dolomit ($CaCO_3 \cdot MgCO_3$) in einem Molverhältnis von 1,5 zuführt. Ein Vorteil des Additivverfahrens liegt darin, daß das in fester Form gebundene Kalziumsulfit/ sulfat zusammen mit der Asche ausgetragen wird. Damit entfällt eine gesonderte Deponie—Problematik, wie sie bei der Naßwäsche eine Rolle spielen kann.

4.5.2.2 Primärseitige Veminderung der NO_x– Emission

Im Gegensatz zur Bildung von Schwefeloxiden läßt sich die Bildung von Stickoxiden ganz wesentlich durch die Feuerungsbedingungen beeinflussen. Bei der Bildung von Stickoxiden geht man von drei Reaktionsmechanismen aus:

•Brennstoffstickoxide bilden sich durch Oxidation des im Brennstoff chemisch gebundenen Stickstoffs. Durch Reduzierung der im Brennstoff enthaltenen organischen Verbindungen entstehen Cyanwasserstoff (HCN) und Ammoniak (NH_3). Bei der anschließenden teilweisen Oxidation entstehen Stickoxide. Diese Reaktionen laufen bereits bei niedrigen Temperaturen ab, wie man aus Messungen an atmosphärischen Wirbelschichtfeuerungen weiß. Anteilig kann das über diesen Mechanismus gebildetete NO_x 80% des gesamten NO_x erreichen. Eine verminderte Bildung kann durch die Schaffung reduzierender Flammenbereiche erreicht werden. Dies geschieht durch eine Zone gezielten örtlichen Luftmangels beim Verbrennungsablauf.

•Promptes NO entsteht über kurzlebige Zwischenprodukte, die sogenannten Brennstoffradikale, die in sauerstoffarmen Verbrennungszonen mit dem Stickstoff der Verbrennungsluft Cyanidverbindungen bilden. Diese werden anschließend teilweise zu NO oxidiert. Der Anteil der prompten Stickoxide ist bei stationären Verbrennungsverfahren gering.

•Thermisches NO_x wird aus den Bestandteilen der Verbrennungsluft gebildet. Die Bildung ist stark von der Temperatur abhängig. Sie setzt in starkem Maße ein, wenn Temperaturen von über 1300 ^{o}C, ausreichender Sauerstoffüberschuß und eine ausreichende Verweilzeit der Moleküle in der Zone hoher Temperatur gewährleistet ist. Die Bildung von thermischem NO_x kann durch Vergleichmäßigung der Verbrennung und Verringerung der Flammentemperaturen reduziert werden.

Die Umsetzung der TA–Luft zeigt, daß für etwa die Hälfte aller Kesselanlagen bis 50 MW thermischer Leistung in den ersen fünf bis acht Jahren Maßnahmen zur NO_x–Minderung ergriffen werden müssen. Bei den Feuerungen bis 50 MW dominieren die kostengünstigen und einfachen Primärmaßnahmen, die im folgenden aufgeführt sind :

•Durch *Absenkung des Luftüberschusses* sinkt der O_2–Partialdruck in der Flamme, wodurch die Bildung von Brennstoffstickoxiden reduziert wird. Gleichzeitig steigt aber die Verbrennungstemperatur an, was einen Anstieg des thermischen NO_x bewirken kann.

•*Rauchgasrezirkulation* in den primären Flammenbereich greift gleich mehrfach in den Bildungsmechanismus der Stickoxide ein. Durch die Erhöhung des Inertgasanteils in der Verbrennungszone wird der Sauerstoffpartialdruck abgesenkt. Dies führt zu lokalem Luftmangel, verzögerter Verbrennung und einer Reduzierung der Brennstoffstickoxide durch die Produkte der unvollständigen Verbrennung wie Kohlenmonoxid und Kohlenwasserstoffverbindungen. Weiter wird die Bildung thermischer Stickoxide durch die Vergrößerung der Flamme und die Erhöhung des Rauchgasvolumens, d.h. durch "kühlere" Verbrennung, verringert. Bei leichtem Heizöl konnte bei einem Rezirkulationsgrad von 25% eine NO_x–Minderung von bis zu 50% erreicht werden. Bei schwerem Heizöl führte ein Rezirkulationsgrad von 20% zu einer NO_x–Minderung von 20%. Bei höheren Rezirkulationsraten können Zündschwierigkeiten auftreten.

•*Eindüsung von Wasser* in die Brennkammern von Gasturbinen senkt die Flammentemperatur stark ab und verhindert so die Bildung von thermischem NO_x. Bei auf den Brennstoffeinsatz bezogenen Einspritzraten von 30% Massenanteil Wasser ergaben sich NO_x–Reduzierungen zwischen 50 und 70%, wobei allerdings ein leichter Anstieg der CO–Emission in Kauf genommen werden muß. Die Bildung von Brennstoffstickoxiden wird durch das Eindüsen von Wasser oder Wasserdampf in die Verbrennungszone oder bei Verwendung von Wasser–in–Öl–Emulsion oder von Kohleschlamm nicht beeinflußt.

•*Minderung der Luftvorwärmung* ist ebenfalls ein Mittel zur Absenkung der Flammentemperatur und damit zur Vermeidung der Bildung von thermischem NO_x. Bei vielen Dampferzeugern kann die Rauchgaswärme nach dem Restverdampfer (Economizer) nicht nur zur Vorwärmung der Verbrennungsluft verwendet, sondern alternativ auf das Kesselspeisewasser übertragen werden.

•*Stufenverbrennung* hat sich als wirksame Maßnahme herausgestellt, um die bei der Verbrennung von schwerem Heizöl und von Kohle bevorzugt gebildeten Brennstoffstickoxide ebenso wie die Bildung von thermischem NO_x zu reduzieren. Bei der Luftstufung wird in der ersten Stufe durch unterstöchiometrische Primärluftdosierung unvollständig verbrannt. Die aus dem Brennstoffstickstoff entstehenden Stickoxide werden durch Kohlenmonoxid und Wasserstoff reduziert. In der zweiten Stufe wird durch Eindüsen von Sekundärluft ein Luftüberschuß eingestellt und ein vollständiger Ausbrand bei niedriger Temperatur angestrebt. Bei Braunkohlefeuerungen wurden mit den Luftstufungen Stickoxidminderungen von 25–30% erreicht. Reduzierende Bereiche an den Innenwänden des Feuerraums sollten wegen der erhöhten Korrosionsgefahr vermieden werden. Bei der Brennstoffstufung kann die erste Verbrennungsstufe über- oder unterstöchiometrisch betrieben werden. Im Anschluß an die erste Stufe wird in der sauerstoffarmen Umgebung gezielt weiterer Brennstoff zugeführt. Die entstehenden Radikale reduzieren in der zweiten Stufe unter Luftmangel die entstandenen Stickoxide. In der dritten Stufe wird durch kontrollierte Luftzufuhr ein möglichst vollständiger Ausbrand gesichert. Nach Versuchen scheint nahstöchiometrische Verbrennung in der ersten Stufe, eine Luftzahl von 0,9 in der Reduzierungsstufe und eine Aufteilung von Primär- und Sekundärbrennstoff im Verhältnis 80 zu 20 optimale Ergebnisse zu erbringen. Das Verfahren der Brennstoffstufung kann auch zusätzlich zur oder in Kombination mit der Luftstufung eingesetzt werden.

Da die feuerungstechnischen Primärmaßnahmen zur NO_x–Minderung grundsätzlich die Thermodynamik des Verbrennungsprozesses nicht fördern, ist ihre Nutzung nur eingeschränkt bis zu dem Punkt möglich, an dem eine deutliche Verschlechterung des thermodynamischen Wirkungsgrades sowie betriebliche Nachteile durch Flammeninstabilität einsetzt. Dann ergeben sich schlechter Ausbrand, Ruß- und CO–Bildung, Heizflächenverschmutzung, Verschlackung und Korrosion sowie Brennerstörungen.

Zunächst zu anwendbaren Primärmaßnahmen im Kohlefeuerungen: Bei Rostfeuerungen werden im Flammenbereich auf dem Rost reduzierende Bedingungen geschaffen. Durch ausreichende Sekundärluftzuführung am Flammenende ("Overfire air") wird neben hohem Ausbrand auch eine Absenkung der Flammentemperatur erreicht. Der Aufwand für diese Maßnahmen ist gering, allerdings kann bei Steinkohlefeuerungen auch nur eine Minderung auf 800 bis 1200 mg/m^3 erreicht werden.

Im Gegensatz zu Steinkohlefeuerungen mit trockener Entaschung sind die Möglichkeiten zur NO_x–Minderung durch feuerungstechnische Maßnahmen bei Schmelzfeuerungen begrenzt. Diese Feuerungen wurden in der Vergangenheit dazu eingesetzt, um entweder schwer zündende und verbrennbare Brennstoffe, wie ballastreiche Magerkohlen zu verfeuern, oder die Asche zur besseren Weiterverwendung in Granulat überzuführen. Da bei diesem Verbrennungsverfahren hohe Temperaturen $>$ 1300 ^oC erforderlich sind, wird die Bildung von thermischem NO_x begünstigt, was zu Emissionswerten von 1200 bis 2000 mg/m^3 führt. Die Verbrennung von Magerkohle kann heute wesentlich besser in Feuerungen nach dem Prinzip der zirkulierenden Wirbelschicht durchgeführt werden, da dort wegen der geringen Verbrennungstemperaturen von 800 bis 850 °C fast kein thermisches NO_x gebildet wird. Die Bildung von Brennstoffstickoxiden wird bei der Wirbelschichtverbrennung ebenfalls durch reduzierende Zonen gesenkt, da für dieses Verfahren die zweistufige Verbrennungsführung mit Primär- und Sekundärluft charakteristisch ist. Mit dem ZWS–Verfahren lassen sich die NO_x–Emissionen auf ca. 150 mg/m^3 absenken. Das ZWS–Verfahren ist prädestiniert für kleine bis mittlere thermische Leistungen.

Neuere Entwicklungen auf dem Gebiet der Gestaltung NO_x–armer Brenner zur Verfeuerung von Kohlestaub bzw. Heizöl versuchen, die Erkenntnisse aus der Anwendung von Primärmaßnahmen zu vereinigen. Durch Kernluft werden bei den beiden in Bild 4–2 gezeigten Brennertypen die Höchsttemperaturen im Flammenkern abgesenkt. Beide Brennertypen haben Dralleinrichtungen, um die Flammenstabilität zu verbessern. Im oberen Teil des Bildes ist ein Wirbelstufenbrenner mit Luftstufung wiedergegeben, bei dem die Luftaufteilung im Brenner selbst erfolgt. Bei dem im unteren Teil der Abbildung gezeigten Mehrfachstufenbrenner wird die Stufenluft und der Stufenbrennstoff über gesonderte Stufendüsen zugeführt. Das Flammenbild wird durch die Kombination von Luft–und Brennstoffstufung bestimmt.

Bei Steinkohlestaubfeuerungen werden weitergehende Luftauslagerungen aus dem Brennerbereich in Ober- bzw. Unterluftdüsen durchgeführt. Rauchgasrezirkulation wird nur in Sonderfällen angewendet. Bei konsequenter Anwendung der Primärmaßnahmen in bereits bestehenden Feuerungen kann die NO_x–Bildung im Dauerbetrieb auf Werte zwischen 700 und 800 mg/m^3 abgesenkt werden. Bei Neubauten wird eine Absenkung auf Werte unter 500 mg/m^3 erwartet. Braunkohle enthält wenig Stickstoffverbindungen und die Verbrennung verläuft bei niedrigen Temperaturen. Durch zusätzliche Primärmaßnahmen wie Luftstufung und Rauchgasrezirkulation können NO_x–Rauchgaswerte von 250 mg/m^3 erreicht werden.

Bei kleinen, gebläselosen Gasbrennern kann durch den Einbau von Kühlstäben die Temperatur im Flammenkern abgesenkt und damit eine NO_x–Minderung bis zu 30% erzielt werden. Bei größeren Gas- oder Ölfeuerungen werden grundsätzlich ähnliche Maßnahmen wie bei Kohlefeuerungen durchgeführt: Nahstöchiometrische Verbrennung, Luftstufung, Brennstoffvertrimmung im Brenner und Rauchgasrezirkulation. Für Gasfeuerungen können damit NO_x–Werte unter 100 mg/m^3 erreicht werden. Schwieriger ist die NO_x–Minderung in Ölfeuerungen: Mit Heizöl EL sind NO_x–Werte unter 150 mg/m^3 erreichbar, während mit Heizöl S wesentlich höhere Werte zu erwarten sind. Flammenstabilität und Ausbrand setzen auch hier Gren-

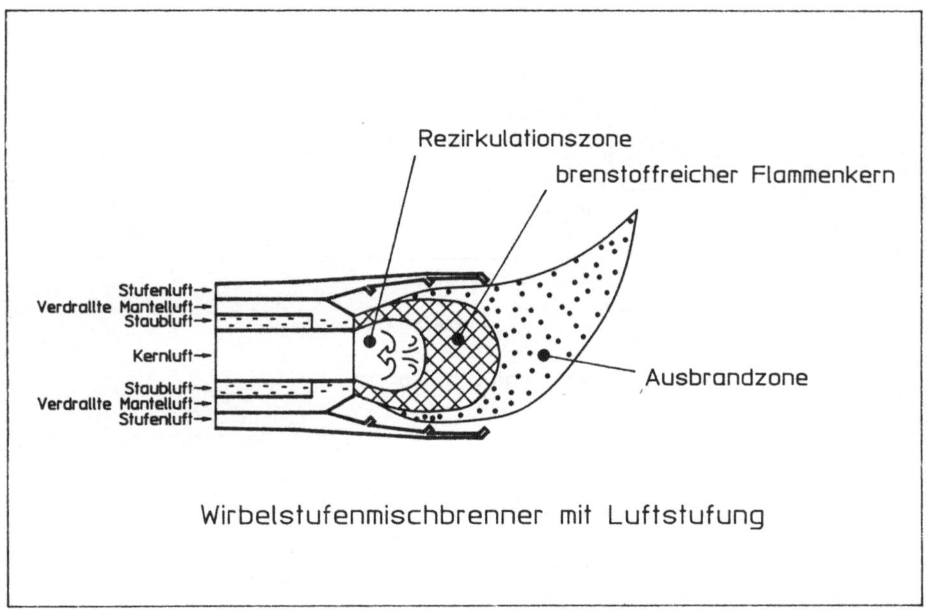

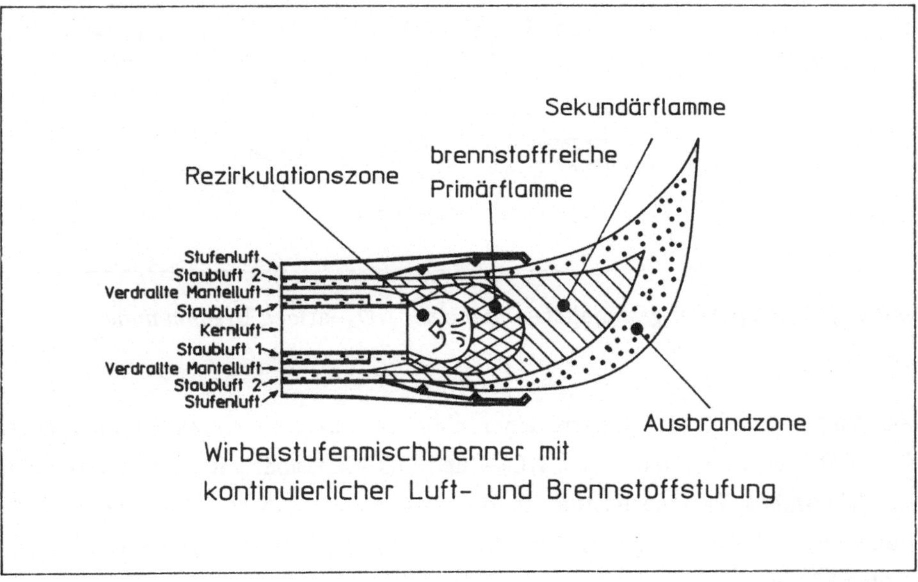

Bild 4–2: *Brenner mit Luftstufung und Brenner mit kombinierter Luft–und Brennstoffstufung*

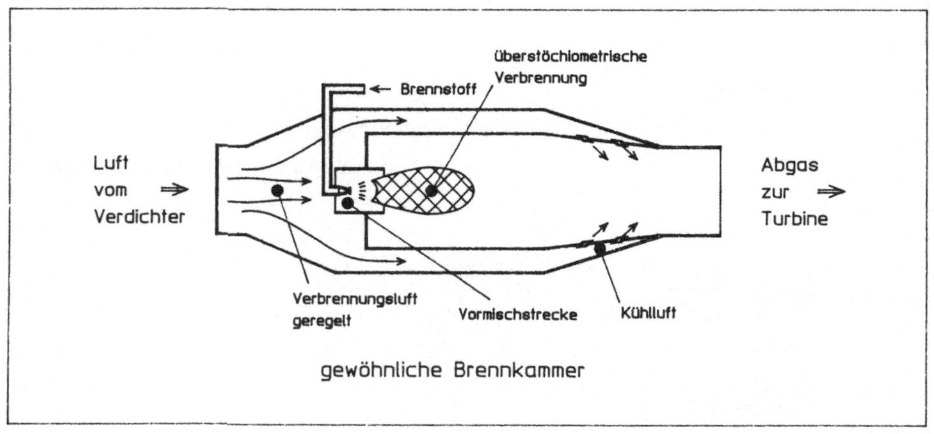

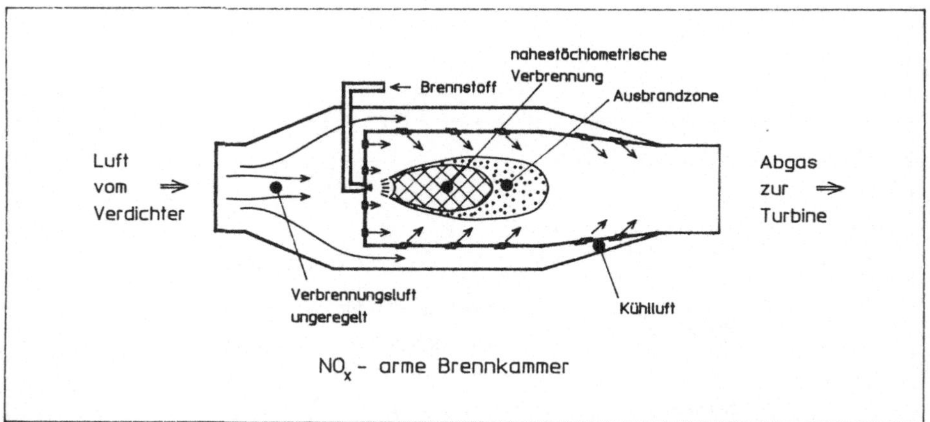

***Bild 4–3:** Prinzip einer gewöhnlichen und einer NO_x–armen Brennkammer*

zen. Bild 4–3 zeigt das Prinzip einer üblichen Gasturbinenbrennkammer neben einer NO_x–armen Variante. Die NO_x– und CO–Emissionen in Abhängigkeit von der elektrischen Turbinenleistung in Bild 4–4 zeigen, daß besonders bei größeren Einheiten in Verbindung mit Wassereinspritzung günstige Abgaswerte erreicht werden können.

Der Gesetzgeber läßt für Gasturbinen mit einem Abgasmengenstrom bis 60.000 m^3/h eine NO_x–Emission bis 350 mg/m^3 und für höhere Mengenströme bis 300 mg/m^3 zu. Es ist zu beobachten, daß bei Anlagen im Projektstadium nach Techniken zur weiteren Absenkung der Emission gefragt wird. Die örtlichen Genehmigungsbehörden können von Fall zu Fall solche Techniken vorschreiben.

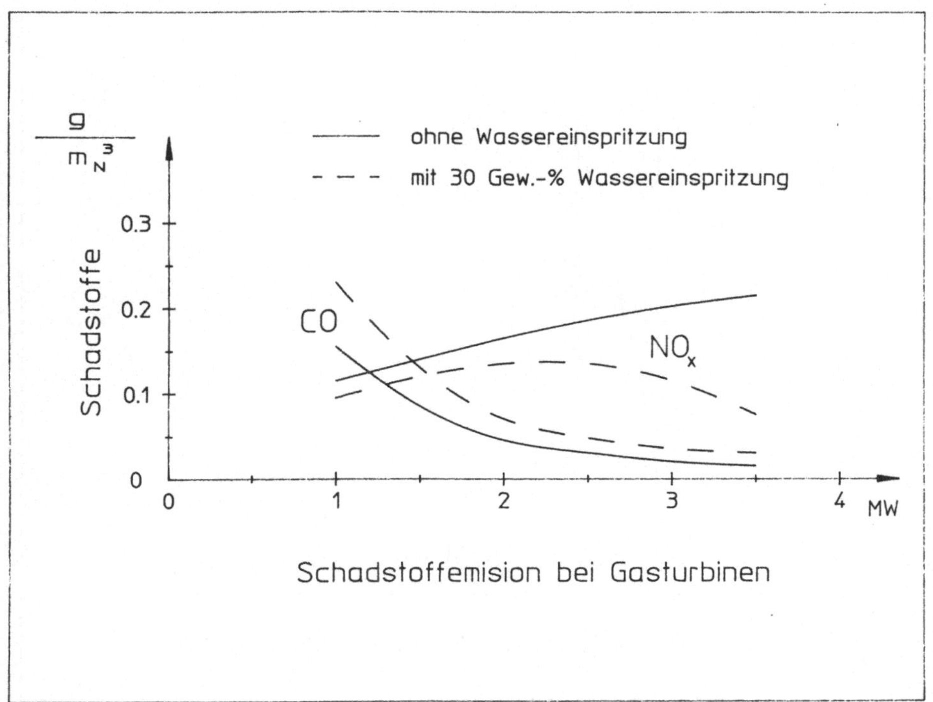

Bild 4–4: NO_x– und CO–Emissionen einer Gasturbine in Abhängigkeit von der Turbinenleistung

Bei Verbrennungsmotoren liegen die Ausgangsemissionen wegen der ungünstigen Reaktionskintetik beim Ablauf der Verbrennung im Bereich zwischen 3500 und 8000 mg/m^3. Bezugsgröße ist für Verbrennungsmotoren stets der Normkubikmeter trockenes Abgas mit 5 Vol.–% Sauerstoffgehalt. Die Entstehung von Stickoxiden ist bei Verbrennungsmotoren im wesentlichen abhängig vom Temperaturverlauf (Höhe und Einwirkungsdauer) bei der Verbrennung. Das Temperaturniveau kann durch Erhöhung der Luftzahl λ verringert werden. Die Abhängigkeit der Schadstoffbildung von der Luftzahl zeigt Bild 4–5. Im Fahrzeugbereich übliche OTTO–Motoren für flüssige Kraftstoffe werden im Bereich $0{,}8 < \lambda < 1{,}2$ betrieben. Eine Abmagerung des Gemisches ist bei OTTO–Motoren theoretisch bis zur Aussetzergrenze möglich. Durch leistungsfähigere Zündanlagen verschiebt sich die Aussetzergrenze in Richtung höherer Luftzahlen.

Die mittleren Luftzahlen bei nicht aufgeladenen DIESEL–Motoren im Fahrzeugbereich liegt bei $\lambda > 1{,}20$. Unter diesem Wert erhöht sich die Rußbildung unzulässig. Langsam laufende Großdieselmotoren werden bei Vollast mit Luftzahlen $\lambda \approx 2$ be-

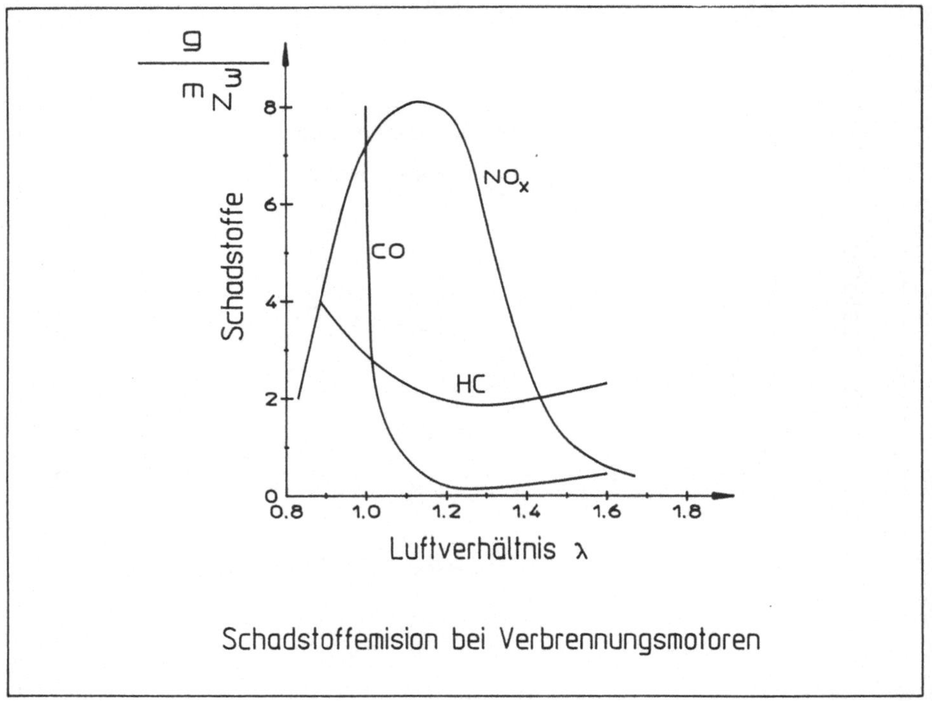

Bild 4–5: Schadstoffausstoß bei Verbrennungsmotoren in Abhängigkeit vom Luftverhältnis

trieben. Sie zeichnen sich durch geringe spezifische NO_x– und Rußemissionen aus. Die Erhöhung der Luftzahl verursacht bei beiden Verbrennungsverfahren eine Abnahme der abgegebenen Leistung. Die Leistungsminderung kann durch Aufladung kompensiert werden. Bei aufgeladenen OTTO–Gasmotoren, wie sie in BHKW eingesetzt werden, läßt sich als Primärmaßnahme eine Abmagerung des Gemisches auf Luftzahlen zwischen 1,5 und 1,6 realisieren, wenn eine Hochleistungzündanlage eingesetzt und die Brennraumgestaltung verändert wird. Messungen unter realen Betriebsbedingungen zeigen, daß die Emission von Stickoxiden dann auf Werte zwischen 400 und 250 mg/m^3 absinken. Für die im Fahrzeugbereich eingesetzten OTTO–Motoren, die mit flüssigen Treibstoffen betrieben werden, ist eine derart starke Abmagerung des Gemisches nicht möglich. Deshalb können die Stickoxidemissionen lediglich durch Sekundärmaßnahmen (Katalysatortechnik) drastisch abgesenkt werden.

Bei aufgeladenen DIESEL–Motoren kann auch im Fahrzeugbereich die Luftzahl ohne Schwiereigkeiten auf $\lambda > 1,6$ gesteigert werden. Darüber hinaus sind Verfahren der Abgasrückführung und der Einspritzung von Wasser in der Erprobung, um die Verbrennungshöchsttemperatur und damit die Bildungsrate der Stickoxide weiter abzusenken. Wie Versuche gezeigt haben, kann durch die Abgasrückführung die Rußbildung stark ansteigen. Als Sekundärmaßnahmen sind dann Rußfilter notwendig, eventuell in Verbindung mit einer Rußrückführung in den Verbrennungsraum.

Ein weiterer Punkt verdient Beachtung: Während bei Krafterzeugung mit kontinuierlich arbeitenden Feuerungen die Höchsttemperatur im thermodynamischen Kreisprozeß weit unter der Verbrennungstemperatur in der Feuerung liegt und durch die Werkstoffeigenschaften der ersten Turbinenstufe festgelegt ist (Dampfturbinen ca. 530 ^{o}C, Gasturbinen 1000 bis 1300 ^{o}C), ist die Verbrennungstemperatur bei Verbrennungsmotoren mit diskontinuierlicher Verbrennung gleichzeitig die thermodynamische Höchsttemperatur des Kreisprozesses. Deshalb ist bei Primärmaßnahmen an Verbrennungsmotoren zu beachten, daß die Schadstoffminderung eine Verschlechterung des thermodynamischen Wirkungsgrades nach sich zieht.

Das Verbrauchsminimum stimmt nicht mit dem Schadstoffminimum überein. Damit wird ein Trend zu höherem Kraftstoffverbrauch erkennbar. Als Folge der Abgasvorschriften wird z.B. in den USA bei Absenkungen der CO–Emissionen um 1,8 Mio t und der NO_x–Emissionen um 0,42 Mio t eine Zunahme der CO_2–Emissionen um 5,41 Mio t erwartet.

4.5.3 Abgasreinigung (Sekundärmaßnahmen)

4.5.3.1 Entstaubung

Zur Entstaubung der Rauchgase werden in der Kraftwerkstechnik vier Verfahren eingesetzt, die unterschiedliche physikalische Prinzipien ausnutzen:

- In Zyklonabscheidern wird eine Drehströmung erzeugt und die Abscheidung der Staubpartikel erfolgt über Zentrifugalkräfte.
- In Gewebefiltern wird eine poröse Schicht durchströmt, die das Gas durchläßt und die Staubteilchen an der Oberfläche zurückhält.
- In Elektrofiltern werden die elektrostatisch aufgeladenen Staubpartikel durch elektrische Kräfte in einem Hochspannungsfeld zu den Abscheideflächen transportiert.
- In Naßabscheidern binden sich die Staubteilchen an herabregnende Flüssigkeitstropfen.

Zyklone werden mit axialer bzw. radialer Zuströmung des Rohgases gebaut. Bei den Axialzyklonen wird dem einströmenden Rohgas der Drall durch Leitschaufeln aufgeprägt. Bei den Radialzyklonen wird das Rohgas durch tangentiale Einströmung in Drehbewegung versetzt. Mit Leitschaufeln lassen sich nicht so große Drehgeschwindigkeiten erzeugen wie durch tangentiale Einströmung. Aus diesem Grund ist die Trennkorngröße in Axialzyklonen größer, der Druckverlust jedoch geringer als bei Radialzyklonen. Bei beiden Bauarten setzen sich die Staubteilchen an der zylindrischen Wand des Zyklons ab. Der sich ansammelnde Staub wird über den konusförmigen unteren Teil des Gehäuses kontinuierlich abgezogen. Das Reingas strömt über ein axial angeordnetes Ausströmrohr im Gegenstom ab. Ein Einzelzyklon erreicht in radialer Bauart im Korngrößenbereich 100 bis 5000 μm bei Druckverlusten von 4 bis 15 hPa Abscheidegrade zwischen 70 und 90 %.

In einem Multizyklon werden bis zu 100 kleine Zyklone, vorwiegend in axialer Bauart, parallel in einem gemeinsamen Gehäuse betrieben, dessen unterer Teil als Konus für einen gemeinsamen Staubabzug ausgebildet ist. Multizyklone eignen sich zur Abscheidung feiner Stäube bei großen Gasdurchsätzen, wenn für den Einbau wenig Platz zur Verfügung steht. Mit einem axialen Multizyklon werden Abscheidegrade zwischen 70 und 90 % im Korngrößenbereich 5 bis 200 μm bei Druckverlusten zwischen 4 und 15 hPa erreicht.

Die Abscheidegrade der Zyklone reichen in der Regel nicht mehr aus, um die Anforderungen der TA–Luft zu erfüllen. Zum Einsatz kommen Zyklone noch als Vorabscheider, wenn z.B. Flugstaub und das Endprodukt aus der Rauchgasreinigung (z.B. Gips aus Naßwäsche) getrennt gewünscht werden.

Die ersten Elektrofilter zum Entstauben von Rohgasströmen wurden bereits zu Beginn unseres Jahrhunderts eingesetzt. Auch heute hat dieses System noch die größte Verbreitung. Bei der Elektrofiltration emittieren die je nach Staubart speziell gestalteten, drahtförmigen Sprühelektroden über Koronarentladungen Elektronen, die neutrale Moleküle ionisieren. Die Ionen lagern sich an die Staubpartikel an, die dann durch das angelegte Hochspannungsfeld (Gleichspannung 10 – 80 kV) zur Niederspannungselektrode wandern und sich dort ablagern. Bild 4–6 zeigt die Anordnung der Sprühdrähte und die Form der Niederschlagselektroden. Die sich ansammelnden Staubschichten werden in Abhängigkeit von Kessellast und Brennstoffcharakteristik von den Niederschlagselektroden räumlich und zeilich koordiniert abgeklopft.

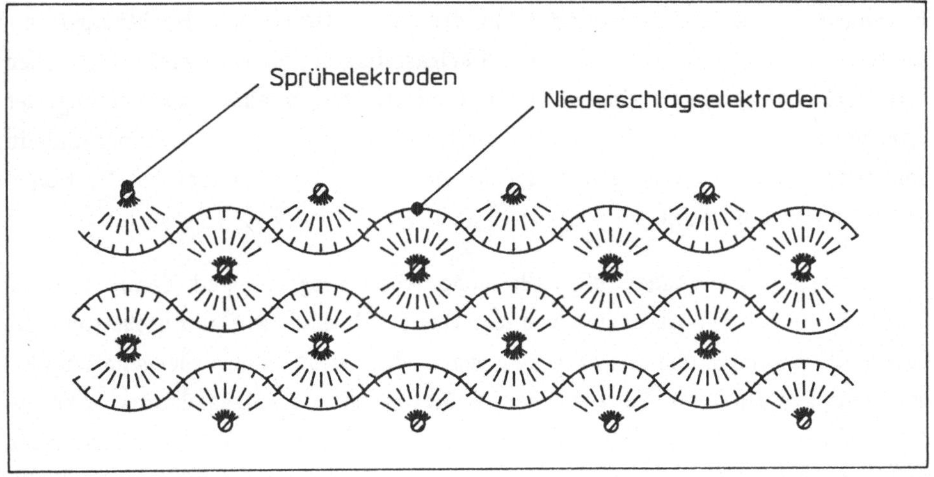

Bild 4–6: *Anordnung der Sprüh– und Niederschlagselektroden bei der Elektrofilterung*

Wie durch Messungen nachgewiesen werden konnte, wird bei einem für sehr hohe Abscheideleistungen ausgelegten Elektrofilter bei einem Gesamtentstaubungsgrad von 99,7 % bei Staubfraktionen $<$ 0,35 μm immer noch ein mittlerer Abscheidegrad von 98,5 % erreicht. Es zeigt sich, daß auch die lungengängigen Aerosole aus Schwermetallen und radioaktivem Material mit Hochleistungs–Elektrofiltern abgeschieden werden können.

Heute sind Einzelfilter zur Entstaubung einer Rohgasmenge von 700 m^3/s bei Steinkohle bzw. 1000 m^3/s bei Braunkohlefeuerungen im Einsatz. Für Blockgrößen $>$ 450 MW werden in der Regel zwei parallelgeschaltete Horizontalfilter gebaut. Die Investitionskosten und der Platzbedarf steigen um etwa 30 %, wenn der Entstaubungsgrad von 99% auf 99,67% angehoben wird. Bei der Filterung der Rauchgase mit einem Entstaubungsgrad von 99,67 % aus der Feuerung eines 800 MW– Blocks erstreckt sich der Elektrofilter über die gesamte Breite des Blocks von 92 m, die Länge mißt 35 m und die aktive Feldhöhe beträgt ca. 14 m. Die gesamte Niederschlagsfläche summiert sich zu 170.000 m^2 auf bei einer Gesamtlänge der Sprühelektroden von 525 km. Der elektrische Leistungsbedarf für Sprühstrom, Beheizung und Überwindung des Druckverlustes von ca. 2 hPa ist mit etwa 2,7 kW/MW_{el} anzusetzen. Der Aufwand für Wartungs- und Instandhaltungsarbeiten ist erfahrungsgemäß gering.

Erwähnenswert sind Entwicklungen, die derzeit für Druck- und Hochtemperaturelektrofilter durchgeführt werden. Die Heißgasreinigung ist bei druckaufgeladenen Wirbelschichtfeuerungen eine Voraussetzung für die direkte Entspannung der Rauchgase in einer Gasturbine und somit für die Steigerung der Wirkungsgrade in kohlebefeuerten Stromerzeugungsanlagen. Solche Filter werden auch bei der Kohledruckvergasung benötigt.

Mit Gewebefiltern können ebenfalls hohe Abscheidegrade und damit niedrige Staubgehalte im Reingas erzielt werden. Das staubbeladene Gas durchströmt die poröse Filterwand, wobei die Staubteilchen an der Innenfläche zurückgehalten werden. Das Filtermaterial ist aus einem Stützgewebe mit aufgenadeltem, weichem Vlies aufgebaut. Die Abscheidung der Partikel erfogt vor allem im Filterkuchen und weniger im Filtermaterial. Deshalb wird vor Inbetriebnahme eines Gewebefilters Kalkstaub auf das Filtermaterial aufgebracht. Die heute eingesetzten Filtermaterialien erlauben Temperaturen bis maximal 280 ^oC. Das Gewebefilter besteht aus mehreren voneinander getrennten Filterkammern, die jeweils eine Anzahl von Filterschläuchen enthalten. Bei einem 750 MW–Block sind ca. 30.000 Filterschläuche von je 5 m Länge und 200 mm Durchmesser erforderlich. Zur Reinigung werden die Filterschläuche entweder kammerweise im Gegenstrom mit Druckluft durchspült, oder man beaufschlagt die Filterschläuche während des Betriebs einzeln und pulsartig mit Druckluftstößen entgegen der Gasströmungsrichtung.

Für Feinstaubabscheidungen ($d < 1\ \mu m$) liegt die Durchstömgeschwindigkeit unter 0,2 m/s. Der Abscheidegrad steigt mit abnehmender Porosität und Faserdicke des Filtermaterials. Bei Druckverlusten zwischen 4 und 20 hPa werden Partikel $> 0,1\ \mu m$ abgeschieden und Reingasstaubgehalte von weniger als 20 mg/m^3 erzielt. Bei trockenen Rauchgasreinigungsverfahren wirkt der Filterkuchen als zusätzlicher Festbettreaktor für die Abscheidung von SO_2, HCl und HF.

Der Energieaufwand zur Überwindung eines Druckverlustes von durchschnittlich 15 hPa liegt bei ca. 3,5 kW/MW_{el}. Die Filterschläuche haben eine Lebensdauer von 3 bis 5 Jahren. Deshalb muß mit einem Wartungs- und Instandhaltungsaufwand von ca. 7 % p.a. der Investitionskosten der Filteranlage gerechnet werden.

Die spezifischen Investitionskosten liegen bei Gewebefiltern wesentlich niedriger als bei Elektrofiltern. Der Kostenvorteil von Gewebefiltern nimmt mit abnehmenden Reingasstaubgehalten bei zunehmender Dynamisierung der TA–Luft zu, er wird noch deutlicher werden, wenn billigere Filtermaterialien auf den Markt kommen.

Bei bestehenden Elektrofilteranlagen ist es oft aus Platzgründen nicht möglich, eine Erweiterung zur Einhaltung niedrigerer Grenzwerte vorzunehmen. Gewebefilter haben sich heute bei Anlagen bis 50 MW durchgesetzt. Filtermaterialien zur Entstaubung von staubbeladenen Rohgasen bei hohen Temperaturen bis 1000 ^{o}C für den Einsatz in druckaufgeladenen Wirbelschichtfeuerungen oder bei der Kohledruckvergasung werden derzeit entwickelt.

Bei Feuerungen ist die Naßabscheidung von Staub nur von geringer Bedeutung. Bei Einsatz eines Naßverfahrens zur Schadstoffreduzierung wird im Wäscher neben den gasförmigen Schadstoffen auch Staub ausgeschieden, wenn eine gute Benetzbarkeit gegeben ist. In Venturiwäschern werden bei Druckverlusten von 10 bis 200 hPa Abscheidegrade von 96 bis 98 % bei Grenzkorngrößen von 0,1 bis 0,4 μm erreicht. Bei anderen Systemen, wie mechanischen Wäschern, Waschtürmen, Strahlwäschern und Sprühdüsenwäschern werden bei deutlich geringeren Druckverlusten geringere Abscheidegrade erzielt. Es ist zu beachten, daß bei der nassen SO_2/NO_x–Abscheidung der im Wäscher zusätzlich abgeschiedene Staub das Endprodukt verunreinigt.

Zur Abscheidung von Rußpartikeln aus den Abgasen von DIESEL–Motoren sind verschiedene Verfahren in der Entwicklung. Bei Keramik- oder Elektrofiltern muß die sich ansammelnde Rußschicht periodisch verbrannt werden. Zur leichteren Zündung besteht die Möglichkeit, die Zündtemperatur des Rußes katalytisch bis auf 380 ^{o}C abzusenken. Bei DIESEL–Motoren mit Abgasrückführung kann, wie bereits erwähnt, in erhöhtem Maße Ruß gebildet werden. Die Beladung der Abgase mit Ruß wird durch Zyklone um ca. 90% abgesenkt. Den kontinuierlich abgezogenen Ruß führt man in den Verbrennungsraum des Motors zurück.

4.5.3.2 Rauchgasentschwefelung und -entstickung auf der Basis von Sorption

Sorptionsverfahren zur Entschwefelung von Rauchgasen werden in der Bundesrepublik seit 1977 eingesetzt. Bis 1986 waren 16 Großkraftwerke mit einer Kapazität von 10.390 MW_{el} mit Teilentschwefelungsanlagen ausgerüstet, so daß damals eine Stromerzeugung von 7.340 MW_{el} aus Steinkohle mit Entschwefelung erfolgte. Um der im Jahr 1986 verabschiedeten TA–Luft genügen zu können, müssen alle Großfeuerungen und auch eine Vielzahl von Feuerungen im Bereich von 1 bis 50 MW mit Entschwefelungseinrichtungen nachgerüstet werden, wenn Primärmaßnahmen keinen ausreichenden Erfolg erbringen. In den Sorptionsverfahren wird Adsorption, Chemiesorption und Absorption eingesetzt. Bei der Adsorption wird der Schadstoff physikalisch an Aktivkohle gebunden. Bei der Chemisorption läuft eine chemische Bindung des Schadstoffes an der Oberfläche von Feststoffpartikeln oder von Flüssigkeitstropfen ab, das Sorbens wird als trockenes Additiv, Lösung oder Suspension zugeführt. Bei der Absorption gehen die sauren Schadstoffe in wäßrige Lösung, in der die chemische Bindung durch ein geeignetes basisches Sorbens erfolgt. In Tabelle 4.10 werden für jeden Schadstoff mögliche Sorbentien zusammengefaßt:

Tab.4–10: *Sorbentien in wäßriger Lösung*

Schadstoff	Sorbens
HCl, HF	H_2O, NaOh, $Ca(OH)_2$
SO_2	NaOh,Na_2SO_3, $Ca(OH)_2$, $Mg(OH)_2$, K_2SO_3, NH_3, K_3PO_4
NO	H_2SO_4, Fe(II)–EDTA–Komplex
NO_2	H_2O, H_2SO_4, NaOH, $Ca(OH)_2$, NH_3

Durch Oxidationsmittel wie z.B. Ozon kann eine Oxidation von NO zu NO_2 in der Gasphase durchgeführt werden, um die nachfolgende Absorption zu erleichtern. Daneben besteht neben den Sorptionsverfahren grundsätzlich die Möglichkeit einer katalytischen oder einer chemischen Reduktion (z.B. durch NH_3) der Stickoxide in der Gasphase zu molekularem Stickstoff.

Verfahrenstechnisch lassen sich die Sorptionsverfahren in drei Gruppen einteilen: Trockenverfahren, Sprühsorptionsverfahren und Naßverfahren. Grundsätzlich ist bei Großfeuerungen ein höherer apparativer und regelungstechnischer Aufwand wirtschaflich vertretbar als bei kleineren Anlagen.

Trockenverfahren und Sprühsorptionsverfahren: Kennzeichen für Trockenverfahren ist eine Verfahrenstemperatur, die deutlich über dem Taupunkt des Wassers liegt. Daher entfällt eine Wiederaufheizung der Rauchgase vor Einleitung in den Schornstein. Ein weiterer Vorteil der Trockenverfahren besteht darin, daß keine Abwässer anfallen. Die trockenen Verfahren zur Rauchgasentschwefelung können in zwei Gruppen nach dem regenerativen bzw. nichtregenerativen Prinzip unterteilt werden. Die erste Gruppe umfaßt regenerative Verfahren, die mit Aktivkoks auf der Basis einer Adsorption der Schadgasmoleküle arbeiten (Bergbau–Forschungsverfahren). Das Rauchgas wird nach einer Vorentstaubung und Konditionierung durch ein Aktivkoksbett geleitet. Dabei wird bei Temperaturen zwischen 90 und 150^0 C das SO_2 zusammen mit Wasserdampf und weiteren Schadstoffen adsorbiert. Der mit 10– 15% Massenanteil beladene Aktivkoks wird aus dem Reaktor abgezogen und regeneriert. Zur Regeneration des Aktivkokses stehen verschiedene Verfahren zur Verfügung, die alle auf einer thermischen Austreibung des SO_2 bei ca. 400 ^oC aus dem Aktivkoks beruhen. Der Aktivkoks wird nach Abkühlung in den Reaktor zurückgeführt. Als Endprodukt entsteht ein SO_2–Reichgas mit ca. 30% Volumenanteil SO_2, das daneben noch H_2O und CO_2 aus der Oberflächenoxidation des Kohlenstoffs enthält. Vor der Weiterverarbeitung werden Chloride, Fluoride, Schwermetalle und andere Schadstoffe aus dem SO_2–Reichgas entfernt, die ebenfalls adsorbiert wurden. Das gereinigte Reichgas kann zu Elementarschwefel, Schwefelsäure oder flüssigem SO_2 weiterverarbeitet werden. Diese Endprodukte sind vielseitig einsetzbar. Der hohe Aufwand für die Regeneration des Aktivkokses hat dazu geführt, daß auch ein vereinfachtes Aktivkoksverfahren ohne Regeneration unter Verwendung von preiswertem Braunkohleaktivkoks eingesetzt wird. Der beladene Koks findet in der Zementindustrie Verwendung.

Das Aktivkoksverfahren kann als zweistufiges Trockenverfahren zur simultanen Reduktion von SO_2 und NO_x eingesetzt werden (Bergbauforschung–Uhde–Verfahren). In der ersten Stufe wird SO_2 abgeschieden. Aktivkoks wirkt bereits bei Temperaturen um 120 ^oC als Katalysator für die Reduktion von Stickoxiden durch Ammoniak. In Anwesenheit von SO_2 bzw. von der im Aktivkoks adsorbierten Schwefelsäure bildet sich unter der Einwirkung von Ammoniumsulfat $(NH_4)_2SO_4$. Diese Reaktion läuft schneller ab als jene mit den Stickoxiden. Deshalb wird in einer zweiten Verfahrensstufe nach der Abscheidung von SO_2 regenerierter Aktivkoks zugeführt. Neben einer im Vergleich zur Gleichgewichtsbeladung geringen Menge von Schwefelsäure und deren Ammoniumsalzen läuft die katalytische Reduktion der Stickoxide unter Bildung von gasförmigem Stickstoff und Wasserdampf ab. Der gering beladene Aktivkoks wird am unteren Ende der zweiten Stufe abgezogen und in die erste Stufe gefördert, wo er zur SO_2–Abscheidung weiter beladen wird. Bei einer Reduktion der Stickoxide von über 80 % wird ca. 98 % SO_2 abgeschieden. Als Nachteil des Verfahrens ist die Brandgefahr im Aktivkoksbett zu werten.

Die zweite Gruppe umfaßt Trockensorptions–Verfahren auf der Basis einer Gas–Feststoffreaktion zwischen sauren Schadgasmolekülen und den alkalischen Additiven. Nach Vorentstaubung werden die Rauchgase in einem Konditionierungsteil gekühlt und befeuchtet. Im Wirbelreaktor wird das Sorbens, feinkristallines $CaCO_3$ oder $Ca(OH)_2$, pneumatisch injiziert. Zur besseren Ausnutzung wird das basische

Sorbens intern im Reaktor oder über den Feststoffabscheider nach dem Reaktor im Kreislauf geführt. Als Feststoffabscheider haben sich Gewebefilter durchgesetzt. Der sich auf den Filterschläuchen absetzende Filterkuchen trägt als Festbettreaktor zusätzlich zur SO_2–Abscheidung bei. Eine vollständige Ausnutzung des Sorbens kann erreicht werden, wenn die Reststoffe aus der Trockensorption als Wertstoff in bestehenden Naßentschwefelungsanlagen eingesetzt werden.

Das Elektronenstrahlverfahren (EBDS: Electron Beam Dry Scrubbing) des Kernforschungszentrums Karlsruhe ist ebenfalls ein simultan arbeitendes Trockenverfahren für SO_2 und NO_x im experimentellen Stadium. Das Rauchgas wird zunächst so konditioniert, daß für die Bestrahlung optimale Bedingungen bezüglich Feuchte und Temperatur vorliegen. Danach wird es mit Ammoniak versetzt und zu einem Rauchgaskanal geführt, an dem die 300 kV Elektronenstrahlkanonen so angeordnet sind, daß der gesamte Rauchgasstrom gleichmäßig bestrahlt werden kann. Durch die Bestrahlung werden Radikale gebildet, die zunächst mit H_2O zu Schwefelsäure und Salpetersäure reagieren und danach mit dem Ammoniak zu Feststoffpartikeln aus Ammoniumsulfat bzw. Ammoniumnitrat umgesetzt werden. Im nachgeschalteten Gewebefilter wird der Feststoff abgeschieden. Das Endprodukt kann als Dünger Verwendung finden, wenn Fluorid, Chlorid– und Schwermetallverunreinigungen eine derartige Nutzung nicht ausschließen. Der technische Einsatz dieses Verfahrens hängt stark von der Zuverlässigkeit und von dem Preis der Elektronenstrahlkanonen ab. Die Abscheidegrade liegen für SO_2 $>95\%$ und für NO_x $>75\%$.

Das Sprühabsorptionsverfahren wird auch als Quasi–Trockenverfahren bezeichnet. Nach der Vorentstaubung wird das Rauchgas einem Reaktor zugeführt. Über Rotationszerstäuber oder Zweistoffdüsen wird im Reaktor Kalkmilch abgeregnet. Das Kalziumhydroxid reagiert mit dem SO_2 zu Kalziumsulfit und -sulfat unter gleichzeitiger Verdampfung des Wassers nach:

$$Ca(OH)_2 + SO_2 \rightleftharpoons CaSO_3 + H_2O$$

$$CaSO_3 + 1/2\ O_2 \rightleftharpoons CaSO_4.$$

Chloride, Fluoride und Schwermetalle werden ebenfalls abgeschieden. Der nachgeschaltete Staubabscheider hält die Reaktionsprodukte zurück. Um den stöchiometrischen Überschuß an $Ca(OH)_2$ gering zu halten, wird das Endprodukt aus dem Filter zum Teil in die Absorptionssuspension rezykliert. Die Rauchgase werden im Sprühabsorber auf Temperaturen um 70 ^{o}C abgekühlt und sind nach dem Filter zu ca. 90 % entschwefelt. Auf eine Wiederaufheizung kann meistens verzichtet werden. Zur simultanen Entschwefelung und Entstickung beim Sprühabsorptionsverfahren werden der Kalkmilch bestimmte Additive, wie z.B. Natriumhydroxid, Natrium–EDTA (Ethylendiamin–Tetraacetat)–Komplexe oder Natriumsulfit zugefügt (Nitro–Atomizer–Verfahren). Versuche haben gezeigt, daß NaOH, welches im Prozeß nach:

$$SO_2 + 2\,NaOH \rightleftharpoons Na_2SO_3 + H_2O$$

zu Natriumsulfit umgewandelt wird, in technischer und wirtschaftlicher Hinsicht das geeignete Additiv ist. Die mit dem Additiv versehene Kalkmilch wird in einem Sprühturm abgeregnet und das entschwefelte Rauchgas einer Schlauchfilteranlage zugeführt. Die Oxidation des NO und die Chemisorption durch Kakziumhydroxid unter Bildung von Kaliumnitrat nach

$$4\,NO + 3\,O_2 + 2\,Ca(OH)_2 \rightleftharpoons 2\,Ca(NO_3)_2 + 2\,H_2O$$

findet vorwiegend im Filterkuchen statt.

Sowohl bei der Trockensorption als bei der Sprühabsorption ist das Endprodukt ein Gemisch aus Kalziumsulfit, -sulfat, Restkalk und Flugasche, das mit Chloriden und Fluoriden verunreinigt ist und bei simultaner Entstickung noch zusätzlich Kalziumnitrat und Natriumsulfit enthält. In den meisten Fällen wird das Endprodukt deponiert. Zur Zeit wird versucht, das Endprodukt als Zuschlagstoff in der Zementindustrie zu verwerten. Die Rückstände mit ca. 60 bis 80 % Anhydrit ($CaSO_4$) sind als Erstarrungsregler für Zement geeignet, wenn der Gehalt an Schwertmetallen, Chloriden und Fluoriden nicht zu hoch ist.

Naßverfahren: Kennzeichnend für Naßverfahren zur Rauchgasentschwefelung ist die Absorption des sauren Schadgases SO_2 in Wasser und die Bindung an ein basisches Neutralisationsmittel. Die Naßverfahren können wiederum in regenerative und nichtregenerative Verfahren eingeteilt werden. Zu den nichtregenerativen Verfahren gehören die Kalkwaschverfahren mit Kalkstein, gebranntem oder gelöschtem Kalk sowie das Ammoniakverfahren mit Ammoniak als Sorptionsmittel. Wenn das Endprodukt weitgehend frei von Fluoriden, Chloriden und Schwermetallen sein soll, so empfiehlt sich eine Wäsche der Rauchgase in einem separaten Vorwäscher, in dem HCl und HF in Wasser absorbiert werden. Kalkwaschverfahren sind inzwischen in vielen Kraftwerken in Betrieb; sie sind die derzeit gebräuchlichsten Entschwefelungsverfahren. Das aus dem Kessel kommende Rauchgas wird in einem Filter entstaubt und in einem Rohgas/Reingas–Wärmetauscher abgekühlt. Im anschließenden Wäscher sättigt sich das Rohgas mit Wasserdampf und kühlt sich auf die adiabate Kühlgrenztemperatur ab. Bei diesem Vorgang wird das gasförmige SO_2 im Wasser absorbiert. Die Halogene werden gleichzeitig abgeschieden, wenn sie nicht in einer separaten Vorwaschstufe ausgewaschen wurden. Die Wäscher sind vorwiegend Sprühwäscher, deren Wände zum Schutz gegen Korrosion mit Gummi beschichtet werden. Diese Wäscher arbeiten mit geringen Druckverlusten und sind auf gleichmäßige Durchströmung ausgelegt, so daß sie nicht zu Anbackungen oder Verkrustungen neigen. Als Sorbens wird heute fast ausschließlich Kalkstein eingesetzt, der erheblich preisgünstiger ist als gelöschter oder gebrannter Kalk. Das SO_2 in wässriger Lösung wird durch das Sorbens in Form von Kalziumsulfit gebunden. Im nachfolgenden Oxidationsschritt entsteht Kalziumsulfat. Diese Oxidation kann im Hauptwaschkreislauf durchgeführt werden (z.B. Bischoff–Verfahren) oder im Wäschersumpf (z.B. GEESI–Steinmüller–Verfahren, Knauf–Research–Cotrell–Verfahren). Zum besseren Ausfällen des Gipses kann die Suspension mit Schwefelsäure angesäuert werden (z.B. Steinmüller–Verfahren, Mitsubishi–Thyssen–Verfahren). Durch einen hohen Kalziumchloridgehalt in der Waschlösung kann bei um etwa 10K höheren Temperaturen gewaschen werden als bei anderen Verfahren, was den Aufwand bei der Wiederaufheizung des Reingases verringert, außerdem erhöht sich die Löslichkeit des Gipses im Waschkreislauf (Kobe–Steel–Uhde–Verfahren). Ameisensäure bildet sich aus Kalziumformiat unter Umsetzung mit gelöstem SO_2. Die Pufferwirkung der Ameisensäure auf den pH– Wert der Waschlösung wird bei dem Saarberg–Hölter–Verfahren genutzt. Magnesiumsulfat kann als Additiv eingesetzt werden, um die Löslichkeit des Kalziumsulfits in der Waschlösung zu steigern (Babcock–Kawasaki–Verfahren). Das bei allen Verfahren anfallende Gipsdihydrat ($CaSO_4 \cdot 2\,H_2O$) kann durch eine Verdrängungswäsche mit elektrolytarmem Waschwasser von wasserlöslichen Verunreinigungen wie Chloriden und Fluoriden befreit werden. Die Gipssuspension mit einer Feststoffkonzentration von ca. 10% Massenanteil wird zunächst eingedickt und anschließend in einem Trommelfilter entwässert. Der Feuchtgips kann anschließend direkt weiterverarbeitet oder getrocknet werden. Bei der Veredelung des Gipses aus Rauchgasentschwefelungsanlagen (REA–Gips) können zwei Wege beschritten werden, indem entweder die physikalische Beschaffenheit (Form, Oberflächenfeuchte) oder die chemische Beschaffenheit (Kristallwassergehalt) verändert werden.

Im Jahr 1989 fielen in der Bundesrepublik rund 2,5 Millionen Tonnen Gips aus Steinkohlekraftwerken und etwa 1,3 Millionen Tonnen aus Braunkohlekraftwerken an. Je nach Aufwand kann aus allen Verfahren Gips hoher Reinheit erzeugt werden. REA–Gips muß nach speziellen Verfahren aufbereitet werden, damit er in den rheologischen Eigenschaften mit Naturgips übereinstimmt. Wegen des geringen Materialwertes von Gips spielen die Transportkosten zwischen der Entschwefelungsanlage und der Weiterverwertung eine entscheidende Rolle. Gipswerke haben zur Zeit ihre Standorte vorwiegend in der Nähe von Naturgipslagerstätten errichtet, deshalb scheitert eine Weiterverarbeitung des Feuchtgipses in Gipswerken meist an den Transportkosten. Eine strukturelle Umorientierung der Gipsindustrie ist wünschenswert. Das bei den Entschwefelungsverfahren anfallende Gipsdihydrat hat keine Abbindefähigkeit. Das Gipsdihydrat trocknet man mit Abwärme aus der Feuerungsanlage. Wird stückiger Gips benötigt, so bieten sich dafür drei Verfahren an: Bei der *Pelletierung* werden Feuchtgips und Bindemittel wie Halbhydrat oder Zement in einem Pelletierteller zu Granalien geformt. Bei der *Preßagglomeration* wird das getrocknete, feinteilige Gipspulver brikettiert. Beim *Strangpressen* wird der Feuchtgips verpreßt und anschließend getrocknet.

Erst durch Abtreiben von Kristallwasser aus dem Gipsdihydrat erhält man Gipshalbhydrat oder Gipsanhydrit. Da dieses Verfahren hohe Kosten verursacht, wird es zur Zeit nur für teure Modell- und Formengipse eingesetzt. Erst wenn die Herstellungskosten deutlich gesenkt werden, sind zusätzliche Anwendungen für REA–Gips möglich, etwa als Bergbaumörtel, Fließestrich oder Gipsspanplatten. Allein im Bergbau liegt der Bedarf bei 1,1 Millionen Tonnen pro Jahr. Trotzdem muß wohl auch in der Zukunft ein Großteil des Gipses aus REA–Anlagen als Landverfüllungsmaterial genutzt oder deponiert werden.

Im *Hybridverfahren* wird ein Teil des Rauchgases nach der Vorentstaubung und dem Trockensorptionsverfahren entschwefelt. Das im Gewebefilter abgeschiedene Gemisch aus Kalziumsulfit, -sulfat und -hydroxid wird mit zusätzlichem Kalk oder Kalkstein zu einer Waschlösung aufbereitet, die in einem Wäscher für die Entschwefelung des anderen Teils des Rauchgases eingesetzt wird. Die Waschflüssigkeit wird wie bei einem reinen Waschverfahren aufbereitet. Der Vorteil des Hybridverfahrens im Vergleich mit einem reinen Waschverfahren besteht darin, daß die Mischtemperatur nach der Vereinigung der beiden Reingasströme eine Wiederaufheizung überflüssig werden läßt. Gegenüber einem reinen Trockensorptionsverfahren besteht der Vorteil, daß der eingesetzte Kalk wesentlich besser ausgenützt wird.

Kalkwaschverfahren werden mit selektiven katalytischen oder nichtkatalytischen Entstickungsverfahren kombiniert.

Die Rauchgaswäsche mit Ammoniak ist unter dem Namen Walther–Verfahren bekannt geworden. Im Ammoniakwäscher geht das SO_2 im Rauchgas wiederum in wäßrige Lösung und wird durch Ammoniak in Form von Ammoniumsulfit nach

$$SO_2 + 2\,NH_3 + H_2O \rightleftharpoons (NH_4)_2SO_3$$

und in geringerem Maße als Ammoniumsulfat gebunden. Dem Ammoniakwäscher ist ein Wasserwäscher nachgeschaltet, um Ammoniak aus dem Rauchgas zu entfernen, bevor es wieder aufgeheizt wird. Die Lösung wird einem Oxidationsbehälter zugeführt, wo das Ammoniumsulfit vollständig zum Sulfat nach

$(NH_4)_2SO_3 + 1/2\ O_2 \rightleftharpoons (NH_4)_2SO_4$

oxidiert wird. Die Lösung wird dann direkt in das heiße Rauchgas vor dem Ammoniakwäscher eingesprüht und verdampft. Die staubförmigen Rückstände werden in einem Filter abgeschieden. Das Endprodukt kann nach Pelletierung direkt als Dünger Verwendung finden, wenn Schwermetalle, Chloride und Fluoride in einer Vorwäsche beseitigt wurden.

Zur nachfolgenden Entstickung wird das von SO_2 gereinigte Rauchgas mit Ozon versetzt, um auf dem Weg zu einem zweiten Waschturm nach

$NO + O_3 \rightleftharpoons NO_2 + O_2$

zu oxidieren. Dieser Schritt ist erforderlich, weil NO nur wenig wasserlöslich ist, während NO_2 ähnliche Löslichkeit besitzt wie SO_2. Im zweiten Waschturm wird Ammoniakwasser zugesetzt, wobei das absorbierte NO_2 zu Ammoniumnitrit bzw. –nitrat gemäß

$2\ NO_2 + 2\ NH_3 + H_2O \rightleftharpoons NH_4NO_2 + NH_4NO_3$

reagiert. Ein Teilstrom wird wiederum einer Oxidationsstufe zugeführt und nach

$NH_4NO_2 + 1/2\ O_2 \rightleftharpoons NH_4NO_3$

zu Ammoniumnitrat oxidiert. Aus den Oxidationsstufen werden die Produktströme der Düngemittelherstellung zugeführt. Der dritte Wäscher wird mit der reduzierenden Waschlösung des ersten Wäschers betrieben. Im zweiten Wäscher wird nicht gebundenes NO_2 unter Oxidation des Ammoniumsulfits gemäß

$2\ NO_2 + 4\ (NH_4)_2SO_3 \rightleftharpoons 4\ (NH_4)_2SO_4 + N_2$

zu Stickstoff reduziert. Darüber hinaus werden nicht umgesetzte Ozonreste zu O_2 reduziert und somit unschädlich gemacht. Durch Veränderung der Ammoniakzugabe zum zweiten Waschturm kann die Beseitigung des NO_2 wahlweise vorwiegend durch Bildung von Ammoniumnitrat im zweiten Wäscher oder durch Umsetzung zu N_2 im Nachwäscher erfolgen. Somit kann die Zusammensetzung des Düngers aus Ammoniumsulfat und Ammoniumsalpeter beeinflußt werden. Der apparative und regelungstechnische Aufwand ist bei diesem Verfahren hoch. Probleme bei der Abscheidung von Ammoniumsalz–Aerosolen aus dem Reingas haben dazu geführt, daß sich das Walther–Verfahren zunächst nicht durchgesetzt hat. Nach Angaben des Herstellers werden heute Aerosolbeladungen des Reingases unter 10 mg/m^3 erreicht.

Die *regenerativen Naßwaschverfahren* können in solche mit Gips, SO_2–Reichgas bzw. Schwefelsäure als Endprodukt unterteilt werden.

Beim Doppelalkaliverfahren erfolgt die Absorption von SO_2 in einem Wäscher mit Natronlauge als Absorptionsmittel. Gemäß

$$2\,Na^+ + SO_3^{2-} \rightleftharpoons Na_2SO_3$$

bildet sich Natriumsulfit. Die Regeneration wird mit Kalk nach

$$Na_2SO_3 + Ca(OH)_2 + 1/2\,O_2 \rightleftharpoons CaSO_4 + 2\,NaOH$$

unter Bildung von Rohgips und Natronlauge durchgeführt. Die Natronlauge wird wieder in den Wäscher eingespeist. Der Rohgips mit einer Restfeuchte von ca. 25% wird einer in einer Oxidationsstufe unter Eindüsung von Luft oxidiert, wobei Reingips entsteht.

Beim Saarberg–Hölter–Lurgi–Komplexsalzverfahren tritt das vorgereinigte Rauchgas über einen Tropfenabscheider in den SO_2–NO_x–Simultanwäscher ein. Die Waschlösung besteht im wesentlichen aus Eisen(II)–EDTA–Komplex und Natronlauge. Das SO_2 wird mit NaOH und NO_x wird mit Fe(II)–EDTA nach

$$Fe(II)EDTA + NO \rightleftharpoons Fe(II)EDTA \cdot NO$$

gebunden. Anschließend wird die reduzierende Wirkung von Natriumsulfit dazu verwendet, um den gebildeten Komplex wieder zu Fe(II)– EDTA zu regenerieren:

$$Fe(II)EDTA \times NO + Na_2SO_3 \rightleftharpoons Fe(II)EDTA + Na_2SO_4 + 1/2N_2.$$

Dabei wird NO zu Stickstoff reduziert und Natriumsulfit zu Natriumsulfat oxidiert. Aus dem Waschkreislauf wird ein Teilstrom der umgewälzten Waschlösung dem anschließenden Doppelalkaliprozeß zugeführt. Dort wird die Natronlauge mit Kalkmilch zurückgewonnen. Wegen der Bildung von Schwefelstickstoffverbindungen muß ein Teilstrom aus dem Fällungskreislauf ausgeschleust werden. Diese Teilmenge kann der Feuerung zugeführt werden. Strebt man eine weitergehende Rezyklierung an, so muß sie in einer Eindampfkristallisationsanlage weiter aufgearbeitet werden. Dabei entsteht Kondensat zur Rezyklierung für die Gipsfällung, Mutterlauge mit Fe(II)–EDTA–Komplex zur Rezyklierung für den Waschlösungskreislauf und ein Kristallbrei aus Natrium-, Schwefel- und Stickstoffverbindungen. Bei der thermischen Zersetzung dieses Kristallbreis entstehen N_2 und SO_2 sowie Natriumsulfat, das zum Ausgleich der Natriumbilanz in den Waschkreislauf zurückgeführt wird. Die gasförmigen Produkte gelangen in das Rauchgas vor dem Quencher. Problematisch ist bei diesem Verfahren der hohe apparative Aufwand und die schwierige Reaktionsführung.

Ein weiteres regeneratives Waschverfahren zur Entschwefelung ist das Wellman–Lord–Verfahren. Bei diesem Verfahren wird mit Natriumsulfit gewaschen, das sich mit SO_2 zu Natriumbisulfit ($NaHSO_3$) umsetzt. Die Lösung wird in einen Verdampfer gefördert, in dem bei höherer Temperatur Natriumsulfit–Kristalle unter Freisetzung von SO_2–Reichgas wieder ausfallen. Nebenprodukte wie Natriumsulfat, –chlorid und -fluorid müssen aus der Kreislauflösung ausgeschleust werden. Das Reichgas kann zu den Endprodukten Elementarschwefel, Schwefelsäure oder zu flüssigem SO_2 aufbereitet werden.

Im von Ciba–Geigy entwickelten Schwefel/Salpetersäureverfahren zur simultanen Entschwefelung und Entstickung wird das Rohgas nach Vorwäsche in einem Nachwäscher durch Berieselung von Füllkörpern auf die für die nachfolgende Reaktionskolonne notwendige Eintrittstemperatur gebracht. Das vorgereinigte Rohgas strömt in die Denitrierungsstufe im unteren Teil der Reaktionskolonne. Die gesamte Reaktionskolonne hat einen Berieselungskreislauf mit Schwefelsäure. Der Denitrierungsstufe fließt neben der Schwefelsäure Nitrosylschwefelsäure ($NOHSO_4$) aus der SO_2–Verarbeitungsstufe zu. Mit SO_2 im Rauchgas und Wasser bildet sich 60 bis 70%–ige Schwefelsäure unter Freisetzung des in der Nitrosylschwefelsäure gebundenen NO:

$$SO_2 + 2\,NO^+(HSO_4)^- + 2\,H_2O \rightleftharpoons 3\,H_2SO_4 + 2NO.$$

Aus dem Schwefelsäurekreislauf der Entschwefelung und Denitrierung wird mit Nitrosylschwefelsäure verunreinigte Schwefelsäure abgezogen, die in einer Säure–Regenerierkolonne zu reiner Schwefelsäure aufbereitet, zum Teil rezykliert und zum anderen Teil als verwertbares Produkt ausgeschleust wird. In der über der Denitrierungsstufe liegenden SO_2– Stufe findet die Abscheidung des restlichen SO_2 mit den Stickoxiden NO und NO_2 unter Bildung von Nitrosylschwefelsäure statt:

$$2\,SO_2 + H_2O + NO + NO_2 + O_2 \rightleftharpoons 2\,NO^+(HSO_4)^-.$$

Nach Passieren dieser Stufe gelangt das SO_2–freie Gas in die Stickoxid–Absorptionsstufe im oberen Teil der Kolonne. Die Stickoxidabsorption wird durch Zudosierung von Salpetersäure zur 77%–igen Schwefelsäure aus der Regenerierungskolonne derart gesteuert, daß ein für die Absorption optimales NO/NO_2–Verhältnis eingestellt wird. Das aus dem oberen Teil der Reaktionskolonne abfließende Säuregemisch wird unter Vorwärmung in Wärmetauschern zur Regenerierkolonne gefördert, wo die Desorption der Stickoxide aus der Schwefelsäure stattfindet. Die Stickoxide werden mit einem vorgewärmten Luftstrom aus der Schwefelsäure ausgetrieben und in die Salpetersäurekolonne geleitet. Unter Einwirkung von Wasser und Luft entsteht Salpetersäure gemäß

$3\,NO_2 + H_2O \rightleftharpoons 2\,HNO_3 + NO$

$4\,NO + 3\,O_2 + 2\,H_2O \rightleftharpoons 4\,HNO_3,$

Die Salpetersäure wird zum einen Teil rezykliert und zum anderen Teil als Endprodukt ausgeschleust. Das Verfahren führt zu hochwertigen Endprodukten, ist jedoch apparativ und regelungstechnisch aufwendig.

Ein weiteres, vom EG–Forschungszentrum in Ispra entwickeltes und im experimentellen Stadium befindliches regeneratives Waschverfahren beruht auf zwei chemischen Grundreaktionen: Zunächst reagiert das im Rauchgas vorhandene SO_2 mit Wasser und Brom (Br_2) unter Bildung von Schwefelsäure und Bromwasserstoffsäure (HBr). Das Brom wird elektrolytisch regeneriert unter Freisetzung von reinem Wasserstoff. Das Brom dient als oxidatives Reagenz und wird ausschließlich kreislaufintern eingesetzt. In der Waschlösung ist eine Konzentration von weniger als 1% Massenanteil Brom erforderlich. Um eine Aufkonzentration zu vermeiden, müssen aus dem Waschkreislauf kontinuierlich Fluoride, Chloride und Schwermetalle ausgeschleust werden. Die Rauchgase werden vor der Wiederaufheizung einer weiteren Waschkolonne zugeführt, um mitgerissene Reaktionsflüssigkeitstropfen, Bromwasserstoffdämpfe und weitere Schadstoffe auszuwaschen. Der aus der Elektrolyse freigesetzte Wasserstoff ist hochrein, er kann als industrieller Grundstoff oder als Zusatzbrennstoff in der Anlage eingesetzt werden. Eine Aufkonzentration der Schwefelsäure auf 95% ist möglich, dann liegt ebenfalls ein wirtschaftlich verwertbares Endprodukt vor. An der Möglichkeit zur simultanen Entstickung wird gearbeitet.

Bei allen Naßwaschverfahren werden Abwässer ausgeschleust, die gelöste Prozeßsubstanzen enthalten und darüber hinaus mit Chloriden, Fluoriden und Schwermetallsalzen beladen sind. Vor einer Entsorgung der Abwässer ist eine Reinigung z.B. durch Schwermetallfällung und durch Chlorid- und Fluorideindampfung erforderlich.

Zur Wiederaufheizung der durch alle Naßwaschverfahren unzulässig abgekühlten Reingase vor Einleitung in den Schornstein wird mit den Rohgasen regenerativ Wärme ausgetauscht. Hierfür sind säurefeste Regenerativ–Wärmeübertrager entwickelt worden. Daneben besteht auch die viel einfachere Möglichkeit, auf eine Wiederaufwärmung zu verzichten, die abgekühlten Reingase nach der Rauchgasreinigung mit dem Feuchtluftstrom im Naßkühlturm zu vermischen und zusammen mit der Abwärme des Kraftwerks über den Naßkühlturm abzuführen.

4.5.3.3 *Selektive Entstickung in der Gasphase durch katalytische und nichtkatalytische Verfahren*

Bei der selektiven, nichtkatalytischen Reduktion (SNCR) (Exxon–Verfahren) handelt es sich um ein bei hohen Temperaturen ablaufendes NO_x–Minderungsverfahren für stationäre Feuerungen, bei dem die Stickoxide mit Hilfe von Ammoniak und Sauerstoff ohne Katalysator zu gasförmigem Stickstoff und Wasserdampf umgesetzt werden. Die Reaktion läuft nur ab, wenn die Aktivierungsenergie zur Bildung von Radikalen des Typs NH aus dem Ammoniak ausreicht. Dies ist im Temperaturbereich zwischen 800 und 1100 ^{o}C der Fall; die Reaktion ist ferner abhängig vom O_2–Gehalt, vom Wasserdampfgehalt und von der Verweilzeit in der Temperaturzone. Bei Temperaturen über 1200 ^{o}C kommt es zur Bildung von NO aus Ammoniak und damit zu einer Vermehrung der NO_x–Emission. Durch Zugabe von Wasserstoff kann die Reaktionstemperatur zur Reduktion der Stickoxide auf 750 ^{o}C abgesenkt werden. Neben Ammoniak kann als Reduktionsmittel auch Harnstoff $(NH_2)_2CO$ eingesetzt werden. Harnstoff zersetzt sich thermisch unter Bildung von CO und Radikalen des Typs NH, die mit NO gasförmigen Stickstoff und Wasserdampf bilden.

Das Verfahren ist apparativ sehr einfach: Es ist nur ein Ammoniak- oder Harnstofflager, eine Dosiereinrichtung und eine Regelung erforderlich. Die Anwendung beim meistverbreitesten Industriekesseltyp, dem Flammrohr/ Rauchrohrkessel, wird von Schu et al. (Ref.[10]) beschrieben. Die Eindüsung erfolgt bei passender Temperatur der Rauchgase. Da die optimale Temperaturzone sich in Abhängigkeit von der Kesselleistung verschiebt, ist die Anordnung mehrerer Dosiereinrichtungen oder die Eindüsung von NH_3/H_2–Mischungen variabler Zusammensetzung über eine Dosiereinrichtung erforderlich. Besonders einfach ist der Einbau einer verfahrbaren Lanze zur Positionierung der NH_3–Zugabe im optimalen Temperaturbereich. Die Ammoniakzugabe wird über den NO–Reingaswert geregelt, um einerseits den Grenzwert der TA–Luft einzuhalten und andererseits den NH_3–Schlupf zu minimieren. Die Emission von Kohlenmonoxid CO steigt bei diesem Verfahren leicht an, der SO_2–Gehalt im Abgas bleibt unverändert. Es wird eine Entstickung von ca. 50% erreicht. Das Verfahren ist besonders geeignet für die Nachrüstung kleinerer Feuerungen im Bereich 1 – 50 MW zur Einhaltung der Grenzwerte der TA–Luft.

Bei der selektiven katalytischen Reduktion (SCR) von NO_x laufen die gleichen Reaktionen wie bei der nichtkatalytischen Reduktion ab. Durch den Einsatz von Katalysatoren kann allerdings die Reaktionstemperatur abgesenkt werden. Die

Katalysatoren bestehen meist aus metallischem oder oxidischem Trägermaterial, das mit Titandioxid (TiO_2) als oberflächenvergrößerndem Basismaterial, Wolframtrioxid (WO_3) bzw. Molybdäntrioxid (MoO_3) als Stabilisator und Vanadiumpentoxid (V_2O_5) als Aktivator beschichtet ist. Darüber hinaus sind keramische Molekularsiebkatalysatoren in der Entwicklung, die keine metallischen Aktivatoren enthalten, sondern deren katalytische Aktivität auf Molekularsiebeffekten beruht. Unterschiede in der Katalysatorzusammensetzung führen zu unterschiedlichen Anwendungen bzw. Betriebsverhalten. Die mit V_2O_5 dotierten Katalysatoren weisen schon bei Temperaturen $\succ$ 100 °C eine katalytische Aktivität für die Reduktion der Stickoxide auf. Bei diesen Temperaturen führt jedoch die Anwesenheit von SO_2 zu unerwünschter Bildung von SO_3, das mit Ammoniak unter Bildung von Ammoniumsulfat reagiert, das den Katalysator verstopfen und so die NO_x– Minderung verhindern kann. Deshalb sollten Katalysatoren bei niedrigen Temperaturen nur nach der Rauchgasentschwefelung eingesetzt werden. Bei Rauchgastemperaturen zwischen 350 und 400 °C werden auch in Anwesenheit von SO_2 gute Entstickungsergebnisse ohne störende Salzbildung erzielt. Mit Molekularsiebkatalysatoren sind eventuell geringere Rauchgastemperaturen möglich.

Vor allem in Japan wurden eine Vielzahl von Varianten des SCR–Verfahrens entwickelt; sie unterscheiden sich durch die Anordnung des Katalysators im Rauchgasweg sowie durch die verwendeten Materialien. Prinzipiell unterscheidet man zwischen der "high dust"– und "low dust"–Anordnung, d.h. ob vor dem Katalysator Staubabscheidung stattfindet oder nicht. Bei "low dust"–Anordnungen hat sich weitgehend der keramische Wabenkatalysator durchgesetzt. Vorteile dieser Bauart liegen im günstigen Volumen/Oberflächenverhältnis, in der hohen Festigkeit und in geringen Strömungsverlusten. Bei "high dust"–Anordnungen findet wegen der Gefahr der Verschmutzung und Erosion der Plattenkatalysator mit metallischer Stützstruktur Anwendung. Darüber hinaus muß darauf geachtet werden, welche Auswirkung der NH_3–Schlupf auf die Flugasche (bei "high dust"–Einbau) und auf das REA–Abwasser bei "high dust" – und bei "low dust"–Einbau vor der REA hat. SCR–Verfahren werden als selektive Entstickungsverfahren immer dann angewendet, wenn eine NO_x–Minderung über 70% gefordert ist. Bei höherer Entstikkung wächst der NH_3–Schlupf.

Neuere Entwicklungstendenzen zielen bei Katalysatoren in Feuerungen auf die Erhöhung der Standzeit und auf die Verbesserung der Rezyklierungsmöglichkeiten für das Katalysatormaterial nach der Benutzung des Katalysators ab. Besonders bei Großfeuerungen, die bereits mit Rauchgasentschwefelung ausgerüstet sind, stellt die SCR–Technik eine geeignete Nachrüstmöglichkeit zur zusätzlichen Entstickung bereit. Zahlreiche Großkraftwerke werden zur Zeit mit dieser Technik ausgerüstet. Bei Feuerungen im Bereich 1 bis 50 MW wird das SCR–Verfahren möglicherweise bei fortschreitender Dynamisierung verstärkt zum Einsatz kommen.

Das SCR–Verfahren wird auch bei OTTO–Motoren mit Hubräumen $\succ$ 10 l angewendet. Der Betrieb mit geregeltem Dreiwegekatalysator stößt bei dieser Motorengröße an die Klopfgrenze. Zur Senkung der Emissionen von CO bzw. von Kohlenwasserstoffverbindungen kann zusätzlich ein Oxidationskatalysator eingesetzt werden. Das im Motorabgas enthaltene NO_x besteht zu 85 bis 90% aus NO_2, der Rest hauptsächlich aus NO. Versuche haben gezeigt, daß der Einsatz von bis zu 800 ppm NH_3 eine lineare Reduktion der Stickoxide bewirkt. Darüber tritt unerlaubt hoher NH_3–Schlupf $\succ$ 30 mg/m^3 auf. Ein realistischer NO_x–Minderungsgrad einer SCR–Anlage an einem Großmotor liegt bei 85%. Damit kann die Anforderung der TA–Luft mit NO_x–Emissionen $\prec$ 500 mg/m^3 für flüssige und $\prec$ 200 mg/m^3 für gasförmige Treibstoffe in der Regel unterschritten werden.

Für kleinere OTTO–Motoren in stationären Anlagen oder im Fahrzeugbereich mit flüssigen oder gasförmigen Treibstoffen hat sich der geregelte stöchiometrische Betrieb ($\lambda = 1$) mit Dreiwegekatalysator durchgesetzt. Wie sein Name es ausdrückt, wandelt der Dreiwegekatalysator gleichzeitig die drei Schadstoffe CO, C_mH_n und NO_x simultan in CO_2, H_2O und N_2 um. Der Katalysator besteht aus einem Trägerkörper mit Zwischenschicht, auf dem das eigentliche Katalysatormaterial aufgetragen ist. Der Träger wird meist aus Keramik stranggepreßt oder aus gewelltem Stahlblech gewickelt. Auf den Trägerkörper wird eine Zwischenschicht, auch Wash–Coat genannt, aus Aluminiumoxid (Al_2O_3) aufgebracht. Sie dient zur Vergrößerung der Reaktionsoberfläche. Auf die Zwischenschicht wird das Katalysatormaterial aus den Edelmetallen Platin und Rhodium aufgetragen. An Platin laufen vorwiegend die Oxidationsreaktionen ab, an Rhodium dagegen die Reduktionsreaktionen. Der parallele Ablauf von Oxidations- und Reduktionsreaktionen setzt einen genau eingestellten O_2–Partialdruck im Abgas bei nahezu stöchiometrischen Verbrennungsverhältnissen voraus. Ein zu fettes Gemisch führt zu einem Anstieg der CO– und C_mH_n–Emissionen, ein abgemagertes Gemisch senkt die Konversionsrate der Stickoxide drastisch ab. Zur Sicherstellung des konstanten Brennstoff–Luft–Verhältnisses, insbesondere bei Lastveränderungen, ist ein empfindlicher Regelkreis notwendig. Dieser Regelkreis besteht aus einer Meßsonde, der λ–Sonde, die

Veränderungen des O_2–Partialdrucks registriert, verbunden mit einem elektronischen Steuerungsgerät zur Gemischregulierung. Die dem Abgas ausgesetzte zylindrische Sonde besteht aus einer porösen Keramik–Schutzschicht sowie Platinelektroden, zwischen denen sich ein Festelektrolyt befindet. Die innere Platinelektrode steht mit Luft in Kontakt. Das Keramikmaterial der λ–Sonde wird bei Temperaturen > 300 °C für Sauerstoffionen durchlässig. Damit erzeugt die Sonde ein elektrisches Signal, wenn zwischen Abgas und Luft unterschiedliche O_2–Partialdrücke auftreten. Blei wirkt neben anderen Stoffen als Katalysatorgift. Deshalb müssen Motoren mit Abgasreinigung nach diesem Prinzip stets mit bleifreien Kraftstoffen betrieben werden. Die NO_x–Reduktionsraten liegen bei stationären Gasmotoren bei ca. 97 bis 98 %. Damit werden NO_x–Emissionen < 100 mg/m³ erreicht. Bei DIESEL–Motoren werden Oxidationskatalysatoren hauptsächlich zur Reduzierung der C_mH_n–Emissionen eingesetzt.

4.5.3.4. Sonderprobleme bei der Abfallverbrennung und Abluftreinigung

In Abschnitt 3.5 wurde bereits ausgeführt, daß der Schwerpunkt künftiger Strategien beim Müll auf Müllvermeidung und Rezyklierung der Wertstoffe liegen muß, wenn man ein weiteres Anwachsen der Müllberge vermeiden will. Für die Müllverbrennung gelten nach der TA–Luft 1986 die folgenden, auf das trockene Rauchgas mit 11 % O_2 bezogenen Grenzwerte: Staub 30 mg, besondere staubförmige, anorganische Stoffe Klasse I: 0,2 mg, Klasse II: 1,0 mg, Klasse III: 5,0 mg; CO 100 mg, organische Stoffe 20 mg, SO_2 100 mg, NO_x 500 mg, HCl 50 mg, HF 2 mg, krebserzeugende Stoffe Klasse I: 0,1 mg, Klasse II: 1,0 mg, Klasse III: 5,0 mg. Die Feuerungen müssen bei Temperaturen > 800 °C betrieben werden.

Eine besondere Problematik bei der Müllverbrennung liegt in der Möglichkeit der Bildung von Dioxinen und Furanen als Ergebnis unvollständiger Verbrennung von chlorierten Kohlenwasserstoffen. Durch hohen Luftüberschuß, ausreichend hohe Verbrennungstemperaturen und ausreichend lange Verweilzeit des Mülls in der Verbrennungszone wird die Bildung dieser hochtoxischen Substanzen bei ordnungsgemäßem Betrieb der Anlage weitgehend vermieden. Hier wurden in den vergangenen Jahren erhebliche Fortschritte erzielt. Die im Rauchgas gemessenen Emissionen liegen bei aktuellen Messungen an kommunalen Müllverbrennungsanlagen mit Rostfeuerung (1990) zwischen 70 und 546 ng/m³ für Dioxine bzw. 90 und 364 ng/m³ für Furane. Bei Wirbelschichtfeuerung sinken die Emissionswerte auf etwa 30 % der obigen Werte ab. Als Emissionsgrenzwert für Dioxine und Dibenzofurane strebt man 0,1ng/m^3 an. Weitere Spuren von Dioxinen und Furanen befinden sich in den Filterstäuben.

Bei der Müllverbrennung wird Rost- oder Wirbelschichtfeuerung mit anschließender Staubabscheidung in Elektro- oder Gewebefiltern und Rauchgaswäsche in mehreren Stufen angewendet. Ein wesentliches Merkmal bei der Rauchgaswäsche ist die weitgehende Kondensation von Quecksilberdämpfen durch Temperaturabsenkung unter den Taupunkt. Durch gezielte Verfahrenstechnik wird angestrebt, daß die Hauptmenge der Reststoffe, die Schlacke, mit 350 bis 400 kg/t Müll aufbereitbar und wiederverwendbar anfällt. Die in den Stäuben und Sorptionsprodukten aufkonzentrierten Schadstoffe verteilen sich auf 25 bis 80 kg/t Müll. Ein besonderes Augenmerk ist auf die Art der Deponierung dieser mit Schadstoffen angereicherten und mit Salzen durchsetzten Restprodukte zu richten. Die Abwässer werden mit Schwermetallfällungsmitteln vorgereinigt.

Sondermüll umfaßt Produktionsrückstände, die Halogene, Stickstoff, Schwefel, Phosphor, Chlor, Silizium, Schwermetalle usw. enthalten, sowie Gemische aus kleineren Rückständen unterschiedlicher und teilweise unbekannter Zusammensetzung, toxische, selbstzündliche, polymerisierende, reaktive oder korrosive Abfälle. In Drehrohröfen erfolgt die Verbrennung des Sondermülls bei hohen Temperaturen $>$ 1200 $^{\circ}$C, hohem Luftüberschuß und einer Verweilzeit von mindestens 4 Sekunden in dieser Temperaturzone. Das bedeutet, chlorierte Kohlenwasserstoffe und sonstige Stoffe mit einem Anteil von polychlorierten Bindungen wandeln sich fast restlos um, so daß nur Spuren von Dioxinen ($<$ 100 ng/m^3) oder Furanen ($<$ 400 ng/m^3) gebildet werden. Die Schadstoffe und Salze sind ebenso wie bei der Müllverbrennung in der Flugasche. Die Anlagen zur Sondermüllverbrennung unterliegen ebenfalls der TA–Luft.

Ein weites Gebiet ist die Abluftreinigung von industriellen Fertigungsprozessen. Für die thermische Abluftaufbereitung in Verbrennungsanlagen gelten die gleichen Randbedingungen wie für die Sondermüllverbrennung. Zur Abscheidung von feinsten Aerosolen aus der Abluft werden in der chemischen Industrie oder in Aluminiumgießereien Fasertiefbettfilter verwendet. Oft wird mit der Abluftaufbereitung die Rückgewinnung von eingesetzten Rohstoffen angestrebt. Z.B. enthält die Abluft von Viskosefabriken Schwefelkohlenstoff und Schwefelwasserstoff. Mit Aktivkohlefiltern kann über Adsorption/Desorption Schwefelkohlenstoff und elementarer Schwefel zurückgewonnen werden. Anstelle von Aktivkohle lassen sich makroporöse

Polymerpartikel verwenden. Aktivkohle- oder Polymerpartikelfilter dienen auch zur Rückgewinnung von organischen Lösungsmitteln, die zur Entfettung und Reinigung bei industriellen Prozessen eingesetzt werden.

Bei Biofiltern werden die aus der Abluft zu entfernenden, zumeist geruchsintensiven Stoffe durch Sorptionsprozesse auf das Filtermaterial übertragen. Als Filterstoffe kommen Torferden, Komposte und Baumrinde als Träger zusätzlicher Nährstoffe für die Mikroorganismen in Frage. Bei biologischen Wäschern werden die in der Abluft enthaltenen Begleitstoffe zunächst in Waschflüssigkeit absorbiert. Bakterien und Mikroorganismen übernehmen die Regeneration des Waschwassers. Dieses Verfahren wird in der Landwirtschaft und in der Lebensmittelindustrie sowie bei der Müll- und Klärschlammverarbeitung eingesetzt. Es eignet sich auch zur Reinigung von Abluft, die Schwefelwasserstoff, Toluol, Kohlenwasserstoffverbindungen und eine große Zahl weiterer Substanzen enthalten kann. Damit eröffnet sich in der Industrie ein weites Anwendungsfeld.

Literatur

(1) VDI—Bericht 630: Blockheizkraftwerke— Stand der Technik und Umweltaspekte. VDI—Verlag Düsseldorf 1987

(2) Umwelt—Bundesamt: Luftreinhaltung '88, Tendenzen, Probleme, Lösungen. E. Schmidt Verlag Berlin 1989

(3) H.W. Keller—Reinspach: Entstaubung, Entstickung, Entschwefelung. Rauchgasreini gung bei Feuerungsanlagen im Bereich der TA Luft. Lehrstuhl für Energiewirtschaft der Lebensmittelindustrie, Technische Universität München. Vortrag an der Technischen Akademie Esslingen 1988

(4) H. Michele: Rauchgasreinigung mit trockenen Sorbentien— Möglichkeiten und Grenzen. Chem.—Ing.—Tech. 56 (1984) 11, S. 819—829

(5) NO_x—Minderung in Rauchgasen, Oktober 1987

(6) Anwenderreport Rauchgasreinigung

(7) G. Schmolling, W. Braun: Stand und Entwicklungstendenzen der Rauchgasentstaubung in kohlegefeuerten Kraftwerken. Chem. Ind. 36 (1984) S. 811—815

(8) E. Richter: Der technische Stand der Rauchgasentschwefelung in der Bundesrepublik Deutschland. Umwelt 3 (1984), S. 191— 205

(9) D. Deggim, J. Poller, K. Weinzierl: Die Bedeutung der Chemietechnik für fortgeschrittene Technologien der Stromerzeugung. Chem.—Ing.—Techn. 59 (1987) 8, S. 629—636

(10) G. Schu, H.W. Keller–Reinspach, R. Meyer–Pittroff: Selektive, nichtkatalytische Reduktion im Flammrohrkessel. VDI–Berichte 765 (1989), S. 263

(11) D. Reimann: Der Weg zur "sauberen" Müllverbrennung. Umwelt 8 (1986), S. 519–521

(12) M. Lange: Minimierung von Dioxin- und Furanemissionen. –Umweltbelastung, Quellen, Anforderungen und Maßnahmen. –VDI–Tagung Dioxin- und NO_x–Minderungstechniken, München, September1990.

(13) F. Vollhardt: Anlagen zur Sondermüllverbrennung. Chem.–Ing.–Techn. 59 (1987) 8, S. 622–628

(14) H. Brauer: Biologische Abluftreinigung. Chem.–Ing.–Techn. 56 (1984) 4, S. 279–286

5 Ökologische Probleme des Wassers

5.1 Einleitung

Nach der Luft ist Wasser das wichtigste Lebensmittel für Menschen, Tiere und Pflanzen. Die ungewöhnlichen chemisch–physikalischen Eigenschaften haben dem Wasser sehr breite technische Anwendungen erschlossen.Diese Anwendungen können sich gegenseitig behindern, wenn nicht sogar ausschließen. Die Bundesrepublik ist ein wasserreiches Land, wenngleich es örtlich zu Engpässen kommen kann. Wasser ist noch immer sehr preiswert. Wasser wird benötigt als Trinkwasser und Brauchwasser für Gewerbe und Industrie. Für die verschiedenen Anwendungszwekke muß das Wasser aufbereitet werden, d.h. es muß von bestimmten Inhaltsstoffen befreit werden. Für die Aufbereitung stehen je nach Verwendungszweck unterschiedliche Aufbereitungsverfahren zur Verfügung. Hierfür benötigt man ein umfangreiches und aufwendiges Netz von Meß- und Regeleinrichtungen. Für die Inhaltsstoffe gibt es zahlreiche Analysenmethoden.

Wasser steht zur Verfügung als Grund- und Oberflächenwasser. Über den Luftpfad wie durch Deponien und intensive Landwirtschaft kann das Wasser in seiner Qualität empfindlich beeinträchtigt werden. Selten steht das Wasser in ausreichender Menge und Qualität am Ort seiner Verwendung zur Verfügung. Ein umfangreiches Transportsystem durchzieht deshalb die Bundesrepublik.

Jedes benutzte Wasser wird zu Abwasser. In den seltesten Fällen kann es heute noch ohne spezielle Reinigung in Oberflächengewässer zurückgegeben werden. Fast immer sind die Bäche, Flüssen und Seen in ihrer Selbstreinigungskraft überfordert. Je nach Art des Abwassers sind kommunale oder industrielle Reinigungsanlagen erforderlich. Mit der Komplexität der Verunreinigungen und den steigenden Anforderungen an die Reinheit des geklärten Abwassers werden die Anlagen immer aufwendiger und teurer. Auch die Anforderungen an die Analytik und Meßtechnik werden immer höher. Bei der Aufbereitung des Abwassers entstehen Produkte, die ihrerseits für die Umwelt gefährlich sein können. Hierzu gehören vor allem Schlämme. Das geklärte Abwasser gelangt in die sogenannten Vorfluter. Hierunter kann die Gewässergüte erheblich leiden. Hierüber können die im Wasser lebenden Pflanzen und Tiere oft besser Auskunft geben als die physikalisch–chemischen Untersuchungsmethoden.

Zum Schutze unserer Gewässer sowie der Qualität von Brauch- und Trinkwasser wurde eine Fülle gesetzlicher Bestimmungen erlassen. Die besten Gesetze nützen jedoch wenig, wenn deren Einhaltung nicht überwacht wird. Die mit der Kontrolle beauftragten Behörden sind jedoch häufig hierzu nur bedingt in der Lage. Die Kosten für die Wasserver- und entsorgung werden weiter steigen. Aus wirtschaftlichen Gründen ist es daher erforderlich, Techniken zu verwenden, die mit Wasser sparsam umgehen. Noch immer gibt es Industrien, die für ihre Produktion das wertvolle Trinkwasser verwenden. Auch beim privaten Wasserverbrauch ist es nicht erforderlich, daß immer Wasser in Trinkwasserqualität verwandt wird.

Aus ökologischen und ökonomischen Gründen ist ein sorgfältigerer und sparsamerer Umgang mit Wasser nötig. Der Gesetzgeber ist gefordert, die entsprechenden Entscheidungen zu treffen.

5.2 Gesetzliche Bestimmungen zur Wasserreinhaltung

Um hinreichende Mengen Wasser in der notwendigen Qualität bereitzustellen, müssen Maßnahmen ergriffen werden, die den Gebrauch des Wassers regeln. Die zielbewußte Ordnung aller menschlichen Einwirkungen auf das ober- und unterirdische Wasser ist Aufgabe der Wasserwirtschaft. Gesetzliches Instrument zur Ordnung des Wasserhaushaltes als Bestandteil von Natur und Landschaft und als Grundlage der öffentlichen Wasserversorgung ist das Wasserhaushaltsgesetz (WHG). Das WHG will umfassend sicherstellen, daß die Gewässer nach Menge und Güte dem Wohl der Allgemeinheit und in bestimmten Fällen auch dem Nutzen Einzelner dienen und daß jede vermeidbare Beeinträchtigung der Gewässer unterbleibt (§ 1 a WHG).

Um diesem legislativ festgelegten Ziel näherzukommen, ist es geboten, die Gewässer vor störenden Eingriffen nach Möglichkeit zu schützen. Voraussetzung einer geordneten Wasserwirtschaft ist somit ein funktionierender Gewässerschutz. Die Aufgabe des Gewässerschutzes besteht darin, die Gewässer vor nachteiligen Änderungen ihrer chemischen, physikalischen oder biologischen Eigenschaften zu bewahren. Seinem Ursprung nach ordnungsrechtlicher Natur, regelt das WHG in erster Linie die Benutzung von Gewässern gemäß den Grundsätzen der Eingriffsverwaltung. Ordnungsrechtliche Instrumente im Bereich der Wasserwirtschaft stehen den Behörden beispielsweise bei der Erteilung von Erlaubnis und Bewilligung von Gewässernutzungen (§§ 7, 8 WHG), bei der nachträglichen Anordnung (§ 5 WHG), bei der Genehmigung von Abwasseranlagen (§ 18 b WHG), bei Anlagen zum Umgang mit wassergefährdenden Stoffen (§§ 19 g– 19 l WHG), bei der Festsetzung von Wasserschutzgebieten (§ 19 WHG) sowie bei der Ausbauplanfeststellung und der Ausbaugenehmigung (§ 31 WHG) zur Verfügung.

Die erlaubnis- oder bewilligungsbedürftigen Gewässernutzungen sind in § 3 WHG aufgeführt. Hierzu zählen beispielsweise die Wasserentnahme aus oberirdischen Gewässern und aus dem Grundwasser, das Einleiten von Stoffen in oberirdische Gewässer oder das Grundwasser, und schließlich alle sonstigen zielgerichteten Maßnahmen, die objektiv geeignet sind, schädliche Veränderungen der natürlichen Beschaffenheit des Wassers herbeizuführen. Danach dürfen Gewässer grundsätzlich nur mit einer behördlichen Erlaubnis oder Bewilligung genutzt werden. Laut § 7 WHG gewährt diese Erlaubnis eine widerrufliche Benutzungsbefugnis des Gewässernutzers, die Bewilligung dagegen ein Recht auf Benutzung. Sowohl Erlaubnis als auch Bewilligung können unter Festsetzung von Benutzungsbedingungen und Auflagen erteilt werden. Sie sind zu versagen, soweit von der Benutzung eine Beeinträchtigung des Wohls der Allgemeinheit zu erwarten ist.

Eine andere ordnungsrechtliche Regelungsmöglichkeit, um die Nutzung des Wasserhaushaltes an die sich verändernden wasserwirtschaftlichen Gegebenheiten anzupassen, ist die Befugnis der Wasserbehörden nach § 5 WHG, eine bereits erteilte Erlaubnis oder Bewilligung nachträglich mit Auflagen und Bedingungen zu versehen, zum Beispiel hinsichtlich der Menge und Schädlichkeit des eingeleiteten Abwassers. Darüber hinaus können Erlaubnis und Bewilligung unter den gesetzlich näher dargelegten Voraussetzungen (§ 7 Abs. 1 WHG für die Erlaubnis, § 12 WHG für die Bewilligung) widerrufen werden. Ein Widerruf ist danach stets möglich, wenn von der uneingeschränkten Fortsetzung der Benutzung eine erhebliche Beeinträchtigung der öffentlichen Wasserversorgung zu erwarten ist.

§ 7 a WHG regelt die Anforderungen an das Einleiten von Abwasser. Das Gesetz geht in der Vorschrift von einer sogenannten generalisierenden Emissionsbetrachtung aus. Nach dieser Betrachtungsweise darf jedes Wasser unabhängig von seiner Herkunft, seiner Nutzbarkeit, seiner konkret zu erfüllenden Funktionen, der Art der Einleitung oder der Beschaffenheit des Gewässers nur noch in ein Gewässer gelangen, wenn die jeweils in Betracht kommenden Regeln der Technik zur Verringerung der Schadstoffracht des Abwassers beachtet worden sind. Nach Absatz 1 Satz 1 dieser Vorschrift wird die Erteilung einer Einleiterlaubnis grundsätzlich daran geknüpft, daß die Schadstofffracht des Abwassers mindestens den allgemein anerkannten Regeln der Technik entspricht. Regeln der Technik sind nach der Rechtsliteratur – dieser Begriff wird im Gesetz nicht umschrieben – dann allgemein anerkannt, wenn sie in der praktischen Anwendung erprobt sind und in einschlägigen Fachkreisen für richtig gehalten werden. Enthält Abwasser gefährliche Stoffe, müssen nach der Regelung des § 7 a Abs. 1 Satz 3 WHG die Anforderungen hinsichtlich der Schadstofffracht des Abwassers dem Stand der Technik entsprechen. Der Terminus "Stand der Technik " wird im Wasserrecht entsprechend der Regelung des § 3 Abs. 6 Satz 1 BImSchG als Entwicklungsstand fortschrittlicher Verfahren, Einrichtungen oder Betriebsweisen, der die praktische Eignung einer Maßnahme zur Begrenzung von Emissionen gesichert erscheinen läßt, verstanden.

Was die Einleitung gefährlicher Stoffe angeht, so wird der einzuhaltende Stand der Technik in sogenannten "Allgemeinen Verwaltungsvorschriften" festgelegt, die die Bundesregierung erläßt. Inhaltlich setzen diese Allgemeinen Verwaltungsvorschriften die Mindestanforderungen an das Einleiten des Abwasser, d.h. Angaben über Art und Maß der Benutzung, fest. Dazu gehören in erster Linie Aussagen und Festlegungen über die chemische, physikalische und biologische Beschaffenheit des Abwassers. Als Parameter dienen im Regelfall Angaben über die oxydierbaren Stoffe als chemischer Sauerstoffbedarf (CSB), die organischen Halogenverbindungen als adsorbierbare, organisch gebundene Halogene (AOX), die Metalle und ihre Verbindungen wie Quecksilber, Cadmium, Chrom, Nickel, Blei, Kupfer, die Fischgiftigkeit und die Jahresschmutzwassermenge. Auf der Grundlage des § 7 a Abs. 1 Satz 3 WHG sind zwischenzeitlich rund 50 Abwasserverwaltungsvorschriften, bezogen auf die Industriezweige, die gefährliche Abwässer produzieren, erlassen worden.

Gemäß § 18 b WHG sind Abwasseranlagen nach den hierfür jeweils in Betracht kommenden Regeln der Technik zu errichten und zu betreiben. Dabei hat der Verweis auf die jeweils in Betracht kommenden Regeln der Technik unmittelbar bindenden Charakter für die Genehmigungsbehörde und den Anlagenbetreiber.

Entsprechend den gesetzlich festgelegten Voraussetzungen der §§ 19 a – 19 f WHG bedürfen die Errichtung, der Betrieb und die wesentlichen Änderungen von Rohrleitungsanlagen zum Befördern wassergefährdender Stoffe dann einer Genehmigung, wenn sie den Bereich eines Werksgeländes überschreiten. Dies gilt allerdings nicht, wenn die Rohrleitungen Zubehör einer Anlage zum Lagern derartiger Stoffe sind. Als wassergefährdende Stoffe kommen beispielsweise Benzin, Roh- oder Heizöle in Frage. Die Genehmigung ist zu versagen, wenn durch die Errichtung oder den Betrieb der Rohrleitungsanlage die Eigenschaften von Gewässern, insbesondere von Grundwasser, nachteilig verändert oder verunreinigt werden.

Anlagen innerhalb eines Werksgeländes zum Lagern, Abfüllen, Herstellen, Behandeln und Verwenden wassergefährdender Stoffe müssen so beschaffen sein und so betrieben werden, daß keine Verunreinigung von Gewässern oder sonstige nachteilige Veränderung ihrer Eigenschaften zu befürchten ist. Soweit Anlagen zum Umschlagen solcher wassergefährdenden Stoffe oder zu deren Lagerung sowie zum Abfüllen von Jauche, Gülle und Silagesickerwässer betrieben werden, ist der bestmögliche Schutz der Gewässer sicherzustellen. Unter bestimmten Voraussetzungen bedürfen diese Anlagen einer behördlichen Eignungsfeststellung oder Bauartzulassung (vgl. § 19h WHG). Daneben treffen den Betreiber dieser Anlagen Überwachungspflichten, insbesondere beim Befüllen und Entleeren (§ 19i WHG).

§ 19 WHG bietet das rechtliche Instrumentarium, um Gebiete mit Grundwasservorkommen von Gefahrenquellen wie z.B. Erdaufschlüssen, Lagerung und Transport wassergefährdender Stoffe, ungeordneten Abfalldeponien oder Pestizid- und Düngemitteleinsatz freizuhalten. Nach Absatz 1 dieser Vorschrift können, soweit es das Wohl der Allgemeinheit erfordert, Wasserschutzgebiete, also solche Flächen, auf denen Handlungen zu unterlassen sind, die sich auf die Menge und Beschaffenheit des Wassers nachteilig auswirken können, eingerichtet werden.

Absatz 1 Nr. 1 dieser Norm läßt die Festsetzung eines Wasserschutzgebietes zum Schutz der öffentlichen Wasserversorgung vor nachteiligen Einwirkungen zu. Danach ist also ausschließlich der Schutz einer bestimmten nutzungsorientierten Gewässerfunktion bezweckt. Dem Ziel der Verbesserung der wasserwirtschaftlichen Verhältnisse dient die Vorschrift des Absatzes 1 Nr. 2, nach der auch zum Zwecke der Anreicherung des Grundwassers, z.B. über Versickerungsgräben oder -becken, Wasserschutzgebiete eingerichtet werden können. Die dritte Alternative des Absatzes 1 gibt der zuständigen Behörde die Möglichkeit, Wasserschutzgebiete auch für den Fall festzusetzen, daß das schädliche Abfließen von Niederschlagswasser sowie das Abschwemmen und der Eintrag von Bodenbestandteilen, Dünge- oder Pflanzenbehandlungsmitteln in Gewässer verhütet werden soll. Die Notwendigkeit, Wasserschutzgebiete einzurichten, wird mit der in letzter Zeit stark angestiegenen, intensiven landwirtschaftlichen Bodennutzung begründet: Monokulturen, Verzicht auf Zwischenfrucht, Grünlandumbruch oder Überdüngung.

Im Regelfall erfolgt die Festsetzung von Wasserschutzgebieten im Wege der Rechtsverordnung. Durch die Festsetzungsentscheidung werden im Schutzgebiet die im Verordnungstext näher festgelegten grundwasserschädigenden Handlungen beschränkt oder verboten und die Grundstückseigentümer werden zur Duldung bestimmter behördlicher Maßnahmen, z.B. Überwachungsmaßnahmen, verpflichtet (§ 19 Abs. 2 WHG). Schließlich werden Trinkwasserschutzgebiete in drei Zonen gegliedert, in denen jeweils Handlungsbeschränkungen und -verbote von abgestufter Reichweite gelten. Die Ausdehnung der Zonen richtet sich nach den von den Fachbehörden ermittelten örtlichen hydrogeologischen Gegebenheiten.

Wenn die Festsetzung eines Wasserschutzgebietes eine Enteignung darstellt oder erhöhte Anforderungen festsetzt, die die ordnungsgemäße land- oder forstwirtschaftliche Nutzung eines Grundstückes beschränken, so muß der Begünstigte hierfür eine Entschädigung, im Falle der Festsetzung erhöhter Anforderungen für die dadurch verursachten wirtschaftlichen Nachteile einen angemessenen Ausgleich leisten (vgl. § 19 Abs. 3 und Abs. 4 WHG).

Ein weiteres ordnungsrechtliches Instrument der Wasserbehörden ist die Planfeststellung oder -genehmigung gemäß § 31 WHG. Danach bedürfen die Herstellung, Beseitigung oder wesentliche Umgestaltung eines Gewässers oder seiner Ufer (Ausbau) eines Planfeststellungsverfahrens oder, falls mit Einwendungen nicht zu rechnen ist, der Genehmigung. Das Planfeststellungsverfahren ist wie das Bewilligungsverfahren für Gewässerbenutzungen als förmliches Verfahren ausgestaltet, das den betroffenen und beteiligten Behörden die Möglichkeit zu Einwendungen gewährleistet (§ 9 WHG, §§ 72 ff der Länderverwaltungsverfahrensgesetze). Bei ihrer Entscheidung hat die Planfeststellungs- bzw. die Genehmigungsbehörde im Rahmen des Gewässerausbaus bei Linienführung und Bauweise nach Möglichkeit Bild und Erholungseignung der Gewässerlandschaft sowie die Erhaltung und Verbesserung des Selbstreinigungsvermögens des Gewässers zu beachten (§ 31 Abs. 2 WHG).

Bewirtschaftungspläne können von den Bundesländern gemäß § 36 b Abs. 1 WHG für oberirdische Gewässer, für das Grundwasser sowie für Küstengewässer aufgestellt werden. Mit Hilfe der Bewirtschaftungspläne soll eine Ordnung des Wasserhaushaltes erreicht werden, die dem Schutz der Gewässer als Bestandteil des Naturhaushaltes, der Schonung der Grundwasservorräte sowie Benutzungserfordernissen Rechnung trägt. Bewirtschaftungspläne legen u.a. die Nutzungen fest, denen das Gewässer dienen soll, genauso die Merkmale, die das Gewässer in seinem Verlauf aufweisen soll und schließlich die Maßnahmen, die erforderlich sind, um die festgelegten Merkmale zu erreichen oder zu erhalten (vgl § 36 Abs. 3 WHG),

Gemäß § 18 a Abs. 3 WHG sind die Bundesländer verpflichtet, Abwassserbeseitigungspläne nach überörtlichen Gesichtspunkten aufzustellen. In diesen Plänen sind insbesondere die Standorte für Anlagen zur Behandlung von Abwasser, ihr Einzugsbereich, die Grundzüge für die Abwasserbehandlung sowie die Träger der erforderlichen Maßnahmen festzulegen. Dabei können die Festlegungen in den Plänen für die Abwasserbeseitigungspflichtigen, die Gemeinden oder Abwasserverbände, für verbindlich erklärt werden.

Reinhalteordnungen nach § 27 WHG werden durch Rechtsverordnung erlassen und enthalten für jedermann verbindliche Gebote und Verbote zum Schutz oberirdischer Gewässer vor Verunreinigungen. Angesichts ihres rechtsverbindlichen Charakters sind sie besonders zur Durchsetzung von Bewirtschaftungsplänen geeignet.

Das Wasserhaushaltsgesetz ist als Rahmengesetz des Bundes durch die Bundesländer ausfüllungsbedürftig. Von ihrer Kompetenz zur Ergänzung des Bundesgesetzes durch landesrechtliche Vorschriften haben die Bundesländer ausnahmslos Gebrauch gemacht. Die Landeswassergesetze sind äußerlich dadurch mit dem Wasserhaushaltsgesetz verknüpft, daß sie Vorschriften ausdrücklich auch zum Vollzug des WHG enthalten, und daß in den Überschriften der einzelnen Vorschriften der Landeswassergesetze auf Paragraphen des WHG Bezug genommen wird. Allerdings hat das WHG die Grundsätze des Wasserrechtes so entscheidend geprägt, daß den Landesgesetzgebern in allen wichtigen Fragen keine originäre, eigene Entscheidungsmöglichkeit zur Ordnung des Wasserhaushaltes mehr verblieben ist.

Das zweite wesentliche Gesetz mit dem Lenkungsziel der Erhaltung oder Herstellung einer bestimmten Gewässerqualität ist das *Abwasserabgabengesetz* (AbwAG). Dieses Gesetz belastet das Einleiten von Abwässern in ein Gewässer mit einer Abgabe. Abgabetatbestand ist gemäß § 1 AbwAG das unmittelbare Einleiten von Abwasser in Gewässer. Damit gilt das Abwasserabgabengesetz nicht für die Einleitung von Abwasser in die öffentliche Kanalisation (Indirekteinleitungen). Als Abwasser wird das durch häuslichen, gewerblichen, landwirtschaftlichen und sonstigen Gebrauch in seinen Eigenschaften veränderte und bei Trockenwetter damit zusammen abfließende Wasser verstanden, also das gesamte Schmutzwasser (§ 2 AbwAG).

Bemessungsgrundlage der Abwasserabgabe ist die Schädlichkeit der Abwässer (§ 2 AbwAG). Die Schädlichkeit wird in Schadeinheiten ausgedrückt. Eine Schadeinheit entspricht in etwa dem ungereinigten Abwasser eines Einwohners im Jahr (Einwohnergleichwert). § 3 Abs. 1 AbwAG enthält die Bewertungsgrundlage für diejenigen Stoffe, die aufgrund ihrer Schädlichkeit für Gewässer im Falle der Einleitung mit einer Abwasserabgabe belegt werden. Die verschiedenen Formen der Ermittlung der Schädlichkeit, und zwar der Ermittlung aufgrund eines Bescheides, aufgrund von Messungen und in sonstigen Fällen, sind Inhalt der Regelungen der §§ 4 – 6 AbwAG.

Die Abgabepflicht entsteht, sobald Abwasser in ein Gewässer eingeleitet wird (§ 9 Abs. 1 AbwAG). Das Aufkommen der Abgabe ist zweckgebunden für Maßnahmen zu verwenden, die der Erhaltung oder Verbesserung der Gewässergüte dienen. Zu solchen Maßnahmen gehören vor allem der Bau von Abwasserbehandlungsanlagen, der Bau von Anlagen zur Beseitigung von Klärschlamm oder Verfahren zur Verbesserung der Gewässergüte (vgl. § 13 AbwAG). Da der Bund für die Rahmengesetzgebung zuständig ist, ist das AbwAG ebenso wie das WHG für den Wasserhaushalt durch Bundestag und Bundesrat erlassen worden. Die Ausfüllung des AbwAG durch entsprechende landesgesetzliche Regelungen erfolgt zum Teil durch eigene Abwasserabgabengesetze der Länder, zum Teil (in Nordrhein–Westfalen und im Saarland) wurden die Ausführungsbestimmungen zum AbwAG in das Regelungswerk der Landeswassergesetze eingearbeit.

5.3 Belastungen des Wassers

Die Oberflächengewässer wie das Grundwasser werden heute hauptsächlich durch die Einleitung von ungenügend oder nicht gereinigten Abwässern verunreinigt. Die Abwässer werden aus industriellen Betrieben und aus dem kommunalen Bereich in die Gewässer eingeleitet. Hauptverschmutzungsparameter sind dabei Schwermetalle, Salze, Phosphor- und Ammoniumverbindungen sowie organische Stoffe, die das Gewässer durch Sauerstoffzehrung belasten oder die im Wasser lebenden Tiere und Pflanzen aufgrund der biologischen Toxizität bzw. durch mechanischen Einfluß (Belegung der Kiemen bei Fischen usw.) belasten. In geringerem Umfang beeinflußt die Natur durch eine entsprechend vorgegebene Geologie die Ökologie des Gewässers.

Obwohl entsprechende Vorschriften (§ 7a Wasserhaushaltsgesetz, WHG) Anforderungen an die Qualität von einzuleitendem Abwasser stellen, werden zum einen diese Anforderungen natürlich zeitverzögert durch Fristen umgesetzt und zum anderen teils so schnell fortgeschrieben und verschärft, daß die Umsetzung große Probleme bereitet. Als Beispiel seien an dieser Stelle die Anforderungen an das Einleiten von kommunalem Abwasser in Gewässer aufgeführt, die innerhalb der letzten drei Jahre dreimal verschärft bzw. erweitert worden sind. In der Regel ist eine Fortschreibung dieser Anforderungen mit Baumaßnahmen unterschiedlichen Umfangs und hohen Kosten verbunden. Die Kosten setzen sich aus Investitionskosten und Unterhaltungskosten zusammen, wobei der Anteil der Unterhaltungskosten meist erheblich ist. Daß eine Fortschreibung der Anforderungen an Abwassereinleitungen notwendig ist, darüber besteht allgemeine Einigkeit. Für den Neubau bzw. Umbau einer bestehenden Abwasserbehandlungsanlage können etwa zwei Jahre eingeplant werden.

Derzeit sind 56 Abwasserherkunftsbereiche erfaßt und Anforderungen an die Einleitung formuliert bzw. werden gerade fortgeschrieben. Eine Belastung der Gewässer erfolgt jedoch nicht nur durch die Einleitung von Abwasser, sondern auch durch den Eintrag von Stoffen über den Luftpfad bzw. durch Niederschläge sowie durch die Nutzung der Gewässer zur Kühlung bei industriellen Prozessen. Zunehmend macht sich auch der Eintrag von Düngemitteln und Unkraut– bzw. Schädlingsbekämpfungsmitteln in die Gewässer unangenehm bemerkbar.

Das Wasser von Fließgewässern soll nach heutigem Anspruch eine Mindestgüte aufweisen, die wenigstens der Gewässergüteklasse II/III entspricht. Anforderungen für die Qualität von Trinkwasser sind in der Trinkwasserverordnung formuliert.

Gewässergüte der Fließgewässer:
Güteklasse I: Gewässerabschnitte mit reinem, stets annähernd sauerstoffgesättigtem und nährstoffarmem Wasser; geringer Bakteriengehalt; mäßig dicht besiedelt, vorwiegend von Algen, Moosen, Strudelwürmern und Insektenlarven; Laichgewässer für Edelfische.
Güteklasse I–II: Gewässerabschnitte mit geringer anorganischer oder organischer Nährstoffzufuhr ohne nennenswerte Sauerstoffzehrung; dicht und meist in großer Artenvielfalt besiedelt. Edelfischgewässer.
Güteklasse II: Gewässerabschnitte mit mäßiger Verunreinigung und guter Sauerstoffversorgung; sehr große Artenvielfalt und Individuendichte von Algen, Schnecken, Kleinkrebsen, Insektenlarven; Wasserpflanzenbestände decken größere Flächen; ertragreiche Fischgewässer.
Güteklasse II–III: Gewässerabschnitte, deren Belastung mit organischen, sauerstoffzehrenden Stoffen einen kritischen Zustand bewirkt; Fischsterben infolge Sauerstoffmangels möglich; Rückgang der Artenzahl bei Makroorganismen; gewisse Arten neigen zu Massenentwicklung; Algen bilden häufig größere, flächendeckende Bestände; meist noch ertragreiche Gewässer.

Güteklasse III: Gewässerabschnitte mit starker organischer, sauerstoffzehrender Verschmutzung und meist niedrigem Sauerstoffgehalt; örtlich Faulschlammablagerungen; flächendeckende Kolonien von fadenförmigen Abwasserbakterien und festsitzenden Wimpertieren übertreffen das Vorkommen von Algen und höheren Pflanzen; nur wenige, gegen Sauerstoffmangel unempfindliche tierische Makroorganismen wie Schwämme, Egel, Wasserasseln kommen bisweilen massenhaft vor; geringe Fischeiererträge. Mit periodischem Fischsterben ist zu rechnen.

Tab.5–1: Gütegliederung der Fließgewässer

Güteklasse	Grad der org. Belastung	chemische Parameter (mg/l) BSB$_5$	NH$_4$–N	O$_2$–Minima	Wichtige Indikatororganismen
I	unbelastet bis sehr gering belastet	1	höchstens Spuren	>8	Steinfliegenlarven, Hakenkäfer
I–II	gering belastet	1–2	um 0,1	>8	Steinfliegenlarven Strudelwürmer, Hakenkäfer, Köcherfliegenlarven
II	mäßig belastet	2–6	< 0,3	>6	Hakenkäfer, Eintagsfliegenlarven, Köcherfliegenlarven, Kleinkrebse, Schnecken, Blütenpflanzen
II–III	kritisch belastet	5–10	< 1	>4	Egel, Schnecken, Moostierchen, Kleinkrebse, Grünalgenkolonien, Muscheln
III	stark verschmutzt	7–13	0,5 bis mehrere mg/l	>2	Wasserasseln, Egel, Wimperntierchenkolonien, Schwämme
III–IV	sehr stark verschmutzt	10–20	mehrere mg/l	<2	Zuckermückenlarven, Schlammröhrenwürmer, Wimperntierchen
IV	übermäßig verschmutzt	>15	mehrere mg/l	<2	Schwefelbakterien, Geißeltierchen, Wimperntierchen

Güteklasse III–IV: Gewässerabschitte mit weitgehend eingeschränkten Lebensbedingungen durch sehr starke Verschmutzung mit organischen, sauerstoffzehrenden

Stoffen, oft durch toxische Einflüsse verstärkt; zeitweise totaler Sauerstoffschwund; Trübung durch Abwasserschwebstoffe; ausgedehnte Faulschlammablagerungen, durch rote Zuckermückenlarven oder Schlammröhrenwürmer dicht besiedelt; Rückgang fadenförmiger Abwasserbakterien; Fische nicht auf Dauer und dann nur örtlich begrenzt anzutreffen.
Güteklasse IV: Gewässerabschnitte mit übermäßiger Verschmutzung durch organische sauerstoffzehrende Abwässer; Fäulnisprozesse herrschen vor; Sauerstoff über lange Zeiten in sehr niedrigen Konzentrationen vorhanden oder gänzlich fehlend. Besiedlung vorwiegend durch Bakterien, Geißeltierchen und freilebende Wimpertierchen; Fische fehlen; bei stark toxischer Belastung biologische Verödung.

5.4 Wasseranalytik und Meßtechnik

Die genormten analytischen Verfahren zur Bestimmung von chemischen und physikalischen Parametern in der Wasseranalytik sind in der Sammlung "Deutsche Einheitsverfahren zur Wasser-, Abwasser- und Schlammuntersuchung" (DEV) beschrieben. Eine Festlegung auf die dort beschriebenen Verfahren ist im Anhang zum Abwasserabgabengesetz (AbwAG) und in der Rahmenabwasserverwaltungsvorschrift (RahmenAbwVwV) zu § 7a des Wasserhaushaltsgesetzes (WHG) getroffen. Abweichend von den vorgeschriebenen Verfahren können solche Verfahren eingesetzt werden, für die eine "Gleichwertigkeit" nach der DIN "Gleichwertigkeit von Analysenverfahren" nachgewiesen ist.

Die Vielzahl der z.Z. bekannten und laufend neuentwickelten chemischen Verbindungen, die zu verschiedenen Zwecken eingesetzt werden und damit umgehend in den Kreislauf der Natur gelangen, machen jedoch auch die ständige Entwicklung von neuen Meßtechniken und analytischen Verfahren notwendig. Die Herabsetzung der analytischen Nachweisgrenze ist das ständige Bestreben der Entwickler neuer Meßverfahren. Für die Analyse der verschiedenen Wasserinhaltsstoffe existieren Verfahren zur Einzelstoffbestimmung und zum Bestimmen von Stoffklassen, sogenannten Summenparametern. Beispiele für Summenparameter sind:

- Phenolindex: Gesamtphenolgehalt.
- Chemischer Sauerstoffbedarf (CSB): Summe der unter den Verfahrensbedingungen oxidierbaren Stoffe, gemessen als Sauerstoffverbrauch.
- Fischtest: Summe der fischtoxischen Stoffe usw.

5.4.1 Probenahme

Die richtige Probenahme ist für die Beurteilung der im Labor erarbeiteten Analysenergebnisse von entscheidender Bedeutung. Die Probenahme ist daher von qualifiziertem Personal, in der Regel Chemielaboranten, vorzunehmen. Jede Probenahme ist durch ein Probenahmeprotokoll zu dokumentieren, in dem die örtlichen Verhältnisse und andere Randbedingungen festgehalten werden. Wichtige Merkmale sind: Kennzeichnung der Probenherkunft, Probenahmedatum, Uhrzeit, Luft– und Probentemperatur, Probenehmer, Wetterbedingungen, Leitfähigkeit, pH- - Wert, Aussehen, Geruch, Art der Probenahme (Stichprobe, Mischprobe), Anwesenheit von Schwebstoffen und u.U. die Wassermenge.

Bei der Probenahme soll zudem auf das Material der Probengefäße geachtet werden. Je nach dem zu bestimmenden Parameter sind Plastik- bzw. Glasgefäße zu verwenden. Zur Bestimmung von Inhaltstoffen organischer Herkunft, wie Kohlenwasserstoffverbindungen, Phenole usw. sind Glasflaschen zu verwenden. Für die Analyse von Schwermetallen und Anionen werden in der Regel Kunststoffbehälter benutzt. Es muß sichergestellt sein, daß das Behältermaterial keine Reaktion mit dem zu bestimmenden Parameter eingeht bzw. den zu bestimmenden Stoff nicht selbst an die Wasserprobe abgibt. Festzuhalten bleibt, daß eine falsche bzw. nicht ausreichend dokumentierte Probenahme eine Analyse oder erhaltene Analysenergebnisse hinfällig werden lassen kann.

5.4.2 Probenkonservierung

In der Regel sind Wasserproben nach der Probenahme sofort zu analysieren. Ist eine unverzügliche Analyse nicht möglich oder besteht die Gefahr, daß zu bestimmende Stoffe aus der Probe aufgrund schlechter Löslichkeit entweichen können oder mikrobiell verändert werden können, so ist die Probe entsprechend zu konservieren. Eine Probenkonservierung kann beispielsweise durch die Einstellung eines bestimmten pH- Wertes, durch Kühlstellen oder Einfrieren der Probe erfolgen. Hinweise hierzu sind teilweise bei den Bestimmungsmethoden (DEV) aufgeführt oder können aus diesen abgeleitet werden. Insbesondere Parameter, die durch mikrobiellen Abbau veränderbar sind, verlangen das Einfrieren bzw. die Lagerung der Proben bei $+4^{\circ}$ C.

5.4.3 Analysenverfahren

Die Verfahren werden hier in Kurzform beschrieben, wobei auf die für die Analyse wichtigen Randbedingungen und Störungen hingewiesen wird. Die genaue Analysenvorschrift ist in der Loseblattsammlung "DEV" beschrieben.

5.4.3.1 Summenparameter

Chemischer Sauerstoffbedarf CSB nach DIN 38409 Teil 41 : Mit diesem Verfahren wird die Summe der unter den Verfahrensbedingungen oxidierbaren Stoffe bestimmt. Einheit: mg/l Sauerstoff. Hierzu wird die Wasserprobe mit Kaliumdichromat ($K_2Cr_2O_7$) als Oxidationsmittel und Silbersulfat (Ag_2SO_4) als Katalysator in stark schwefelsaurer Lösung zum Sieden erhitzt und ca. zwei Stunden am Sieden gehalten (148 ^{o}C). Die überschüssigen Dichromationen werden anschließend mit Eisen(II)–Ionen maßanalytisch bestimmt. Die CSB–Bestimmung wird bei Anwesenheit verschiedener Ionen und Verbindungen wie Bromid, Iodid, Peroxide und Chrom(VI)–Verbindungen gestört, da diese teilweise auch oxidiert werden. Andererseits werden bestimmte organische Substanzen wie aromatische Stickstoffverbindungen nicht oder nicht vollständig oxidiert. Bei einem Chloridgehalt der Analysenprobe von $\succ$ 1 g/l müssen die Chloridionen aus schwefelsaurer Lösung als Chlorwasserstoff vor der CSB– Bestimmung ausgetrieben werden, da sonst Chlorid unter Kaliumdichromatverbrauch zu elementarem Chlor oxidiert wird. Kleinere Chloridgehalte werden durch Zugabe von Quecksilberionen maskiert (Bildung von undissoziiertem Quecksilberchlorid). Substanzen, die mit dieser Analysenmethode erfaßt werden, können im Gewässer zu einer Zehrung des gelösten Sauerstoffs führen, bzw. toxisch auf die Wasserlebewesen einwirken.

Biochemischer Sauerstoffbedarf BSB_n nach DIN 38409 Teil 51: Der Biochemische Sauerstoffbedarf in n Tagen entspricht der Masse an gelöstem Sauerstoff, die von entsprechend vorbereiteten Mikroorganismen unter den Versuchsbedingungen in n Tagen biochemisch abgebaut bzw. umgewandelt wird. Einheit: mg/l Sauerstoff. Der Biochemische Sauerstoffbedarf resultiert als Summe aus den verschiedensten biochemischen Stoffumsetzungen. Das Ergebnis der Bestimmung erlaubt keinen Rückschluß auf eine bestimmte chemische Reaktion. Trotzdem ist der BSB_n eine wesentliche Kenngröße für die Einschätzung der Wasserqualität. Das Verhältnis aus Biochemischem Sauerstoffbedarf zum Chemischen Sauerstoffbedarf läßt Schlüsse auf die biologische Abbaubarkeit der Wasserinhaltsstoffe zu. Das Verfahren ist hauptsächlich auf kommunales Abwasser bzw. auf das kommunalem Abwasser ähnliches Abwasser anwendbar.

Zur Bestimmung des BSB_n wird die u.U. vorverdünnte Wasserprobe mit entsprechend vorbereitetem Verdünnungswasser entsprechend einer arithmetischen Reihe verdünnt. Das Verdünnungswasser wird zum einen angeimpft, in der Regel mit Abwasser aus dem Ablauf einer mechanischen Behandlungsstufe einer kommunalen Kläranlage, und zum anderen mit für die Mikroorganismen wichtigen Nährstoffen versetzt. Das Verdünnungswasser wird zudem vor dem Ansetzen der Verdünnungen mit Sauerstoff auf etwa den doppelten Wert eines luftgesättigten Wassers angereichert. Der BSB_n wird aus der Differenz des Anfangssauerstoffgehaltes und dem Sauerstoffgehalt nach einer Inkubation von n Tagen bestimmt. Die Bestimmung erfolgt in der Regel elektometrisch mittels Sauerstoffelektroden.

Kohlenwasserstoffe nach DIN 38409 Teil 18 : Die Methode erfaßt Kohlenwasserstoffe wie Mineralöl und dessen Produkte (Benzin, Heizöl, usw.). Diese Substanzen sind in Wässern hauptsächlich emulgiert, suspendiert, kolloidal oder gelöst enthalten. Vor dem analytischen Nachweis werden die Kohlenwasserstoffe deshalb mit 1,1,2–Trichlortrifluorethan aus dem Wasser abgetrennt. Mitextrahierte Nicht-Kohlenwasserstoffe werden vor der Bestimmung aus dem Extrakt durch Adsorption entfernt. Für die quantitative Bestimmung von Kohlenwasserstoffen wird die charakteristische Absorption der CH_3–Gruppe, der CH_2–Gruppe und der CH–Gruppe mit einem Infrarotspektrometer gemessen. Das Extraktionsmittel absorbiert in diesem Bereich des Spektrums nicht. Eine nähere qualitative Spezifizierung der Einzelkomponenten kann mit einem Gaschromatographen erhalten werden.

Phenol–Index nach DIN 38409 Teil 16: Die Verfahren erfassen mit Wasserdampf flüchtige und nichtflüchtige phenolische Verbindungen (Gesamtphenol). Phenole beeinträchtigen den Geschmack des Wassers und können toxisch wirken. Zur Bestimmung der flüchtigen Phenole wird die Probe einer Wasserdampfdestillation unterworfen. Die Phenole werden in einen Farbstoff überführt, der, bei geringeren Phenolkonzentrationen mit Chloroform extrahiert, photometrisch bestimmt wird.

Adsorbierbare organisch gebundene Halogene (AOX) nach DIN 38409 Teil 14: Das Verfahren dient der Bestimmung der an Aktivkohle adsorbierbaren organischen Halogenverbindungen. Der Gehalt an gelöstem organisch gebundenem Kohlenstoff (DOC) darf nicht größer als 10 mg/l sein. Wässer mit höherem DOC müssen entsprechend verdünnt werden. Zur Adsorption der organischen Halogenverbindungen wird die Probe entweder mit Aktivkohle geschüttelt oder über eine mit Aktivkohle beladene Säule gegeben. Die Aktivkohle wird anschließend mit einer halogenidfreien Natriumnitrat–Lösung ($NaNO_3$) zur Verdrängung des anorganischen Chlorids gespült. Die Aktivkohle wird im Sauerstoffstrom verbrannt, wobei die organischen Halogenverbindungen zu Halogenwasserstoffen umgesetzt werden. Für die Bestimmung werden die Halogene coulometrisch, volumetrisch oder ionenchromatographisch als Chlorid bestimmt.

Gesamter organisch gebundener Kohlenstoff (TOC) nach DIN 38409 Teil 3: Die Methode erfaßt die Summe aller organischen Kohlenwasserstoffverbindungen. Zur Entfernung der anorganischen Kohlenstoffverbindungen wie Carbonaten wird die Wasserprobe i.d.R. mit Phosphorsäure gestrippt. Die Wasserprobe wird anschließend chemisch mit UV–Bestrahlung oder katalytisch durch Verbrennung bei höherer Temperatur oxidiert. Das gebildete Kohlendioxid wird entweder infrarotspektrometrisch, volumetrisch, coulometrisch, konduktometrisch oder nach Reduktion zu Methan mit dem Flammenionisationsdetektor gemessen. Eine vollständige Umsetzung der organischen Kohlenstoffverbindungen zu Kohlendioxid wird i.d.R. nur mit der Verbrennung erreicht. Zur Bestimmung des gelösten organisch gebundenen Kohlenstoffs (DOC) wird die Wasserprobe vor der Bestimmung filtriert.

Andere wichtige Summenparameter: Mit biologischen Testverfahren wie Fischtest nach DIN 38409 Teil 12 und Daphnientest nach DIN 38409 Teil 30 kann sehr schnell eine akut giftige Wirkung von Wasser gegenüber ausgewählten Organismen festgestellt werden. Auch diese Verfahren geben zwar keinen Aufschluß über den oder die toxischen Parameter, sind aber empfindliche Verfahren zur Erkennung von Schadstoffen. Weitere biologische Testverfahren sind z.Z. in Vorbereitung. Zu nennen sind außerdem die Verfahren zur Bestimmung von Tensiden.

5.4.3.2 Einzelstoffe

Metallkationen werden z.B. mittels Atomabsorptions–Spektrometrie (AAS) bestimmt: Auch zur Bestimmung der Metallkationen gibt es genormte Verfahren (DIN 38406, Teil 6 bis 21). Vor der Bestimmung werden die Metallverbindungen i.d.R. durch einen geeigneten Aufschluß in leicht wasserlösliche Salze überführt, z.B. durch Eindampfen in salpetersaurem, wasserstoffperoxidhaltigem, wäßrigem Medium. Die eingedampften Salze werden anschließend in salpetersaurer, wäßriger Lösung aufgenommen. Leicht flüchtige Metallverbindungen wie z.B. Quecksilbersalze müssen "kalt" aufgeschlossen werden. Ein gängiges Verfahren ist hier z.B. der

Aufschluß mit Kaliumpermanganat ($KMnO_4$) und Kaliumperoxodisulfat ($K_2S_2O_8$). Zur Bestimmung werden die Metallsalze in einer heißen Flamme von 1500 bis 2300 ^oC (z.B. Lachgas–Acetylen–Gemisch) oder flammenlos im elektrisch erhitzten Graphitrohr bei 900 bis 2600 ^oC atomisiert. Quecksilber-, Antimon-, Selensalze u.a. können mit Zinn(II)–Chlorid in der aufgeschlossenen Probe reduziert, mittels Inertgas aus der Probe ausgetrieben und der Meßzelle zugeführt werden (Hydrid- und Kaltdampftechnik). Die Atome werden dem Lichtstrahl einer Lampe (Hohlkathodenlampe, EDL) ausgesetzt, die das Spektrum des zu bestimmenden Elements emittiert. Die spektrale Absorption durch die zu bestimmenden Metallatome bei einer geeigneten Wellenlänge ist nach dem Lambert–Beer'schen Gesetz der Konzentration des Metalls proportional. Die Bestimmung kann durch andere Ionen gestört werden.

Die Bestimmung einer ganzen Reihe von *Kationen* kann simultan mit der Methode der DIN 38406 Teil 22 atomemissionsspektometrisch mit dem induktiv gekoppelten Argon–Plasma (ICP–AS) als Anregungsquelle erfolgen. Der Vorteil des Plasmas als Anregungsquelle liegt bei den linienreichen Spektren und in der sehr hohen Anregungstemperatur (6000 bis 1000 K). Die Methode ist zudem im Vergleich zur Atomabsorptionsspektrometrie erheblich schneller. Für einige Elemente werden jedoch nicht die empfindlichen Nachweisgrenzen der AAS erreicht (z.B. Cadmium), andere Elemente wie z.B. Molybdän sind besser mit der ICP–Technik zu bestimmen, da hier keine störenden Carbide durch Reaktion mit dem Anregungsmedium gebildet werden können.

Anionen nach DIN 38405 Teil 19 (Ionenchromatographie): Ein mittlerweile eingeführtes Verfahren zur Bestimmung einer ganzen Reihe von Anionen, z.B. Chlorid, Fluorid, Formiat, Bromid, Nitrit, Nitrat, Sulfat, Phosphat, Acetat, Cyanid u.v.m. ist die ionenchromatographische Trennung der Anionen einer Wasserprobe an speziellen Kunstharzen. Hierbei wird die Probe in ein mit konstanter Strömungsgeschwindigkeit durch die Säule fließendes Eluenz (z.B. Natriumcarbonat/Natriumhydrogencarbonat) injiziert. Auf der Säule erfolgt die Auftrennung der in der Probe enthaltenen Anionen infolge chromatographischer Vorgänge. Die nacheinander von der Säule eluierten Ionen werden mit einem Detektor qualitativ und quantitativ nachgewiesen. Als Detektor wird i.d.R. für Anionen ein Leitfähigkeitsdetektor eingesetzt.

Die Ionenchromatographie eignet sich aufgrund der vielen spezifischen Trennsäulen auch zur Bestimmung von Ammonium und anderen Kationen (Schwermetalle,

Alkali– und Erdalkalielemente) sowie von Tensiden. Zur spezifischen Detektion werden auch der amperometrische und der UV–Detektor eingesetzt. Neue Säulenmaterialien erlauben auf der gleichen Säule die Auftrennung von Kationen und von Anionen. Weiterhin sind viele Ionenchromatographen auch für die Hochdruckflüssigkeitschromatographie und somit zur Bestimmung beispielsweise von Polyacrylkohlenwasserstoffen (PAK's) geeignet.

Cyanide nach DIN 38405 Teil 13: Bei der Cyanidbestimmung unterscheidet man zwischen leicht freisetzbaren Cyaniden (Cyanwasserstoff HCN und Verbindungen, die Cyangruppen enthalten und bei Raumtemperatur und einem pH–Wert von 4 Cyanwasserstoff abspalten) und Gesamtcyanid (Summe der einfachen und der komplexen Cyanide und außerdem diejenigen organischen Verbindungen, die unter den Bedingungen des Verfahrens Cyanwasserstoff abspalten). Zur Bestimmung des Gesamtcyanids wird die entsprechend vorbereitete Probe zum Sieden gebracht und unter Rückfluß mit gewaschener Luft der freigesetzte Cyanwasserstoff ausgetrieben und in Natronlauge (NaOH) absorbiert. Die Bestimmung des Cyanidgehaltes erfolgt durch Maßanalyse mit Silbersulfat oder photometrisch nach einer Farbreaktion mittels Barbitursäure–Pyridin. Das leicht freisetzbare Cyanid wird aus der Probe mit einem Luftstrom bei Raumtemperatur und pH–Wert von 4 als Cyanwasserstoff abgetrennt und ebenfalls in Natronlauge absorbiert. Die Bestimmung erfolgt analog der Gesamtcyanidbestimmung. Die Bestimmungen können durch die Anwesenheit einer Reihe von Anionen, Chlor und Wasserstoffperoxid in größeren Konzentrationen gestört werden.

Ammonium–Stickstoff nach DIN 38406 Teil 5: Zur Ammoniumbestimmung wird in der Probe ein pH–Wert zwischen 6.0 und 7.4 eingestellt, der Ammonium–Stickstoff in Form von Ammoniak (NH_3) abdestilliert und in der Vorlage, die Borsäure enthält, aufgefangen. Die Lösung in der Vorlage wird anschließend mit Salzsäure titriert. Bei der Bestimmung werden Harnstoff teilweise und wasserdampfflüchtige Basen miterfaßt.

Analyse spezieller organischer Parameter: Für die Bestimmung der Vielzahl von organischen Einzelsubstanzen gibt es bis auf die DIN 38407 Teil 4 (Bestimmung von leichtflüchtigen Halogenkohlenwasserstoffen) keine genormten Verfahren. Grundsätzlich wird bis auf wenige Ausnahmen die Analytik spezieller organischer Substanzen mit dem Gaschromatographen (GC) bzw. mit der Kopplung Gaschromatograph–Massenspektrometer (GC–MS) vorgenommen. Der Nachweis organischer Verbindungen in Wässern mit GC bzw. GC–MS ist äußerst empfindlich, wobei die Nachweisgrenzen eigentlich nur von der oft komplizierten Probenvorbereitung abhängig sind. Als Probenvorbereitungsschritte sind zu nennen: Extraktion mit speziellen organischen Lösungsmitteln, Abtrennung von Verunreinigungen und Anreicherung der zu bestimmenden Komponenten. Zur Bestimmung werden die Proben mit Mikroliterspritzen der Flüssigkeit oder dem temperierten Dampfraum oberhalb der Flüssigkeit (Headspace– GC) entnommen und auf den Kopf einer chromatographischen Säule aufgegeben. Nach Auftrennung der Einzelkomponenten auf der Säule können die Einzelsubstanzen über die spezifischen Retentionszeiten oder bei Kopplung GC–MS anhand des Massenspektrums identifiziert werden. Durch die Auswahl spezieller Säulenmaterialien, Säulenlängen oder temperaturvariabler Gaschromatographie kann die Trennung von Substanzklassen optimiert werden.

5.5 Verfahren der Trinkwasseraufbereitung

Für die Trinkwasseraufbereitung werden die gleichen Verfahren wie zur weitergehenden Abwasserreinigung eingesetzt. Unbelastete Grundwässer müssen i.d.R. lediglich von Eisen– und Mangansalzen befreit werden. Hierzu wird das geförderte Grundwasser mit Luftsauerstoff belüftet und die dadurch ausgefällten Salze über spezielle Filter (Kiesbett–, Magmafilter) entfernt. Unter Umständen ist zur Sicherstellung einer hygienischen Unbedenklichkeit eine Chlor– oder Ozonbehandlung zur Entkeimung notwendig. Steht Grundwasser nicht in ausreichender Menge zur Verfügung, so ist eine Aufbereitung von Rohwasser, das als sogenanntes Uferfiltrat gewonnen wird, notwendig. Hierzu werden Verfahren wie Flockung, Umkehrosmose, Ultrafiltration, Aktivkohlefiltration, Strippen, Elektrodialyse und biologische Reinigung eingesetzt. Verunreinigungen, die so entfernt werden müssen, sind vor allem: halogen– und schwefelorganische Verbindungen, Pflanzenbehandlungs– und Schädlingsbekämpfungsmittel sowie ihre Abbauprodukte, Ethylendiamintetraessigsäure (EDTA) und andere organische Substanzen, die aus Altlasten ins Grundwasser emittiert und dort nur sehr langsam abgebaut oder über Abwässer aus diffusen Quellen in die Fließgewässer eingeleitet werden. Diese Stoffe sind in der Regel nur in Spurenkonzentrationen im Grundwasser enthalten. Eine effiziente Entfernung von verunreinigten Grundwässern ist oft nur durch die Kombination der vorgenannten Reinigungsverfahren möglich. Eine weitergehende Reinigung kann beispielsweise durch folgende Verfahrenskombination erreicht werden: Desinfektion mit Chlor, Oxidation, Filtration oder Aktivkohlefiltration. Für die Beschreibung der hier genannten Aufbereitungstechniken sei auf Kapitel 5.6 verwiesen.

5.6 Technische Verfahren der Abwasser- und Wasseraufbereitung

5.6.1 Historische Entwicklung der Abwassertechnik

"Die Geschichte der Abwasserbeseitigung ist so alt wie die Geschichte der Menschheit selbst." Auf kaum einem anderen Gebiet der menschlichen Zivilisation dürfte dieses Zitat berechtigter sein als auf dem der Abwassertechnik. Schon die ältesten Vorfahren mußten sich mit der Beseitigung der menschlichen Ausscheidungen auseinandersetzen. Anfänglich war sicher das Gebot "Verrichte Deine Bedürfnisse außerhalb des Lagers" ausreichend. Mit dem Zusammenwachsen der sozialen Gemeinschaften wie Siedlungen und Städte bekam die geordnete Beseitigung der Waschwässer und Fäkalien jedoch eine größere, wenn auch erst spät erkannte existenzbewahrende Bedeutung.

5.6.1.1 Abwasserableitung

Allen Siedlungen des Altertums und des Mittelalters gemein war der ortsübliche Graben oder die gepflasterte Rinne, um trockenen Fußes die Wohngebäude und Stallungen erreichen zu können. Hier wurden Regenwässer und auch dünnflüssige Küchenwässer abgeleitet. Fäkalien wurden in Gruben oder Eimern gesammelt und in größeren Ortschaften von Sklaven, Sträflingen oder Kriegsgefangenen abtransportiert. Erste Zeugnisse von technischen Kanalisationen fanden sich bei Ausgrabungen der Großstädte des Altertums. In der Türkei gefundene Kanalisationsanlagen wurden auf das 6. Jahrtausend vor Chr. datiert. Desweiteren große Mauerwerkskanäle sogar mit Gewölbeübermauerungen aus der Zeit der Sumerer (3800 v. Chr., Babylon u.a. Städte). Auch aus dem Kulturkreis der Ägypter, Griechen und Römer sind solche technischen Bauwerke bekannt. Am berühmtesten ist sicher die Cloaca Maxima in Rom aus dem 5. Jahrhundert vor Chr., die, unterirdisch gebaut, beachtliche Abmessungen von 3–4 m in der Breite sowie in der Höhe aufweist. Durch Einschluß eines Bachlaufes oder Anschluß eines Aquäduktüberlaufes wurde eine hygienisch hervorragende Leistung vollbracht. Solche Schwemmkanalisationen entstanden in den größeren Städten des gesamten römischen Einflußbereiches. Mit dem Niedergang des römischen Weltreiches und der antiken Zivilisationen gerieten diese kulturell bedeutsamen Einrichtungen jedoch in Vergessenheit.

Die im Mittelalter vornehmlich in dörflichen und kleinstädtischen Festungen Herrschenden sahen offensichtlich keine Notwendigkeit, geordnete Abwasserableitungen vorzusehen. Es bestanden bis ins 19. Jahrhundert hinein katastrophale hygienische Verhältnisse. In den mittelalterlichen Städten wurden der Unrat und die Fäkalien teilweise auf die öffentlichen Straßen gekippt, in den Schlössern und Burgen gab es keine sanitären Einrichtungen. Es grassierten regelmäßig Seuchen und Krankheiten. Erst mit dem starken Anwachsen der Städte nach der beginnenden Industrialisierung im 19. Jahrhundert konnte sich die öffentliche Wasserver- und entsorgung allmählich durchsetzen. Brauchbare Konstruktionen des Wasserklosetts gab es ab 1810. Nach einer Choleraepedemie wurde zuerst 1830 in London mit dem Kanalisationsbau begonnen. In Deutschland folgten 1842 Hamburg, 1852 Berlin, 1860 Chemnitz und Leipzig, 1867 Frankfurt, 1881 Köln und München.

5.6.1.2 Abwasserreinigung

Die Geschichte der Abwasserreinigung beginnt erst ab dem 19. Jahrhundert. Aus dem Altertum sind keine eindeutigen Einrichtungen überliefert oder bekannt. Als in den Vorflutern (Flüsse, Bachläufe, Kanäle) der industriellen Ballungsgebiete die Situation unerträglich wurde, gab es zuerst 1838 in England staatliche Regelungen. In Deutschland wurde 1904 die Emschergenossenschaft gegründet, um u.a. durch den Bau von Kläranlagen die mit Kohlebergbau und Bergsenkungen prekäre Situation des Vorfluters Emscher zu regulieren. 1911 wurde der Ruhrverband mit ähnlichen Aufgaben gebildet.

Am Anfang der technischen Abwasserreinigung standen natürliche Verfahren. Üblich waren um 1900 Abwasserverrieselungen in der Landwirtschaft, wobei die Ausnutzung von Düngestoffen im Vordergrund stand. In aller Regel wird dieses Verfahren aus hygienischen Gründen nur noch in begründeten Sonderfällen gestattet. Die Ausnutzung der natürlichen Selbstreinigungskräfte gehört zu diesen Verfahren. Bekannt sind hier Stauseen zur Laufzeitverlängerung der Ruhr, Schönungsteiche oder auch Fischteiche. Die bekannteste Fischteichanlage in München (1923–24) ist noch heute in Benutzung.

Wo keine natürlichen Verfahren einsetzbar waren, mußten künstliche Anlagen eingerichtet werden. Anfänglich wurden Rechen und Absetzbecken mit Räumeinrichtungen als mechanische Reinigungsstufe eingesetzt. Die Erkenntnis, daß Bakterien und Mikroorganismen für die eigentliche Reinigung des Abwassers sorgen, führte um die Jahrhundertwende zur Entwicklung der biologischen Verfahren. Als erstes wurde in England der Tropfkörper entwickelt. 1914 wurde das Patent zum Belebungsverfahren in England erteilt. Die erste Belebungsanlage in Deutschland wurde

1926 in Essen errichtet. Dieses Verfahren ist aufgrund seiner Flexibilität und Reinigungsstabilität immer weiter entwickelt worden und hat sich in optimierter Form heute als verbreitetes, biologisches Reinigungsverfahren durchgesetzt.
In den letzten Jahren haben neben der biologischen Grundreinigung, der Kohlenstoffreduktion im Abwasser, die weitergehenden Reinigungsmaßnahmen zur Nährstoffelimination an Bedeutung gewonnen. Um der Eutrophierung der Gewässer Einhalt zu gebieten, ist es erforderlich, daß Stickstoff- und Phosphorverbindungen in den Kläranlagen dem Abwasser entzogen werden. Wegen der zunehmenden Knappheit an Deponievolumen und abnehmender Akzeptanz der Landwirte, den Klärschlamm als nährstoffhaltiges Düngemittel in der Landwirtschaft einzusetzten, kommt der Lösung des Klärschlamm–Entsorgungsproblems immer dringlichere Bedeutung zu. Neben der immer fortschrittlicheren Technik im Klärwerksbau muß zukünftig die Regenwasserbehandlung weiter ausgebaut werden. Was nützen die besten Reinigungsverfahren in der Kläranlage, wenn vor dieser Anlage bei Regenwetter große unbehandelte Mischwassermengen aus der Kanalisation abgeschlagen werden müssen, um nicht die Rohrleitungen unwirtschaftlich groß dimensionieren zu müssen. Mit diesen Mischwasserabschlagsmengen gehen natürlich auch beachtliche Schmutzfrachten in die Vorfluter. Desweiteren ist der Sanierung alter, undichter Kanalisationen große Aufmerksamkeit zu schenken, um durch Versickerungen von Schmutzfrachten nicht das Grund– und Trinkwasser zu verseuchen. Diese Aufgaben werden in Zukunft noch gewaltige finanzielle Aufwendungen erfordern.

5.6.2 Stand der Abwasserreinigung in der BRD

Nach Verabschiedung des Gesetzes über Umweltstatistiken im Jahre 1974 wurden die statistischen Erhebungen über die Wasserversorgung und die Abwasserbeseitigung neu geordnet. Die Ergebnisse der Erhebungen über die öffentliche Wasserversorgung und Abwasserbeseitigung werden vom statistischen Bundesamt Wiesbaden herausgegeben und in der Fachserie 19 des Verlages W. Kohlhammer veröffentlicht. Die Angaben über Investitionen werden vom Bundesminister für Landwirtschaft nach Berichten der Länder zusammengestellt und in der Zeitschrift "Wasser und Boden" als "Jahresberichte der Wasserwirtschaft" veröffentlicht. Angaben über den Wasserverbrauch je Einwohner können dem Jahresbericht des "Bundesverbandes der Deutschen Gas- und Wasserwirtschaft" (BGW) entnommen werden.

Nach den Erhebungen von 1975 wurden von den zu unterscheidenden Bereichen folgende Abwassermengen je Tag in die Gewässer eingeleitet.

Tab.5.2: Von verschiedenen Bereichen eingeleitete Abwassermengen

Bereiche	Abwassermengen in Mio m^3
öffentlicher Bereich:kommunale Abwässer einschl. gewerblicher Indirekteinleiter	20,4
Wirtschaft: Industrielle Direkteinleitungen, Produktions- und Kühlwässer, davon 7,1 Mio m^3 verschmutzt	27,1
Wärmekraftwerke zur öffentlichen Stromerzeugung (Kühlwässer)	48,0

Von diesen Abwassermengen wurden 1975 im öffentlichen Bereich 9,3 Mio m^3 (45,5%) vollbiologisch, 1,6 Mio m^3 (8,0%) teilbiologisch und 5,8 Mio m^3 (28,5%) in mechanisch in kommunalen Kläranlagen gereinigt, sowie 3,7 Mio m^3 (18.0%) nicht oder nur in privaten Kleinkläranlagen einer Abwasserreinigung unterzogen. Von den 7,1 Mio m^3 verschmutzten Abwassermengen in der Wirtschaft wurden 1,0 Mio m^3 (13,9%) biologisch, 1,9 Mio m^3 (26,1%) chemisch–physikalisch und 2,4 Mio m^3 (34,0%) mechanisch gereinigt. 1,8 Mio m^3 (26,0%) blieben unbehandelt.

Nach neueren Erhebungen (Stand 1983) sind im öffentlichen Bereich 22,7 Mio m^3 Abwasser je Tag angefallen. Davon wurden 1983 17,0 Mio m^3 (74,9%) biologisch ausreichend, 3,0 Mio m^3 (13,2%) biologisch nicht ausreichend und 1,3 Mio m^3 (5,7%) mechanisch in kommunalen Kläranlagen gereinigt. 1,4 Mio m^3 (6,2%) von diesen 22,7 Mio m^3 Abwasser je Tag wurden nicht oder nur in privaten Kleinkläranlagen behandelt. Davon wurden 0,9 Mio m^3 (4,0%) nicht in der öffentlichen Kanalisation erfaßt. Im Vergleich zu 1975 ist somit der Anteil des biologisch in öffentlichen Kläranlagen gereinigten Abwassers von 53,5 % auf 88,1 % angestiegen.

Bezieht man den Anschlußgrad auf Einwohnerzahlen, waren 1983 die Abwässer von 61,3 Mio Einwohnern in der BRD zu

- 90,7 % in öffentlichen Kanalisationen erfaßt,
- 68,2 % biologisch ausreichend behandelt,
- 13,2 % biologisch nicht ausreichend behandelt,
- 5,2 % mechanisch behandelt,
- 4,2 % nicht in öffentlichen Kläranlagen behandelt,
- 9,3 % nicht in öffentlichen Kanalisationen erfaßt,
- 86,5 % in öffentlichen Kläranlagen behandelt.

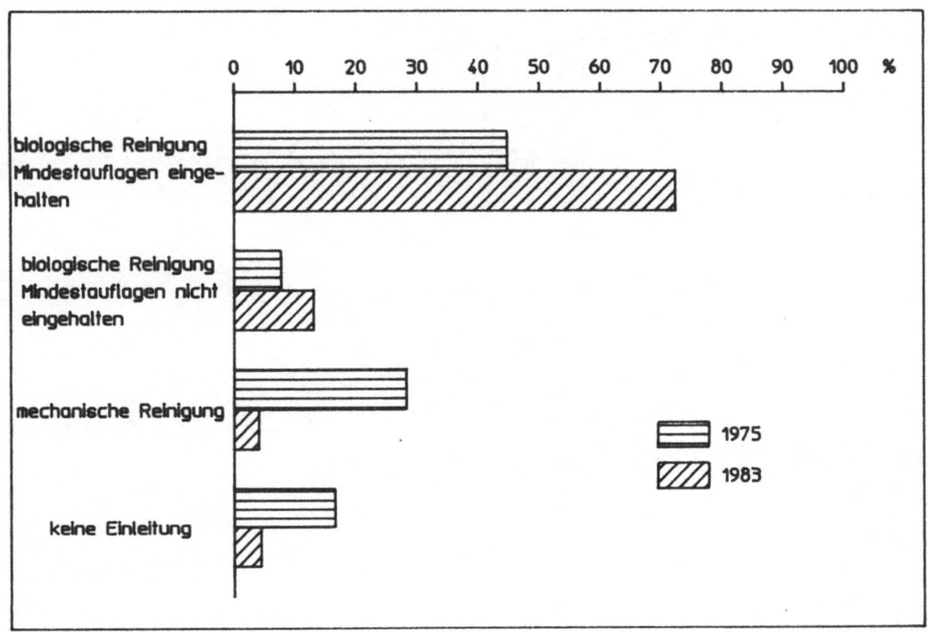

Bild 5–1: Abwassereinleitung

Der Anschlußgrad ist jedoch sehr stark von der Gemeindegröße abhängig. Abgestuft in Gemeindegrößeklassen ergab sich 1983 folgendes Bild:

Tab.5.3: Anschlußgrad in Abhängigkeit von der Gemeindegröße 1983

Einwohner	öffentliche Kanalisation	öffentliche Kläranlagen	biologische Reinigung
über 100 000	97,6	97,0	92,0
50 000 – 100 000	96,0	95,0	90,0
20 000 – 50 000	92,0	89,0	83,0
10 000 – 20 000	89,0	82,0	79,0
5 000 – 10 000	88,0	80,0	76,0
2 000 – 5 000	81,2	71,8	66,9
unter 2 000	66,0	52,9	41,3

Es zeigt sich deutlich, daß insbesondere im ländlichen Raum noch ein enormer Nachholbedarf besteht. Desweiteren ist den Daten zu entnehmen, daß bis 1983 zwar eine relativ hohe Steigerung des Gesamtanschlußgrades an biologisch reinigende Kläranlagen (81,4 % der Bevölkerung) gegenüber 1975 erreicht wurde, allerdings kann der vorhandene Anschlußgrad von 68,2 % an biologisch reinigende Kläranlagen mit Einhaltung der Verwaltungsvorschrift nicht befriedigen.

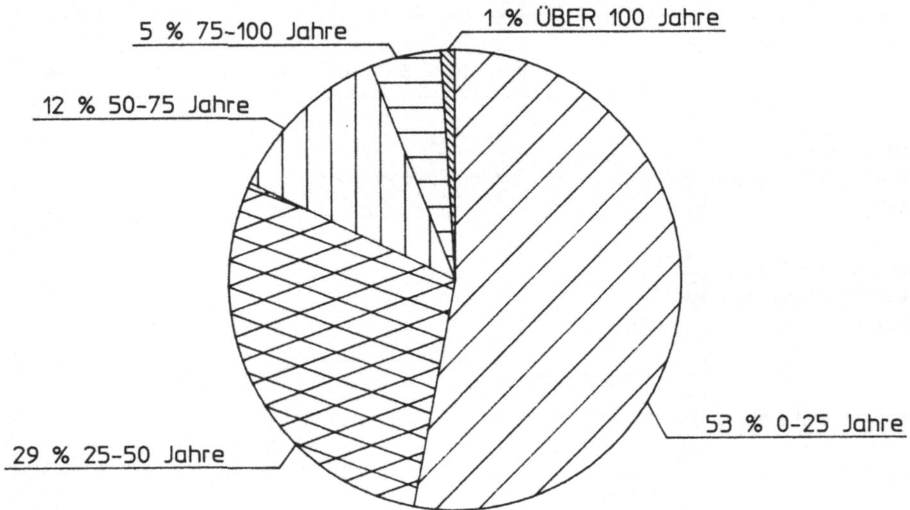

Bild 5–2: *Kanalalter*

Bemerkenswert ist weiterhin die Tatsache, daß 1983 lediglich die Abwässer von 7,7% der an Kläranlagen angeschlossenen Einwohner einer weitergehenden Reinigung, überwiegend der Fällungsbehandlung, unterzogen wurden. Hier besteht ebenfalls noch ein umfangreicher Nachholbedarf. Neben den erforderlichen Neubauvorhaben sind jedoch die notwendigen Sanierungsmaßnahmen, insbesondere der Kanalisationen, nicht zu vernachlässigen. Mit Stand von 1983 waren in der BRD ca. 290.000 km öffentliche Kanäle verlegt. Nach einer Umfrage der Abwassertechnischen Vereinigung (ATV) im Jahre 1985 sind 1% aller Kanäle älter als 100 Jahre, 6% älter als 75 Jahre und 18% älter als 50 Jahre. Aus dieser Altersstruktur wird ersichtlich, daß in der nächsten Zukunft ein Sanierungsaufwand von zumindest 20% aller Kanäle erforderlich sein wird. Bei Annahme eines Kostenaufwandes von 2,0 Mio DM je km Kanal ist der erforderliche Mitteleinsatz mit ca. 116 Milliarden DM nur für Erneuerungsmaßnahmen von extremer Höhe.

5.6.3 Abwasserableitung

5.6.3.1 Zielsetzung

Die traditionelle Aufgabe der Kanalisation liegt darin, Schmutz- und Regenwasser aus bebauten Gebieten zu sammeln und schadlos abzuleiten. Anfangs wurden gemeinsame Sammler (Mischwasserkanäle) gebaut, die auf dem kürzesten Weg die Abwassermengen zu einem Vorfluter transportieren. Da diese Kanäle große Kosten verursachen, wurden in Gebieten, in denen das Regenwasser keine großen Probleme bereitete, nur Schmutzwasserkanäle verlegt. Erst später kamen die Regenwasserkanäle dazu. So entstand das Trennverfahren. In der BRD sind heute, wie unter 5.6.2 erläutert, ca. 91 % der Einwohner an Kanalisationen angeschlossen. Davon beträgt der Anteil der Mischwasserkanalisation ca 71 % und der der Trennkanalisation ca. 29%.

Die anfänglich direkte Einleitung der Schmutzfrachten in die Gewässer führte sehr schnell zu Mißständen. Durch die Vorschaltung von zunächst mechanischen, dann biologischen Kläranlagen ergaben sich eindeutige Verbesserungen, jedoch konnte der Gewässerzustand der Vorfluter trotz der Kläranlagen nicht auf Dauer zufriedenstellen. Um die Sammler in einem wirtschaftlich vertretbaren Rahmen dimensionieren zu können, mußten zur Entlastung der bei Regenwetter großen Abwassermengen Abschlagsbauwerke in das Kanalnetz eingebaut werden. Bei großen Regenereignissen werden über diese einfachen Entlastungsbauwerke immer wieder große Mischwassermengen mit erheblichen Schmutzfrachten in die Vorfluter eingeleitet, die entsprechende Gewässerbelastungen verursachen. Das Gleiche gilt für die unbehandelte Einleitung von belasteten Regenwässern aus der Trennkanalisation. Diese

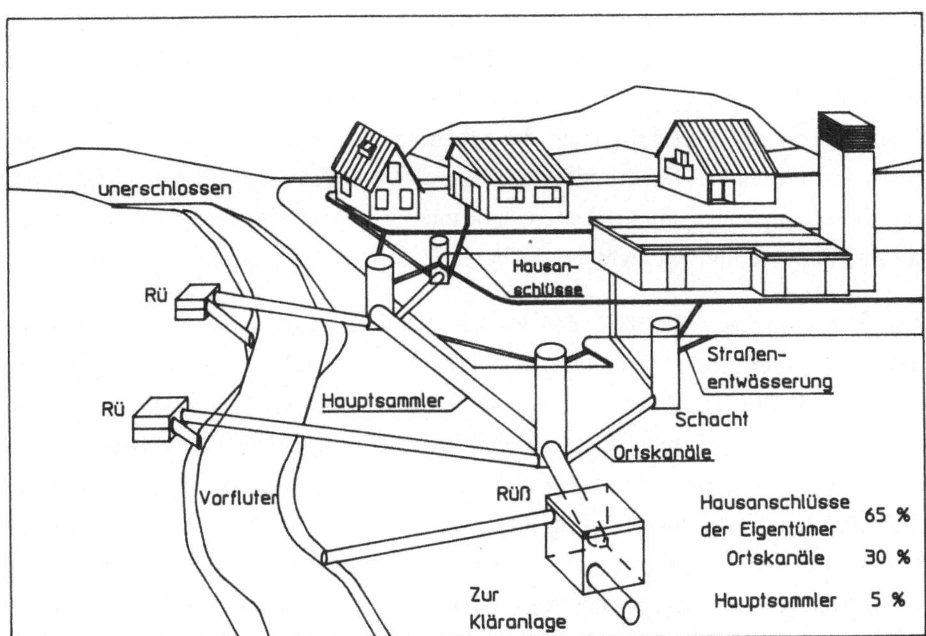

Bild 5–3: Entsorgungssystem zur Abwasserableitung

Feststellungen führten in jüngster Zeit zu der Forderung, daß ein Großteil der bei Regenwetter abfließenden Schmutzfrachten zusätzlich biologisch gereinigt werden muß. Heute muß die Kanalisation also neben der schnellen Ableitung auch Aufgaben der Regenwasserrückhaltung und -behandlung erfüllen.

Mit dem bereis erreichten hohen Anschlußgrad der Kanalisation wird die hauptsächliche zukünftige Ingenieurarbeit nicht das Entwerfen eines neuen Entwässerungsnetzes, sondern die Sanierung des in vielen Teilen überalterten Kanalnetzes und die Nachrüstung der erforderlichen Sonderbauwerke zur Regenwasserbehandlung sein. Zwangsläufig mußten mit diesen neuen Aufgaben die Berechnungsmethoden der Vergangenheit überarbeitet und ergänzt werden. In erster Linie wurde durch die Entwicklung der elektronischen Datenverarbeitung die mathematische Berücksichtigung der vielfältigen Bemessungsparameter und Einflußfaktoren (z.B. Niederschlagsmodell, zeitlich abhängiges Abflußverhalten, Schmutzwasserkonzentration, etc.) in die Berechnungsmodelle erleichtert.

Heute existieren zur Optimierung der erforderlichen Stauräume zur Regenwasserbehandlung im Kanalnetz eine Vielzahl von sogenannten Schmutzfrachtberechnungsmodellen, die je nach den Anwendungszielen, Systemstruktur des Einzugsgebietes und Datenbasis ihre Nutzungsberechtigung finden. Grundlage geblieben ist natürlich die Ermittlung des ausreichend hydraulisch dimensionierten Kanalquerschnittes. Nach "Pecher" hat eine moderne Kanalisation heute folgende 5 Zielsetzungen zu erfüllen: Schadlose Sammlung und Ableitung von Schmutz- und Regenwasser, Verringerung der Verschmutzung der Oberflächengewässer durch Sanierung oder durch ausreichende Dimensionierung neuer Regenentlastungsanlagen, Vermeidung und Sanierung von Undichtigkeiten, Optimierung von Herstellungs- und Betriebskosten, Vermeidung von nicht vertretbaren Beeinträchtigungen der Umwelt.

Aus seuchenhygienischen Gründen ist die *schadlose Sammlung und Ableitung des Abwassers* unerläßlich. Grundvoraussetzung sind ausreichend dimensionierte und dauerhaft dichte Kanäle. Zur Bemessung oder zur Überprüfung vorhandener Entwässerungssysteme können eine Vielzahl herkömmlicher oder neuer Berechnungsverfahren angewendet werden. Zur Sicherstellung der Dichtigkeit sind je nach örtlicher Situation geeignete Dichtungsmaterialien und Rohrwerkstoffe einzusetzen, die den gegebenen Beanspruchungsarten genügen. So ist von der Materialwahl her auf die aggressiven Inhaltsstoffe des Abwassers von innen und des umgebenden Grundwassers von außen zu achten. Desweiteren muß bei der Verlegetechnik, den vorhandenen Baugrundverhältnissen und späteren Lastverhältnissen einer stark befahrenen Straße, eventuellen Bergsenkungen oder Ähnlichem Rechnung getragen werden. Es ist eine abwassertechnisch sinnvolle Trassenführung der Linienbauwerke zu wählen. Die Höhenknoten der Regenüberlaufschwellen müssen auf die Hochwasserführung von Vorflutern abgestimmt sein. Rückstauerscheinungen können durch Einbau von zusätzlichen Speicherräumen im Kanalnetz vermieden werden (Dämpfung von Abflußspitzen). Dieses kann auch durch Überdimensionierung von Rohrleitungsquerschnitten erreicht werden, wodurch Speicherräume geschaffen werden. Insbesondere in größeren Städten bietet sich die Einrichtung von zusätzlicher Kanalkapazität an, weil durch die Anordnung von dann begehbaren Kanälen zusätzlich die Wartung und Inspektion erleichtert wird. Muß der Abwassersammler durch ein Trinkwassergewinnungsgebiet verlegt werden, ist der dauerhaften Dichtung besondere Bedeutung zuzumessen. Um Grundwasserverschmutzungen mit größter Sicherheit auszuschließen, bietet sich die Wahl von Doppelrohrkanälen oder von Abwasserkanälen unter Druckrohrbedingungen (z.B. Prüfdruck von 2,4 bar) an.

Die Verschmutzung der Vorfluter erfolgt direkt durch die Einleitungen aus den Regenwasserentlastungsbauwerken, die aus wirtschaftlichen Gründen unerläßlich sind. Früher wurden in die Kanalnetze einfache Überlaufbauwerke eingebaut, die heute durch Regenüberlaufbecken oder Kanalstauräume ersetzt werden. In diesen Speicherräumen sollen die Schmutzfrachten aus Regenwasserspülstößen von der Straße und Kanalablagerungen zurückgehalten und nach dem Regenereignis der Kläranlage zugeleitet werden. Es soll möglichst nur Mischwasser mit verdünnten Schmutzkonzentrationen (Regenwassernachlauf) in das Oberflächengewässer abgeschlagen werden. Wegen der Vielzahl von Einflußfaktoren und der zeitlich variablen Abhängigkeiten dieser Parameter ist die Berechnung schwierig und relativ ungenau. Eine genaue Erfassung der lokalen Randbedingungen des Kanaleinzugsgebietes ist aber von entscheidender Bedeutung für die Güte der Optimierungsberechnungen zur Regenwasserbehandlung. Ein weiterer wichtiger Gesichtspunkt ist der Einfluß des in die Kanalisation auch bei Trockenwetter durch Undichtigkeiten und Fehlanschlüsse eindringenden, unverschmutzten Grundwassers. Dieses "Fremdwasser" setzt durch Verdünnung die Schmutzkonzentration des Abwassers herunter und verringert somit indirekt die Reinigungsleistung der nachfolgenden Kläranlage. Könnte das Eindringen von Fremdwasser vermieden werden, würde die Reinigungsleistung der Kläranlage ansteigen und die Verschmutzung der Vorfluter verringert werden. Nach den statistischen Erhebungen betrug der im Jahre 1983 mittlere Fremdwasseranteil in der BRD ca 80 % des anfallenden Schmutzwassers. Es sind zukünftig folgende Maßnahmen zu ergreifen, um die direkte und indirekte *Verschmutzung der Vorfluter* zu reduzieren:

- Verringerung der Entlastungsdaten (Überlauffrachten, Überlaufhäufigkeiten) an den Regenentlastungsbauwerken der Mischkanalisation durch Bau von Regenüberlaufbecken und Stauraumkanälen.
- Entfernung der Fehlanschlüsse in der Trennkanalisation. Es sind die Schmutzwasseranschlüsse an Regenwasserkanäle und die Regenwasseranschlüsse an die Schmutzwasserkanäle zu beseitigen.
- Weitgehende Vermeidung von Wasserzuflüssen aus Gräben, Quellen und Bach läufen in die Kanalisation. Früher war es üblich, Gräben und Bachläufe in den Siedlungsgebieten zu verrohren und in die Kanalisation zu integrieren. Diese unverschmutzten Wassermengen sind nach Möglichkeit getrennt zu erfassen und dem Oberflächengewässer direkt zuzuleiten. Oftmals bieten sich Bachrenaturierungen bei Dorfsanierungen an.
- Ebenfalls sollten Drän- und Sickerwässer aus Hausdrainagen nicht der Kanalisation zugeführt werden. Diese sind ebenfalls direkt zum Vorfluter abzuführen.
- Verringerung des Regen-, Schmutz- und Mischwassers. Regenwasser sollte soweit möglich durch Vermeidung von Flächenversiegelungen direkt versickern. Denkbar ist weiterhin, Regenwasser von Dachflächen versickern zu lassen, sofern es die Bodenverhältnisse zulassen.
- Schmutzwasser sollte durch sparsamen Wasserverbrauch in den Haushalten reduziert werden. Der industrielle Wasserverbrauch muß durch Umstellung der Produktion auf abwasserarme Prozesse und durch Einsatz von Brauch- oder Kühlwasseraufbereitungsverfahren, um Wasserkreisläufe zu ermöglichen, weiter reduziert werden.

Die *Vermeidung und Sanierung von Undichtigkeiten* ist notwendig, da undichte Kanäle zum einen durch eindringendes Grundwasser die Reinigungsleistung der Kläranlage herabsetzen können, oder zum anderen durch versickerndes Abwasser das Grund- und damit das Trinkwasser dauerhaft verunreinigen. Grundwasseraufbereitungen sind langwierig, technisch schwierig und damit sehr kostenintensiv. Da jedoch überwiegend die nur in geringer Tiefe verlegten Hausanschlußleitungen mit geringerem Rohrquerschnitt außerhalb des Grundwasserspiegels verlegt sind, ist es für einen sinnvollen Grundwasserschutz unerläßlich, dauerhaft dichte Kanäle nicht nur im öffentlichen sondern auch im privaten Bereich zu erstellen oder wiederherzustellen. Undichtigkeiten können aufgrund der geringen Rohrquerschnitte nur schwierig festgestellt und nur mit großem finanziellen Aufwand beseitigt werden.

Zukünftig sollten die Hausanschlußleitungen nicht direkt an die öffentlichen Sammler angeschlossen werden, sondern trotz der erforderlichen Mehrlänge an die Schächte. Undichte Anschlußleitungen können dadurch optisch leichter erkannt werden. Druckprüfungen des öffentlichen Sammlers sind somit besser durchzuführen.

Es ist eine Erfahrungstatsache, daß vorsorgliche Aufwendungen zur Erhaltung des Kanalnetzes sowie qualitätsbewußte Materialwahl und Bauweise letztlich weniger Kosten verursachen als eine frühzeitige Erneuerung von Kanalräumen aus Schadensgründen. Zur *Optimierung von Herstellungs- und Betriebskosten* gehören:

- eine umfangreiche Planung mit Untersuchungen zu alternativen Möglichkeiten zur Trassenwahl und Standortauswahl der erforderlichen Sonderbauwerke mit Betrachtung der Bau- und Betriebskosten,
- eine qualitätsbewußte Bauweise mit hochwertigen Werkstoffen und Dichtungsmaterialien,
- eine wartungsfreundliche und instandhaltungsgerechte Erstellung des Kanalsystems unter Berücksichtigung von begehbaren Kanälen. Begehbare Kanäle bieten neben zusätzlichem Speicherplatz den Vorteil einer optimalen Wartung.

In der Vergangenheit wurde beim Bau von Kanalisationsanlagen wenig auf die Auswirkungen dieser Linienbauwerke auf Natur und Umwelt geachtet. Zukünftig müssen trotz etwaiger Mehrkosten *nicht vertretbare Beeinträchtigungen der Umwelt* vermieden werden. Die Interessen und Belange des Landschaftsschutzes müssen stärker beachtet werden. Außerdem müssen im städtischen Bereich die Belästigungen der Wohnbevölkerung und der Verkehrsbedingungen bei der Wahl des Kanalbauverfahrens berücksichtigt werden. In den letzten Jahren hat in diesem Zusammenhang der unterirdische Kanalvortrieb in "geschlossener Bauweise" an Bedeutung gewonnen.

5.6.3.2 Begriffserklärungen zur Abwasserableitung

Im folgenden sollen die wichtigsten Begriffe und technischen Grundsätze erläutert werden. Berechnungsverfahren werden nicht im Detail erklärt. Hier wird auf die einschlägige Fachliteratur verwiesen.

Zur *Entwässerung* unterscheidet man grundsätzlich zwei Verfahren. Beim *Mischwasserverfahren* werden das häusliche, gewerbliche und industrielle Schmutzwasser sowie das unvermeidbare Fremdwasser gemeinsam mit dem Regenwasser in einem Mischwasserkanal zur Kläranlage abgeführt. Da der Regenabfluß mehr als das 100-

fache des Schmutzwasserabflusses betragen kann, sind je nach Größe des Einzugsgebietes große Abflußprofile erforderlich. Aus technischen und wirtschaftlichen Gründen sind zur Begrenzung der Rohrquerschnitte Entlastungsbauwerke in das Kanalnetz zu integrieren. Beim *Trennverfahren* wird das Schmutz- und unvermeidbare Fremdwasser in einem Schmutzwasserkanal zur Kläranlage abgeleitet. Der Regenabfluß und das gezielt eingeleitete, unverschmutzte Wasser (z.B. Bach-, Quell-, Drän- oder Kühlwasser) wird in einem separaten Regenwasserkanal zu einem Vorfluter abgeleitet. Infolge Verschmutzung aus der Luft (Stäube, gasförmige Stoffe) und von der befestigten Oberfläche (Verkehr, Streusalz, Abfälle, Tierkot, Erosion, Mineralölverbindungen, Schwermetallverbindungen) ist der Regenwasserabfluß generell belastet. Beim Mischverfahren kommt zusätzlich die Verschmutzung aus Ablagerungen im Kanalnetz bei Trockenwetter und Vermischung des Regenabflusses mit dem Schmutzwasserabfluß hinzu. Eine Regenwasserbehandlung im Kanalnetz ist unerläßlich.

Auch bei dem anfallenden Abwasser unterscheidet man mehrere Begriffe. Der *Schmutzwasserabfluß* oder *Trockenwetterabfluß* setzt sich aus häuslichem, gewerblichem und industriellem Schmutzwasser sowie dem unvermeidbaren Fremdwasser zusammen. Der *häusliche Schmutzwasserabfluß* ist vom Wasserverbrauch der Bevölkerung und der Siedlungsdichte abhängig. Er ist aufgrund der unterschiedlichen Lebensgewohnheiten im Tagesverlauf großen Schwankungen unterworfen. Wegen des großen Planungszeitraumes eines Kanalnetzes für 50 – 100 Jahre wird in Zukunft mit einem Spitzenabfluß von 5 l/s pro 1000 Einwohner gerechnet. Nach der Statistik beträgt der Schmutzwasserspitzenabfluß in der BRD zur Zeit ca. 3,9 l/s pro 1000 Einwohner. Zur Bestimmung des *gewerblichen und industriellen Schmutzwasserabflusses* sind exakte Erhebungen bei den betreffenden größeren Betrieben durchzuführen. Auf die Einhaltung innerbetrieblicher Wassersparmaßnahmen sollte gedrängt werden. Ist keine Erhebung oder Abwassermengenmessung möglich, kann eine Schmutzwasserabflußspende von 1,0 l/s·ha für die Betriebe angenommen werden. Der Fremdwasserabfluß ist ein unerwünschter Bestandteil des Schmutzwasserabflusses. Er stammt aus diffusen Quellen wie Hausdränagen, Bächen, Undichtigkeiten des Kanalnetzes und dergleichen mehr. Der Fremdwasserabfluß kann bei der Bemessung bis zu 100 % und mehr des errechneten häuslichen Schmutzwasserabflusses betragen. Der Regenabfluß muß aus dem Niederschlag je Einzugsgebiet des Kanalnetzes über Abflußsimulation mit Abflußmodellen ermittelt werden. In der Regel werden zur Berechnung des Regenabflusses im Kanalnetz in der statistischen Auswertung mehrerer Starkregen–Modellregen mit definierten Regenspenden und statistischen Überschreitungshäufigkeiten gebildet. Dabei folgt man der Erfahrung, daß starke Regenfälle mit großer Regenspende nur kurz andauern (Gewitterregen), schwache Regenfälle dagegen länger anhalten können (Landregen). Bei gleicher statistischer Regenhäufigkeit nimmt die Regenspende mit zunehmender Regendauer ab. Der maßgebende Regenabfluß wird über die Multiplikation der Faktoren Regenspende, Spitzenabflußbeiwert und Einzugsgebietsfläche errechnet. In Abhängigkeit von der lokalen Siedlungsstruktur, den klimatischer Verhältnissen, der Bebauungssituation und der Neigung des Einzugsgebietes sind die dabei maßgebenden Regenhäufigkeiten, Regenspenden, Regendauer und Abflußbeiwerte festzulegen. Zur Querschnittsbestimmung der Kanäle sind eine Vielzahl von Berechnungsverfahren zur Anwendung geeignet, auf deren Erläuterung hier verzichtet wird.

Zur *Regenwasserbehandlung* stehen mehrere Möglichkeiten zur Verfügung. Aus technischen und wirtschaftlichen Gründen kann nicht das gesamte Regenwasser im Kanalnetz zur Kläranlage transportiert werden und muß an definierten Stellen über Entlastungsbauwerke in den Vorfluter abgeschlagen werden. Um die Schmutzfracht zu begrenzen, sind Sonderbauwerke zur Regenwasserbehandlung in das Kanalsystem zu integieren. Dies sind Regenrückhaltebecken, Regenüberlaufbecken, Kanalstauräume oder Regenüberläufe. Das Grundprinzip besteht darin, den anfänglichen, stark verschmutzten Spülstoß bei Regenereignissen in den geschaffenen Speicherräumen weitestgehend aufzufangen und der Kläranlage zuzuleiten. In die Vorfluter soll lediglich der verdünnte Mischwasserüberlauf dieser Speicher abgegeben werden. Die Speicherbecken besitzen also einen großen Zulauf und einen gedrosselten Ablauf. Bei Regenwetter wird dabei die Kläranlage hydraulisch mit dem zweifachen Schmutzwasserabfluß und dem Fremdwasserabfluß beaufschlagt.

In der Bundesrepublik Deutschland sollen die Regenentlastungsbauwerke so bemessen und gestaltet werden, daß von den biologisch abbaubaren und den absetzbaren Stoffen des Mischwasserabflusses bei Regen im Jahresmittel etwa 90 % dem Klärwerk einschließlich der biologischen Stufe zugeleitet und dort behandelt werden. Dieser Schmutzfrachtrückhalt wird erreicht, wenn eine kritische Regenspende von 15 l/s·ha eingehalten wird.

Regenrückhaltebecken sollen durch Speicherung des Regenabflussses die Regenablaufspitzen über einen größeren Zeitraum vermindern. Diese Becken erhalten lediglich einen Notüberlauf, um Schäden bei Überschreitung der angenommenen Regenhäufigkeiten zu verhindern. Ein Mischwasserabschlag ist nicht vorgesehen.

Regenüberläufe sind Entlastungsbauwerke, die so bemessen sind, daß bei kleineren Abflüssen als dem kritischen Mischwasserabfluß noch kein Abschlag in den Vorfluter erfolgt. Sie begrenzen also den Abfluß im Kanalnetz ohne eigenen Speicherraum auf den kritischen Mischwasserabfluß. Das darüber hinausgehende Mischwasser wird in den Vorfluter abgeleitet. Die kritische Regenspende ist die auf die Flächeneinheit bezogene Regenspende, bei der ein Regenüberlauf ohne Speicherbecken rechnerisch noch nicht anspringt. Diese wird heute in der Regel bei 15 l/s·ha festgelegt. Sind Regenüberläufe in Trinkwasserschutzgebieten nicht zu vermeiden, wird hier die kritische Regenspende zu 30 l/s·ha angesetzt.

Regenüberlaufbecken besitzen im Gegensatz zu den Regenüberläufen einen Speicherraum und werden eingesetzt, wenn der kritische Mischwasserabfluß nicht in vollem Umfang weitergeleitet werden kann. In erster Linie dienen diese Speicherbecken zum Rückhalt des stark verschmutzten Spülstoßes zu Beginn des Regenabflusses. Der Beckeninhalt mit den zurückgehaltenen Schmutzstoffen wird nach Ende des Regenereignisses zur Kläranlage weitergeleitet. Stauraumkanäle mit Entlastung sind Sonderformen der Regenüberlaufbecken. Mit Hilfe einer Drosseleinrichtung nutzen diese Anlagen das verfügbare Kanalvolumen zur Speicherung aus. Unterirdische Kanalstauräume werden als Linienbauwerke bevorzugt dort eingesetzt, wo die topographischen Verhältnisse offene Flächenbauwerke nicht oder nur unter erschwerten Bedingungen zulassen.

Zum Nachweis der ausreichenden Regenwasserbehandlung in dem Entwässerungssystem können die in den letzten Jahren verfeinerten Modelle der *Schmutzfrachtberechnung* eingesetzt werden. Direkte Ergebnisse dieser Berechnungen sind u.a.:

- Entlastungsdaten wie Überlaufhäufigkeit, Überlaufdauer und Überlaufsumme an allen unterschiedlichen Entlastungsanlagen
- Schmutzfrachtbilanz für einen repräsentativen Zeitraum
- Entlastete Schmutzfracht für ausgewählte Einzelregen und verschiedene Schmutzparameter.

Indirekt dient die *Schmutzfrachtberechnung* zur Ermittlung der erforderlichen Speichervolumina. Zur Einhaltung des erforderlichen Schmutzfrachtrückhalts von 90 % der biologisch abbaubaren Stoffe im Jahresmittel bei Mischwasserabfluß ist es nicht erforderlich, daß jedes Entlastungsbauwerk im Kanalnetz diese Daten einhält. Vielmehr können die Rückhalteleistungen der einzelnen Sonderbauwerke mit Hilfe der Schmutzfrachtberechnung in Abhängigkeit der lokalen Randbedingungen wie z.B. Vorflutersituation oder Trinkwasserschutzgebiet in mehreren Variationsre-

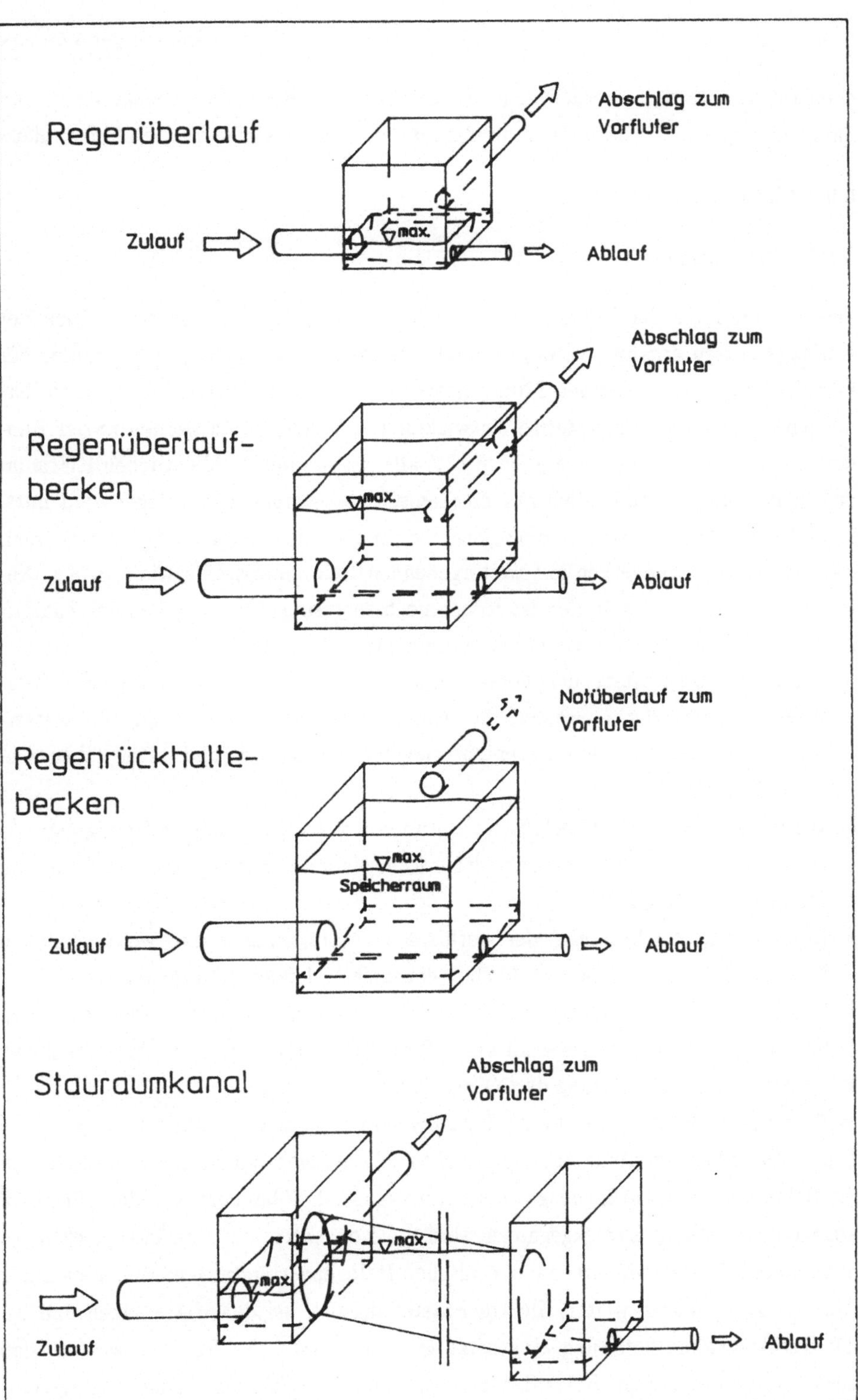

Bild 5–4: Anlagen zur Regenwasserbehandlung

chenläufen optimiert werden. Die Zielsetzung der Regenwasserbehandlung und damit die Schmutzfrachtbilanz muß nur für das Gesamtsystem eingehalten werden.

5.6.4 Abwasserreinigung

5.6.4.1 Zielsetzungen

Seitdem im Zuge der Industrialisierung im 19. Jahrhundert mit Anwachsen der Ballungszentren erkannt wurde, daß auf eine Abwasserreinigung zum Schutze der Oberflächengewässer und des Trinkwassers nicht mehr verzichtet werden kann, hat die Abwassertechnik eine stetige Entwicklung erfahren. Heute werden in der Bundesrepublik die Abwässer von nahezu 87% aller Einwohner in öffentlichen Kläranlagen behandelt. Die anfänglich nur mechanisch reinigenden Kläranlagen sind mittlerweile fast vollständig von biologisch arbeitenden Kläranlagen abgelöst worden. Der Anteil von Klärwerken mit weitergehenden Reinigungsstufen wie z.B. den Anlagen zur Nährstoffelimination ist jedoch noch zu gering. Die Aufgaben der Zukunft können in folgenden Schwerpunkten zusammengefaßt werden:

- Ständige Überprüfung des Gewässergütezustandes zur Ermittlung der Belastungsfähigkeit der Gewässer für eine rechtzeitige, vorausschauende wasserwirtschaftliche Planung mit entsprechenden politischen und technischen Gegenmaßnahmen
- Weiterentwicklung und technische Optimierung der vorhandenen Reinigungsverfahren unter dem Gesichtspunkt der erforderlichen Erhöhung und Stabilisierung der Leistungsfähigkeit
- Konsequente Nachrüstung der vorhandenen Kläranlagen mit weitergehenden Reinigungsstufen und zügiger Ausbau der noch fehlenden Klärkapazität
- Neuentwickung von Reinigungsverfahren insbesondere für die Aufbereitung von industriellen Problemabwässern unter Berücksichtigung hoher Wirtschaftlichkeit
- Gesamtökologische Lösung der Klärschlammentsorgung
- Ausbau und Weiterentwicklung der notwendigen Regenwasserbehandlung.

Durch die Inbetriebnahme der biologischen Kläranlagen hat in den letzten Jahren die Belastung der Oberflächengewässer mit organisch abbaubaren Stoffen allgemein abgenommen. Nicht zurückgegangen sind die Konzentrationen an biologisch nicht abbaubaren Stoffen wie z.B. die organischen Halogenverbindungen. Hier helfen nur Adsorptionsverfahren weiter, die am Entstehungsort, bei den Kläranlagen und bei der Trinkwasseraufbereitung eingesetzt werden müssen. Es ist zu erwarten, daß auch bei kommunalen Kläranlagen in Zukunft Verfahrenstechniken eingesetzt werden müssen, die heute bereits bei der Reinigung von industriellen Abwässern angewendet werden. Dazu zählt z.B. die Aktivkohleadsorption in Filteranlagen. Weiterhin ist der Eintrag von mineralischen Pflanzennährstoffen in Form von Stickstoff- und Phosphatverbindungen noch nicht entscheidend zurückgegangen. Insbesondere der als Minimumstoff das Pflanzenwachstum im Gewässer bestimmende Phosphor muß bei eutrophierungsgefährdeten Gewässern stärker zurückgehalten werden. Neben der Nachrüstung der Kläranlagen um Phosphatfällungsanlagen liegt hier noch ein großes Problemfeld bei der Regenwasserbehandlung, da mit dem Mischwasser auch relativ große gelöste Phosphat- und Stickstoffrachten in das Gewässer abgeschlagen werden.

Zusätzlich zu den notwendigen Erweiterungen um neue technische Reinigungsstufen ist die Optimierung der Betriebsabläufe von Kläranlagen zur Sicherstellung und Stabilisierung der Reinigungsleistung und Einsparung von Betriebskosten erforderlich. Der Einsatz einer Automatisierung der Prozeßabläufe in der Abwasserreinigungsanlage ist jedoch nicht unproblematisch, da die notwendigen Voraussetzungen zur situationsgerechten Anwendung einer Meß-, Steuer- und Regeltechnik noch nicht vollständig gegeben sind. Es sind in der Zukunft noch erhebliche Fortschritte bei der Kenntnis der Parameter, die die Prozeßabläufe genau beschreiben, bei der Entwicklung betriebssicherer Meßmethoden, die möglichst kontinuierlich in kurzer Zeit die notwendigen Parameter erfassen und bei der formelmäßigen Beschreibung des Prozeßablaufes erforderlich. Jedoch sind in jüngster Zeit durch den Einsatz von Prozeßrechnern zur Regelung und Steuerung erfolgsversprechende Ansätze auf größeren Kläranlagen erfolgt.

5.6.4.2 Naturwissenschaftliche Grundlagen

In der Bundesrepublik Deutschland fallen nach einer Statistik aus dem Jahre 1977 jährlich etwa 200 Milliarden Kubikmeter Niederschläge an. Dies entspricht in etwa einer Menge von 800 Litern Niederschlag je Quadratmeter. Davon wird etwa die Hälfte durch Pflanzen aufgenommen oder auf der Oberfläche verdunstet. Ein Drittel wird über Flüsse ins Meer abgeleitet. Nur ein geringer Teil – ca. 28 Milliarden Kubikmeter – gelangt ins Grundwasser. Davon werden nur ca. 9 Milliarden Kubikmeter zur Trinkwassergewinnung genutzt. Der gesamte jährliche Wasserbedarf in der BRD beträgt nach dieser Statistik ca. 39 Milliarden Kubikmeter, etwa ein Fünftel der Niederschläge. Diese Summe verteilt sich wie folgt:

Tab.5.4: Jährlicher Wasserbedarf in der BRD (alte Bundesländer)

Kühlwasserbedarf der Elektrizitätswerke bei der Stromgewinnung:	23 Mrd m^3	59%
Produktionsbedingter Wasserbedarf der Industrie (davon 4,8 Mrd m^3 Trinkwasserqualität und 7,2 Mrd m^3 geringerer Qualität):	12 Mrd m^3	31%
Haushalte, Kleingewerbe und öffentliche Einrichtungen:	3 Mrd m^3	8%
Landwirtschaft:	1 Mrd m^3	2%

Der Bundesbürger hat 1980 täglich im Durchschnitt 139 l Wasser verbraucht. Davon die Hauptmenge zum Baden, Duschen und Toilettenspülung, nur etwa 3 % zum Trinken und Kochen. Trotz deutlicher Bewußtseinsänderung zum Wassersparen der Bundesbürger wird heute bei der Projektierung einer Abwasserreinigungsanlage mit einem häuslichen Wasserverbrauch von 200 l je Einwohner und Tag, bezogen auf den Planungszeitraum der Anlage, gerechnet.

Dem Wasserverbrauch in der BRD steht in etwa die gleiche Menge an Abwasseraufkommen gegenüber. Davon ist mit einem Anteil von 75 % das lediglich thermisch verschmutzte, aufgewärmte Kühlwasser ohne nennenswerte Verunreinigungen an erster Stelle zu nennen. Der Rest fällt in Industrie, Kleingewerbe und Haushalten an und ist je nach spezifischen Inhaltsstoffen mehr oder weniger stark verschmutzt. Prinzipiell können alle Wasserinhaltsstoffe vorhanden sein, die im industriellen Bereich oder in den Haushalten als Folge oder Nebenprodukte vorkommen und entstehen können. In der Abwassertechnik werden diese vielfältigen Verschmutzungen in drei Hauptgruppen unterschieden: organische Stoffe, die biologisch leicht abbaubar sind; organische Stoffe, die biologisch schwer abbaubar sind und anorganische Stoffe. Diese Inhaltsstoffe können gelöst oder ungelöst im Abwasser auftreten. Die ungelösten Stoffe liegen je nach Partikeldurchmesser von kolloidal über feindispers bis grobdispers entweder als Schwimmstoffe, Schwebstoffe oder als absetzbare Stoffe vor. Zusätzlich können die ungelösten Stoffe nach dem Aggregatzustand der Partikel nach fest und flüssig unterschieden werden. Als Beispiel sei die Öltröpfchenemulsion in Wasser genannt. Die Dispersitätsgrade der ungelösten Stoffe werden wie folgt aufgeteilt:

Tab. 5.5: Dispersitätsgrade ungelöster Stoffe

Dispersität	Teilchendurchmesser (cm)	Beispiel
makroskopisch	$\succ 10^{-1}$	Grobsand
grobdispers	$10^{-1} - 10^{-3}$	Schluff, Blutkörperchen
feindispers	$10^{-3} - 10^{-5}$	Bakterien, Viren
kolloidal	$10^{-5} - 10^{-7}$	Makromoleküle

In der Abwasserreinigung sind also je nach physikalischem oder chemischem Zustand der im Abwasser enthaltenen Stoffe entsprechende verfahrenstechnische Reinigungsschritte zur Stofftrennung vorzusehen und sinnvoll in einer Kläranlage zu kombinieren. Zur Charakterisierung des Abwassers sind bezogen auf einen Einwohner folgende spezifische Abwasserlasten ermittelt worden:

Tab.5.6: Spezifische Abwasserlasten

Häusliche Schmutzwassermenge	200 l / E·d
Grobstoffe wie Papier, Essensreste, Faserstoffe u.ä. als Rechen- bzw. Siebgut	10—35l/ E·a
Sand	ca 10l/ E·a
Absetzbare Stoffe	45 g Trockensubstanz/ E·d
Biologischer Sauerstoffbedarf(BSB_5) als Summenparameter aller biologisch abbaubaren Stoffe	60 g / E·d
Chemischer Sauerstoffbedarf (CSB) als Summenparameter für alle chemisch oxidierbaren Stoffe	120 g / E·d
Gesamtstickstoff	12 g / E·d
Geamtphosphor	3 g / E·d

Hierbei bedeuten : E = Einwohner, d = Tage, a = Jahre.

Diese spezifischen Lasten – insbesondere der BSB_5 und CSB – werden als Einwohnergleichwert (EGW) zur Definition der Schmutzfrachten in industriellen Abwässern als Basiswerte herangezogen. Die gemessene Schmutzfracht von 600 kg BSB_5 in einem Industrieabwasser entspricht also der Schmutzfracht einer Kleinstadt mit 10.000 Einwohnern.

In einer Abwasserreinigungsanlage werden die natürlichen Selbstreinigungskräfte eines Oberflächengewässers in konzentrierter Form in "Reaktoren" genutzt. Unsere Oberflächengewässer besitzen die Fähigkeit, die ihnen zugeführten, gelösten, emulgierten und suspendierten Stoffe, sofern sie nicht in zu großen Mengen auftreten, mit Hilfe von Mikroorganismen, Pflanzen und Tieren biologisch abzubauen. Den wesentlichen Beitrag liefern Bakterien, die unter Verbrauch von Sauerstoff biologisch leicht abbaubare, gelöste Stoffe zur Deckung ihres Energiehaushaltes oxidativ zu Kohlensäure und Wasser umsetzen und dabei arteigenes Eiweiß für Wachstum und Fortpflanzung produzieren. Bakterien sind Nahrung für Einzeller, die wiederum die Nahrung für Fische bilden. Limitierend für diesen Prozeß ist die ausreichende Sauerstoffversorgung. Fische benötigen mindestens einen Sauerstoffgehalt von 3 mg/l zum Überleben. Wird also die eingeleitete Schmutzfracht von biologisch abbaubaren Stoffen so groß, daß durch den vermehrten Zuwachs der Bakterien die Sauerstoffzehrung ein unzulässiges Absinken des Sauerstoffgehaltes bewirkt, kommt es zu Fischsterben. Sinkt der Sauerstoffgehalt weiter ab, kann es zum "Umkippen" des Gewässers, zu Gärung und zu Fäulnisvorgängen kommen. Für diese Prozesse sind wiederum Bakterien zuständig, Anaerobier", die unter Sauerstoffabwesenheit organische Substanzen über Zwischenschritte in reduzierte Stoffe wie z.B. Methan, Kohlendioxid, Schwefelwasserstoff, elementaren Stickstoff und Wasser überführen. Diese in Gewässern unerwünschten biochemischen Prozesse werden in der Abwassertechnik zur Stabilisierung, der weitestgehenden Fäulnisfreiheit des Klärschlammes oder gezielt zur Reinigung hochbelasteter Industrieabwässer eingesetzt.

Beide Verfahren, anaerobe und aerobe biologische Reinigung durch Bakterien, werden also in der Abwassertechnik eingesetzt. Zur Beschleunigung der biochemischen Prozesse werden jedoch in speziell konstruierten Reaktorbauwerken erheblich grössere, künstlich und möglichst immer konstante Bakterienmassen erzeugt und im System behalten. Die Überschußproduktion durch Wachstum der Bakterien wird als Klärschlamm kontinuierlich aus dem System entfernt und muß nach Entwässerung und Stabilisierung entweder in der Landwirtschaft oder auf Deponien entsorgt werden. Problematisch ist hier die wegen befürchteter Kontaminationen nachlassende Akzeptanz der Landwirtschaft und der mittlerweile fehlende Deponieraum. Die Entwicklung geht zu Verfahren der thermischen Schlammbehandlung, um die Reststoffe im Volumen weitestgehend zu reduzieren.

Bei der biologischen Reinigung können schwer abbaubare Stoffe in der Regel nicht vollständig umgesetzt werden. Von der biologischen Klärung werden auch keine anorganischen gelösten Stoffe erfaßt. Hier sind weitere physikalisch–chemische Reinigungsverfahren einzusetzen. Wegen eines im Abwasser immer vorhandenen, biologisch nicht abbaubaren organischen Schmutzwasseranteiles kann eine Kläranlage mit vertretbarem wirtschaftlichen Aufwand keine 100–%ige Reinigungsleistung erbringen. Es bleibt immer eine gewisse Restfracht, die in die Gewässer eingeleitet werden muß. Im folgenden soll eine Aufteilung der schädlichen Inhaltsstoffe von kommunalem und industriellem Abwasser nach ihren Auswirkungen im Gewässer und den technischen Möglichkeiten ihrer Elimination vorgenommen werden:

Tab.5.7: *Schädliche Inhaltsstoffe in kommunalem und industriellem Abwasser*

Stoffgruppe	Auswirkung im Gewässer	Eliminationsverfahren
Absiebbare und absetzbare Stoffe	Schlammablagerungen, Fäulnisvorgänge, Sauerstoffentzug	Siebung, Sedimentation
Nicht absetzbare, biologisch schwer abbaubare organ. Stoffe (emulgiert suspendiert,z.B. Öle, Fette)	Sauerstoffentzug, Erschwernisse bei der Trinkwasseraufbereitung	Flockung, Flotation Schwimmstoffabscheider
Gelöste anorgan. Schwermetalle	Vergiftung,Akkumulation in der Nahrungskette, Erschwernisse der Trinkwasserversorgung.	Chem. Fällung, Sedimentation
Nicht absetzbare, biologisch abbaubare, organische Stoffe (suspendiert oder gelöst)	Sauerstoffentzug	Biologische Verfahren (Belebungsverf., Tropfkörperverfahren Scheibentauchkörperverf., usw.)
Ammoniak im Ablauf biolog. Anlagen	Sauerstoffentzug, Giftwirkung auf Fische, Erschwerung der Trinkwasseraufbereitung	Biologische Nitrifikation (Belebungsverf., Tropfkörperverfahren usw.), chem.-phys. Strippung
Abfiltrierbare Stoffe im Ablauf biol. Anlagen	Sauerstoffentzug	Mikrosiebung, Filtration
Gelöste anorgan. Pflanzennährst. (Nitrat,Phosphat)	Eutrophierung stehender Gewässer,Sauerstoffzehrung (Sekundärbelastung, Erschwernis der Trinkwasseraufbereitung	Nitrat: Biologische Nitrifikation, Denitrifikation, Phosphat: Fällung, Flokkungsfiltration, biologische P—Elimination
Gelöste, biolog. resistente organ. gelöste anorg. Stoffe	Vergiftung, Verödung, Akkumulation in Nahrungsketten, Erschwernis der Trinkwasserversorgung	Aktivkohleadsorption, chemische Oxidation Stoffe, (Ozon*), Ionenaustausch* Elektrodialyse*, Destillation*
Phatogene Mikroorganismen	Verschlechterung der hygien. Beschaffenheit	Desinfektion (Chlor,Ozon, UV—Entkeimung)

*: In kommunalen Abwasserreinigungsanlagen noch nicht eingesetzt.

5.6.4.3 Technische Verfahren der kommunalen Abwasserreinigung

Kommunale Abwässer sind u.a. wegen der durchzuführenden Regenwasserbehandlung von einer großen Abwassermenge mit relativ geringen Scmutzkonzentrationen gekennzeichnet. Im Zusammenhang mit der in früheren Abschnitten dieses Kapitels bereits erwähnten Fremdwasserproblematik kann festgestellt werden, daß die Reinigungsleistung einer Kläranlage umso schlechter ist, je dünner ein Abwasser ist. Es ist im Zuge der Ableitungsprojektierung darauf zu achten, daß unverschmutzte Wässer weitestgehend aus der Kanalisation ferngehalten werden. Da in der Regel die großen Abwassermengen in der Kläranlage gepumpt werden müssen und die Dimensionierung vieler Bauwerke in Abhängigkeit der Wassermenge erfolgt, können durch Entflechtung von Fremdwassermengen weiterhin Investitionen und Betriebskosten eingespart werden.

Eine kommunale Kläranlage wird heute mit drei Reinigungsstufen und der Anlage zur Schlammbehandlung geplant und gebaut. Dies sind die mechanische Reinigungsstufe, die biologische Reinigungsstufe, die weitergehende Reinigungsstufe und die Schlammbehandlung.

Prinzipiell ist bei der Auslegung einer Kläranlage zu beachten, daß die während eines Tages zulaufenden Abwassermengen und Schmutzfrachten großen Schwankungen unterliegen. Entsprechend den Lebensgewohnheiten der Bevölkerung tritt in der Vormittagsstunden die Zulaufspitze und in der Nacht das Zulaufminimum auf. Die Reinigungsstufen der Kläranlage müssen zu jeder Zeit die erforderlichen Leistungen garantieren. In der Regel werden heute für eine mittelgroße Stadt von 200.000 EGW folgende Einzelbauwerke vorgesehen:

***Tab. 5.8:** Einzelbauwerke einer Kläranlage für eine mittelgroße Stadt*

mechanische Reinigungsstufe	Grobrechenanlage, ggf. Regenüberlaufbecken, wenn bei der Kläran lage erforderlich; Pumpwerk, Siebrechenanlage, Belüfteter Sand fang, Vorklärbecken.
biologische Reinigungsstufe	Belebungsbecken, Nachklärbecken
weitergehende Reinigungsstufe	Flockungsfiltration
Schlammbehandlung	Maschinelle Überschlammentwässerung, Faulbehälter, Nacheindicker, Klärschlammentwässerung.

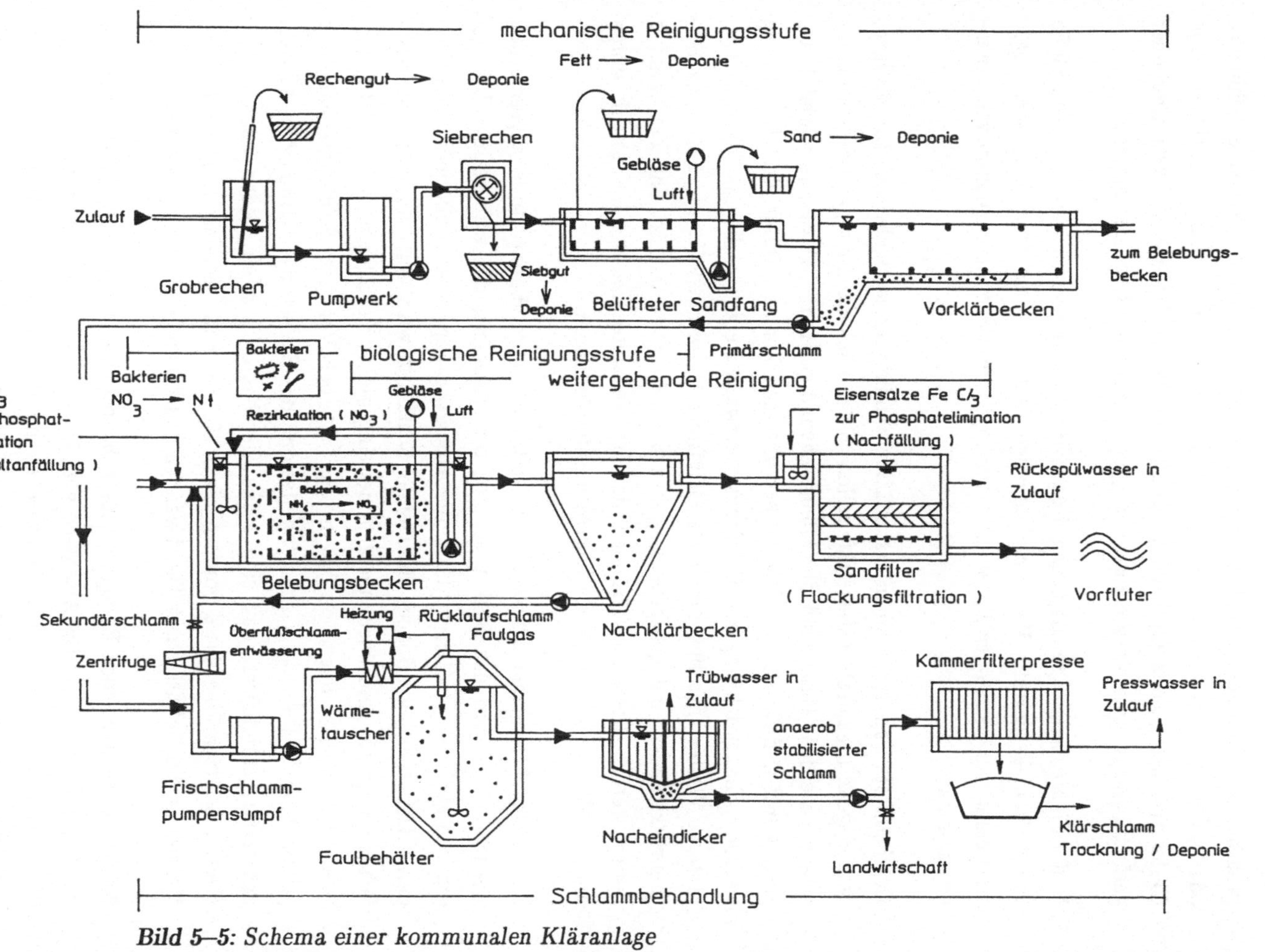

Bild 5–5: Schema einer kommunalen Kläranlage

In der *Grobrechenanlage* werden Grobstoffe wie Hölzer, Steine, Putzlappen zurückgehalten, die Pumpen, Druckleitungen und Gerinne in ihrer Funktion behindern oder gefährden können. Die sich vor den Gitterstäben mit einem Stababstand von 60–80 mm ablegenden Grobstoffe werden von einem Greifer in einen Container geräumt und in einer Verbrennungsanlage oder auf einer Deponie entsorgt.

In der *Siebrechenanlage* mit Lochweiten zwischen 2 und 6 mm werden feinere Stoffe wie Binden, Essenreste, Haare und sonstige Faserstoffe entfernt, die insbesondere die Belebungsbecken oder die Belüfter verstopfen und den Klärschlamm verunreinigen können.

Der *belüftete Sandfang* soll in erster Linie Sandkörner zurückhalten. Die übrigen, überwiegend organischen Feststoffe sollen zu den nächsten Reinigungsstufen durchgelassen werden. Dazu muß die Fließgeschwindigkeit des Abwassers soweit reduziert werden, daß sich die Sandkörner absetzen können. Durch den Lufteintrag werden in Längsrichtung des Sandfangs Querwalzen erzeugt, die das Absetzen verbessern. Weiterhin sollen durch die Belüftung Schwimmstoffe wie Fette aus Küchenrückständen und gegebenenfalls aus Schlachtereien u.ä. in eine Fettkammer flotiert werden. Diese Stoffe können die folgende biologische Reinigungsstufe stören und zur Verunreinigungen von Ausrüstungsteilen führen.

In dem nachfolgenden *Vorklärbecken* sollen die absetzbaren Stoffe abgeschieden werden. Dazu wird das Becken so groß dimensioniert, daß eine geringe Fließgeschwindigkeit eingehalten wird, um die Absetzwirkung dieser Stoffe nicht zu behindern. Der sich am Boden absetzende Schlamm wird mit Räumern in einen Schlammtrichter geschoben, aus dem der eingedickte Vorklärschlamm, der Primärschlamm, in der Regel direkt in den Faulbehälter der Schlammbehandlung gepumpt wird. Die organischen Inhaltsstoffe des Schlammes werden hier so weit ausgefault, stabilisiert, daß sich keine Geruchsstoffe mehr bilden können. Die Becken besitzen eine Tiefe von 2,5 bis 3 Metern und werden zur gleichmäßigen Verteilung des Zuflusses mit Tauchwänden und Einlaufgittern ausgerüstet.

Nach der mechanischen Reinigung liegen hauptsächlich nur noch gelöste oder suspendierte Inhaltsstoffe im Abwasser vor. Die biologisch abbaubaren, organischen Stoffe werden nun in den *Belebungsbecken* unter Zugabe von Sauerstoff von Bakterien im Energiestoffwechsel zur Deckung ihres Energiebedarfes in anorganische Endprodukte (CO_2, H_2O, NO_3^-) umgewandelt. Dabei bilden die Bakterien im Baustoffwechsel neue Zellsubstanz, wachsen und vermehren sich. Es hat sich in den letzten Jahren herausgestellt, daß mit zunehmender Verweilzeit in der biologischen Reinigungsstufe auch früher als schwer abbaubare Stoffe bezeichnete Substanzen von den Bakterien "veratmet" werden können. Diese Bioreaktoren werden nach den aktuellen Bemessungsrichtlinien mit erheblich größeren Volumina erstellt, als es noch vor wenigen Jahren üblich war.

Durch das vielfältige Nahrungsangebot im Abwasser bildet sich ein entsprechender Artenreichtum an Bakterien, die nach einer gewissen Adaptionszeit (Anpassung) für den Abbau der Inhaltsstoffe verantwortlich sind. Mit dem Wachstum der Bakterien vernetzen sich diese zu größeren, schlammartigen Flocken, die sich in den nachfolgenden Sedimentationsbecken, den *Nachklärbecken*, von dem Schlamm-Wassergemisch trennen lassen und sich absetzen.

Durch ständige Rückführung dieses "aktiven" Bakterienschlammes, dem sogenannten *Belebtschlamm*, in die Belebungsbecken wird die adaptierte Biomasse im System behalten. Durch gesteuerten Abzug der überschüssigen Bakterienproduktion wird eine je nach gewählter Verfahrenskombination erforderliche Biomassenkonzentration in dem Bioreaktor eingestellt. Der *Überschußschlamm* oder Sekundärschlamm wird kontinuierlich aus dem System gezogen und in die weitere Schlammbehandlung gegeben.

Für eine sichere Reinigungsleistung müssen folgende Randbedingungen erfüllt sein:

- Die Biomassenkonzentration im Reaktor muß ausreichend hoch sein. Das Absetzverhalten in den Nachklärbecken muß sichergestellt sein, damit es nicht zum Schlammabtrieb kommt.
- Der erforderliche Sauerstoffbedarf muß immer gedeckt sein.
- Ein optimaler Kontakt zwischen Biomasse und Abwasserinhaltsstoff muß durch eine effektive Durchmischung gewährleistet sein.
- Bakterienhemm- oder Giftstoffe dürfen im Reaktor keine schädlichen Konzentrationen erreichen.

Neben den Anforderungen an eine sichere Entfernung der Kohlenstoffverbindungen hat die Forderung nach Elimination der Stickstoffverbundungen im Abwasser zu einer Vergrößerung der erforderlichen Belebungsbeckenvolumina geführt. Der im Abwasser enthaltene, organisch gebundene Stickstoff (z.B. Harnstoff) wird beim Abbau des Kohlenstoffes als Ammonium (NH_4^+) frei. Ist im Belebungsbecken die Verweilzeit der Biomasse, das *Schlammalter*, ausreichend hoch, so daß sich die autotrophe Bakterienart der Nitrifikanten, die eine relativ langsame Wachstumsrate aufweisen, bilden kann, ist eine Umwandlung des Ammoniums zu Nitrat (NO_3^-)

möglich. Diese biologische Oxidation der Stickstoffverbindungen über Bakterien zu Nitrat bezeichnet man als *Nitrifikation*. Um diesen Abbauschritt zu ermöglichen, muß das Belebungsbecken entsprechend groß dimensioniert werden, damit daß erforderliche Schlammalter sichergestellt ist. Die Belebungsbecken werden heute etwa mit einem 3 bis 4–mal so großen Volumen ausgelegt, als es für den alleinigen Kohlenstoffabbau erforderlich wäre und noch vor 5 bis 10 Jahren die übliche Baugröße darstellte. Die eigentliche Stickstoffelimination erfolgt in der *Denitrifikationsstufe*. Werden die heterotrophen, aeroben Bakterien bei Abwesenheit von gelöstem Sauerstoff mit Abwasserinhaltsstoffen, dem Substrat, zusammengebracht, nutzen diese Bakterien den Nitratsauerstoff für ihre Abbautätigkeit. Durch die Abspaltung von Sauerstoff wird bei der Denitrifikation elementarer Stickstoff (N_2) frei und verläßt das System. Die Bedingung "sauerstoffreiches Milieu" kann simultan im Belebungsbecken durch Abschalten der Belüfter nach erfolgter Nitrifikation geschaffen werden oder es wird ein dem Belebungsbecken vorgeschaltetes Becken installiert, das nicht belüftet wird und in das nitratreiches Rücklaufwasser über Pumpwerke rezirkuliert wird.

Nitrifikation:

Der Ammoniumstickstoff (NH_4^+) wird durch aerobe autotrophe Bakterien (Nitrosomonas, Nitrobacter) in zwei Schritten über Nitrit (NO_2^-) zu Nitrat (NO_3^-) oxidiert. Als Elektronenakzeptator dient der im Wasser gelöste Sauerstoff (O_2).

$$NH_4^+ + 1{,}5\ O_2 \xrightarrow{\text{Nitrosomonas}} NO_2^- + H_2O + 2\ H^+ + \text{Energie}$$

$$2\ H^+ + 2\ HCO_3^- \longrightarrow 2\ H_2O + 2\ CO_2$$

$$NO_2^- + 0{,}5\ O_2 \xrightarrow{\text{Nitrobacter}} NO_3^- + \text{Energie}$$

Gesamtreaktion:

$$NH_4^+ + 2\ O_2 + 2\ HCO_3^- \longrightarrow NO_3^- + 2\ H_2CO_3 + H_2O + \text{Energie}$$

Denitrifikation:

Unter Denitrifikation versteht man die mikrobielle Reduktion von Nitrat über Nitrit zum gasförmigen Stickstoff.

$$2\ NO_3^- + 2\ H^+ \longrightarrow N_2\uparrow + H_2O + 2{,}5\ O_2\uparrow$$

Eine weitergehende Reinigungsstufe, die mit dem Belebungsbecken kombiniert werden kann, sind Verfahren zur *Phosphatelimination*. Mehrfach erprobt sind verschiedene Möglichkeiten zur chemischen Phosphatfällung. Hier werden Metallsalze in erforderlicher Menge in den Abwasserstrom zudosiert, wodurch sich in einer chemischen Reaktion das im Abwasser enthaltene Phosphat mit dem Metallion (z.B. Fe^{3+} oder Al^{3+}) zu schwerlöslichem Eisenphosphat oder Aluminiumphosphat verbindet. Die Abscheidung der absetzbaren Phosphatverbindungen kann je nach gewähltem Verfahren als Vorfällung in der Vorklärung, als Simultanfällung in den Nachkärbecken oder als Nachfällung in einer nachgeschalteten, separaten Sedimentationsstufe erfolgen. Durchgesetzt hat sich in jüngster Zeit die simultane Dosierung der Fällmittel in die Belebungsstufe.

In der großtechnischen Erprobungsphase befindet sich zur Zeit das Verfahren der biologischen Phosphatelimination. Man hat herausgefunden, daß bestimmte aerobe Bakterienarten in der Lage sind, nach wechselnden Belastungen unter anaeroben und aeroben Bedingungen zu vermehrter Phosphationenaufnahme in die Zelle neigen, um zukünftigen Streßsituationen im anaeroben Milieu vorzubeugen. Durch Überschußschlammentnahme erfolgt dann die Phosphatelimination. Dieses Verfahren kann jedoch nicht alleine die behördlich geforderten Grenzwerte garantieren, allerdings den Einsatz von Fällmitteln einsparen, womit auch Klärschlammengen reduziert werden können.

Zur Planung von Belebungsbecken sei abschließend bemerkt, daß es eine Vielzahl von bautechnischen und verfahrenstechnischen Auslegungsmöglichkeiten gibt, auf die hier nicht detailliert eingegangen werden soll. Das gleiche gilt für die maschinentechnischen Ausrüstungsmöglichkeiten zur Sicherstellung des erforderlichen Sauerstoffeintrages. Für tiefergehende Informationen sei auf die einschlägige Fachliteratur verwiesen.

Die zur Zeit letzte Reinigungsstufe zumindest für größere Kläranlagen ist die *Flockungsfiltration*. In dieser Filtrationsstufe sollen mehrere Reinigungsschritte erfolgen. Dies sind:

- Rückhalt von abtreibenden Bakterienflocken und sonstigen suspendierten Stoffen, die nicht von der Nachklärung zurückgehalten werden konnten.
- Nachfällung von Phosphat, um die verschärften Grenzwerte (1 mg P/l für Kläranlagen $\succ$100.000 EGW) einzuhalten, durch Zugabe von Metallsalzen in Kombination mit der biologischen Phosphatelimination oder Simultanfällung.
- Weitergehende Reduzierung der Ablaufwerte BSB_5, CSB, Phosphat und Gesamtstickstoff durch Rückhalt der suspendierten Stoffe, die jeweils Anteile für diese Konzentrationen liefern und durch zusätzliche biologische Abbauvorgänge im Filterbett (auch zur Restnitrifikation).

Die Flockungsfiltration ist also zur Einhaltung eines Grenzwertes von 1 mg/l für größere Kläranlagen unbedingt erforderlich. Für kleinere Kläranlagen mit höheren Ablaufgrenzwerten für Phosphat ist der Filter zur Zeit noch nicht notwendig. Jedoch ist auch hier der Einsatz zur Sicherstellung aller Ablaufgrenzwerte, insbesondere CSB und Restnitrifikation zu empfehlen. Die Flockungsfiltration wird konventionell als Schnellfilter im Überstaubetrieb mit Filterlaufzeiten von 5 bis 10 m^3/h und zweischichtigem Filteraufbau erstellt. In letzter Zeit werden modifizierte Filteranlagen mit intensivierter biologischer Tätigkeit untersucht und bereits großtechnisch eingesetzt. Diese Filter werden entweder als Trockenfilter, also nicht überstaut, oder aufwärts durchströmt, als Einschichtfilter konzipiert. Diese Konstruktionen wurden gewählt, um einen simultanen Sauerstoffeintrag zu ermöglichen, der zusätzliche biologische Abbauvorgänge bewirken soll.

Losgelöst vom Abwasserweg ist als letzte Verfahrensstufe der Kläranlage die *Schlammbehandlung* zu erläutern. In den Vorklärbecken und den Nachklärbecken fallen Schlämme an, mit Feststoffgehalten von etwa 1 bis 3 Prozent. Eine wesentliche Aufgabe der Schlammbehandlung ist demzufolge, das Volumen der Schlämme durch geeignete und wirtschaftliche Entwässerungsverfahren zu verringern. Damit sollen zum einen die Transport- und Deponiekosten minimiert und zum anderen knapper Deponieraum nicht unnötig verbraucht werden. Dazu werden mechanische Verfahren wie Stand- oder Durchlaufeindicker oder maschinelle Verfahren, wie z.B. Siebtrommeln, Zentrifugen und Filterpressen mit und ohne Einsatz von chemischen Hilfsmitteln eingesetzt. In jüngster Zeit wird vermehrt der Einsatz von thermischen Verfahren wie Klärschlammtrocknung oder Verbrennung geprüft, um eine weitestgehende Volumenreduktion sicherzustellen. Die sinnvollen Kombinationen der einzusetzenden Verfahrensschritte müssen im einzelnen in Abhängigkeit von den örtlichen Entsorgungsmöglichkeiten, Deponie oder Landwirtschaft geprüft werden.

Eine weitere Hauptaufgabe der Schlammbehandlung liegt in der Sicherstellung der geruchsfreien Stabilisierung des Klärschlammes, um spätere Fäulnisvorgänge zu vermeiden. Dazu werden Faulbehälter vorgesehen, in denen unter anaeroben Bedingungen Bakterien die organischen Reststoffe im Klärschlamm weitgehend umwandeln. Das dabei freiwerdende Klärgas (Methan) ist energiereich und wird in den letzten Jahren in Blockheizkraftwerken in elektrische und thermische Energie umgewandelt. Die Stromerzeugung kann auf der Kläranlage genutzt werden, während mit der Wärme die Faulbehälter beheizt werden. Für den anaeroben Prozeß sind Temperaturen von 33 ^{0}C erforderlich.

5.6.4.4 Technische Verfahren der industriellen Abwasserreinigung

Im Gegensatz zu kommunalen Abwässern weisen Industrieabwässer in der Regel eine höhere Schmutzkonzentration, aber geringere Abwassermengen auf. Jeder denkbare Inhaltsstoff kann je nach Produktionsbetrieb im Abwasser auftreten. Prinzipiell sollte an oberster Stelle die Abwasservermeidung als erster Schritt zur Abwasserreinigung betrachtet werden. Einsparungen beim innerbetrieblichen Wasserverbrauch und Möglichkeiten zum Recyling sollten immer untersucht werden. Auch ist es je nach Abwasserinhaltsstoff sinnvoll, diese Stoffe separat am Entstehungsort aus dem Abwasserstrom zu entfernen, bevor diese mit anderen Abwasserströmen des Betriebes in Verbindung kommen. Zum einen könnte die Verwertung des Reststoffes vermindert, zum anderen durch chemische Vorgänge die erforderlichen Reinigungsschritte, unter Umständen umfangreicher oder die effektive Reinigung unmöglich gemacht werden. Wird zum Beispiel ein Abwasserstrom mit leicht abscheidbaren Öltröpfchen mit einem Abwasserstrom mit Lösungsmittelbestandteilen in Verbindung gebracht, wird die Elimination der dann gelösten Öle erheblich erschwert.

Der Planungsschwerpunkt einer industriellen Kläranlage sollte im Regelfall also nicht auf eine zusammenhängende Kompaktanlage ausgerichtet sein, sondern es sollten je nach Abwasserstrom separate, auf die spezifischen Inhaltsstoffe abgestimmte Vorreinigungsanlagen konzipiert werden. Schwer abbaubare Problemstoffe sollten generell am Entstehungsort entfernt werden und nach Möglichkeit gar nicht erst in den Hauptwasserstrom gelangen. Die effektiv bei den einzelnen Abwasserteilströmen einsetzbaren Vorreinigungsanlagen können zudem wirtschaftlich auf die noch kleinen Abwassermengen ausgelegt werden. Die Einteilung der technischen Verfahren zur Reinigung der industriellen Abwässer erfolgt analog zu den kommunalen Verfahren. Je nach Abwasserinhaltsstoff stehen jedoch eine Vielzahl von Verfahren zur Stofftrennung zur Verfügung, die zum Teil nicht in öffentlichen Kläranlagen eingesetzt werden und wegen der großen Abwassermengen auch nicht wirtschaftlich einsetzbar sind. Es sind dies:

- mechanische Verfahren: Siebe, Rechen, Sandfang, Leichstoffabscheider, Sedimentationsbecken;
- physikalisch–chemische Verfahren: Neutralisation, Flockung und Fällung, Filtration, Flotation, Zentrifugieren, Ultrafiltration und Umkehrosmose, adsorptive Abwasserreinigung über Aktivkohle, Strippung und Destillation, Abwassereindampfung, Abwasserverbrennung, Naßoxidation, Ionenaustauscher und Adsorberharze, Extraktion, Ozonisierung;

- biologische Verfahren: belüftete Misch- und Ausgleichsbehälter, Belebtschlammverfahren konventionell, Turmbiologie, Deep Shaft u.ä., Kunststofftropfkörper, Tauchtropfkörper, Teichanlagen, belüftet oder unbelüftet, anaerobe, biologische Verfahren.

Prinzipiell sind bei Industrieabwässern alle Stofftrennverfahren einsetzbar, die aus der Verfahrenstechnik bekannt sind. Im Rahmen dieses Lehrbuches würde eine detaillierte Erläuterung der einzelnen Verfahren den Rahmen sprengen. Je nach dem physikalischen und chemischen Zustand der Abwasserinhaltsstoffe muß im Einzelfall das geeignete Verfahren teilweise in Versuchen bestimmt und die sinnvolle Verfahrenskombination ermittelt werden.

5.6.5 Kosten der Abwasserreinigung

5.6.5.1 Kläranlagen

Kostenschätzungen sind in der Planungsphase von Baumaßnahmen unerläßlich. Im Rahmen der Vorplanung dient die überschlägige Ermittlung der erforderlichen Investitionen und Betriebskosten bei der Untersuchung mehrerer Alternativen der Wahl der kostengünstigsten Lösung. In einer Ausarbeitung von Schoeneberg wird die Entwicklung von Jahreskosten für Kläranlagen in einem Zeitraum von über 10 Jahre dargelegt. Es wird für Investitionen in Abhängigkeit der Kläranlagenausbaugrösse eine Bandbreite von 1.000 DM/EGW für kleine Kläranlagen (1.000 EGW) bis 320 DM/EGW für größere Kläranlagen (200.000 EGW) für spezifische Baukosten angegeben. Man muß hier jedoch darauf hinweisen, daß in diesen Zahlen keine Kosten für Schlammbeseitigungen und maschinelle Schlammentwässerung enthalten sind. Weiterhin können bei dem vorliegenden Kostenstand von 1987 noch nicht die gerade in den letzten Jahren verschärften Forderungen hinsichtlich Reinigungsleistung enthalten sein. Erst im November 1989 wurde die letzte Novellierung der 1. Verwaltungsvorschrift zum § 7a WHG (Mindestanforderungen bezüglich der von kommunalen Kläranlagen einzuhaltenden Einleitungsgrenzwerte) verabschiedet. Eine im Februar 1990 beim Abwasser Verband Saar durchgeführte statistische Kostenauswertung von 10 aktuell geplanten Kläranlagen ergab eine Bandbreite von 1.100 DM/EGW für kleine Kläranlagen bis 620 DM/EGW für größere Kläranlagen. Bei diesen Neuplanungen sind die weitergehenden Anforderungen an die Reinigungsleistungen (z.B. vergrößerte biologische Reinigungsstufe, Flockungsfiltration) und die maschinelle Schlammentwässerung enthalten. Man kann dieser Gegenüberstellung entnehmen, daß insbesondere bei größeren Kläranlagen höhere Kosten zu erwarten sind, als noch nach Schoeneberg 1987 angenommen werden konnte.

Bezogen auf die Gesamtkosten einer Kläranlage können in etwa folgende Kostenanteile für die verschiedenen Kostenstellen einer konventionellen Belebungsanlage mit Schlammfaulung angesetzt werden: Planung, Abwicklung und Grunderwerb nehmen etwa 12 bis 14 % der Gesamtkosten ein, die mechanische Reinigungsstufe ca. 12 bis 24 %; auf die biologische Reinigungsstufe entfallen ca. 24 bis 37 %; die Schlammbehandlung nimmt ca 20 bis 25 % der Kosten für sich ein; die Betriebsgebäude werden mit ca 5 bis 15 % und die Außenanlagen und Sonstiges werden mit 10 bis 25 % veranschlagt. Die Kostenanteile der Maschinen- und Elektrotechnik können heute zwischen 30 bis 40 % der Gesamtkosten betragen. Noch vor 20 Jahren war dieser Anteil mit etwa 15 bis 25 % der Gesamtkosten deutlich niedriger. Durch fortschreitende Automatisierung und höhere Ansprüche bei der Meß- und Regeltechnik sind insbesondere die Kosten für Elektrotechnik relativ stark angestiegen. Die spezifischen Betriebskosten einer Belebungsanlage können zwischen 55 DM/EGW·a für kleinere Anlagen bis 15 DM/EGW·a für größere Anlagen liegen (Stand 1987). Dabei nehmen die Personal- und Stromkosten die höchsten Anteile an. Durch die fehlenden Schlamentsorgungskosten sind hier sicherlich noch Zuschläge zu berücksichtigen.

5.6.5.2 Abwasserableitungen

Im Rahmen dieses Lehrbuches sollen nur grobe Richtwerte für Kosten von Sammlermaßnahmen und den Bauwerken zur Regenwasserbehandlung angegeben werden. Um exakte Kosten ermitteln zu können, müssen die spezifischen Randbedingungen wie z.B. Tiefenlage, Baugrundverhältnisse, Grundwasserstand, Verlegetechnik und Rohmaterialien genauer erfaßt werden.

Für die Verlegung eines Stahlbetonrohres in offener Bauweise in 2m Tiefe unter Geländeoberkante sind in etwa folgende Kosten (Stand 1989) zu erwarten:

Tab. 5–9: *Kosten für die Verlegung eines Stahlbetonrohres (Stand 1989)*

Nennweite	DM pro m	
	minimal	maximal
DN 300	580,00	720,00
DN 500	680,00	840,00
DN 700	820,00	1 020,00
DN 1 000	1 250,00	1 450,00
DN 1 400	1 730,00	1 970,00
DN 1 800	2 350,00	2 650,00
DN 2 000	2 650,00	3 050,00
DN 2 400	3 400,00	3 900,00

Für Regenüberlaufbecken können in etwa folgende Kosten angenommen werden (normale Randbedingungen):

Tab. 5–10: Kosten für Regenüberlaufbecken bei normalen Randbedingungen

offene Regenüberlaufbecken	800,00 bis 1 200,00 DM/m^3
geschlossene Regenüberlaufbecken	2 200,00 bis 2 700,00 DM/m^3
Kanalstauräume DN 2 400	3 500,00 bis 4 000,00 DM/m^3

Literaturverzeichnis

(1) "Naturnahe Gewässer – Aufbruch zu neuen Ufern", Herausgeber: Minister für Umwelt, Hardenbergstr. 8, 6600 Saarbrücken.

(2) Trinkwasserverordnung im Bundesgesetzblatt, Jahrgang 1986, Teil 1, Nr.22.

(3) "Die Gewässergütekarte der Bundesrepublik Deutschland", LAWA 1976.

(4) "Deutsche Einheitsverfahren zur Wasser-, Abwasser- und Schlammuntersuchung", DEV Verlag Chemie, Weinheim.

(5) Gilles, J.:"Öffentliche Abwasserbeseitigung im Spiegel der Statistik", Korrespondenz Abwasser 34 (1987), Heft 5 S. 414.

(6) Keding, M., Stein, D., Witte, H.: "Ergebnisse einer Umfrage zur Erfassung des Ist-Zustandes der Kanalisation in der BRD, Korrespondenz Abwasser 34, (1987), Heft 2, S.118.

(7) Pecher, R.: "Abwasserkanalnetz- und Schmutzfrachtberechnung Wasserversorgungs– und Abwassertechnik, 3. Ausgabe Vulkan–Verlag 1989, S. 153.

(8) Schoeneberg, H.: "Kosten der Abwasserbehandlung, gwf, Wasser–Abwasser 129 (1988), Heft 4, S. 289.

(9) ATV–Lehr- und Handbuch der Abwassertechnik, Dritte überarbeitete Auflage, Bände I–VII, Verlag Ernst und Sohn.

6. Ökologische Probleme des Abfalls

6.1 Einleitung

Abfall ist ein typisch zivilisationsbedingtes Problem. In der Natur und in sogenannten primitiven Gesellschaften gibt es praktisch keine Abfälle. In der Natur gibt es Kreisläufe zwischen den Produzenten – den Pflanzen, den Konsumenten – den Tieren, und den Destruenten – den Kleinlebewesen im Boden. Jede Art der Lebewesen befindet sich in einem dynamischen Gleichgewichtszustand (Fließgleichgewicht) zwischen dem Angebot an Stoffen, die sie für ihre Existenz braucht (ihrer Rohstoffbasis) und dem Abbau ihrer Stoffwechselprodukte durch andere Lebewesen (ihrer "Müllbeseitigung"). In den industrialisierten Gesellschaften wurde der Verbrauch an Gütern drastisch gesteigert, das Fließgleichgewicht gestört und die Kreisläufe durchbrochen. Alle Güter wurden über die Rohstoffe letztlich aus der Natur entnommen. Als Abfall werden sie an die Natur zurückgegeben.

Zwischen den künstlichen und natürlichen Kreisläufen gibt es nach Qualität und Quantität nur eine sehr geringe Abstimmung. Alle irgendwann einmal erzeugten Güter erfüllen nach einer gewissen Zeit die subjektiven oder objektiven Bedingungen ihrer Anschaffung nicht mehr. Kein technischer Produktionsprozeß führt zu 100 % von den Rohstoffen zu den Produkten. Auf jeder Stufe der Veredelung entstehen unerwünschte Nebenprodukte, die nur bedingt anderweitig verwendbar sind. Je komplizierter ein Produkt aufgebaut ist, umso schwieriger ist die Rückführung oder Wiederverwendung seiner Einzelkomponenten. Am einfachsten wiederverwendbar sind solche Stoffe, die beim Erzeuger selbst möglichst rein anfallen.

Diese Erscheinung kann man allgemein als Erzeugung von Unordnung beschreiben: Stoffe werden aus einem Zustand hoher Reinheit oder Konzentration (hoher Ordnung) in einen fein verteilten, dispersen Zustand (geringe Ordnung = hohe Unordnung, also hohe Entropie, vgl. Kap. 3) überführt. Vorgänge verlaufen von selbst (spontan) in Richtung höherer Entropie; eine Verminderung der Entropie (also Erzeugung von Ordnung) kann nur unter Einsatz von hochwertiger Nutzenergie (sog. freier Energie), z.B. elektrischer oder mechanischer Energie erfolgen, die dabei in minderwertige Energie (Wärme) umgewandelt wird. Will man also Stoffe aus ihrem dispersen Zustand im Abfall wieder in einen geordneten, nutzbaren Zustand überführen, erfordert dies den Einsatz beträchtlicher Energien. Auf das Müllproblem angewandt, bedeutet dies in erster Linie Sortieraufwand, entweder beim Abfallerzeuger oder beim Abfallbeseitiger. Unter gegebenen wirtschaftlichen Rahmenbedingungen ist die Wiederaufarbeitung und Wiederverwendung ehemaliger Abfallstoffe oft scheinbar unvernünftig, weil zu teuer. Im Extremfall gilt das nicht nur ökonomisch, sondern auch ökologisch: Die Wiederaufarbeitung von Abfall (Verminderung der Entropie) erfordert Energie. Jede Energieerzeugung ist aber ihrerseits mit Entropieproduktion und Erzeugung von Abfällen verbunden. Daraus ergibt sich sofort, daß eine vollständige Wiederaufarbeitung aller Abfälle unmöglich ist. Nur politische und gesetzgeberische Eingriffe in das Wirtschaftsgeschehen können deshalb an dieser Stelle Abhilfe schaffen. Dem Abfallanfall kann begegnet werden:

- indem bestimmte abfallträchtige Stoffe nicht produziert werden,
- indem Produkte konstruktiv so verändert werden, daß eine Weiter- oder Wiederverwendung wirtschaftlich sinnvoll ist,
- indem nach Sortierung oder getrennter Sammlung der organische Anteil als Kompost in den natürlichen Kreislauf zurückgeführt wird,
- indem bei brennbaren Stoffen ein Teil des Energieinhalts genutzt wird, wobei man das Entstehen anderer Schadstoffe in Kauf nimmt (Müllverbrennung).

Das Deponieren ist von allen Entsorgungsverfahren das schlechteste. Deponien benötigen sehr viel Fläche, wobei der Untergrund zur Ablagerung geeignet sein muß. Moderne, d.h. hinreichend sichere Deponien erfordern einen hohen technischen Wartungsaufwand. Der Boden muß abgedichtet werden, die Sickerwässer müssen abgeleitet und entsorgt werden. Ebenso muß für die gasförmigen Zersetzungsprodukte Vorsorge getroffen werden. Ungeziefer muß bekämpft werden. Eine Deponie erfordert eine ständige Überwachung instrumenteller und personeller Art, und zwar über Generationen, möglicherweise über Jahrhunderte.

Besonders problematisch ist die Entsorgung gefährlicher Stoffe. Es bedarf spezieller Behälter und Fahrzeuge. Für die Entsorgung sind aufwendige technische Anlagen erforderlich, z.B. zur Verbrennung oder zur Endlagerung. Abfälle in großem Umfang gibt es seit Beginn der Industrialisierung. Lange Zeit sind die Industriegesellschaften mit diesen Abfällen aber sorglos umgegangen. An vielen Stellen sind deshalb Böden und Grundwasser verunreinigt worden. Es gibt eine große Zahl ehemaliger Deponien, deren Inhalte nur unzureichend bekannt sind. Ehemalige Industriestandorte sind oft metertief mit Schadstoffen verseucht. Die Entsorgung solcher *Altlasten* ist schwierig und teuer. Für den Umgang mit Abfällen und Reststoffen gibt es zahlreiche gesetzliche Bestimmungen. Diese Bestimmungen sind oft schwierig durchzusetzen, weil es an der Kontrolle fehlt und weil das Problembewußtsein der potentiellen Abfallerzeuger nur teilweise vorhanden ist. Dies gilt vor allem für Stoffe, deren Gefährdungspotential nicht oder nur unzureichend bekannt ist. Eine wirksame Bekämpfung des Abfallaufkommens ist ohne die Mitwirkung von weiten Teilen der Bevölkerung nicht durchsetzbar. Abgesehen von Aufklärung können wirtschaftliche Anreize zum Ziel führen.

6.2 Gesetzliche Bestimmungen zur Abfallbehandlung

Die heutige Industriegesellschaft benötigt zur Aufrechterhaltung von Produktions– und Konsumprozessen zunehmend Rohstoffe, die zu Gütern und Waren verarbeitet werden. Industrielle Produktion und Verbrauch von Gütern verursachen zwei Problembereiche: Zum einen werden Rohstoffe verbraucht, zum andern entstehen Abfälle, die zum Teil mit Wertstoffen durchsetzt sind. Die Industriegesellschaft steht damit vor der Notwendigkeit, die angefallenen Abfälle entweder zu beseitigen (z.B. durch Verbrennung oder Deponierung) oder aber, soweit Abfälle als Sekundärrohstoff verwendet werden können, diese wieder zu verwerten.

Dieser Problemlage versucht das Gesetz über die Vermeidung und Entsorgung von Abfällen (Abfallgesetz, AbfG) des Bundes gerecht zu werden. Ziel des Abfallgesetzes ist gemäß § 2 Abs.1 das "Wohl der Allgemeinheit" vor Beeinträchtigungen durch eine nicht ordnungsgemäße Entsorgung zu schützen. Das "Wohl der Allgemeinheit" ist in den Nummern 1 bis 6 des § 2 Abs.1 AbfG näher konkretisiert und umfaßt als Schutzziele u.a. die Gesundheit und das Wohlbefinden des Menschen, die Erhaltung von Nutztieren, Vögeln, Wild und Fischen, die Umweltmedien Wasser, Luft und Boden, den Lärmschutz, die Belange von Naturschutz, Landschaftspflege und Städtebau und schließlich die öffentliche Sicherheit und Ordnung.

Der Begriff der Abfallentsorgung ist in § 1 Abs.2 AbfG näher definiert. Danach umfaßt die Abfallentsorgung das Gewinnen von Stoffen oder Energie aus Abfällen (Abfallverwertung) und das Ablagern von Abfällen sowie die hierzu erforderlichen Maßnahmen des Einsammelns, Beförderns, Behandelns und Lagerns. Den Vorrang der Abfallverwertung vor der Beseitigung beschreibt § 1a Abs. 2 AbfG fest.

Die Anwendung der Vorschriften des Abfallgesetzes setzt voraus, daß es sich um Abfälle im Sinne des § 1 Abs.1, Satz 1 AbgG handelt. Das Gesetz definiert an dieser Stelle Abfälle als bewegliche Sachen, derer sich der Besitzer entledigen will (subjektiver Abfallbegriff) oder deren geordnete Entsorgung zur Wahrung des

Wohls der Allgemeinheit, insbesondere des Schutzes der Umwelt, geboten ist (objektiver Abfallbegriff). Die mitunter problematische Abgrenzung zwischen den Begriffen Abfall und Wirtschaftsgut – im letzteren Fall gilt das Abfallrecht nicht – läßt sich als Faustregel wie folgt fassen: Soweit nicht das Wohl der Allgemeinheit die Entsorgung von Stoffen in Abfallentsorgungsanlagen gebietet, handelt es sich dort nicht um Abfall, sondern um Wirtschaftsgut, wo die eigene Wiederverwendung oder -verwertung oder aber die Abgabe an einen anderen letztlich wirtschaftliche Vorteile bringt, die über die bloße Befreiung von der Sache hinausgehen.

Um die Zielvorstellungen einer umweltgerechten Abfallentsorgung zu verwirklichen, haben nach den Vorschriften des Abfallgesetzes die zuständigen Behörden die Möglichkeit, entweder eingreifend oder planend abfallwirtschaftlich tätig zu werden.

Als eingreifende Maßnahmen sieht das Abfallgesetz neben der Überlassungs- und Entsorgungspflicht (§ 3 AbfG) folgendes vor: den Anlagenzwang (§ 4 AbfG), die Notwendigkeit der Planfeststellung und Genehmigung von Abfallentsorgungsanlagen (§§ 7 – 8 AbfG), die Anzeige- und Rekultivierungspflicht bei stillgelegten Anlagen (§ 10 AbfG), die Genehmigungspflicht für die Einsammlung und Beförderung von Abfällen und deren Verbringung z.B. in das Ausland (§§ 12, 13 AbfG), Verbote und Beschränkungen für Verpackungen (§§ 1 a, 14 a AbfG) sowie Aufbringungsverbote und -beschränkungen für bestimmte Stoffe auf landwirtschaftlich genutzte Böden (§ 15 AbfG).

Nach dem in § 3 Abs.1 AbfG niedergelegten Grundsatz der Überlassungspflicht hat der Besitzer von Abfällen diese dem Entsorgungspflichtigen zum Zwecke der Entsorgung zu überlassen. Dabei obliegt die Entsorgung der in ihrem Gebiet anfallenden Abfälle den nach Landesrecht zuständigen Körperschaften des öffentlichen Rechts (z.B. Landkreisen, kreisfreien Städten, Zweckverbänden), die sich zur Erfüllung dieser Pflicht Dritter bedienen können (im Regelfall privater Müllabfuhrunternehmen). Von der Entsorgungspflicht durch öffentlich–rechtliche Körperschaften können solche Abfälle ausgenommen werden, die wegen ihrer Art (Sonderabfall) oder Menge (z.B. Bauschutt) nicht mit Hausmüll zusammen entsorgt werden können. Für diese Abfälle bleibt der Besitzer entsorgungspflichtig, der sich jedoch ebenfalls Dritter zur Pflichterfüllung bedienen kann.

Nach dem Wortlaut des § 4 Abs.1 AbfG dürfen Abfälle in den dafür zugelassenen Anlagen oder Einrichtungen (Abfallentsorgungsanlagen) behandelt, gelagert und abgelagert werden. Unter den gesetzlich näher bestimmten Voraussetzungen können für den Einzelfall oder durch Rechtsverordnung Ausnahmen von diesem Grundsatz zugelassen werden.

Nach § 7 Abs.1 AbfG bedürfen die Errichtung und der Betrieb ortsfester Abfallentsorgungsanlagen sowie die wesentliche Änderung einer solchen Anlage oder ihres Betriebs der abfallrechtlichen Zulassung. Nur in diesen, auf dieser Rechtsgrundlage genehmigten Anlagen sowie in bestehenden Anlagen nach § 9 AbfG dürfen nach der für die Ordnung der Abfallentsorgung grundlegenden Normen des § 4 Abs.1 AbfG Abfälle behandelt, gelagert oder abgelagert werden. Die abfallrechtliche Zulassung erfolgt gemäß den Voraussetzungen des § 7 Abs.1 AbfG im Regelfall durch Planfeststellung, unter den legislativ festgelegten Bedingungen des § 7 Abs.2 AbfG durch Plangenehmigung.

Der Sinn des abfallrechtlichen Zulassungserfordernisses besteht darin, der Zulassungsbehörde durch die Einräumung einer Präventivkontrolle die Prüfung zu ermöglichen, ob im konkret zu entscheidenden Fall die Grundsätze einer umweltgerechten Abfallentsorgung gewährleistet sind, ob dem Vorhaben zwingende Versagungsgründe oder ob ganz allgemein Gründe des Allgemeinwohls der Zulassung des Vorhabens entgegenstehen. Konstitutives Merkmal einer Planfeststellung ist ihre Konzentrations- oder Bündelungswirkung. Dies bedeutet, daß neben der Planfeststellung keine anderen behördlichen Entscheidungen, insbesondere Genehmigungen, Verleihungen, Erlaubnisse, Bewilligungen, Zustimmungen etc. erforderlich sind. Neben der abfallrechtlichen Planfeststellung sind damit grundsätzlich keine weiteren öffentlich–rechtlichen Gestattungen erforderlich.

§ 10 AbfG verpflichtet den Inhaber einer stillgelegten Abfallentsorgungsanlage, auf seine Kosten das Gelände zu rekultivieren und sonstige Vorkehrungen zu treffen, damit das Wohl der Allgemeinheit nicht beeinträchtigt wird. Die beabsichtigte Stillegung ist der zuständigen Behörde anzuzeigen.

Das gewerbsmäßige Einsammeln und Befördern von Abfällen ist nach § 12 AbfG genehmigungspflichtig, es sei denn, die Transporte erfolgen durch entsorgungspflichtige, öffentlich–rechtliche Körperschaften oder im Wege weiterer, gesetzlich genau fixierter Ausnahmetatbestände. Einzelheiten der Antragstellung sowie der Form der Genehmigung regelt die von der Bundesregierung auf der Rechtsgrundlage des § 12 Abs.3 AbfG erlassene Abfallbeförderungsverordnung. Wie bei der innerstaatlichen Transportgenehmigungspflicht von Abfällen nach § 12 AbfG ist nach

§13 AbfG das Verbringen von Abfällen in, aus dem oder durch den Geltungsbereich des Gesetzes ohne Genehmigung untersagt. Die zum Verwaltungsverfahren der Erteilung einer solchen Verbringungsgenehmigung erforderlichen Einzelheiten regelt die Abfallverbringungsverordnung, deren Grundzüge in § 13 Abs.5 AbfG festgelegt sind.

§ 14 AbfG ermächtigt die Bundesregierung, das Inverkehrbringen von bestimmten Erzeugnissen, Verpackungen und Behältnissen durch Rechtsverordnung zu verbieten oder zu beschränken, um auf diese Art und Weise schädliche Stoffe in Abfällen oder bei deren Entsorgung zu vermeiden oder zu verringern. Insbesondere können Kennzeichnungen, getrennte Entsorgung, Rückgabemöglichkeiten und Pfanderhebung vorgeschrieben werden. § 14 Abs.2 AbfG gibt der Bundesregierung die Möglichkeit, zur Reduzierung von Abfallmengen Zielfestlegungen für deren Vermeidung, Verringerung oder Verwertung von Abfällen aus bestimmten Erzeugnissen in angemessener Zeit zu treffen. Soweit diese Ziele durch die Abfallerzeuger im Wege der Selbstbeschränkung nicht erreicht werden, können die erforderlichen Verbote und Beschränkungen des Inverkehrbringens durch Rechtsverordnung bestimmt werden. Auf dieser Rechtsgrundlage wurde eine Verordnung über die Rücknahme und Pfanderhebung von Getränkeverpackungen aus Kunststoff erlassen.

Soweit Abwasser, Klärschlämme, Fäkalien und ähnliche Stoffe auf landwirtschaftlich, forstwirtschaftlich oder gärtnerisch genutzte Böden aufgebracht werden, richtet sich das Aufbringen nach den sinngerecht anzuwendenden Grundsätzen der gemeinwohlverträglichen Abfallentsorgung (vgl. § 15 Abs.1, Satz 1 AbfG). Durch Rechtsverordnung kann das Aufbringen der vorbezeichneten Stoffe im einzelnen geregelt werden. Auf dieser Rechtsgrundlage wurde die *Klärschlammverordnung* erlassen, die die Voraussetzungen für das Aufbringen, Aufbringungsverbote und Beschränkungen sowie die zugelassene Aufbringungsmenge detailliert regelt.

Neben den vorbezeichneten eingreifenden Maßnahmen sieht das Abfallgesetz als planende Maßnahme Abfallentsorgungspläne in § 6 AbfG vor. Diese sind von den Ländern für ihren Bereich nach überörtlichen Gesichtspunkten aufzustellen. Abfallentsorgungspläne weisen geeignete Standorte für Abfallentsorgungsanlagen aus und können auch deren Einzugsbereich im einzelnen festlegen. Sonderabfälle sind in den Abfallentsorgungsplänen besonders zu berücksichtigen.

Auf der Rechtsgrundlage des § 2 Abs.2 AbfG wurde die *"Verordnung zur Bestimmung besonders überwachungsbedürftiger Abfälle"* (Sonderabfälle) erlassen. Nach der Zielsetzung dieser Verordnung sind an die Entsorgung von Abfällen nach § 2 Abs.2 AbfG zusätzliche, über die "normale" Entsorgung hinausgehende Anforderungen zu erfüllen. Dies gilt insbesondere für die Überwachung. Die hierbei in Frage stehenden Abfälle werden durch die Rechtsverordnung im einzelnen bestimmt. §1 der Verordnung definiert die überwachungsbedürftigen Abfälle als die in der Anlage zur Verordnung gekennzeichneten und genannten Abfallarten, soweit sie aus gewerblichen oder sonstigen wirtschaftlichen Unternehmungen oder öffentlichen Einrichtungen stammen. Somit werden in dieser Anlage diejenigen Abfallarten beschrieben, die nach Art, Beschaffenheit oder Menge in besonderem Maße gesundheits-, luft- oder wassergefährdend, explosiv oder brennbar sind, Erreger übertragbarer Krankheiten enthalten oder hervorbringen können. Aufgeführt sind Abfallart, Abfallbezeichnung, Bestimmungskriterien und schließlich deren Herkunft.

Die *"Technische Anleitung zur Lagerung, chemisch/physikalischen und biologischen Behandlung und Verbrennung von besonders überwachungsbedürftigen Abfällen"* (TA–Abfall, Teil 1) wurde auf der Rechtsgrundlage des § 4 Abs.5 AbfG als allgemeine Verwaltungsvorschrift erlassen. Sie ist eine interne Regelung innerhalb der Verwaltung, gerichtet an deren ausführende Organe. Sie begründet damit keine generell verbindlichen rechtlichen Verpflichtungen, vielmehr ist der Adressat dieser Verwaltungsvorschrift die vollziehende Behörde. Eine sogenannte externe Wirkung, also eine solche für Bürger und Gericht, kommt ihr dagegen nicht zu.

Prägendes Element der TA–Abfall, Teil 1 ist die Festlegung, nach der bei der Entsorgung von Abfällen der "Stand der Technik" einzuhalten bzw. zu berücksichtigen ist. Im übrigen stellt die TA–Abfall unmißverständlich klar, daß zukünftige Entsorgungsanlagen nur noch dann genehmigungsfähig sind, wenn sie den Einzelanforderungen der Technischen Anleitung vollinhaltlich genügen. Desweiteren ordnet die TA–Abfall einzelne Abfälle bestimmten Entsorgungsverfahren und -anlagen zu, legt als Grundsatz der Entsorgung die Verwertung fest, verfügt ein Vermischungsverbot für Abfälle, die behandelt oder verwertet werden sollen und stellt die Kriterien für die Zuordnung von Abfällen zur sonstigen Entsorgung auf, nach denen solche Abfälle, die nachweislich nicht verwertet werden können, von der Behörde einer bestimmten Anlage zur Behandlung oder Ablagerung zuzuordnen sind. Ferner stellt die TA Abfall, Teil 1 übergreifende Anforderungen an Sammelstellen, Zwischenlager und Abfallbehandlungsanlagen, die bei Nichtbeachtung zur Versagung einer Anlagengenehmigung führen.

Das AbfG enthält keine Bestimmungen, aufgrund derer von den zuständigen Behörden gegen die von Altablagerungen ausgehenden Umweltbeeinträchtigungen eingeschritten werden kann. Die erforderlichen Rechtsgrundlagen sind zum Teil in den Länderabfallgesetzen, so z.B. im Hessischen Abfallwirtschafts–Altlastengesetz oder im Landesabfallgesetz von Nordrhein–Westfalen, festgehalten. Fehlen spezialgesetzliche Eingriffstatbestände des Landes–Abfallrechts, so müssen die eingreifenden bzw. verfügenden Behörden auf die Grundsätze des Wasserrechts oder aber des allgemeinen Polizei- und Ordnungsrechts zurückgreifen.

In Ergänzung zu den Vorschriften des Bundes–Abfallgesetzes haben die Länder in Landesabfallgesetzen weitergehende Bestimmungen getroffen. Da der Bund für die Abfallentsorgung die konkurrierende Gesetzgebungszuständigkeit besitzt (vgl. Art. 74 Nr.24 Grundgesetz) können die Länder ihr Gesetzgebungsrecht nur soweit ausüben, als der Bund von seinem Gesetzgebungsrecht keinen Gebrauch gemacht hat. In Konsequenz dieser verfassungsrechtlichen Vorgabe enthalten die meisten Ländergesetze in erster Linie Organisations- und Zuständigkeitsregelungen. Von materiellem Rechtsgehalt sind dagegen die Vorschriften zur Altlastensanierung.

6.3 Verfahren der Abfallbehandlung

6.3.1 Einleitung

Zur Umsetzung der drei Grundforderungen des Abfallgesetzes: Abfallvermeidung, Abfallverwertung, ordnungsgemäße Abfallentsorgung reichen die herkömmlichen Beseitigungsverfahren der Müllverbrennung und/oder Deponierung alleine nicht mehr aus. Anzuwenden sind vielmehr moderne, integrierte Entsorgungskonzepte. Diese erfordern eine Kombination von Verfahren. Bei der Gestaltung eines derartigen Konzeptes sind die örtlichen Gegebenheiten ebenso zu berücksichtigen wie die Aufnahmemöglichkeiten des Marktes für Sekundärrohstoffe und Energie. Daher kann es nicht nur ein einziges Entsorgungskonzept geben, sondern viele, regional angepaßte Entsorgungskonzepte.

Hierbei sollten alle Maßnahmen zur stofflichen Verwertung von Hausmüll, hausmüllähnlichen Abfällen und Abfällen aus Gewerbe und Industrie ausgeschöpft werden. Hierzu gehören insbesondere organisatorische Maßnahmen, die bestimmte Teilmengen aus dem Abfallstrom ausschleusen und einer Verwertung oder einer gesonderten Entsorgung zuführen (z.B. Glas, Metalle, Papier, Vegetabilien, Batterien, Lack- und Chemikalienrest usw.).

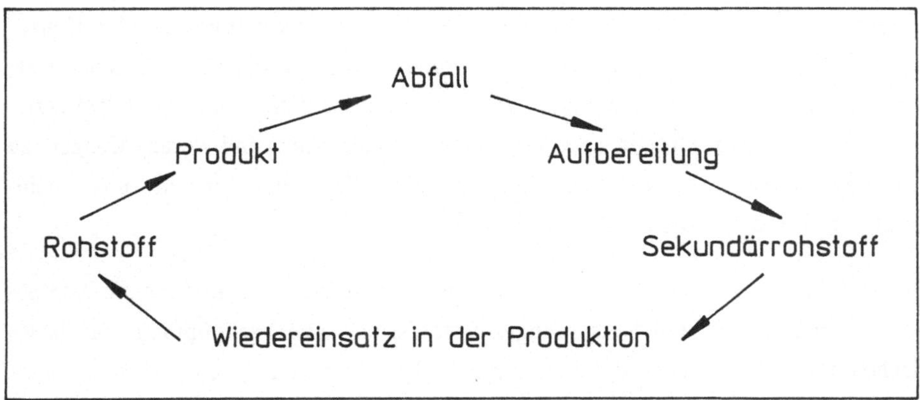

Bild 6.1: Schema der Abfallbehandlung

Maßnahmen zur Vermeidung von Menge und Schädlichkeit von Abfällen greifen zurück bis in die Produktion und können nur bedingt von den entsorgungspflichtigen Körperschaften geleistet werden. Bei der Gestaltung moderner Entsorgungskonzepte für Hausmüll muß ein Grundprinzip berücksichtigt werden: nur weitgehend mineralisierte und stabilisierte Abfälle kommen zur Ablagerung. Nur auf diese Weise kann eine ausreichende Vorsorge zur Vermeidung von Altlasten getroffen werden. Dies bedeutet jedoch, in Zukunft alle nicht vermeidbaren und stofflich nicht verrwertbaren Restabfälle so vorzubehandeln – in der Regel thermisch – daß sie auf Dauer umweltverträglich deponiert werden können. Damit wird die thermische Abfallbehandlung als vorletzter Teilschritt zu einem wichtigen Bestandteil integrierter Entsorgungskonzepte. Dabei darf es nicht zu einer Verlagerung von Umweltproblemen in andere Bereiche kommen. Dieser Forderung wird u.a. durch die Anforderungen der TA–Luft und die Einleitungsbedingungen für Abwässer aus Hausmüll–Verbrennungsanlagen Rechnung getragen.

Wegen der unübersehbaren Anzahl von Inhaltsstoffen in den verschiedenen Abfallarten, der Schwierigkeit, diese zu analysieren und der daraus sich ergebenden begrenzten Kontrollmöglichkeiten kann sich eine umweltvertägliche Entsorgung nicht allein auf Verbrennung und Ablagerung stützen.

Für abfallwirtschaftliche Gesamtbetrachtungen sind die Zusammenhänge zwischen Versorgung und Entsorgung deutlich zu machen. Versorgen und Entsorgen sind voneinander abhängige Mechanismen, die in unsere Umwelt eingreifen und unser Wirtschaftsleben nachhaltig bestimmen. Die Abfallentsorgung beginnt bei der Erschließung der Rohstoffe, erstreckt sich über das Produktionsverfahren und das

Produkt selbst und reicht bis zum Ende der Nutzung beim Investor oder Konsumenten. Jede dieser zeitlichen Ebenen erfordert eine spezifische Vorgehensweise, d.h. integrierte Reststoffverwertung. Dabei muß es das Ziel sein, in allen Teilbereichen, in denen Rückstände anfallen, deren Schädlichkeit und deren Mengen zu reduzieren und die Umweltbeeinträchtigungen bei der Entsorgung der unvermeidbaren Abfälle soweit wie möglich zu senken.

Die Teilschritte Verwertung und Behandlung sind aufeinander aufbauende Komponenten eines integrierten Entsorgungskonzeptes, das eine Verknüpfung von ökologischen und ökonomischen Inhalten darstellt. Die Vermeidung von Rückständen ist kein Bestandteil der Abfallentsorgung, sondern wirkt im Vorfeld entlastend auf deren Aufgabenerfüllung.

6.3.2 Behandlungsanlagen bzw. Entsorgungswege

Integrierte Entsorgungskonzepte erfordern eine Kombination von Verfahren zur

- Abtrennung von Schadstoffen,
- stofflichen Verwertung einschließlich Kompostierung,
- thermischen Behandlung mit möglichst weitgehender Verwertung von Energie und Reststoffen sowie
- Ablagerung der verbleibenden Rückstände.

Die Behandlung und "Beseitigung" von Abfällen wird immer eine mehr oder minder große Beeinträchtigung der Umwelt in Folge von Emissionen (Sickerwasser, Deponiegas, Rauchgas, usw.) und Landschaftsverbrauch (Deponiegelände) zur Folge haben. Ziel abfallwirtschaftlicher Maßnahmen muß daher auch die Reduzierung dieser Folgen auf ein Minimum sein. Solche Maßnahmen sind einerseits in der Entwicklung von Verfahren zur Verwertung von Abfällen zu sehen, wie z.B. Altstoffauslese, Kompostierung von hierfür geeignetem Material sowie eine thermische Behandlung von Abfällen mit dem Ziel der Inertisierung und der Substitution von Primärenergie.

Desweiteren müssen die Schadstoffgehalte der vorhandenen Emissionen bzw. bei Komposterzeugung diejenigen des hergestellten Produktes minimiert werden. Hierzu ist es erforderlich, eventuelle Schadstoffträger vom jeweiligen Behandlungsverfahren fernzuhalten, indem die entsprechenden Stoffe gesondert erfaßt und behandelt werden.

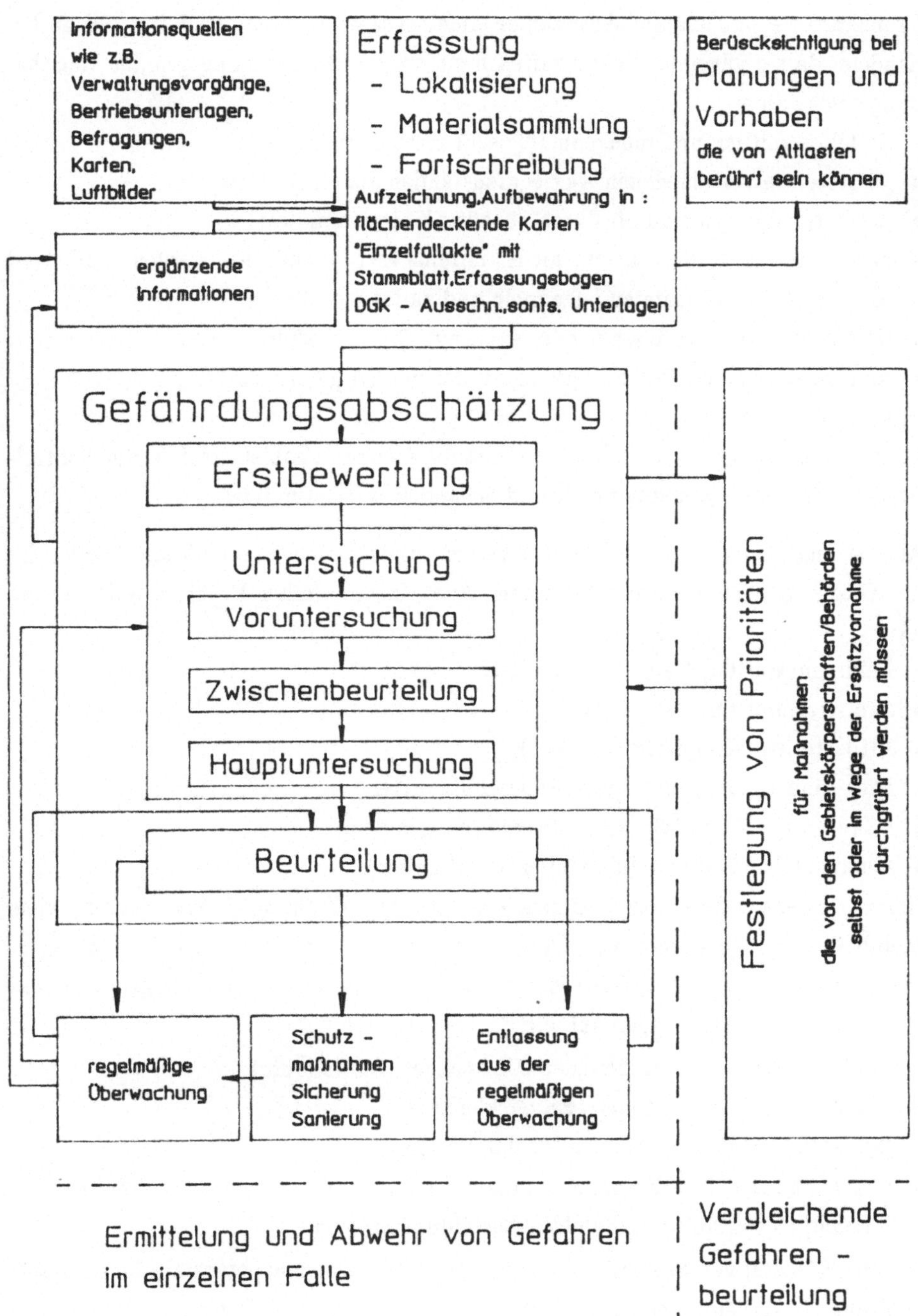

Bild 6–2: Gefährdungspotential von Abfällen

Problemstoffe sind bis auf Ausnahmen nicht zusammen mit dem Hausmüll zu behandeln, da sie folgende Eigenschaften besitzen, die ihre ordnungsgemäße Handhabung erschweren:

- sie fallen zeitlich und mengenmäßig sehr unregelmäßig an,
- sie treten in verschiedenen Aggregatzuständen auf (fest, flüssig),
- die Verpackungen sind oft durch Schadstoffe kontaminiert,
- viele Problemstoffe dürfen nicht miteinander vermischt werden und sind somit nicht gemeinsam zu behandeln und zu transportieren,
- sie können toxische, ätzende oder explosive Eigenschaften haben,
- sie können Wasser, Boden, Luft sowie Gesundheit gefährden,
- sie sind oft korrosiv.

Unter diesen Aspekten wird deutlich, daß die meisten Problemstoffe unter kontrollierbaren Bedingungen gesammelt und behandelt werden müssen.

Abfälle aus Haushalten und Kleingewerben enthalten naturgemäß alle Stoffe, die im Konsumbereich verbraucht werden. Auch hierbei fallen Problemstoffe an wie z.B.:

- Reinigungsmittel, Desinfektionsmittel,
- alte Arzneimittel,
- Altbatterien (Knopfzellen, Akkus),
- Lack- und Lösungsmittelreste, Holzschutzmittel,
- Pflanzenschutz- und Schädlingsbekämpfungsmittel,
- sonstige Chemikalien (Hobbybereich und Labor).

Hohe Schwermetallgehalte besitzen z.B. Leuchtstoffröhren, Elektroartikel, viele Metallteile und bestimmte Kunststoffe. Sie sind daher als Problemstoffe anzusehen. Im Dienstleistungs- und Gewerbebereich treten ebenfalls Erzeugergruppen von Sonderabfall in Kleinmengen auf, z.B.:

- Goldschmieden, Silberschmieden, Uhrmacher, Dentallabors,
- Fotolabors, Lichtpausereien (Entwickler),
- chemische Reinigungsbetriebe (Lösungsmittel),
- Krankenhäuser, Apotheken, Arztpraxen (Arzneimittel, Quecksilber, Spritzen),
- Schulen, Hochschulen und andere Ausbildungsstätten.

Aus der Vielzahl von Stoffen und Stoffgruppen mit Schadenspotential, die im Hausmüll und Gewerbemüll enthalten sein können, seien folgende Beispiele zitiert:

- Phenole z.B. in Kunstharzen, Farben, Pharmazeutika, Schädlungsbekämpfungsmitteln, Photochemikalien.
- Lösungsmittel, z.B. Methanol, Chloroform, Tetrachlorkohlenstoff.

- Organische und anorganische Säuren und Laugen z.B. in Rostentfernern, Photochemikalien, Bleichmitteln, Gerbmitteln, Beizmitteln.
- Giftige Metalle, Metallegierungen, Metallverbindungen (Cadmium, Quecksilber, Arsen, Blei, Antimon, Chrom, Selen, Nickel); z.B. in Thermometern, Batterien, Katalysatoren, Konservierungsmitteln, Photochemikalien, Holzschutzmitteln, Pflanzenbehandlungsmitteln.

6.3.3 Stoffliche Verwertung einschließlich Kompostierung

Stoffliche Verwertung setzt Materialien von ausreichender Reinheit bzw. Konzentration der zu verwertenden Stoffe voraus. Dies kann grundsätzlich auf zweierlei Weise erreicht werden: erstens durch die Erfassung der zu verwertenden Stoffe vor einer Vermischung mit Fremd- und Störstoffen; zweitens durch Separierung der zu verwertenden Stoffe aus einem Abfallgemisch bzw. Verwertung des Gemisches. In beiden Fällen erfordert die Konzentrierung und Herstellung eines geordneten Zustandes Energie. Bei Fall 1 wird vorausgesetzt, daß der Abfallproduzent in das Behandlungs- und Beseitigungssystem integriert wird, da ihm die Aufgabe der Trennung obliegt. Er hat zu entscheiden, was Wertstoff ist oder nicht und beeinflußt damit direkt die Reinheit der separierten Stoffgruppen und die Wirtschaftlichkeit und Effizienz des Systems. Beim Modell 2 wird der Abfallproduzent der Pflicht enthoben, Entscheidungen darüber zu treffen, in welchen Kanal der entsprechende Stoff gegeben wird. Er erzeugt ein Konglomerat von Abfallstoffen, dessen Weiterbehandlung er von vornherein einem Dritten überläßt. Verfahren zur getrennten Erfassung erfordern stets auch zusätzliche Schritte zur Sortierung und Reinigung des gesammelten Materials. Umgekehrt wäre die Abtrennung von verwertbaren Stoffen aus einem Konglomerat aller Abfallstoffe nur sehr begrenzt und mit hohem Aufwand möglich. In der Praxis werden daher stets Mischformen der beiden Grenzfälle realisiert.

Die *getrennte Erfassung von Stoffen* kann integrierte und additive Systeme beinhalten. Dabei können die Stoffe einzeln oder in Stoffgruppen gesammelt werden. Alle Systeme dieses Modells bedingen eine mehr oder weniger große Mitarbeit vom Abfallproduzenten. Das Ziel ist die Gewinnung eines möglichst reinen Stoffes, der in den Altstoffmarkt eingegliedert oder z.B. als Bodenverbesserer eingesetzt werden kann. Eine große Zahl von Vorschlägen für die Organisation der getrennten Erfassung wurde erdacht und teilweise in Modellversuchen erprobt. Man unterscheidet einerseits *Hol–Systeme*, die in die übliche Müllabfuhr integriert sein können (Mehrkammer–Müllsystem, "Altstoff"– oder "Bio"–Tonne) oder aber getrennt erfolgen (Straßensammlungen für Papier, Textilien, Metallschrott, Gartenabfälle sowie –im geplanten "Dualen System"– Verpackungsmüll), andererseits *Bring-Systeme*, wie die bekannten Containernetze für Glas, Papier, örtlich auch Textilien und Dosen, aber auch die regelmäßig zentrale Punkte anfahrenden "Umwelt"– oder "Öko"–Mobile bis hin zu geplanten Recyclinghöfen. Einen Überblick über die getrennte Erfassung und die erwarteten Effekte (Mengen- und Schadstoffreduktion) zeigt Bild 6–3:

Wesentliche Kriterien für die Funktionsfähigkeit eines Gesamtkonzeptes der getrennten Erfassung und stofflichen Verwertung sind:

- Aufwand (Energie, Logistik, Kosten) für Sammlung und Sortierung;
- Erfassungsquote, d.h. die separat eingesammelten Mengen eines Stoffes oder einer Stoffgruppe an der Gesamtmenge dieser Stoffe im Abfall;
- Qualität und Sortenreinheit, also der Anteil an minderwertigem Material gleichen Typs oder an Fremdstoffen.

Generell gilt, daß die Erfassungsquote, parallel zum Aufwand für die Sammlung, beim Hol–System am höchsten und beim zentralen Recyclinghof am geringsten ist. Andererseits sind Qualität und Sortenreinheit des Materials beim Hol–System meist schlechter, vor allem, wenn in einem Behälter mehrere Stoffklassen gesammelt werden. Während schon ein in die herkömmliche Müllabfuhr integriertes System der getrennten Sammlung mit erheblichen Kosten verbunden ist, gilt dies erst recht für getrennte Systeme, so daß bisher nur besonders hochwertige Materialien (Textilien, Metallschrott, Hausrat) in unregelmäßigen Einzelaktionen mit geringem Organisationsaufwand gesammelt werden. Die Organisation "Duales System Deutschland" (DSD) will der neuen Verpackungsverordnung (die eine drastische Reduktion der ca. 10 Mio t/a an Verpackungsabfällen durch Auflagen zur Wiederverwertung anstrebt) durch Einführung des "Grünen Punkt" und eine getrennte Sammlung der damit gekennzeichneten Materialien Rechnung tragen. Damit wird ausgerechnet der Teil der Müllbeseitigung erhöht, der bisher mit Abstand den grössten Anteil an den Kosten hatte, nämlich die regelmäßige, flächendeckende Einsammlung im Hol–System. Dabei wird zudem ein Konglomerat verschiedenster Stoffe erhalten, so daß aufwendige Sortieranlagen benötigt werden und ein großer Teil des Materials wohl nur thermisch "verwertbar" bleibt. Es bleibt abzuwarten, ob sich diese Vorgehensweise in der Praxis bewähren wird. Immerhin können die Planer des DSD darauf verweisen, daß brauchbare Alternativen derzeit nicht gegeben sind.

Verfahren der getrennten Sammlung

	öffentliche Entsorger						Caritative u. Kommerzielle	
	integrierte Systeme			additive Systeme				
Bezeichnung	"Grüne" Tonne	Bio Tonne	Rest-müll	Sperr-müll	Umwelt-mobil	Zentrale Sammelplätze	Straßen-sammlungen	Duales System ⊗
Zielstoffe	verwertbare Stoffe	organ. Material	Sonstiges	Sperrige Abfälle	Problem Stoffe	Problem u. Wertstoffe	Wertstoffe	Verpackungen "der grüne Punkt"
Beispiele	Papier Metall Glas Holz Kunststoffe Textilien	Gartenabfälle Grünabfälle Küchenabfälle		Geräte Möbel	Batterien Farben Lösemittel Medikamente Chemiekalien	Glas Papier Textilien Dosen Batterien (Container) alles (Recycling-höfe) ⊗	Textilien Papier Metall	- Papier - Pappe - Folien - Kunststoffe - Glas - Metall
Aufarbeitung	Sortierung Verkauf	Kompost	Deponie Verbrennung	Deponie Verbrennung	Sonder-deponie	diverse	Sortierung Verkauf	Verwertung (?)

Bild 6–3: Verfahren der getrennten Stoffsammlung

Die großen Mengen und der geringe Materialwert der verwertbaren Anteile im Müll beschränken die zur Stofftrennung einsetzbaren Methoden auf einfache, billige und relativ grobe Verfahren. Die wichtigsten Trennprinzipien sind: Magnetismus (Eisen- und Stahlschrott), Dichte (Trennung im Windsichter, Hydrozyclon, Flotation usw.), Festigkeit, Löslichkeit bzw. Aufweichung durch Wasser (z.B. Papier).

Unverzichtbar ist bislang die menschliche Urteilsfähigkeit. So gehört die manuelle Sortierung an der "Handlesestrecke" zu den Grundbausteinen von Sortieranlagen für Hausmüll. Bild 6–4 zeigt die Konzeption einer Sortieranlage nach dem derzeitigen Stand der Technik.
Nur bei hochwertigem und aus wenigen Sorten bestehendem Material sind komplexere Techniken einsetzbar. Beispiele sind Anlagen zur Sortierung von Glas nach Farben mit Hilfe optischer Sensoren sowie Projekte zur Trennung verschiedener Kunststoffe (Thermoplaste), wobei die Materialien mit relativ aufwendigen physikalischen oder chemischen Methoden (Röntgenfluoreszenzanalyse, Massenspektroskopie) identifiziert werden sollen. In beiden Fällen ist die Verwertbarkeit und der Erlös für das getrennte Material stark abhängig von der Sortenreinheit.

Eine besonders wichtige Rolle spielt – wegen der im Vergleich zu Hausmüll sehr großen Mengen – die Wiederverwertung von Bauschutt. Straßenbeläge werden heute mit großen Maschinen direkt vor Ort aufbereitet und sofort wieder eingebaut. Bausteine lassen sich ebenfalls wieder zu hochwertigem Baumaterial aufarbeiten. Probleme können sich in beiden Fällen aus früher verwendeten gefährlichen Stoffen ergeben z.B. Steinkohlenteer im Straßenbau, Asbestzement, giftige Schwermetalle (Bleirohre, Quecksilber) oder Polychlorierte Biphenyle (PCB in Dichtungsmassen).

Etwa ein Drittel des Hausmüllvolumens besteht aus kompostierbaren organischen Bestandteilen. Modellversuche haben jedoch gezeigt, daß bei einer Abtrennung dieser Anteile erhebliche Mengen an Schwermetallen (Cu, Cd, Hg) in den Kompost gelangen, die dessen Absatz erschweren oder die Verwendung unmöglich machen. Dagegen führt die separate Sammlung über die "Bio–Tonne" zu hochwertigem und schadstoffarmen Kompost. Um eine Belästigung der Anwohner durch Geruchsemissionen zu vermeiden, erfordert ein Müllkompostwerk aufwendige Maßnahmen zur Ablufterfassung und -reinigung.

Die ursprüngliche Idee zur "Brennstoffherstellung aus Müll" (BRAM) ging von der Separierung und Aufbereitung der heizwertreichen Müllkomponenten aus, die anschließend direkt oder nach entsprechender Aufbereitung lagerfähig gemacht und in Brikett–Form in beliebigen Öfen verfeuert werden sollten. Das Ziel war, ein gut transportierbares und lagerungsfähiges Produkt zu erzeugen, welches thermisch genutzt werden kann. Bei der Produktion von BRAM können teilweise nur 30% des Mülls verwendet werden, d.h. es fallen bis zu 70% nicht verwertbare Reste an.

Generell ist für BRAM nur die Verfeuerung in Anlagen, die eine der Müllverbrennung adäquate Rauchgasreinigung besitzen, möglich. Die Verwendung in Kleinfeuerungsanlagen – wie ursprünglich geplant – scheidet von vorneherein aus (4. BImSchG). Ein möglicher Einsatzbereich für BRAM besteht in der Zementindustrie, denn rund 58% der Zementherstellungkosten werden durch den Energiebedarf verursacht. Auch aus der Sicht des Zementherstellers liegt es nahe, preiswerte Substitutbrennstoffe zu verwenden. Zementdrehöfen weisen für die Verwendung von BRAM verschieden Vorteile auf, z.B. hohe Verbrennungstemperatur und vollständige Umsetzung des organischen Materials. Moderne Zementwerke sind auch mit einer wirksamen Abgasreinigung ausgestattet. Das BRAM–Konzept erfüllt nicht die ursprünglichen Erwartungen, einen universell einsetzbaren Brennstoff zu erzeugen. Es muß wohl eher als Verfahren gesehen werden, um in dünn besiedelten Gebieten die Abfälle für die thermische Behandlung in der Müllverbrennung zu konditionieren.

6.3.4 Thermische Behandlung mit möglichst weitgehender Verwertung

6.3.4.1 Abfallverbrennung

Die Abfallentsorgungsaufgaben der Hausmüllverbrennung sind

- die unüberschaubare Vielfalt der im Abfall enthaltenen organischen Verbindungen oxidativ umzuwandeln,
- die im Abfall enthaltenen anorganischen Stoffe aus ihren vorliegenden Verbindungen zu lösen und sie in einfach abscheidbare Formen zu überführen, sie möglichst konzentriert abzuscheiden, sie zu verwerten oder sicher abzulagern,
- die Reduktion von Volumen und Menge der Abfälle,
- die verbleibenden Rückstände in verwertbare Reststoffe zu überführen oder sie in eine ablagerungsfähige Form zu bringen,
- die im Abfall enthaltene Energie weitgehend zu nutzen.

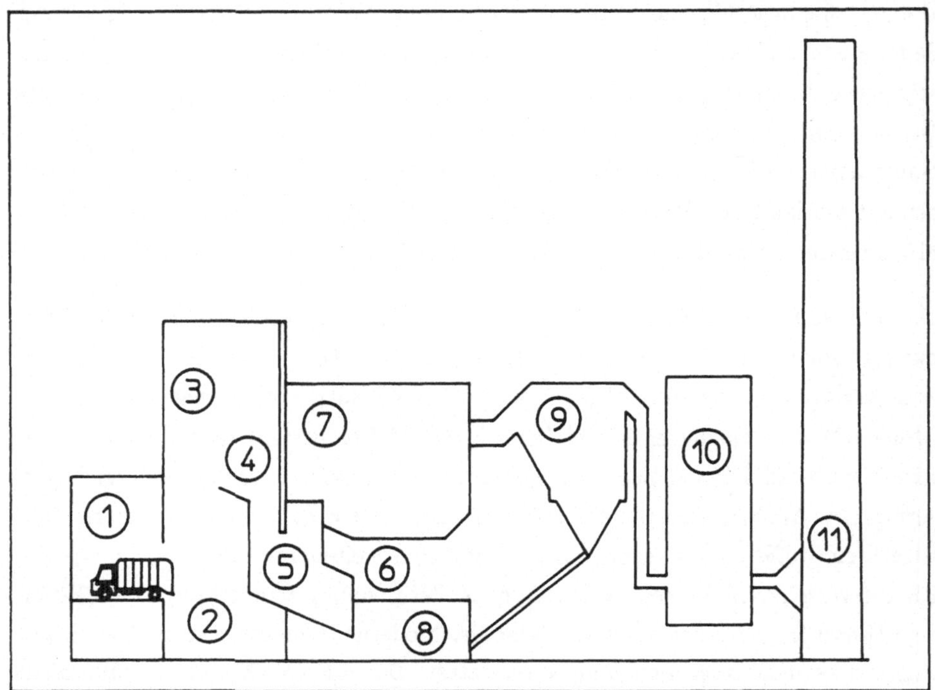

1 Entladehalle
2 Müllbunker
3 Krananlage
4 Einfülltrichter
5 Verbrennungsteil
6 Magnetabscheider
7 Turbinenteil zur Strom und Wassererzeugung
8 Entschlackungsteil
9 Elektrofilter
10 Rauchgaswäsche
11 Kamin

Bild 6–4: *Schema einer Müllverbrennungsanlage*

Während bisher die Reduktion des Müllvolumens und die Nutzung der Energie im Vordergrund standen, wird die thermische Behandlung zunehmend als Maßnahme zu Hygienisierung und Schadstoffentfrachtung gesehen. Bei der Müllverbrennung wird der organische Anteil des Abfalls innerhalb weniger Minuten unter kontrollierten Bedingungen zerstört. Dabei wird insgesamt das ökotoxische Wirkungspotential der Abfälle über mehrere Größenordnungen verringert. Emissionen von hochtoxischen Schadstoffen wie z.B. von Dioxin/Furanen oder Schwermetallen können mit moderner Technologie unterbunden werden. Bereits im unbehandelten Abfall sind Konzentrationen dieser Schadstoffe enthalten. Nachrüstungen zur Erfüllung der Anforderungen der TA–Luft bei bestehenden Anlagen sind bereits teilweise vollzogen, teilweise sind entsprechende Minderungseinrichtungen noch im Bau. Erhebliche weitere Emissionsminderungen aufgrund der Anforderungen der kommenden Abfallverbrennungsanlagen–Verordnung werden erwartet.

Als feste Rückstände bleiben Schlacke, Filterstäube und Reaktionsprodukte aus der Abgasreinigung. Die Schlacke mit bedeutend verringertem Gefährdungspotential kann als verwertbarer Zuschlagsstoff im Straßenbau eingesetzt oder als unmittelbar ablagerungsfähig bewertet werden. In den Filterstäuben sind Schadstoffe, vor allem toxische Schwermetalle konzentriert. Zukünftige verantwortliche Müllbeseitigungskonzepte erfordern daher eine zusätzliche Rückstandsbehandlung. Die Verminderung von Schadstoffemissionen wird sowohl durch feuerungstechnische als auch durch abgasreinigende Maßnahmen sichergestellt.

Müllverbrennungsanlagen werden so ausgelegt und betrieben, daß der Anteil des organischen Materials in der Schlacke gering gehalten wird. Filterstäube aus der Abgasreinigung müssen derzeit noch abgelagert werden. Es sind aber Behandlungsverfahren in der Entwicklung und Erprobung, um eine Verwertbarkeit zu erreichen oder eine Ablagerbarkeit der Filterstäube zu verbessern. Unter bestimmten Voraussetzungen ist eine vorherige Verfestigung erforderlich, um die Auslaugbarkeit der Filterstäube zu verringern.

Die Aufkonzentration von Schadstoffen in den Filterstäuben ist zunächst erwünscht. Durch die Einstufung von Filterstäuben als Sonderabfall werden diese den spezifischen Anforderungen der Sonderabfallentsorgung unterworfen und unterliegen damit besseren Kontrollen als unbehandelter Hausmüll. Langfristig ist jedoch eine vollständige Schadstoffentfrachtung anzustreben. Die extrahierten Schwermetalle könnten wieder in Produktionsprozesse zurückgeführt werden und so den Rohstoffbedarf wie auch die mit der Rohstoffaufbereitung verbundenen Abfallprobleme vermindern.

Die Verwertung der thermischen Energie bei der Müllverbrennung ist ein weiterer positiver Effekt. Die Entsorgungskosten einer Anlage können über die Erlöse aus dem Verkauf von Strom und Fernwärme reduziert werden. Darüber hinaus trägt die thermische Verwertung dazu bei, daß die Energieerzeugung an anderer Stelle durch die Einsparung von fossilen Brennstoffen verringert wird. Allerdings sind so bestenfalls etwa 2 % des Primärenergiebedarfs zu decken, wenn die gesamt Hausmüllmenge von ca. 35 Mio t verbrannt würde.

Insgesamt trägt die energetische Nutzung von Müll zum Umweltschutz bei, insbesondere zur Ressourcenschonung und zur Verminderung der Treibhausgase CO_2 und Methan.

6.3.4.2 Pyrolyse

Unter Pyrolyse versteht man eine Zersetzung chemischer Verbindungen in Abwesenheit von Sauerstoff durch Wärmezufuhr. Sie wird zur Entgasung von Holz, Kohle, Torf, Mineralöl usw. schon sehr lange erfolgreich angewandt. Unterschiede zwischen Abfallpyrolyse und Abfallverbrennung sind:

- Die Pyrolysetemperaturen sind mit 450 ^{o}C bis 500 ^{o}C niedriger als die Verbrennungstemperaturen, die bis ca 1.100 ^{o}C betragen.
- Bei der Pyrolyse wird die Luft bzw. der Luftsauerstoff erst nach der Entgasungsphase zugeführt.
- Die Pyrolyse verläuft unter reduzierenden Bedingungen; die metallischen Komponenten liegen nach erfolgter Behandlung im Gegensatz zur Verbrennung in nicht oxidiertem Zustand vor.
- Die festen Rückstände werden bei der Pyrolyse in eher rieselfähiger, bei der Verbrennung hingegen in gesinterter und geschmolzener Form als Schlacke bzw. staubförmig als Flugasche entzogen.
- Die Verbrennung setzt mehr Energie frei als die Pyrolyse, weil ein Teil des energiereichen fixen Kohlestoffes (bis 15%) sich in den Pyrolyserückständen wieder findet, die Verbrennungsrückstände hingegen keinen Heizwert mehr aufweisen.
- Die Menge an festen Rückständen ist bei der Verbrennung geringer als bei der Pyrolyse.

Ausgehend von verschiedenen Systemen hat sich die Niedertemperaturpyrolyse im Drehrohr als wahrscheinlich einsetzbar erwiesen. Zwei Verfahren werden zur Zeit weiter verfolgt: das Pyrocal–Verfahren der BKMI (Industrieanlagen Gruppe Deutsche Babcock, Günzburg) und das KPA–Verfahren der Kiner Pyrolgesellschaft in Goldshöfe (KWU).

Schwefel und Stickstoff befinden sich in den Pyrolysegasen als Schwefelwasserstoff und Ammoniak, in der Verbrennungsluft als Schwefel- bzw. Stickoxide. Beide Systeme bestehen bisher nur in Form von Pilotanlagen. Der Nachweis einer gesicherten Entsorgung ist noch nicht erbracht. Genaue Kosten können momentan nicht angegeben werden, sie werden jedoch bei gleicher Umweltverträglichkeit sicher nicht niedriger sein als bei anderen thermischen Verwertungsverfahren.

Das bei der Pyrolyse entstehende Gas wird vorwiegend als Energieträger verwendet. Über einen Drehstromgenerator kann elektrische Energie erzeugt werden. Zusätzlich kann die Abwärme als Fernwärme genutzt werden. Für die Pyrolyse muß der Müll zerkleinert werden. Hierzu ist Energie erforderlich. Im Vergleich zur Müllverbrennung können kleinere, dezentrale Anlagen gebaut werden. Dies vereinfacht den Mülltransport.

Nach der Pyrolyse von 1 t Müll werden ca 0,4 m^3 Deponievolumen für die Ablagerung der festen Rückstände beansprucht. Bei Temperaturen von ca 400 bis 500 ^oC werden Schwermetalle (außer Quecksilber) größtenteils in die festen Rückstände eingebunden. Der Wirkungsgrad der Pyrolyse ist geringer als bei der Müllverbrennung. Durch den hohen Kohlenstoffanteil im Pyrolyserückstand werden Schwermetalle durch Adsorption festgelegt, so daß die Auslaugung reduziert werden kann. Nachdem im Pyrolyseöl Dioxinrückstände in ppm–Konzentrationen nachgewiesen werden konnten, ist die Verwertung dieses Brennstoffes zukünftig weiter erschwert. Insgesamt zählt die Hausmüllpyrolyse noch nicht zu den bewährten und erprobten Instrumenten der Abfallwirtschaft.

6.3.5 Deponierung bzw. Ablagerung

Die Ablagerung auf Deponien ist der letzte Schritt der Abfallentsorgung. In Deponien laufen biologische, chemische und physikalische Prozesse ab. Eine Steuerung dieser Umwandlungs- und Auslaugungsprozesse ist auf absehbare Zeit nur schwer möglich: in Deponien befinden sich eventuell eine große Zahl organischer und anorganischer Stoffe, die in vielfältigen Reaktionen zeitlich nicht überschaubar miteinander reagieren können.

Organische Stoffe zersetzen sich und bilden Deponiegas, das als Emission die Atmosphäre belastet und zum Treibhauseffekt beiträgt. Deponiegas besteht zu 35 bis 55% aus Methan (CH_4)und zu 30 bis 45% aus Kohlendioxid (CO_2). Der spezifische Beitrag des Methans zum Treibhauseffekt ist etwa 30 mal höher als der von Kohlendioxid. Werden die Abfälle vor der Ablagerung thermisch behandelt, oder werden Deponiegase verbrannt, so entsteht aus dem organischen Anteil des Abfalls nur Kohlendioxid. Immerhin werden aus 1 Tonne Hausmüll rund 150 bis 200 m^3 Gase frei. Derzeit fallen in der BRD pro Jahr rund 40 Mio Tonnen Hausmüll an. Methan kann für den Deponiebetrieb und die Deponieumgebung ein Sicherheitsrisiko bedeuten, da es brennbar und explosibel ist. Außerdem können Geruchsbelästigungen (im wesentlichen durch Schwefelverbindungen und Ammoniak) auftreten. Eine gezielte Entgasung von Abfalldeponien ist daher erforderlich, wobei die Energieinhalte des Deponiegases genutzt werden können.

Eine Umweltgefährdung aus Mülldeponien geht vor allem von den Sickerwässern aus. Aufgrund der Zusammensetzung der Deponiesickerwässer reicht in der Regel eine biologische Reinigung nicht aus. Eine zusätzliche chemisch–physikalische Behandlung ist erforderlich. Organische Bestandteile erschweren die Abtrennung der anorganischen Salzfracht. Verschiedene Techniken sind hierzu noch in der Erprobung.

Die moderne Deponietechnik hat einen hohen Standard erreicht. Zum Schutz des Untergrundes und des Grundwassers vor Schadstoffen aus dem Deponiesickerwasser werden dicke Sohleabdichtungen aus mineralischen Schichten (Ton) und Kunststoffolien (HDPE) mit integriertem Drainagesystem aufgebaut. Entsprechend wird die Oberfläche abgedichtet, um sowohl Gasemissionen als auch den Zufluß von Niederschlägen zu unterbinden. Leider ist dieser Stand der Technik nicht überall erfüllt, da häufig aufgrund des großen Mangels an Deponieraum alte, schlecht gesicherte Deponien weiter betrieben werden. Maßgebend für die Einschätzung der Umweltvertäglichkeit der Deponie ist im wesentlichen das Langzeitverhalten der abgelagerten Abfälle und die Langzeitwirksamkeit der Abdichtungssysteme an Deponiebasis und an Deponieoberfläche. Außerdem ist auch die Barrierewirkung des Untergrunds am Deponiestandort und im Deponieumfeld zu berücksichtigen.

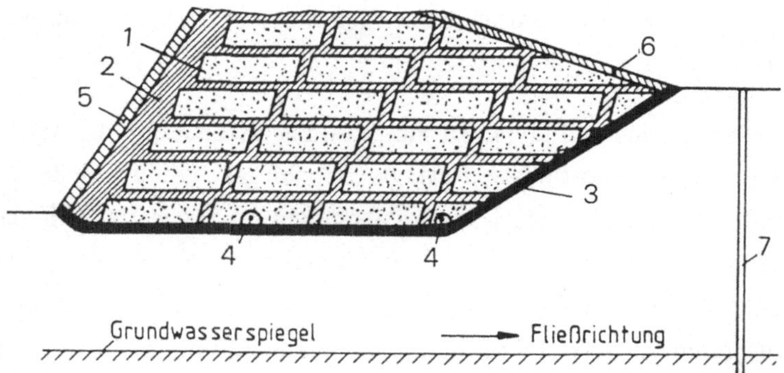

1 verdichteter Müll (Tagesschüttung) - Höhe 2 m -
2 Trennschichten aus inertem Material (Bauschutt)
3 Kunststoffolie, Lehm, Ton zur Abdichtung
4 Drainagesystem für Sickerwasser
5 Mutterboden und Begrünung
6 Zufahrt zur Deponie, dort Eingangskontrolle
7 Beobachtungsbrunnen

Bild 6–5: Querschnitt durch eine Deponie

Zuverlässige Nachweise des Langzeitverhaltens von Deponiekörpern, der Langzeitwirksamkeit der Abdichtungssysteme und der Barrierewirkungen sind jedoch nicht möglich. Prognosen aufgrund von Simulationen sind nur begrenzt tauglich. Die Unsicherheiten wachsen mit der Zahl der abgelagerten Abfallarten. Es ist deshalb vorgesehen, daß in Zukunft nur noch vollständig mineralisierte und von Schadstoffen befreite Rückstände auf Deponien abgelagert werden dürfen (Entwurf TA-Siedlungsabfall).

6.3.6 Ökonomische Probleme

Nach dem Abfallgesetz (AbfG) steht die Vermeidung, Verminderung und Verwertung von Abfällen über deren Beseitigung. Die Abfallvermeidung will das Entstehen von Abfall verhindern. Dazu gehört auch, daß entstandene Abfälle nach einer Behandlung dem Wirtschaftskreislauf zur Weiterverwertung wieder zugeführt werden sollen (§ 1 a AbfG). Die Reduzierung von Abfällen kann auf verschiedenen Stufen der Abfallentsorgung erfolgen: Entweder beim Verbraucher, indem der entsorgungspflichtigen Körperschaft keine Stoffe überlassen werden (Abfallvermeidung) oder indem die als Abfall überlassenen Stoffe verwertet und damit dem Wirtschaftskreislauf wieder zugeführt werden.

Abfallvermeidungsgebote können aber in **kommunalen** Abfallentsorgungssatzungen nicht aufgestellt werden, da sich diese Regelungen nur auf Stoffe beziehen, die bereits als Abfall angefallen sind. Gebühren können auch nur für erbrachte Leistungen, also für die Entsorgung von Abfall erhoben werden.

Rechtsgrundlagen von Gebühren für die Abfallentsorgung sind die Kommunalabgabengesetze der Länder bzw. die Gebührensatzungen der entsorgungspflichtigen Körperschaften. So wie das Vorliegen einer öffentlichen Einrichtung Grundlage für den Anschluß- und Benutzungszwang ist, muß diese Voraussetzung auch für die Erhebung der Benutzungsgebühren gegeben sein. Die Ermittlung der Kosten erfolgt nach "betriebswirtschaftlichen Grundsätzen": das *Kostendeckungsprinzip* ist zu beachten.

Das *Kostendeckungsprinzip* bedeutet, daß das Gebührenaufkommen die Kosten der jeweiligen Einrichtung decken, jedoch nicht übersteigen soll. Dazu gehören insbesondere Personalkosten, Stoffkosten, Instandsetzungs- und Instandhaltungskosten, Entgelt für in Anspruch genommene Fremdleistungen, Steuern und sonstige Abgaben, Abschreibungen, Verzinsung des aufgewandten Kapitals. Zu den Kosten gehören auch Ausgaben für die "Abfallberatung", die auch Maßnahmen der Abfallvermeidung umfaßt. Auch die Kosten für das getrennte Erfassen verschiedener Abfallfraktionen sind ansatzfähig. Die Abfallverwertung ist ein Ziel der öffentlichen Einrichtungen. Die entstehenden Kosten sind gebührenrelevant. Insgesamt werden heute die Kosten für die Hausmüllentsorgung zum überwiegenden Teil durch organisatorische Maßnahmen und die *Müllsammlung* verursacht. Die eigentliche Beseitigung fällt kostenmäßig kaum ins Gewicht. Dies beruht darauf, daß vor allem bei Deponierung nur die laufenden Betriebskosten angesetzt werden. Nicht berücksichtigt werden der Seltenheitswert des Deponiegeländes und die Rückstellungen für zukünftige Kosten. Als Folge sind Deponiegebühren heute überwiegend viel zu gering angesezt, oft unter 50 DM/t. So blockieren sie über ökonomische "Sachzwänge" eine bessere Lösung des Müllproblems.

Die Kommunalabgabengesetze bestimmen, daß Benutzungsgebühren nach Art und Umfang der Inanspruchnahme zu bemessen sind. Der Preis ist grundsätzlich so festzulegen, daß er den wirklichen Kosten entspricht. Verschiedene Maßstäbe sind zulässig: Behältermaßstab mit oder ohne degressiver Staffelung, linearer Personenmaßstab; Haushaltstarif mit oder ohne degressiver Staffelung; kombinierter Personen/Behältermaßstab; Differenzierung nach der Zahl der wöchentlichen Entleerungen der Behälter usw.

Unter Berücksichtigung der Zielsetzung des Abfallgesetzes, Abfälle möglichst zu vermeiden, ist es zweckmäßig, einen Gebührenmaßstab festzusetzen, der sich auf die bereitgestellten Behältervolumen bezieht. So kann demjenigen ein Vorteil gewährt werden, der nur eine geringe Abfallmenge bereitstellt. In mehreren Modellversuchen hat man festgestellt, daß beim gegenwärtigen Gebührenniveau das Abfallaufkommen durch eine "Belohnung" des "Recycling–Bürgers" sich nicht spürbar vermindern läßt. Aufgrund der finanziellen Anreize wurde zwar weniger Abfall in die Abfalltonnen geworfen, dafür wanderten aber zusätzliche Abfallmenge in die Sperrmüllabfuhr, in den häuslichen Ofen oder im Wege der häufig billigeren oder kostenlosen Selbstanlieferung zu den entsprechenden Annahmestelle oder unerlaubterweise auf Bauschuttdeponien. Beim Wertstoffaufkommen war nur eine geringe Zunahme zu verzeichnen. Diese Feststellung erhärtet den Verdacht, daß die Gebührenermäßigung in vielen Fällen keine umfangreiche Vermeidungs- und Verwertungspotentiale freisetzt, sondern andere Entsorgungswege für die Abfälle gesucht werden.

Die getrennte Sammlung z.B. mit einer "Grünen Tonne" und einer "Restmülltonne" darf zu einer reduzierten Gebührenhöhe bei gleichem Behältervolumen wie bei der gemeinsamen Sammlung führen. Wenn die getrennt gesammelten Abfälle von den entsorgungspflichtigen Körperschaften kostengünstiger verwertet und entsorgt werden können, z.B. weil die Kosten der Abfalltrennung bei der Einrichtung selbst entfallen, kann dieser Vorteil dem Anschlußnehmer über eine niedrigere Gebühr weitergegeben werden.

Abschließend ist zu klären, ob das Gebührenrecht das geeignete Instrument ist, das Ziel der Abfallreduzierung zu erreichen. Solange die Beseitigung des Abfalls für den Einzelnen so bequem ist und finanziell praktisch zu keiner spürbaren Belastung wird, solange werden auch finanzielle Anreize kaum den gewünschten Effekt haben. Eine drastische Anhebung der Gebühren unter Einbeziehung der realen, langfristigen Kosten der Beseitigung, verbunden mit angemessener Kontrolle, kann ein Anreiz zur Abfallvermeidung sein. Darüberhinaus würde der Ansatz aller Deponiekosten die bisherigen Kostennachteile alternativer Verfahren zur Trennung, Wiederverwertung und zur Beseitigung vermindern. Dem Übel muß aber auf einer früheren Stufe begegnet werden: in der Entstehungsphase für die potentiellen Abfallprodukte. Erst wenn z.B. bestimmte Plastikflaschen nicht mehr angeboten werden dürfen oder nur zu Preisen, die nicht akzeptiert werden, werden sie nicht gekauft und somit auch nicht zu Abfall.

6.4 Altlasten

6.4.1 Einführung

Die Schadstoffbelastungen der Böden als Folge der Industrialisierung, der früheren Mißstände bei der Abfallbeseitigung, der Zerstörung von Produktionsstätten im 2. Weltkrieg und der Fremdstoffeinträge bei der Landbewirtschaftung erweisen sich zunehmend als ein schwerwiegendes Umweltproblem. Die in der Vergangenheit begründete Schadstoffanreicherungen in Böden werden in der öffentlichen Diskussion meist undifferenziert mit dem Begriff "Altlasten" verknüpft. Der Verwaltungspraxis in den meisten Ländern liegt folgende Begriffsbestimmung zugrunde: Altlasten sind Altablagerungen und Altstandorte, von denen nach den Erkenntnissen einer konkreten Untersuchung und sachkundigen Beurteilung eine Geahr für die menschliche Gesundheit oder die Umwelt ausgehen kann.

Altablagerungen sind:

- stillgelegte Anlagen zum Ablagern von Abfällen,
- Grundstücke, auf denen vor Inkrafttreten des Abfallgesetzes (AbfG) Abfälle abgelagert worden sind,
- sonstige stillgelegte Aufhaldungen und Verfüllungen.

Altstandorte sind:

- Gelände, die für (stillgelegte) Anlagen (Betriebsstätten, Maschinen, Geräte, o.ä.) verwandt worden sind,
- Grundstücke, auf denen Stoffe (bewegliche Sachen) gelagert und behandelt worden sind,
- nach Größe und früherer Nutzung vergleichbare Flächen.

"Altlastenverdächtig" sind Altablagerungen und Altstandorte, deren frühere Nutzung typischerweise erwarten läßt, daß es sich um Altlasten handelt.

6.4.2 Aufgabenübersicht

Aufgabe der Behörden (Abfall-, Wasserbehörden u.a.) ist es zu ermitteln, ob von "altlastenverdächtigen" Flächen für bestehende Nutzungen und davon berührte Schutzgüter Gefahren ausgehen. Außerdem sind die notwendigen Maßnahmen zur Gefahrenabwehr zu treffen. Die "planende" Verwaltung hat die Gefahren, die durch Nutzungsänderungen auf Verdachtsflächen entstehen können, zu erkunden und die gebotene Vorsorge gegen solche Gefahren zu treffen. Dies bedeutet: Erfassen, Untersuchen, Bewerten, Sanieren. Die Erfassung von Verdachtsflächen ist der grundlegende Arbeitsschritt für die Gefahrenerforschung bei Altablagerung und Altstandorten.

Hieraus ergibt sich die *Erstbewertung:* erste Beurteilung des einzelnen Falles nach "Aktenlage" und Ortsbesichtigung. Daraus folgt eine Festlegung von Prioritäten für orientierende Untersuchungen und sonstige notwendige Maßnahmen. Als Voruntersuchung oder orientierende Untersuchung lassen sich diejenigen Untersuchungsschritte zusammenfassen, durch die abschließend festgestellt werden soll, ob von der Verdachtsfläche nachteilige Umwelteinwirkungen ausgehen können. Grundsätzlich wird angestrebt, die Voruntersuchung so einfach wie möglich zu gestalten. Derartige Mindestuntersuchungsprogramme gibt es bisher für Kulturböden, für Grundwasser (Institut für Wasser-, Boden- und Lufthygiene des Bundesgesundheitsamtes) und für kokereispezifische Schadstoffe in Boden und Grundwasser.

Es folgt eine *Zwischenbeurteilung*, die der Festlegung von Prioritäten für behördliche Detailuntersuchungen und sonst notwendigen Maßnahmen dient.

Die *Detailuntersuchung* führt zu einer abschließenden Beurteilung. Sie dient der Festlegung von Prioritäten für die Ausführung behördlicher Folgemaßnahmen wie Sanierung und Sicherung. Diese Hauptuntersuchung soll durch weitergehende und abschließende Untersuchungen Art und Ausmaß der Gefahren (Schäden) ermitteln, die bei einer bestimmten Altlast bestehen. Auch dabei wird eine Folge von hierarchischen Untersuchungsschritten gewählt, um die Identifikation der maßgebenden Schadstoffe (Leitparameter), die Abgrenzung des Einwirkungsbereiches usw. mit möglichst geringem Aufwand zu erreichen.

Die abschließende Feststellung, ob von einer Altablagerung oder einem Altstandort eine Gefahr im ordnungsrechtlichen Sinne ausgeht, oder ob eine Störung bereits eingetreten ist, ist eine Rechtsfrage. Formalisierte Bewertungsverfahren, von denen inzwischen mehr als 30 Varianten ausgearbeitet worden sind, können in diesem Zusammenhang die sachkundige, in der Regel interdisziplinäre Beurteilung des einzelnen Falles jedoch nicht ersetzen. Art und Ausmaß der von einer Altlast hervorgerufenen oder zu erwartenden, nachteiligen Umwelteinwirkungen können nur im Hinblick auf die bestehende oder geplante Nutzung und die dabei berührten Schutzgüter festgestellt werden. Systematik und Grundsätze der Erstbewertung gelten für die abschließende Gefahrenbeurteilung entsprechend.

Stellt eine "altlastenverdächtige" Fläche nach der abschließenden Beurteilung eine Gefahr für Schutzgüter dar, sind die notwendigen Maßnahmen zur Gefahrenabwehr anzuordnen und durchzuführen. Als *Gefahrenabwehrmaßnahmen* sind Schutz- und Beschränkungsmaßnahmen, Sicherung- und Sanierungsmaßnahmen sowie regelmäßige Überwachungen anzusehen.

6.4.3 Verfahren der Altlastensanierung

Die Zahl der Altablagerungen, Altstandorte und anderer Altlasten wird in den alten Bundesländern auf mehrere zehntausend geschätzt. In den neuen Bundesländern ist zu befürchten, daß ganze Regionen kontaminiert sind. Die Kosten für die Sanierungen werden zweistellige Milliardenbeträge erfordern. Die Sanierungen werden sich möglicherweise über mehr als ein Jahrzehnt erstrecken.

Die Altlasten befinden sich auf so unterschiedlichen Standorten wie ehemaligen "Müllkippen", stillgelegten Chemiefabriken, Munitionsfabriken, Gaswerken, Kokereien, Bergbauunternehmen, metallverarbeitenden Unternehmen usw. Hinzu kommen Boden- und Grundwasserkontaminationen z.B. aus undichten Abwasserkanälen, Tankanlagen, Chemikalienlagern usw.

Die Anforderungen an die Sanierungen in technischer und wirtschaftlicher Hinsicht sind sicher sehr unterschiedlich zu bewerten. Nach wie vor fehlen bundeseinheitliche, rechtsverbindliche Rahmenbestimmungen. Insbesondere fehlt ein Bodenschutzgesetz mit einer zugehörigen TA–Altlasten. Behörden und Sanierungsunternehmen müssen deshalb mit Listen von kaum gesicherten *Sanierungswerten* (z.B. Hollandliste, Berliner Liste) arbeiten.

Unter Sanierungswerten versteht man einmal sogenannte "Eingreifwerte"; das sind Konzentrationsangaben zu Schadstoffen, oberhalb derer ein Boden saniert werden muß. Zum anderen sind "Einbauwerte" gemeint. Dies sind Grenzwerte, unterhalb derer ein Boden wieder genutzt werden kann. Je nach Art der zukünftigen Nutzung der sanierten Flächen ist der Sanierungsaufwand sehr unterschiedlich.

Die betroffenen Sanierungsfirmen haben sich der Not gehorchend ein Regelwerk gegeben, welches ihnen bei der Aufbereitung und Wiederverwendung kontaminierter Böden und Bauteile als Richtschnur dient. Je nach Art der Wiederverwendung werden die Böden in 3 Klassen eingeteilt, wobei die Klasse 1 den höchsten Ansprüchen genügen muß. Jedem konkreten Einzelfall einer Bodensanierung müssen die zuständigen Behörden jedoch zustimmen.

Inzwischen gibt es, entsprechend den sehr unterschiedlichen Sanierungsanforderungen, eine große Anzahl von Verfahren der Altlastensanierung. Einige Verfahren befinden sich jedoch noch in der Erprobung. Um sich einen Überblick verschaffen zu können, kann man diese Verfahren in 3 Hauptgruppen unterteilen:

Physikalische Verfahren sind im einfachsten Falle Einkapselungen des betroffenen Gebietes wie Sohleabdichtung, Oberflächenabdeckungen, Einbau seitlicher Wände. Falls erforderlich muß der Boden ausgehoben werden und auf Sonderabfalldeponien abgelagert werden. Flüssigkeiten können abgepumpt, Gase abgesaugt werden. Ausgehobenen Böden lassen sich schließlich auch z.B. mit Wasser auswaschen oder extrahieren.

Chemische Verfahren sind dann angezeigt, wenn Giftstoffe einer chemischen Reaktion unterworfen werden müssen, um diese z.B. zu neutralisieren oder schwerlöslich zu machen. Hierzu müssen jedoch entsprechende Reaktionspartner in den Boden injiziert werden. Sind die Böden sehr stark mit organischen Schadstoffen belastet, müssen sie verbrannt werden. Hierbei sind gegebenenfalls die Bestimmungen der TA–Luft zu berücksichtigen. Ausgebrannte Böden sind biologisch tot.

Biologische Verfahren bedienen sich spezieller Bakterienkulturen, welche in der Lage sind, hauptsächlich organische Schadstoffe abzubauen. Hierzu gehören z.B. Phenole und andere aromatische Kohlenwasserstoffverbindungen, Alkane und Cycloalkane. Besonders problematisch sind halogenorganische Verbindungen, wie sie in Lösemitteln vorkommen sowie in Altölen und Schmiermitteln aller Art. Bakterien arbeiten zwar sehr schonend, aber sie sind langsam und sehr störanfällig.

Die genannten Verfahren haben alle ihre Vor- und Nachteile. Im konkreten Sanierungsfall muß deshalb ein angepaßtes Sanierungskonzept erarbeitet werden, wobei auch Kombinationen mehrerer der obigen Verfahren denkbar sind.

6.5 Abfalluntersuchungen

Bei der Realisierung von Abfallentsorgungsanlagen wird deutlich, daß von der Planung über die Genehmigung, den Bau bis zur Überwachung auf allen Ebenen Analysen erforderlich sind. Das gilt besonders für Untersuchungen von Altlasten. Analysen sind also erforderlich für

- Altlastenuntersuchungen,
- Stoffidentifikationen (Untersuchung der Abfälle),
- Bewertung des Standortes wie Vorbelastung der Luft, geologische und geohydro logische Verhältnisse, Umweltverträglichkeit,
- Bauüberwachung,
- Betriebsüberwachung z.B. gemäß der Arbeitsstättenverordnung,
- Emissions–, Immissionsüberwachung,
- Reststoffentsorgung (Stoffidentifikation),
- Qualitätssicherung z.B. bei Reststoffen, verwertbaren Stoffen (Kompost),
- Langzeitsicherung.

Bezüglich der chemischen Analytik gelten im wesentlichen die gleichen Gesichtspunkte wie bei allen analytischen Umweltproblemen. Allerdings können Schwierigkeiten besonderer Art vorliegen:

- die Zahl der möglichen Schadstoffe ist eventuell sehr groß,
- auf die Querempfindlichkeit durch ähnliche Stoffe ist besonders zu achten, vor allem weil Böden darüberhinaus eine komplizierte Matrix darstellen,

- bei Emissionen sind die Stoffströme oft nur unzureichend zu bestimmen,
- entsprechend schwierig sind die Immissionsmessungen, weil die Konzentrationen viel kleiner sind.

Für diese Aufgaben stehen nur wenige standardisierte Untersuchungsmethoden zur Verfügung.

Untersuchungen von Böden und Abfällen sind schwierig, weil die zu untersuchenden Materialien meist sehr heterogen zusammengesetzt sind. Bei jedem dieser Analyseverfahren sind mehrere Schritte erforderlich:

- Probenahme,
- Konservierung, Transport und Lagerung der Proben,
- Aufbereitung der Proben,
- Messung des Schadstoffgehalts.

Die Meßwerte dienen der Beurteilung der vorgegebenen Situation. Jede Messung ist mit Fehlern behaftet. Dieser Gesamtfehler ergibt sich aus der Summe von Einzelfehlern der einzelnen Analyseschritte. Mit Hilfe statistischer Verfahren lassen sich die Fehler abschätzen. Am größten sind im allgemeinen die Fehler bei der Probenahme, gefolgt von der Probenaufbereitung. Das eigentlichen Meßverfahren trägt am wenigsten zum Gesamtfehler bei. Das Hauptproblem jeder Probenahme ist deren Repräsentativität. Deshalb muß zunächst von einem sehr großen Probevolumen ausgegangen werden.Dieses Volumen muß dann systematisch reduziert werden. Solange die Proben hinreichend homogen zusammengesetzt sind, ist dies Problem verhältnismäßig einfach zu lösen. Inhalte von Müllfahrzeugen, Altlasten oder Deponien können aber sehr heterogen zusammengesetzt sein.

Die TA–Abfall hat auch die Anforderungen an die Bauüberwachung (Gütekontrolle) im Vergleich zur bisherigen Praxis erheblich ausgeweitet. Für mineralisches Material sind alle für eine Eignungsbewertung benötigten Kennwerte zu bestimmen. Damit sind z.B. für das Dichtungsmaterial Untersuchungen der Klassifizierung, Verdichtbarkeit, Durchlässigkeit sowie Festigkeit vorzunehmen.

Der Nachweis der Eignung von Kunststoffdichtungsbahnen ist durch einen Zulassungsbescheid zu erbringen. Vor Baubeginn ist ein Versuchsfeld auf der Deponie anzulegen, um das Dichtungssystem zu prüfen. Außerdem soll unter Feldbedingungen die Übertragbarkeit der zuvor im Labor ermittelten Werte für Dichte, Wassergehalt, Durchlässigkeit und Festigkeit der mineralischen Dichtungsschicht sowie die Verlegungsanweisung für die Kunststoffdichtungsbahnen überprüft werden.

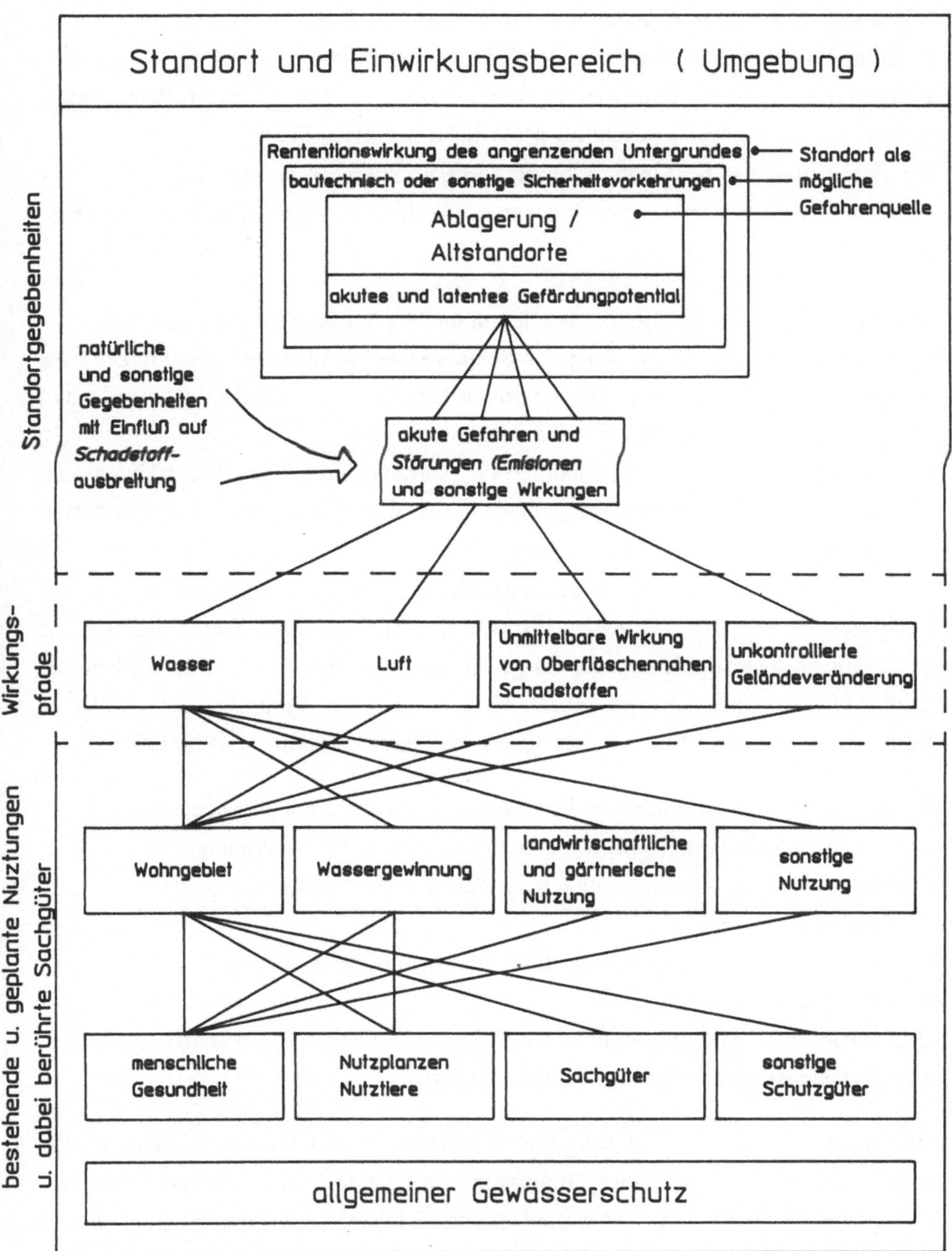

Bild 6–6: Altablagerung, Altstandort

Für die Betriebsüberwachung gilt die Arbeitsstättenverordnung. Diese schreibt besondere Untersuchugen vor.Sie beziehen sich u.a. auf:

- das sichere Arbeiten in Bereichen mit Explosionsgefahr,
- Gesundheitsbeeinträchtigungen durch Luftschadstoffe,
- Arbeitsmedizinische Vorsorge in Verbindung mit der Arbeitsstoffverordnung bzw. den Technischen Regeln für gefährliche Arbeitsstoffe.

Bei den Emissions- bzw. den Immissionsüberwachungsprogrammen ist neben der Arbeitsstoffverordnung mit den gegebenenfalls dazugehörigen Arbeitsplatzmessungen die TA–Luft zu beachten.

Auch für die Reststoffentsorgung wurden besondere Vorschriften erlassen, z.B.

- Merkblatt über die Verwertung von Schlacken auf Müllverbrennungsanlagen des Bundeslandes Hessen mit Angabe von Richtwerten zur Qualitätskontrolle und zur Zulassung zu einer Verwertung.
- Empfehlungen für die Probenahme zur Untersuchung von Rückständen und Abgasen aus Müllverbrennungsanlagen auf den Gehalt von polychlorierten Dibenzodioxinen und Dibenzofuranen.

Vor allem für Kompost gibt es umfangreiche Qualitätssicherungsprogramme. Der Güteausschuß der Bundesgütegemeinschaft Kompost e.V. hat Güterichtlinien für qualitativ hochwertige Komposte festgelegt und das Führen des Gütezeichens an diese Anforderungen geknüpft. Diese beziehen sich auf Verunreinigungen. Unter Verunreinigungen sind Stoffe zu verstehen wie Kunststoff, Glas und Metall.

Bei der Altlastensanierung fallen Untersuchungen auf folgenden Ebenen an:

- Standortuntersuchungen im Rahmen der Gefährdungsabschätzung,
- Erkundungen als Voraussetzungen zur Sanierungskonzeption,
- Bauüberwachung,
- Erfolgskontrolle, z.B. Emission– bzw. Immissionsüberwachung,
- Langzeitüberwachung.

Untersuchungsprogramme werden in verschiedenen Gesetzen, Vorschriften, Richtlinien, Merkblättern und Verordnungen verlangt.

Die Untersuchung und Bewertung von Standorten basiert im wesentlichen auf folgenden Gesetzen: Abfallgesetz, Bundesimmissionsgesetz und Umweltverträglichkeitsgesetz. Nach der TA–Abfall sind die erheblichen Auswirkungen einer Anlage auf die Umwelt zu beschreiben. Dies setzt voraus, daß der Zustand vor dem Bau der Anlage festgestellt wird. Daher sind u.a. zu untersuchen: Meteorologie (Niederschlag, Verdunstung, Lufttemperatur, Windverhältnisse), Grundwassersituation (räumliche Verteilung der Grundwasserregime) sowie ingenieurgeologische Verhältnisse.

Literatur

(1) Kohls, K.–M.: Erfassung von Altablagerungen und gefahrenverdächtigen Altstandorten. Demokratische Gemeinde: Dem Abfall keine Chance; Sondernummer Juli 1986, S. 204 – 212, Bonn.

(2) Hinweise zur Ermittlung von Altlasten, Hrsg.: Minister für Ernährung, Landwirtschaft und Forsten des Landes Nordrhein–Westfalen (neue Bezeichnung: Minister für Umwelt, Raumordnung und Landwirtschaft), Düsseldorf 1985.

(3) Kinner, H.U., Kötter, L. & Niclaus, M.: Branchentypische Inventarisierung von Bodenkontaminationen — ein erster Schritt zur Gefährdungsabschätzung für ehemalige Betriebsgelände, Forschungsbericht, Umweltbundesamt— Texte 31/86, Berlin 1986.

(4) Kerndorff, H., Brill, V., Schleyer, R., Friesel, P., Milde, G.: Erfassung grundwassergefährdender Altablagerungen— Ergebnisse hydrogeochemischer Untersuchungen, WaBoLu- Hefte 5/1985, Berlin.

(5) Arneth, J.–D., Kerndorff, H., Brill, V., Schleyer, R., Milde, G., Friesel, P.: Leitfaden für die Aussonderung grundwassergefährdender Problestandorte bei Altablagerungen, WaBoLu–Hefte 5/1986, Berlin.

(6) Heinke, M.: Grundwasseruntersuchung bei Altlasten unbekannter Zusamensetzung. Vortragsmanuskript der Fachtagung "Altlasten" am 10./11.04.1986 im Haus der Technik e.V., Essen.

(7) Arbeitsgemeinschaft Wasserwirtschaft im Schleswig–Holsteinischen Landkreistag: Merkblatt zur Untersuchung der Auswirkungen von Altablagerungen. Bearbeitet vom Landesamt für Wasserhaushalt und Küsten, Schleswig–Holstein, Stand 15.04.1986.

(8) Abschlußbetriebspläne für Tagesanlagen, Rundverfügung des Landesoberbergamtes NRW vom 11.02.1985, 55.15–5–13 (SbL.A.7).

(9) Leidraad bodemsanering. Staatsuitaeve rij, s–Gravenhabe, 1983.

(10) Franzius, V.: Sanierung kontaminierter Standorte — Vorgehensweise zur Bewältigung der Altlastenproblematik in der Bundesrepublik Deutschland. Wasser und Boden, Heft 4, S. 169 — 173, 1986.

(11) Jessberger, H.L.:Überblick über die Sanierungsmöglichkeiten von Altablagerungen und kontaminierten Standorten. Vortragskurzfassung des Seminars "Altlasten und kontaminierte Standorte — Erkundung und sanierung" an der Ruhr— Univerität in Bochum, 02.04.1986.

(12) Symposium "Kontaminierte Standorte und Gewässerschutz", Aachen, 01.–03.10.1984, Umweltbundesamt — Materialien 1/85, Erich Schmidt Verlag, Berlin.

(13) Sanierung kontaminierter Standorte — Dokumentation einer Fachtagung 1985. Hrsg.: Bundesminister für Forschung und Technologie, Projektträger: Umweltbundesamt Dr. rer. nat. K.P. Fehlau, Düsseldorf.

7 Ökologische Probleme des Bodens

7.1 Einleitung

Der Boden, jene nur wenige Meter dicke Schicht der Lithosphäre, ist der eigentliche Lebensraum der Mehrzahl aller Pflanzen und Tiere sowie der Menschen, wenn man von der Bedeutung des Meeresbodens absieht. Heute gibt es auf der Erde nur noch wenige Gebiete, in deren Böden die Einwirkungen der Menschen unerheblich sind. Es gibt vielmehr kein Ökosystem mehr, daß von menschlichen Interessen unbeeinflußt geblieben ist. Dies gilt selbst für so entlegene Gebiete wie die Polkappen. Die Böden sollen uns mit vielen Dingen versehen, die wir als nützlich oder angenehm ansehen. Diese Ansprüche an die Böden sind aber teilweise einander ausschließend. Wir benötigen Böden z.B.

- um pflanzliche und tierische Nahrungsmittel zu gewinnen,
- für Häuser, Straßen, Plätze, Arbeitsstätten,
- als Grundlage für Freizeit und Erholung,
- als Lagerstätte für Rohstoffe aller Art: Erze, Mineralsalze, fossile Energieträger,
- als Endlager für nicht mehr verwendbare Produkte; also Abfälle aber auch Gülle und saurer Regen,
- als Filter für das Regenwasser,
- die Wälder sollen schließlich auch noch die Luft rein halten.

Anders als Luft und Wasser wirkt der Boden für die auf ihm oder in ihm abgelagerten Stoffe wie eine Senke. Die Regenerationsfähigkeit der Böden ist deshalb auch vergleichsweise gering. Nur die Pflanzen und die mit ihnen auf und im Boden lebenden Tiere sind hierzu in der Lage. Manchmal sind Böden jedoch so stark vergiftet, daß sie nur durch Ausglühen von diesen Schadstoffen befreit werden können. Übrig bleibt dann nur noch toter Sand. Unsere Art des Umgangs mit der Ökosphäre hat dazu geführt, daß die Zahl der bedrohten oder bereits ausgestorbenen Pflanzen- und Tierarten immer länger wird. Das ökologische Netzwerk wird hierdurch weitmaschiger und die Regenerationsfähigkeit nimmt ab. Wir vergessen nur zu leicht, daß auch wir, biologisch verstanden, nur eine Art unter vielen sind und daß wir wechselseitig voneinander abhängen.

7.2 Ökologie des Bodens

"Mit beiden Füßen fest auf dem Boden stehen" – ein Symbol für Realitätssinn, Lebensnähe und Selbstbewußtsein. Die Stellung des Ökosystems Boden soll an dem folgenden Abhängigkeitsverhältnis klargemacht werden: Der Mensch braucht die Pflanze, die Pflanze den Menschen nicht; die Pflanze braucht den Boden, der Boden die Pflanze nicht.

Die Bodengestaltung verlief über einen langen Prozeß geologischer und biochemischer Reaktionsketten. Das mineralische Gestein alleine macht noch lange keinen guten Boden aus. Es waren die Archebakterien, die im Erdaltertum dem Boden das Leben "einhauchten", das wir heute noch in den Bodenschichten vorfinden. Die biologischen Eigenschaften des Bodens sind das Ergebnis der Zusammenwirkung seiner physikalischen und chemischen Eigenschaften. Die physikalischen Eigenschaften des Bodens werden hauptsächlich durch die Art der Körnigkeit bestimmt. Daraus resultieren: Wasseraufnahmekapazität, Lösemitteldurchlässigkeit, Belüftung, Wärmeeigenschaft. Die chemische und biologische Beschaffenheit des Bodens bestimmt seine Sorptionsfähigkeit, den Humuscharakter, den pH–Wert und die Puffereigenschaft.

7.2.1 Bodenstruktur

Am klarsten wird der Begriff Boden, wenn man sich seine Bildung vor Augen führt. Jede Bodenbildung im ökologischen Sinne setzt die Existenz von Pflanzen voraus. Im folgenden wird diese Bildung schematisch am Beispiel eines abgestorbenen Laubblattes dargelegt: Zellenzyme zerlegen das Gewebe des Blattes. In einer ersten Phase wird Wasser entzogen, in einer zweiten Phase wird das Gewebe durch wirbellose Tiere zerkleinert. Durch Mikroorganismen findet in einer 3.Phase eine Ultrazerkleinerung sowie die biochemische Zerlegung statt. In der Phase der Humifizierung werden die gut löslichen Verbindungen abgebaut. Diese Vorgänge spielen sich im sogenannten A–Horizont des Bodens ab. Darunter versteht man die Streuauflageschicht (Laubblätter, Gräser, etc.), die Vermoderungsschicht (s. oben 2. Phase) und die Humusschicht (s. oben 3. Phase). Die darunter befindliche Schicht des Bodens nennt man den B–Horizont, eine Bezeichnung für die Anreicherungs- und Verwitterungsschicht. Erst darunter findet sich der aus dem Grundgestein bestehende C–Horizont des Bodens. Diese Zonierung ist eine systematische grobe Einteilung unseres Bodens. Die sich im B– bzw. C–Horizont bildende Krümelstruktur wird sowohl durch die im A–Horizont ablaufenden biologischen Prozesse als auch durch physikalische und chemische Verwitterungsvorgänge bestimmt. Diese Krümelbildungen sind hauptsächlich für das physikalische und chemische Verhalten der Böden verantwortlich.

7.2.2 Aufgaben der Wirbellosen und Mikroorganismen

Zu den wirbellosen Zerlegern gehören vor allem die Regenwürmer (Lubriciden) und die erdbewohnenden Würmer (Enchytraeiden), die zu den Laubabfallfressern gezählt werden. Daneben sind noch zu erwähnen: Asseln, Milben und Insektenlarven. Die Rolle der Würmer besteht darin, abgestorbenes organisches Material aufzunehmen und durch Enzyme zu verdauen. Bei der Nahrungsaufnahme gelangen auch

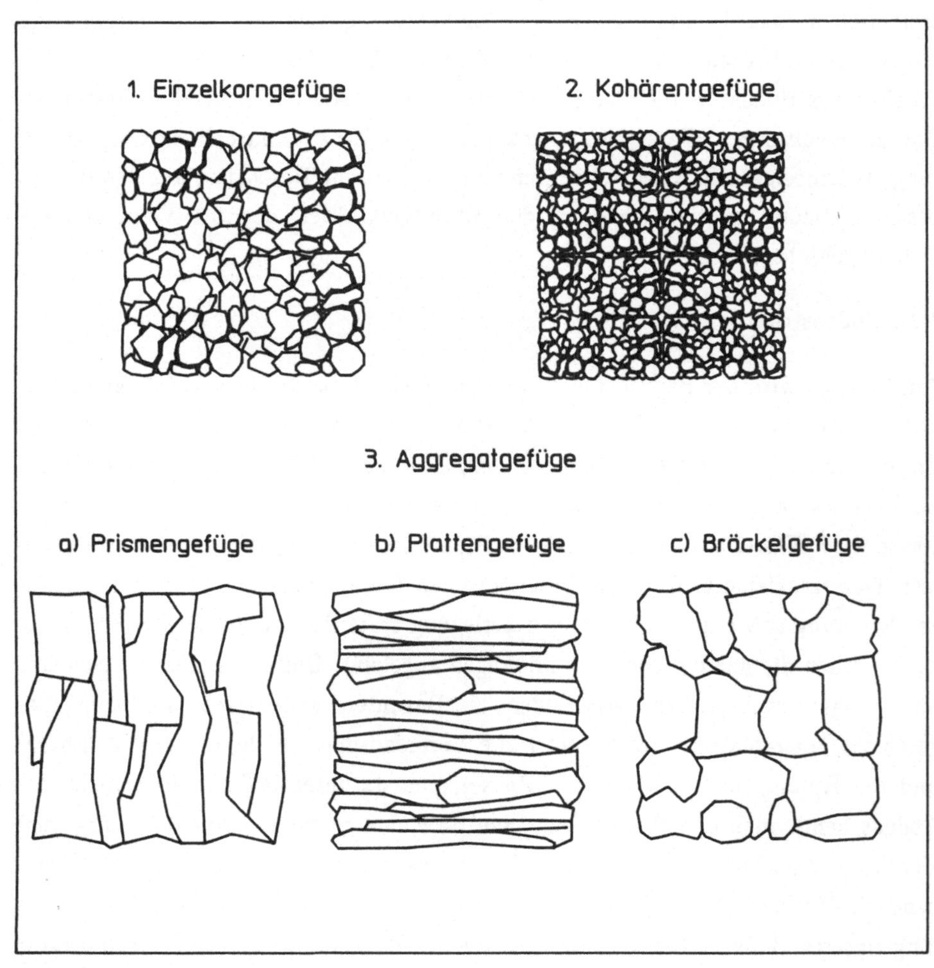

Bild 7–1: Die wichtigsten Krümelstrukturen des Bodens (= Gefügeformen)

anorganische Teile (also Bodenteilchen) in den Darm der Würmer. Dabei entstehen im Darm organomineralische Komplexe, die man als Ton–Humus–Komplexe bezeichnet. Diese Komplexe werden zusammen mit dem Kot ausgeschieden. Die Mengen, um die es sich hier handelt, sind beträchtlich. So werden im Jahr in einem Hektar Land zwischen 5 und 70 Tonnen (bis zu einer Bodentiefe von 25 cm) ausgeschieden. Diese Kotkrümel haben zwei wichtige Funktionen: erstens stellen sie eine Nährgrundlage für Pflanzen dar und zweitens erhöhen sie die Wasserhaltekapazität der Böden. Pro m^2 werden im Wald ca. 70, in der Wiese ca. 90 und im Acker ca. 5 Regenwürmer gefunden. Die auffallend niedrige Zahl in den Äckern geht auf die landwirtschaftlichen Eingriffe zurück. Auf niedrige pH–Werte (pH–Werte kleiner 4) und auf hohen Salzgehalt (hohe Osmosewerte) reagieren die Bodenwürmer sehr empfindlich.

7.2.3 Leistungen der Mikroorganismen im Boden

Zu den Mikroorganismen des Bodens gehören Bakterien, Actinomyceten (geflechtartige Bakterien), Pilze, Algen und Protozoen (Einzeller). Sie alle sind unentbehrliche Glieder in der Ökosphäre. Die Produzenten, also die grünen Pflanzen, können ihre biogenen Elemente nur aus dem Boden und aus der Luft entnehmen. Diese Elemente stehen in Gestalt der Ionen Na^+, K^+, NH_4^+, PO_4^{3-}, usw. aber nur in begrenztem Maße zur Verfügung. Deshalb müssen die abgestorbenen pflanzlichen Teile über Abbauzyklen den Pflanzen wieder zugeführt werden.

An erster Stelle ist hier die Leistung der Mikroorganismen bei der Aufrechterhaltung des Kohlenstoffkreislaufs zu nennen (siehe Bild 7–2). Die CO_2–Mengen der Luft werden durch anorganische und organische Bildungsprozesse relativ stabil gehalten. Die Menge an Kohlenstoffdioxid, die durch Bakterien des Bodens beim Abbau organischer Substanzen frei werden, genügen zur Deckung des CO_2–Verbrauches der Pflanzen. Ungedüngter Ackerboden gibt etwa 0,4 g CO_2 pro Stunde und m^2 ab. Das sind ca 19.000 kg CO_2 pro Hektar und Halbjahr. Von großer Bedeutung der CO_2–Produktion ist der Abbau von Zellulose und von Holzstoffen (Lignine). Die Zellulose ist ein Polysaccharid mit der chemischen Formel $(C_6H_{10}O_5)_n$, das den pflanzlichen Zellwänden Festigkeit und Beweglichkeit verleiht. Bei der mikrobiellen Zersetzung handelt es sich um enzymatische, hier hydrolytische Spaltungsvorgänge, die als Endprodukte Kohlenstoffdioxid und Wasser ergeben.

Die Zerlegung des Lignins erfolgt hauptsächlich durch Pilze, besonders durch Ständerpilze (Basidiomyceten). Die chemische Zersetzung verläuft über enzymatische Kettenreaktionen zu Spaltprodukten, deren Oxidation die Endprodukte Kohlenstoffdioxid, Wasser und Huminstoffe (Humusbestandteile) ergeben.

Die wohl eindruckvollste Leistung der Bakterien und Blaualgen besteht in der Fähigkeit, Stickstoffverbindungen abzubauen. Stickstoff ist im pflanzlichen und tierischen Körper hauptsächlich im Protein und in den Polynukleotiden (Erbsubstanzen) integriert. Der Abbau und Umbau dieser Substanzen erfolgt in den zwei Phasen der Ammonisierung und der Nitrifikation. Bild 7–2 verdeutlicht den Ammonisierungsvorgang.

Die sich anschließende Nitrifikation wird durch nitrifizierende Bakterien der Gattung Nitrosomonas vorgenommen. Das Ammoniak (NH_3) bzw. das Ammoniumion (NH_3^+) werden in zwei Stufen zu Nitrit– (NO_2^-) bzw. zu Nitrationen (NO_3^-) oxidiert. Somit steht den Pflanzen das so wichtige stickstoffhaltige Ion wieder zur Verfügung. Wesentlichen Einfluß auf die Tätigkeit der nitrifizierenden Bakterien haben der pH–Wert und die O_2–Konzentration des Bodens. Arbeitsfähig sind diese

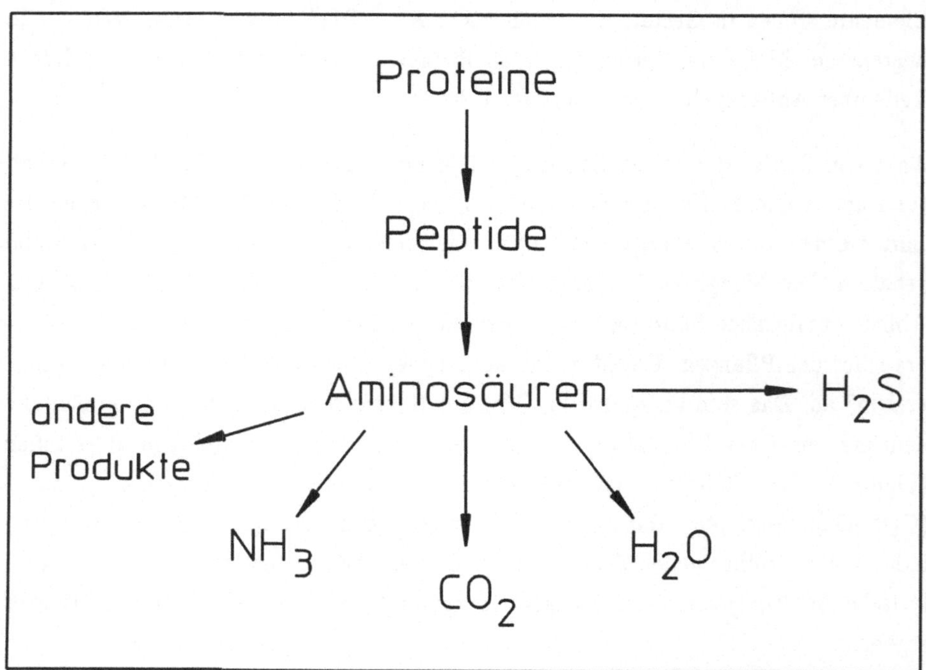

Bild 7–2: Die Phase der Ammonisierung

Bakterien bei pH–Werten zwischen 6,2 und 9,2; das pH–Optimum liegt bei 7,6. Die Nitrifikationsbakterien sind strenge Aerobier, d.h. sie sind auf O_2 angewiesen. Deshalb ist begreiflich, daß die Lockerung des Bodens unabdingbar ist.

Eine weitere Fähigkeit der Mikroorganismen ist die Bindung des Luftstickstoffs durch Bakterien (Gattung: Azetobakter). Bekannt ist die Tatsache, daß nach Bepflanzung von Leguminosen (z.B. Erbsen, Bohnen, usw.) im gleichen Pflanzenfeld im darauffolgenden Jahr keine Düngung vorgenommen werden muß. Bereits 37 v.Chr. schrieb der römische Schriftsteller Varro, daß Schmetterlingsblütler (Leguminosen) den Boden kräftigen und fruchtbar machen. Diese Bakterien leben symbiotisch mit den Pflanzen an deren Wurzeln. Die biochemische Wirkung besteht darin, daß die Bakterien (oft als Knöllchenbakterien bezeichnet) den molekularen Stickstoff mit Hilfe des Wasserstoffs zu NH_3 reduzieren. Dieser kann nun wiederum zu Nitrat oxidiert werden und damit den Wurzeln zugängig gemacht werden.

Die Wechselbeziehung zwischen NH_3 und NO_3^-, die durch die Einbeziehung von N_2 intensiviert wird, ist die Grundlage für immense Proteinproduktion auf der Erde.

7.2.4 Humusbildung und Humuszersetzung

Sowohl die Wirbellosen als auch die Mikroorganismen sind verantwortlich für die Humusbildung und dessen ständigen Umbau. Den Begriff Humus kann man definieren als die Gesamtmasse an organischer Substanz und an Mikroorganismen.

Für die Mikroorganismen ist der Humus zum Teil Nährstoffgrundlage und Lebensfeld. Da der Humus noch leicht zersetzbare Stoffe wie Kohlenhydrate, Fette und Eiweißstoffe enthält, ist er für die Entwicklung der Mikroorganismen von großer Bedeutung (Nährstoffhumus). Dabei entstehen auch weitere Stoffe, die für die Humifizierung bis zum Dauerhumus notwendig sind. Der Dauerhumus setzt sich aus Fulvosäuren (kurzkettige, verzweigte Carbonsäuren) einschließlich deren Salzen, den Fulvaten, aus Huminsäuren (verzweigte Polyhydroxicarbonsäuren) und deren Salzen (Huminaten) sowie aus den Huminen (sorptionsfähige, ungesättigte, fest an Tonteilchen gebundene Huminsäuren) zusammen. Die Huminsäuren sind gegenüber den Mineralisierungsprozessen durch Bakterien sehr widerstandsfähig. Huminsäuren und Huminate wirken ihrerseits wieder hemmend auf die Entwicklung der Bakterien. Daraus wird wieder ersichtlich, welche direkten und indirekten Beziehungen zwischen Pflanzen und Mikroorganismen existieren. Als indirekt kann man eine Verschlechterung oder Verbesserung der Böden ansehen. Direkt werden die Pflanzen durch die Symbiose mit den Bakterien beeinflußt. Die Pflanzen beeinflussen mehr auf direkte Weise das Leben der Mikroorganismen und zwar durch Ausscheidung fördernder oder hemmender Stoffe über die Wurzeln. Bei diesen Wurzelausscheidungen handelt es sich um ein breites Spektrum an Substanzen: Zucker, Aminosäuren, organische Säuren wie Apfelsäure,. Zitronensäure etc, Phosphatide, Nukleotide und sogar Vitamine.

7.2.5 Bedeutung des Bodens

Neben der Produktionsfunktion, bei der es um die Verbesserung der Fruchtbarkeit geht, hat der Boden auch noch weitere Funktionen im ökologischen Sinne zu erfüllen.

Vor allem in der Landwirtschaft wird die Produktionsfunktion des Bodens in den Mittelpunkt gestellt. Dabei wird mitunter außer Acht gelassen, daß wichtige Steuerungsfunktionen wie Schaffung von Lebensraum für viele Organismen oder Filterung mit Ionenaustausch für die Trinkwasserversorgung von außerordentlicher Bedeutung sind. Deshalb müssen bei der Schaffung neuer Straßen, Gebäuden, Plätzen, etc. oder bei der Verfüllung von Gruben und Mulden diese wichtigen Funktionen mit in das Kalkül von Ingenieuren und Architekten einbezogen werden.

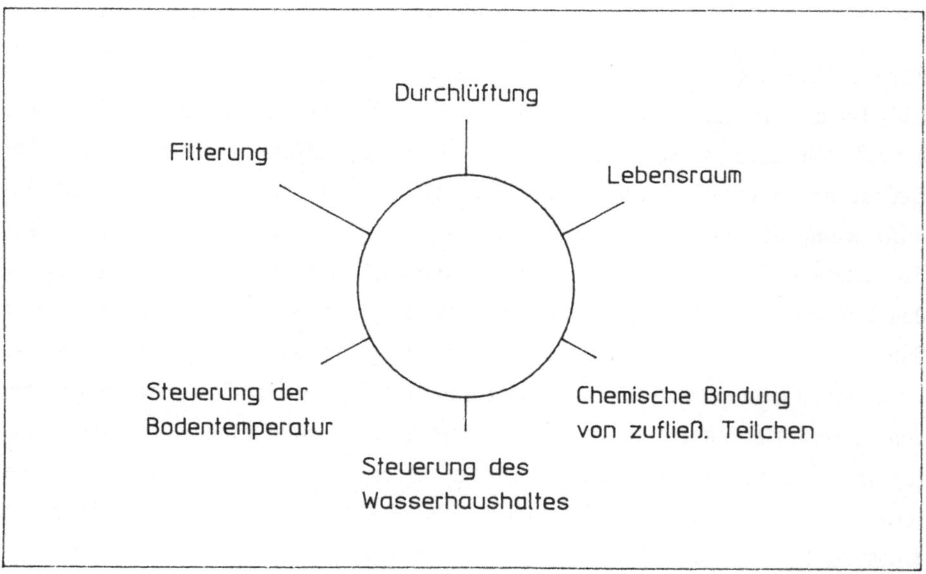

Bild 7–3: Bodenfunktionen

7.3 Bodenbelastungen

Durch Industrie und Gewerbe, aber auch in nicht unerheblichem Maße durch private Haushalte werden Stoffe in den Boden eingetragen, die einen großen Teil der Bodenfunktionen lähmen bzw. ausschalten. An erster Stelle sind hier die Gase und Stäube zu nennen, die entweder direkt oder indirekt in den Boden gelangen. Bei den Gasen handelt es sich hauptsächlich um SO_2 und NO_x, die auch zugleich verantwortlich sind für die Säurebildung im Boden. Über die Stäube und zum geringen Teil auch über die Klärschlämme, wie auch über die nicht kanalisierten Abwässer gelangen die Schwermetallionen in die Böden. Es handelt sich hier im einzelnen um die Ionen von Cadmium (Cd^{2+}), Chrom (Cr^{3+}), Quecksilber (Hg^{2+}), Kupfer (Cu^{2+}), Nickel (Ni^{2+}), Blei (Pb^{2+}) und Zink (Zn^{2+}). Diese Metallionen können aus den Böden nicht unmittelbar entfernt werden und wirken schon in kleinen Mengen toxisch. Hierbei muß man deutlich differenzieren. Ein Teil dieser Schwermetalle zählt zu den esentiellen Spurenelementen (z.B. Zn^{2+}). Das heißt, daß diese Elemente für die Pflanzen stoffwechselphysiologisch relevant sind. Bild 7–4 zeigt Notwendigkeit und toxikologische Bedenklichkeit der Schwermetalle.

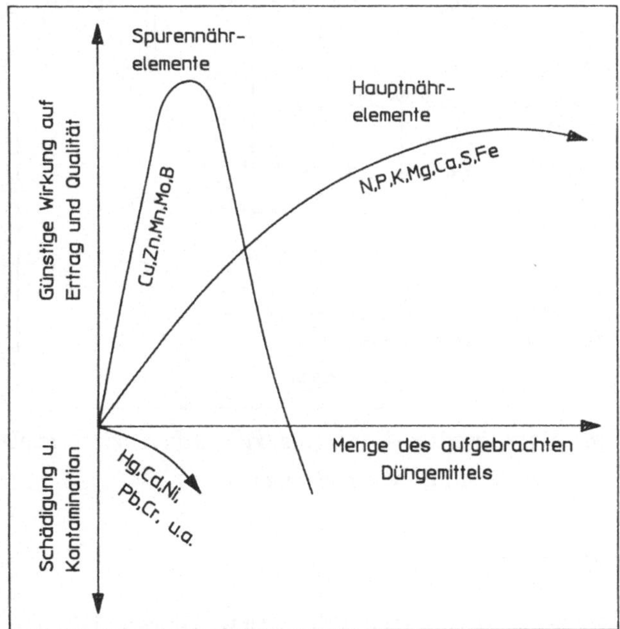

Bild 7–4: Darstellung der grundsätzlichen Wirkung der Nährelemente auf Pflanzen nach Düngungsmaßnahmen.

Die Aufnahme in die Pflanzen ist jedoch sehr unterschiedlich. Hierbei ist das Cadmium von besonderer Bedeutung. Dessen Ion (Cd^{2+}) gelangt außerordentlich gut und reichlich in die Pflanze und kann somit auf indirektem Wege in den tierischen Organismus gelangen. Blei und Quecksilber werden nur in sehr geringen Mengen - aufgenommen. Dies kann aber keineswegs eine Entwarnung bedeuten, da gleichermaßen auch an Mikroorganismen gedacht werden muß.

Diese Metallionen wirken bereits in kleinen Konzentrationen als Enzymgifte. Sie verbinden sich mit den SH–Gruppen der Enzyme und verändern deren Tertiärstruktur so tiefreifend, daß das aktive Zentrum des Enzyms funktionsuntüchtig wird.

Das nachstehende Bild zeigt die Auswirkung eines cadmiumreichen Bodens. Dabei ist es von großer Wichtigkeit, daß der pH–Wert mitangegeben wird, weil nämlich die Löslichkeit der Cadmiumsalze im Boden mit abnehmendem pH–Wert steigt.

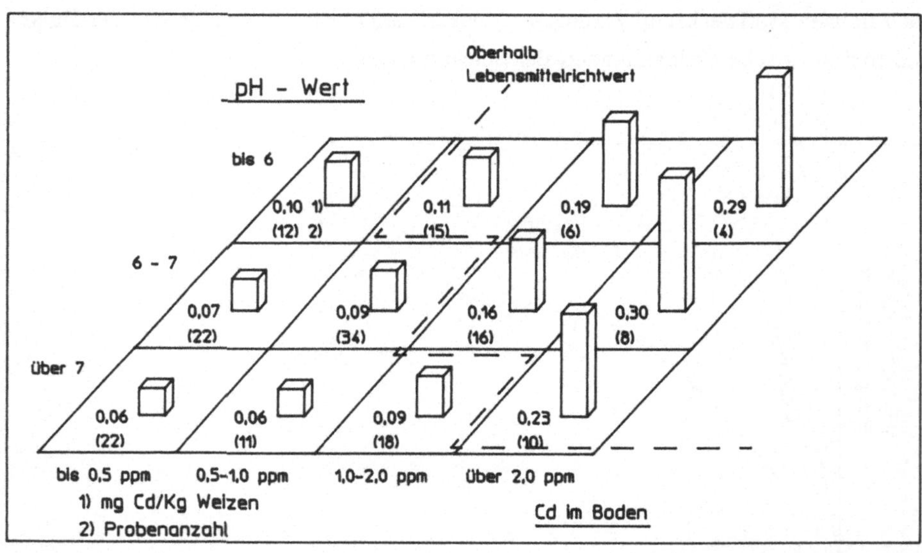

Bild 7–5: Cadmiumgehalte im Winterweizen–Korn (mg/kg), differenziert nach Cadmiumgehalt des Bodens und pH–Wert–Klassen.

7.3.1 Kontamination durch Düngemittel

Dieser Abschnitt bedarf heute einer ganz besonderen Beachtung. Düngemittel werden sozusagen von "jedermann" unkontrollierbar in den Boden eingebracht. Man unterscheidet zwischen handelsüblichen Mineraldüngern und den Wirtschaftsdüngern.

Bei den handelsüblichen Düngemitteln handelt es sich im allgemeinen um ein Gemisch aus Ammoniumsulfat $(NH_4)_2SO_4$, Calciumphosphaten z.B. $CaHPO_4$ und Kaliumnitrat KNO_3; kurz auch NPK–Dünger genannt. Durch das Ammoniumsulfat gelangt auch ein Nitratlieferant in den Boden (siehe Nitrifikation durch Nitrosomonas–Bakterien). Durch ständige Verdichtung der Böden (Traktorbefahrung) nimmt der Sauerstoffgehalt im Boden ab. Jetzt macht sich das ökologische Wirkungsgefüge Nitrat/ verminderter O_2–Gehalt/ denitrifizierende Bakterien bemerkbar. Durch die somit begünstigte Denitrifikation ergibt sich die Reaktionsfolge:

$$NO_3^- \longrightarrow NO_2 \longrightarrow N_2O \longrightarrow N_2.$$

Dabei ist zu beachten, daß dieser Vorgang auch in normal bewirtschafteten Böden und in naturbelassenen Böden abläuft. Die zunehmende Anaerobie verstärkt diesen Effekt. Das auf diesem Wege in die Atmosphäre gelangende NO_2 ist ebenfalls mit dem Ozonabbau in der Stratosphäre in Verbindung zu bringen, bzw. mit dem Ozonaufbau in der Troposphäre. Es muß also das Ziel sein, nur den von den Pflanzen benötigten Stickstoff zur rechten Zeit zuzuführen. Dadurch wird auch gleichsam verhindert, daß es zu Auswaschungen von Nitrat im Boden kommt, was mit großer Sicherheit bis zum Grundwasser ungehindert absickert (s. Kap.5).

Überall dort, wo intensive Tierproduktion betrieben wird, entsteht auch ein Übermaß an Stalldung, der als "Wirtschaftsdünger" bezeichnet wird. Durch die Parole "Natürlich düngen ist gesünder" und durch ökonomische Interessen werden dem Boden ebenfalls Nährstoffe in erheblichen Mengen, die zu lokalen Überdüngungen führen können, zugemutet. Die anfallenden Güllemengen können aus Kapazitätsgründen nicht unbegrenzt aufbewahrt werden. Deshalb wird die Entsorgung auch dann stattfinden, wenn die Böden diese Stoffe nicht verwerten können. Die anfallenden Mengen wurden im Jahr 1975 auf ca. 190 Mio t Frischmasse geschätzt. Stallmist, Stroh- und Gründüngung sind anders als Gülle zu bewerten. Diese Festmassen stellen nämlich Nährelemente für die Mikroorganismen dar. Der hohe Anteil an organischen Substanzen regt den mikrobiellen Stoffwechsel an. Diese Tätigkeit ist von außerordentlicher Wichtigkeit für die Gestaltung der Böden. Dies ist damit zu begründen, daß durch die verstärkt einsetzende Humifizierung eine Vergrößerung der oberflächenaktiven Kolloidbildung stattfindet und durch die Mikroorganismen die Krümelstruktur der Böden verbessert wird (siehe Bodengefüge). Die Gülle (7–10% Trockenmasse) und die Jauche (1–2 % Trockenmasse) enthalten eine große Menge an Flüssigkeit, in der Ammonium- und Kaliumverbindungen gelöst sind. Deshalb muß hier bei der Düngung vorsichtig dosiert werden; vor allen

Dingen nicht zur Unzeit (z.B. herbstliche Düngung oder im Winter). Die Gefahr einer Stickstoff–Kontaminierung ist im Grunde genommen hierbei viel größer als bei der Mineraldüngung, da die notwendigen Dosierungen in der Praxis kaum durchführbar sind.

7.3.2 Stickstoffaufnahme und -verwertung bei Pflanzen

Das nötige Protein aufzubauen, um Enzyme und Baugerüststoffe für Wachstum und Fortpflanzung bereitzuhalten, ist eine der vordringlichsten Aufgaben jeder Pflanze. Zur Proteinsynthese benötigt die pflanzliche Zelle den Stickstoff, der ihr hauptsächlich, sowohl in der Natur als auch bei künstlicher Düngung, in Form von NO_3^- – Ionen oder auch als NH_4^+ – Ionen zugeführt wird. In dem folgenden Schema soll der biochemische Vorgang verdeutlicht werden.

$NO_3^- \longrightarrow NO_2^- \longrightarrow NH_4^+$:

Glutaminsäure	$\rightleftharpoons$	Glutamin	Oxalacetat	$\Longrightarrow$	Asparaginsäure
Glutaminsäure	$\rightleftharpoons$	2–Oxoglutarat			$\Downarrow$
					Proteinsynthese

7.3.3 Kontamination durch Pflanzenschutzmittel

Unter diesen Mitteln versteht man Substanzen, die die Pflanzen vor Krankheiten oder Schadorganismen schützen sollen. Im einzelnen handelt es sich hier um drei Gruppen von Stoffen: Herbizide, Insektizide und Fungizide (Pestizide). Chemisch gesehen gehören sie zu den Stoffgruppen der chlorierten Kohlenwasserstoffe, den Phosphorsäureestern, den Carbamaten und den Phenylharnstoffverbindungen.

Nur ein Teil der Pflanzenschutzmittel gelangt direkt in den Boden. Die meisten kontaktieren die Pflanzen, Insekten und Pilze. Sie können somit erst durch Abtropfen in den Boden gelangen. Im Boden angelangt werden diese Stoffe durch die kohlenstoffreichen Verbindungen des Humus fixiert. Manche Herbizide können an Tonmineralien (soweit vorhanden), an Eisenoxid oder Aluminiumoxid adsorbiert werden. Andere Herbizide – vor allem die mit starkem Dipolmoment – werden im Ionenaustauschverfahren an Bodenteilchen angelagert. Das Eindringvermögen der Pestizide hängt zum Teil von ihrer Wasserlöslichkeit und zum Teil von der Bodenzusammensetzung ab. Bei Wirkstoffen mit guter Wasserlöslichkeit ist eine relative, große Eindringtiefe vorgegeben. Pestizide geringerer Wasserlöslichkeit werden sehr gut von humiden Stoffen und Ton sorbiert. Die Sorptionskapazität der Böden ist

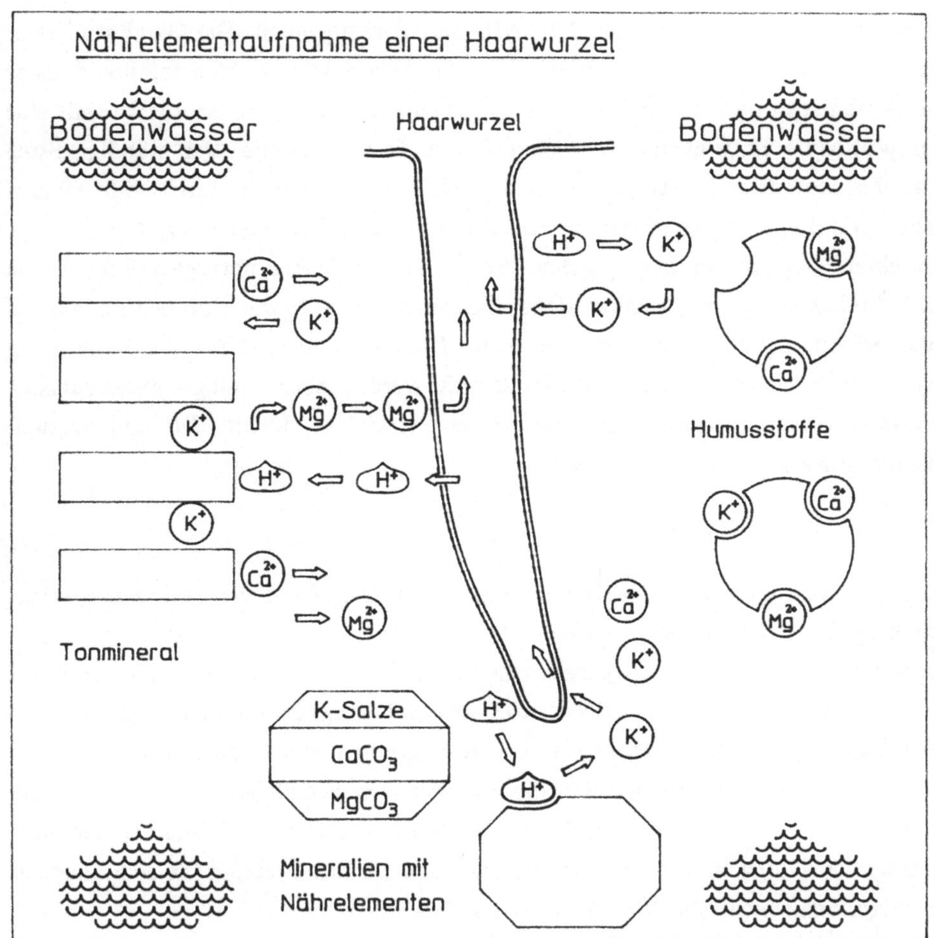

Bild 7–6: Einbau eines über die Wurzelhaare aufgenommenen und über die Wasserleitungssysteme transportierten Nitrat– Teilchens in die pflanzliche Zelle mit anschließender Proteinproduktion im Zellplasma.

jedoch begrenzt. Deshalb muß angenommen werden, daß eine große Menge an Pestiziden in das Grundwasser gelangt.

Der biologische Abbau dieser chemischen Wirkstoffe wird durch Bakterien, Pilze und zum geringen Teil auch durch Pflanzen vorgenommen. Einige Pflanzenschutzmittel können den Mikroorganismen geradezu als Kohlenstoff- bzw. Stickstoffquelle dienen. Der biochemische Abbau erfolgt häufig über verschiedene Zwischenstufen, an deren Ende vorläufige Endprodukte wie z.B. Phenole entstehen. Diese Produkte werden durch das außerordentlich wirksame und vielfältig tätige Enzymsystem der Mikroorganismen zu CO_2, NH_3 und H_2O abgebaut. Die Geschwindigkeit dieses Abbauprozesses kann man über die abgegebene Kohlenstoffdioxidmenge meßtechnisch erfassen. Die Vielfalt der Pflanzenschutzderivate erfordert somit eine proportionale Entwicklung der mikkrobiellen Enzymsysteme. Der ständige Streß der Mikroorganismen ist jedoch ökologisch sehr bedenklich. Insektizide können auch Nützlinge angreifen und vernichten. Hier sind z.B. Laufkäfer, kurzflügelige Insekten oder Spinnen angesprochen. Herbizide beeinflussen naturgemäß die Fauna auf direkte Weise in geringem Maße. Sie verändern aber die Umweltbedingungen von Käfern, Spinnen, Insekten und vieler Kleinlebewesen. Durch die Beseitigung von "Unkräutern" in der Kulturlandschaft werden aber ökologisch bedeutsame Größen wie Temperatur, Luft- und Bodenfeuchtigkeit, Lichteinfall und Schlupfwinkel stark verändert.

7.3.4 Schutz des Bodens

Das sich selbst regelnde Ökosystem Boden muß wegen der vom Menschen verursachten Störgrößen ständig neu eingestellt werden. Allein die Vielfalt eines Ökosystems garantiert eine großes genetisches Potential. Neue Situationen können somit besser gemeistert werden. Deshalb ist es auch unbedingt erforderlich, daß Kleinwälder, Hecken, Gebüsche, Feldgehölze und Kleingruppen von Bäumen der Landschaft erhalten bleiben. Sie ermöglichen die Existenz von Kleinlebewesen, Bodenbewohnern und Mikroorganismen; ein vernetztes Lebensgefüge, das bei Zerstörung einiger weniger Faktoren in sich zusammenbricht. Ein solches System läßt sich aber aus heutiger Sicht nicht von Null aus wieder aufbauen.

7.4 Bodenanalyse und Meßtechnik

7.4.1 Einleitung

Verhältnismäßig spät erkannte man, daß Produkte wie Klärschlamm und Filterstaub Böden erheblich belasten können. Daneben wurden und werden gefährliche Stoffe aus Verkehr, Landwirtschaft, Haushalten und Industrie in Böden eingebracht und dort akkumuliert. So gefährdet heute eine ganze Palette anthropogener Gifte den Boden in seiner Funktion als Produktionsgrundlage für Nahrungsmittel und regenerierbare Rohstoffe, als Puffer gegen Verschmutzungen des Grundwassers aber auch als Siedlungsfläche. Die Messung von Stoffkonzentrationen stellt eine wichtige

Voraussetzung zur Beurteilung der Belastung von Böden und deren Belastbarkeit durch zukünftige Nutzungen dar. Der allgemeine Gang einer Bodenanalyse auf Schadstoffe von der Probenahme bis zur Auswertung sei hier kurz erläutert. Es gelten grundsätzlich die gleichen Überlegungen wie bei den schon besprochenen Umweltbereichen.

7.4.2 Probenahme

Ziel der Probenahme ist die Gewinnung repräsentativer Bodenproben vom Gelände, die die spätere Messung zufälliger Situationen im Labor ausschließt.

Ein allgemeingültiges Verfahren zur Probenahme kann es nicht geben, da der Zweck der Untersuchungen verschiedene Anforderungen stellt. So besteht ein Unterschied in der Beantwortung der Frage, welche Stoffkonzentrationen durch spielende Kinder aufgenommen werden können, ob das Pflanzenwachstum oder das Grundwasser gefährdet ist. Die Entnahmetiefe, als ein wesentliches Kriterium, wird aus diesen Beispielen unmittelbar deutlich. Je nach Fragestellung wird an der Oberfläche, im Wurzelraum oder deutlich darunter in gleichen Abständen zur Oberfläche oder orientiert an Bodenhorizonten beprobt. Aber auch die Entnahme mehrerer Proben in verschieden Schichten kann für bestimmte Fragestellungen wie etwa das Verhalten eines Stoffes bei der Passage durch den Bodenkörper wichtig sein. Die Jahreszeit der Probengewinnung spielt eine ganz wesentliche Rolle bei der Frage der Nährstoffmenge im Boden. So werden Proben im Frühjahr zu Beginn der Vegetationsperiode gezogen, um Kenntnis über den aktuellen Nährstoffvorrat zu gewinnen. Eine Beprobung im Herbst, wenn keine Assimilation durch die Pflanzen mehr stattfindet, gibt Auskunft über die mineralisiert vorliegenden Nährelemente wie Nitrat und Phosphat. Diese Informationen sind zur Abschätzung des Auswaschungsrisikos ins Grundwasser wesentlich. Somit ist der Probenahmezeitpunkt eine von vielen Randbedingungen, die die aktuelle Stoffkonzentration im Boden bestimmen. Daneben haben der Wasserhaushalt, der pH–Wert, die Korngrößenverteilung, der Anteil organischer Substanzen und die mikrobielle Aktivität Einfluß auf das Verhalten der Stoffe. Diese Parameter müssen deshalb besonders bei vergleichenden Untersuchungen über längere Zeiträume berücksichtigt werden.

Die Verteilung der Probenahmestellen über die zu untersuchende Fläche hängt ab vom Zweck der Analyse und der Vorinformationen über den Standort. Bei bekannten Kontaminationsherden kann gezielt mit einem engmaschigen "Netz" beprobt werden. Unbekannte Gebiete werden meist durch Raster abgedeckt oder durch

"Nested Sampling" aufgearbeitet. Dazu werden zufällig über die Fläche verstreute Probennester angelegt, deren Probepunkte in unterschiedlicher Distanz zueinander stehen. Diese Methode kann auch als Voruntersuchung einer flächenhaften Rasterbeprobung zur Bestimmung der Maschenweite herangezogen werden (siehe "Auswertung"). Der Abstand im Gitter richtet sich zunächst nach dem Zweck und der Kenntnis über die zu beprobende Fläche; so werden heterogene Räume enger beprobt als homogene, Proben zur Grundwasserproblematik weiter als solche zur Gefährdung spielender Kinder. Die Anzahl wird letztlich jedoch begrenzt durch den personellen und finanziellen Rahmen der Untersuchung.

Zur Gewinnung von Stoffkonzentrationen ist kein ungestörtes Probenmaterial notwendig, während für bestimmte Fragestellungen wie etwa Sickerversuche ungestörte, d.h. in Textur und Struktur unbeschädigte Bodenproben verwendet werden. Es genügt also ein Handbohrer zur Entnahme aus einer oder mehreren Tiefen, die für bestimmte Fragestellungen auch zu Mischproben aggregiert werden können. Zur Bestimmung der Nährstoffe in landwirtschaftlich genutzten Böden werden Proben räumlich weit auseinanderliegender Einschläge gemischt, da häufig nur eine Analyse pro Ackerschlag durchgeführt wird. So lassen sich bei relativ homogenen Flächen Verfälschungen des Ergebnisses durch zufällige Bodensituationen minimieren.

Gerade bei der Probenahme drohen Verunreinigungen, die zu schwerwiegenden Fehlern in der Analytik führen können. Verfälschungen des Schwermetallgehaltes entstehen z.B. durch Abrieb des Werkzeugs und werden durch die Verwendung von gehärtetem Stahl reduziert. Die Reinigung und Spülung mit destilliertem Wasser nach jedem Einschlag verhindert Verschleppungen vorher gezogenen Analysenmaterials. Mit der Entnahme der Probe ändert sich deren Umgebung und Randbedingungen,so daß Prozesse in ihr ablaufen können, die ihrer natürlichen Lage nicht entsprechen. Chemische, photochemische und mikrobiologische Vorgänge können beim Transport zur Analyse durch zügige Entnahme in geeignete Behälter und luftdichte, dunkle und kühle Lagerung weitgehend reduziert werden. Besonders bei der Untersuchung auf organische Stoffe werden Glasflaschen benutzt, um Kontaminationen durch Kunststoffverbindungen zu vermeiden, für Nährstoff- und Schwermetalluntersuchungen finden Gefrierbeutel Verwendung. Bei längerer Lagerung werden die Proben durch Kühlen, durch Tiefgefrieren oder chemisch konserviert.

Eine genaue Dokumentation, die eine Ansprache der Bodenverhältnisse und der Entnahmetiefe aber auch die Färbung, den Geruch und die Konsistenz der Probe enthält, ist für eine spätere Auswertung unumgänglich.

7.4.3 Analytik

Die gewonnene Rohprobe kann in aller Regel nicht unmittelbar analysiert, sondern muß erst für die Messung vorbereitet werden. Je nach Meßmethode sind verschiedene Arbeitsschritte erforderlich, um die Probe in die geeignete Form für eine Analyse zu bringen. Vor der Untersuchung wird festgelegt, auf welchen Zustand der Probe die gemessenen Werte bezogen werden sollen (z.B. lufttrocken oder verascht), um sie mit Messungen anderer Herkunft vergleichen zu können.

Das getrocknete Bodenmaterial wird im Mörser, bei Schwermetallanalysen in einer Achatkugelmühle, zerkleinert und gesiebt, so daß homogene Proben vorliegen. Sehr viele Analysemethoden können Feststoffproben nicht direkt verarbeiten, sondern benötigen Lösungen. Deshalb wird die Probe nach dem Wiegen der Trockenmasse in der Regel mit einer geeigneten Säure versetzt und geschüttelt, so daß die zu untersuchenden Stoffe extrahiert werden können. Das Extraktionsmittel kann für verschiedene Analysen unterschiedlich sein, so sind in der Schwermetallanalytik "Aufschlüsse" unter Druck mit konzentrierten Säuren üblich.

Zur Messung absoluter Werte müssen die Nachweisgrenze des Verfahrens und dessen Genauigkeit bekannt sein. Dazu werden mit reinen Lösungen ohne Probenaufschluß Analysen durchgeführt, deren Ergebnis als Blindwert das Hintergrundrauschen der Methode bzw. der Lösung bestimmt. Die Nachweisgrenze hängt von der Qualität des Analysegerätes und der optimalen Einstellung ab. Die Eichung bzw. Kalibrierung erfolgt über Standardlösungen bekannter Konzentrationen und die Güte der Messungen wird durch Vergleichsmessungen (Ringversuche) mit anderen Laboratorien bestimmt.

Die eigentliche Analyse erfolgt nach den gleichen Prinzipien wie in den anderen Umweltbereichen: Moderne Analyseverfahren machen sich physikalische Eigenschaften zunutze, die individuelle Reaktionen der Elemente und damit ihr Auftreten in der Probe meßbar machen. Hier sollen nur die wichtigsten optischen Methoden vorgestellt werden (s. auch Kapitel Luft und Kapitel Wasser).

Die *Spektralanalyse* nutzt die Tatsache, daß hocherhitzte Atome (Plasma) charakteristisches polychromatisches Licht aussenden. Die Intensität dieser Strahlung entspricht unter definierten Bedingungen der Konzentration des Stoffes in der Probe. Nach der Zerlegung über ein Prisma übernimmt ein photoempfindlicher Detektor die Messung, eine Meßelektronik die Auswertung der Analyse. Die Spektralanalyse kann auch festes Material verarbeiten und analysiert gleichzeitig ein breites Stoffspektrum. Die Nachweisgrenze, die etwa bei 1/1000 % liegt, läßt sich durch längere Verweilzeiten der Probe im Brenner erhöhen. Daher wird die Probenlösung in ein mit dem Edelgas gefülltes Hochfrequenzfeld eingebracht, so daß das Plasma über das hocherhitzte Trägergas erzeugt und abgefackelt wird. Damit steigt die Nachweisgrenze um etwa 7 bis 10 %.

Eine der häufigsten Analysemethoden ist die *Atomabsorptions–Spektralphotometrie (AAS)*, die auf der Tatsache beruht, daß Atome beim Übergang in einen angeregten Zustand elementspezifisches, monochromatisches Licht absorbieren. Die Lösung wird in einer Flamme oder einem Graphitrohr je nach Element bei Temperaturen bis zu 2700 °C atomisiert und dabei mit dem entsprechenden Licht bestrahlt, dessen Intensität als Maß der Elementkonzentration vor und hinter der Flamme gemessen wird. Die Nachweisgrenze liegt bei der Flammen–AAS um eine, bei der flammenlosen AAS um drei Zehnerpotenzen höher als bei der normalen Spektralanalyse.

Bei der *Röntgenfluoreszenzanalyse* werden die Proben Röntgenstrahlen bestimmter Wellenlängen ausgesetzt, die die Atome zur Emission einer typischen Fluoreszenzstrahlung anregen. Sie wird analog der Spektralanalyse über einen Analysatorkristall in ihre Bestandteile zerlegt und deren Intensität von einem Detektor gemessen. Der Vorteil dieser Methode liegt vor allem im hohen Probendurchsatz durch die weitgehende Automatisation moderner Anlagen, ihre Nachweisgrenze entspricht etwa der der Spektralanalyse.

Für *photometrische Messungen* wird die Probenlösung zunächst mit spezifischen Reagenzien versetzt, die eine stofftypische Verfärbung hervorrufen. Die Intensität der Färbung, die in der Regel mit zunehmender Konzentration steigt, wird mit einer Photozelle hinter entsprechenden Filtern ermittelt und an definierten Standards geeicht.

7.4.4 Auswertung

Die Bewertung der Belastung und Belastbarkeit eines Bodens durch die Analyse kann erst durch den Vergleich der Meßergebnisse mit aussagefähigen Maßstäben einsetzen. Für Untersuchungen des Nährstoffgehaltes z.B. landwirtschaftlich genutzter Flächen geben Empfehlungswerte Aufschluß über optimale Düngergaben in Abhängigkeit von der Bodenart. Der Gehalt kontaminierter Böden mit Schwermetallen oder organischen Chemikalien wird meist anhand bestehender Richt- oder

Grenzwerte beurteilt. Konkrete Zahlen, die teilweise in Gesetzen und Verordnungen fixiert sind, haben für sich allein jedoch nur bedingte Aussagekraft. Erst die Berücksichtigung der verschiedenen Randbedingungen erlaubt die Bewertung der gemessenen Konzentrationen. So hängt die Giftigkeit eines bestimmten Stoffes an einem bestimmten Standort von den je spezifischen Stoff- und Bodeneigenschaften ab. Darüberhinaus muß die Empfindlichkeit der zu schützenden Güter: Mensch, Tier, Nutzpflanze oder Grundwasser gegenüber dem jeweiligen Umweltgift berücksichtigt werden, so daß schließlich Aussagen über die mögliche Art der Nutzung oder gar eine Sanierung der beprobten Fläche getroffen werden können. Grenzwerte erhalten also erst im Rahmen differenzierter Bewertungsverfahren ihre Bedeutung.

Analysenergebnisse lassen sich zudem auch zur statistischen Auswertung heranziehen, die Auskunft über räumliche und zeitliche Entwicklungen der Belastung geben oder Zusammenhänge mit Umwelteinflüssen herstellen. Sie können aber auch zur Optimierung der Probenahmestrategie dienen, indem durch geostatistische Verfahren wie der Variogrammanalyse die räumliche Reichweite der gemessenen Werte bestimmt wird. Demnach kann zwischen Bohrpunkten interpoliert werden, solange die Varianz der gemessenen Werte mit der Entfernung steigt. Ein Beprobungsgitter, dessen Abstände innerhalb dieser Reichweite liegen, läßt also räumlich valide Ergebnisse erwarten.

Die Vielzahl der Arbeitsschritte einer Bodenanalyse macht deutlich, daß zahlreiche Fehlerquellen das Ergebnis beeinflussen können. Sie sind zum einen durch sorgfältiges Vorgehen in Gelände und Labor zu reduzieren, zum anderen bei der Interpretation eines absoluten Meßwertes bewußt mit einzubeziehen.

Literatur

(1) E. Mückenhausen, H. Zakosek, Lehrbuch der Angewandten Geowissenschaften, 2. Aufla ge, Band 1; F. Enke Verlag, Stuttgart 1981.

(2) Bodenschutz, Heft 51, Schriftenreihe: "Deutscher Rat für Landschaftspflege", 1986.

(3) Scheffer, Schachtschabel: Lehrbuch der Bodenkunde, 10. Auflage, F. Enke Verlag, Stutt gart 1979.

(4) H. Kuntze et al.: Bodenkunde, UTB 1106, Verlag Eugen Ulmer, Stuttgart 1981

(5) Bachhausen, P. & Baiersdorf, U.: Aufbewahrung, Transport und Konservierung von Proben. Referate der Fortbildungsveranstaltung des Landesamtes für Wasser und Abfall NRW a, 1./2.12.1988, 1989, 3: Probenahme bei Altlasten, 91—106.

(6) Fiedler, H.J. & Rösler, H.J. (Hg.): Spurenelemente in der Umwelt. Stuttgart: Enke-Verlag, 1988

(7) Leuchs, W.: Strategien und Techniken zur Gewinnung von Feststoffproben. Referate der Fortbildungsveranstaltung des Landesamtes für Wasser und Abfall NRW am 1./2.12.1988, 1989,3: Probenahme bei Altlasten, 7–32.

(8) NORM DIN 4021 Teil 1: Erkundung durch Schürfe und Bohrungen von Proben. 1971.

(9) Schröder, W., Garbe, C.D. & Fränzle, O.: Zur Bedeutung der Validität umweltbezogener Daten. Umweltwissenschaften und Schadstoff– Forschung 1990.

(10) Umweltbundesamt: Materialien zur Bodenschutzkonzeption der Bundesregierung (Texte des Umweltbundesamtes 27/85), 1985.

8 Ökologische Verkehrsprobleme

8.1 Einleitung

Unsere Verkehrsprobleme zeigen besonders deutlich, daß individuelle Wünsche und Werte mit gesellschaftlichen Anforderungen in Widerspruch stehen können. KFZ– und LKW–Verkehr benötigen ein aufwendiges Netz von Straßen. Diese Straßen können gewachsene Kultur- und Naturlandschaften beschädigen. Der Individualverkehr ist besonders in Ballungsgebieten zu einem Umweltproblem großen Ausmaßes geworden, insofern er Abgase, Stäube und Lärm erzeugt. Er ist verantwortlich für eine große Anzahl von Toten und Verletzten. Auch der Luftverkehr ist für eine Reihe von Umweltproblemen wie Abluft und Lärm verantwortlich. Schließlich trägt auch die Binnenschiffahrt eine gewisse Verantwortung für Umweltverschmutzungen auf Flüssen und Seen.

Eine volkswirtschaftliche Berechnung von Nutzen und Schaden des Individualverkehrs fehlt. Eisenbahnen und andere öffentliche Transportsysteme werden gegenüber dem Individualverkehr volkswirtschaftlich benachteiligt. Die direkten und indirekten Schäden, z.B. an Gebäuden, an Kultur- und Naturdenkmälern, werden dem Individualverkehr nicht in Rechnung gestellt. Die politischen Instanzen sehen sich weithin außerstande, praktikable Lösungen zu finden. Die Verkehrsteilnehmer sind auch Wähler. Verkehrsprobleme lassen sich national alleine nicht oder nur teilweise lösen.

Es gibt eine Reihe technischer Möglichkeiten, den Umweltproblemen des Verkehrs zu begegnen. Die Schadstoffmenge und der Lärm lassen sich konstruktiv mindern. Es gibt alternative Verkehrskonzepte, welche den Individualverkehr weniger anziehend erscheinen lassen. Technische Möglichkeiten können erst dann voll wirksam werden, wenn schlüssige Gesamtkonzepte für das Verkehrswesen vorliegen. Gesamtkonzepte für ein umweltgerechtes Verkehrssystem können nur von Politik und Wirtschaft gemeinsam erarbeitet werden. Umweltschäden, die durch den Verkehr direkt verursacht werden, sind primär schädliche Veränderungen der Luft. Um die Schadstoffe begrenzen zu können, bedarf es aufwendiger Emissions- und Immissionsmessungen. Darüberhinaus müssen die Fahrzeuge in regelmäßigen Abständen gewartet und gegebenenfalls repariert werden. Dies ist aber eventuell mit erheblichen Kosten verbunden.

8.2 Gesetzliche Bestimmungen

Neben dem anlagen- und produktbezogenen Immissionsschutz, der in Kapitel 3.6 behandelt wurde, ist der verkehrsbezogene Immissionsschutz von besonderer Bedeutung. Unter verkehrsbezogenem Immissionsschutz werden vornehmlich Aktivitäten zur Abgasentgiftung und Lärmbekämpfung verstanden. Zu unterscheiden ist beim verkehrsbezogenen Immissionsschutz zwischen dem Straßen-, Schienen-, Luft- und Schiffahrtsverkehr. Da das Schiffahrtsrecht im wesentlichen auf das Umweltmedium Wasser bezogen ist und nur ansatzweise verkehrsbezogene Regelungen aufweist, sind dahingehende Ausführungen an dieser Stelle entbehrlich. Gleiches gilt für den Schienenverkehr, da einerseits die einschlägigen immissionsschutzrechtlichen Regelungen der §§ 38, 42– 43 BImSchG mit den im Anschluß zu besprechenden Immissionsschutzbestimmungen für den Kraftfahrzeugverkehr identisch sind und andererseits die einschlägigen Bestimmungen des Allgemeinen Eisenbahngesetzes und des Bundesbahngesetzes sowie des Personenbeförderungsgesetzes nur einen losen verkehrsbezogenen Immissionsschutzbezug erkennen lassen.

Der Bereich der Luftverschmutzung und der Lärmbelästigung wird, was den Strassenverkehr angeht, zum Teil durch die Vorschriften des BImSchG, zum Teil durch Verkehrsregelungen als Instrumente des Umweltschutzes kodifiziert. Daneben greifen die Vorschriften des BImSchG als Schutzauflagen in die Planfeststellungsentscheidungen des Straßenrechts ein, vornehmlich für passive und aktive Lärmschutzmaßnahmen.

8.2.1 Bundes–Immissionsschutzgesetz

Die §§ 38 – 40 BImSchG enthalten Regelungen zur Beschaffenheit und zum Betrieb von Fahrzeugen bzw. ermächtigen Bundesverkehrs- und Bundesumweltminister sowie die Landesregierungen zu entsprechenden Regelungen. § 38 Satz 1 und Satz 2 BImSchG normieren die Grundpflichten für die Beschaffenheit und den Betrieb von Fahrzeugen. § 38 Satz 1 BImSchG wendet sich an Hersteller, Importeure und Fahrzeughalter und schreibt Anforderungen vor, nach denen Fahrzeuge so konstruiert und ausgerüstet sein müssen, daß sie bei bestimmungsgemäßem Betrieb die zum Schutz vor schädlichen Umwelteinwirkungen einzuhaltenden Emissionsgrenzwerte nicht überschreiten. Die Grenzwerte selbst sind in anderen Rechtsvorschriften festgelegt, so z.B. in der 11., der 23. oder der 25. Anlage zum § 47 StVZO. Satz 2 des §38 Abs 1 BImSchG macht die Verhinderung vermeidbarer Emissionen zur Pflicht. Dabei gelten als vermeidbar alle diejenigen Immissionen, die ihre Ursache in einem unsachgemäßen Betrieb, nicht ordnungsgemäßen Wartungszustand oder einer bestimmungswidrigen Benutzung des Fahrzeugs haben.

Austauscharme Wetterlagen, die durch fehlenden Regen oder Schneefall, Windstille am Boden sowie bodennahe kältere Luft und wärmere Luft in höheren Schichten gekennzeichnet sind, verhindern eine Verteilung der luftverunreinigenden Stoffe in der Atmosphäre. Die Folge davon ist eine gesundheits- oder sogar lebensgefährliche Schadstoffkonzentration in der bodennahen Luft, vor allem in Ballungsgebieten. Da vornehmlich die Verbrennungsmotoren von Kraftfahrzeugen erhebliche Mengen gefährlicher Schadstoffe ausstoßen, kann in solchen Situationen eine Begrenzung des Kraftfahrzeugverkehrs erforderlich sein.

§ 40 BImSchG gibt die Rechtsgrundlage für eine gebietsbezogene Begrenzung des Kraftfahrzeugverkehrs. Diese Vorschrift ergänzt damit die Grundsatznorm des § 38 BImSchG über die Beschaffenheit und den Betrieb von Fahrzeugen. § 40 BImSchG ermächtigt die Landesregierungen, durch Rechtsverordnung Gebiete zu Sperrgebieten zu erklären, sofern dort austauscharme Wetterlagen über mehrere Tage auftreten und außerdem Kraftfahrzeugverkehr in größerem Umfang stattfindet. Dadurch soll ein Anwachsen schädlicher Umwelteinwirkungen durch Luftverunreinigungen vermieden oder zumindest vermindert werden, wobei auch der zeitliche Umfang der erforderlichen Verkehrsbeschränkungen bestimmt werden kann.

Die auf der Rechtsgrundlage des § 40 Satz 1 BImSchG erlassenen *Smog–Verordnungen* bewirken selbst nicht unmittelbar die in ihr festgelegte Verkehrsbeschränkung. Der Vollzug ist vielmehr den Straßenverkehrsbehörden übertragen, die auf der Rechtsgrundlage des § 40 Satz 2 BImSchG die konkreten Verfügungen zu treffen haben, z.B. den Verkehr in dem Umfang zu verbieten, wie dies in der einschlägigen Verordnung sowie in deren Bekanntgabe vorgesehen ist, sobald eine austauscharme Wetterlage von der zuständigen Behörde bekanntgegeben wurde.

Schutzmaßnahmen gegen Verkehrslärm enthalten desweiteren die Vorschriften der §§ 41 bis 43 BImSchG. Soweit nicht bereits im ersten Planungsstadium Geräuschimmissionen vorgebeugt werden kann (vgl. dazu § 50 BImSchG) – dies betrifft bei straßenrechtlichen Planungen beispielsweise die Linienführung für Bundesstraßen nach § 16 Bundesfernstraßengesetz – soll § 41 BImSchG sicherstellen, daß durch den Bau oder die wesentliche Änderung öffentlicher Straßen und Schienenwege keine schädlichen Umwelteinwirkungen durch Verkehrsgeräusche hervorgerufen werden können, die nach dem Stand der Technik – entsprechend § 3 Abs. 6

BImSchG – vermeidbar sind. § 41 BImSchG ergänzt insoweit die Vorschrift des §38 BImSchG bezüglich der Verhinderung vermeidbarer Verkehrsgeräusche und setzt die Erkenntnis um, daß in Frage kommende Schutzmaßnahmen bereits im Stadium der Planung beginnen müssen. Konkreter Ansatzpunkt für die Verpflichtung des § 41 BImSchG sind regelmäßig die Planfeststellungen für den Bau und die Änderung von öffentlichen Straßen bzw. von Schienenwegen auf der Rechtsgrundlage der Straßengesetze und des Eisenbahngesetzes. Die nach § 41 BImSchG gebotenen Maßnahmen sind dann, z.B. gemäß § 17 Abs. 4 Satz 1 Bundesfernstraßengesetz, in den jeweiligen Planfeststellungsbeschluß als Auflage aufzunehmen.

§ 43 BImSchG ermächtigt die Bundesregierung durch Rechtsverordnung mit Zustimmung des Bundesrates die zur Durchführung u.a. des § 41 BImSchG erforderlichen Vorschriften, beispielsweise über bestimmte, nachbarnschützende Grenzwerte, über bestimmte technische Anforderungen an den Bau von Straßen, Eisenbahnen und schließlich über Art und Umgang der zum Schutz vor schädlichen Umwelteinwirkungen durch Geräusche notwendigen Schallschutzmaßnahmen an baulichen Anlagen zu erlassen. Von dieser Ermächtigung hat die Bundesregierung bislang noch keinen rechtsverbindlichen Gebrauch gemacht. Allerdings liegt zwischenzeitlich der Entwurf der sogenannten Verkehrslärmschutzverordnung (16. BImSchV) vor. Im Rahmen dieser Verordnung werden die zum Schutz der Nachbarschaft vor schädlichen Umwelteinwirkungen durch Verkehrsgeräusche bei dem Bau oder der wesentlichen Änderung für Tag und für Nacht einzuhaltenden Immissionsgrenzwerte beispielsweise an Krankenhäusern, in reinen und allgemeinen Wohngebieten, in Kern- und Dorfgebieten sowie in Gewerbe- und Industriegebieten fixiert und die Berechnung der Beurteilungspegel durchgeführt. Werden die festgelegten Immissionsgrenzwerte überschritten, so hat der Eigentümer einer betroffenen baulichen Anlage gegen den Träger der Baulast einen Anspruch auf angemessene Entschädigung in Geld, wobei diese Entschädigung zu leisten ist für Schallschutzmaßnahmen an den baulichen Anlagen in Höhe der erbrachten Aufwendungen (vgl § 42 Abs. 1 und 2 BImSchG). Dabei deckt der Anspruch alle erforderlichen und tatsächlich entstandenen Aufwendungen für Schallschutzmaßnahmen.

Schließlich hat im Rahmen raumbedeutsamer Planungen und Maßnahmen, wozu auch Planungen für Straßen im Sinne des § 16 Bundesfernstraßengesetz zählen, der Planungsträger darauf zu achten, daß schädliche Umwelteinwirkungen auf die ausschließlich oder überwiegend dem Wohnen dienenden Gebiete soweit wie möglich vermieden werden (§ 50 BImSchG). Dem Ziel der Vermeidung schädlicher Umwelteinwirkungen wird im Regelfall durch die ausreichende Trennnung der verschiedenen Nutzungen Rechnung getragen.

8.2.2 Straßenverkehrsordnung (StVO)

Die Verkehrsregelung als Instrument des Umweltschutzes ist unter anderem Regelungsinhalt der Straßenverkehrsordnung (StVO). Nach § 30 Abs. 1 StVO sind bei der Benutzung von Fahrzeugen unnötiger Lärm und vermeidbare Abgasbelästigungen verboten. Als unnötig im Sinne der Verordnung gelten solche Verhaltensweisen, bei denen die unsachgemäße Benutzung von Fahrzeugen einen erhöhten Lärmpegel verursacht. Darunter sind (vgl. § 30 Abs.1 Satz 2 StVO) unnötiges Laufenlassen des Motors bei stehendem Fahrzeug ohne technischen Grund, übermäßig lautes Zuschlagen von Türen und nach Satz 3 des § 30 Abs.1 StVO auch unnützes Hin– und Herfahren zu verstehen, wenn andere dadurch belästigt werden. Als unnötige Lärmverursachung gelten neben dem "Hochjagen" des Motors im Leerlauf auch eine überhöhte Drehzahl beim Fahren in niedriegen Gängen sowie das überschnelle Beschleunigen beim Anfahren und Kurvenquietschen infolge überhöhter Geschwindigkeit.

§ 30 Abs. 3 StVO verfügt ein Sonn- und Feiertagsfahrverbot. Durch die Einschränkung des Straßenschwerverkehrs wird eine Lärmbelästigung der Bevölkerung durch solche Straßentransporte verhindert. Zum Schutz der Wohnbevölkerung vor Lärm und Abgasen können die Straßenverkehrsbehörden die Benutzung bestimmter Straßen oder Straßenstrecken beschränken oder verbieten und den Verkehr umleiten (§ 45 Abs.1 Nr.3 StVO). Das gleiche Recht steht den Behörden ferner zum Schutz der Gewässer und Heilquellen (§ 45 Abs.1 Nr.4 StVO) sowie unter anderem für Bade- und Luftkurorte, Erholungsorte von besonderer Bedeutung und schließlich für Landschaftsgebiete und Ortsteile, die überwiegend der Erholung dienen (§45 Abs.1 a Nrn.1 – 4 StVO) zu.

8.2.3 Straßenverkehrszulassungsordnung (StVZO)

Die Beschaffenheit und der Betrieb von Fahrzeugen ist neben den Regelungen der §§ 38 bis 40 BImSchG auch Inhalt eines Teils der Rechtsvorschriften der StVZO. Nach den Grundregeln der §§ 16 und 18 StVZO unterliegen Kraftfahrzeuge einer Zulassungspflicht, sie müssen mithin den in der StVZO an sie gestellten Anforderungen an technische Ausstattung und Sicherheitsgrad entsprechen. Danach dürfen Kraftfahrzeuge auf öffentlichen Straßen nur in Betrieb gesetzt werden, wenn sie unter anderem durch Erteilung einer Betriebserlaubnis durch die Verwaltungsbehörde zum Verkehr zugelassen sind. Zulassungserfordernis ist u.a. die Einhaltung der in der StVZO verfügten Bau- und Betriebsvorschriften. Wesentlich für die Luftreinhaltung ist dabei die Vorschrift des § 47 StVZO. Nach Absatz 1 dieser Norm müssen Kraftfahrzeuge hinsichtlich ihres Abgasverhaltens bestimmten Anforderungen entsprechen. Regelungsziel dieser Vorschrift ist eine Verringerung der Schadstoffe, die mit dem Abgas der Kraftfahrzeuge ausgestoßen werden. Seinen Niederschlag hat dieses Konzept in den Anlagen 11, 23, 24 und 25 zu § 47 StVZO gefunden, die jeweils die Anforderungen für die Definition schadstoffarmer bzw. bedingt schadstoffarmer Fahrzeuge enthalten. Flankierend zu diesen Zulassungs– und Definitionsvorschriften wurde ein Konzept abgestufter steuerlicher Förderungen erlassen, das schadstoffarme und bedingt schadstoffarme Personenkraftwagen steuerlich im Rahmen des "Gesetzes über steuerliche Maßnahmen zur Förderung des schadstoffarmen Personenkraftwagens" begünstigt. Der Regelungskomplex des § 47 StVZO setzt mithin in Verbindung mit den in Frage kommenden Anlagen generell Grenzen für die Immissionen verunreinigender Stoffe im Abgas von Kraftfahrzeugen fest und leistet darüber hinaus die Definition schadstoffarmer oder bedingt schadstoffarmer Personenkraftwagen, wozu auch der Drei–Wege–Katalysator zählt, und ermöglicht schließlich "als Belohnung" für den Betrieb schadstoffarmer Personenkraftwagen steuerliche Vergünstigungen im Rahmen des genannten Steuergesetzes.

Dem Ziel der weiteren Verringerung von Schadstoffen im Abgas von Kraftfahrzeugen dient die Einführung einer jährlichen Abgassonderuntersuchung für alle im Verkehr befindlichen Kraftfahrzeuge mit Otto–Motor nach § 47a StVZO. Durch eine regelmäßige Überprüfung der Kraftfahrzeuge hinsichtlich ihrer richtigen Motoreinstellung und ausreichenden Funktionsfähigkeit der emissionsrelevanten Bauteile wird mithin ein zusätzlicher Beitrag zur Verbesserung des Umweltschutzes geleistet. Der Reduzierung von Luftverunreinigungen durch Kraftfahrzeuge wird nach dem Verordnungstext (§ 47a Abs.1 StVZO) dadurch gedient, daß die Halter von Kraftfahrzeugen auf ihre Kosten alle 12 Monate feststellen zu lassen haben, ob die Einstellung des Motors dem jeweiligen Stand der Technik entspricht. Der vorschriftsmäßige Zustand wird dadurch nachgewiesen, daß nach erfolgreicher Überprüfung eine Prüfbescheinigung ausgestellt sowie eine Plakette auf dem Nummernschild angebracht wird.

8.2.4 Fluglärmschutzgesetz

Das Gesetz zum Schutz gegen Fluglärm hat zum Ziel, die Allgemeinheit vor Gefahren, erheblichen Nachteilen und erheblichen Belästigungen durch Fluglärm in der Umgebung von Flugplätzen zu schützen (§ 1 FluglärmG). Inhaltlich ist dieses Gesetz eine Sonderregelung des passiven Lärmschutzes für Verkehrsflughäfen, die dem Fluglinienverkehr angeschlossen sind sowie für militärische Flugplätze, auf denen Flugzeuge mit Strahltriebwerken starten und landen können. Die gesetzlich vorgeschriebenen Schutzvorkehrungen gelten jedoch nur in sogenannten Lärmschutzbereichen im Umkreis der vorbezeichneten Flugplätze, die durch Rechtsverordnung gemäß § 4 Abs.1 FluglärmG festzusetzen sind. Der Lärmschutzbereich umfaßt das Gebiet außerhalb des Flugplatzgeländes, in dem der durch Fluglärm hervorgerufene Dauerschallpegel 67 db/a übersteigt. Der Lärmschutzbereich selbst ist in zwei Schutzzonen, und zwar in eine Schutzzone I mit einem Dauerschallpegel von über 75 db/a und eine Schutzzone II mit 67– 75 db/a, gegliedert. In diesen Lärmschutzbereichen bestehen besondere Bauverbote und Baubeschränkungen sowie besondere Schallschutzanforderungen. Was die Bauverbote und Baubeschränkungen angeht, so dürfen im Lärmschutzbereich Krankenhäuser, Altenheime, Erholungsheime, Schulen und ähnliche Einrichtungen nicht errichtet werden; das gleiche gilt für Wohnungen in der Schutzzone I (vgl. § 5 Abs.1, Abs.2 FluglärmG). Hinsichtlich der Schallschutzanforderungen dürfen die ausnahmsweise zulässigen baulichen Anlagen im Lärmschutzbereich und Wohnungen in der Schutzzone II nur errichtet werden, wenn sie besonderen, dem Stand der Schallschutztechnik im Hochbau durch Rechtsverordnung festgesetzte Schallschutzanforderungen zum Schutze ihrer Bewohner vor Fluglärm genügen (§ 7 FluglärmG).

8.3 Verkehrssysteme

Ein Verkehrssystem, wie es in diesem Kapitel betrachtet wird, hat zur Aufgabe, Personen und Güter im Nah- und Fernverkehr zu transportieren. Aufgrund der für die Bewältigung dieser Aufgaben benötigten Verkehrswege oder Verkehrsmittel ergeben sich vier wesentliche Verkehrsarten: der Straßenverkehr mit Straßenfahrzeugen, der spurgebundene Verkehr mit Bahnen, der Luftverkehr mit den Flugzeugen und der Schiffsverkehr auf den Wasserwegen.

Die von diesen Verkehrsarten erbrachten Verkehrsleistungen sind nachfolgend jeweils für den Personen- und Güterverkehr (in Personenkilometer (Pkm) und Tonnenkilometer (tkm)) dargestellt:

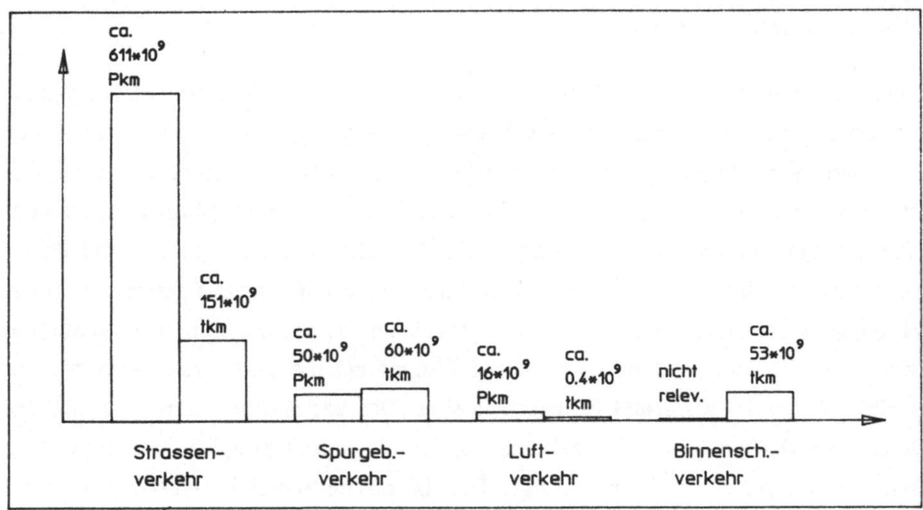

Bild 8–1: *Verkehrsleistung der Verkehrssysteme in der Bundesrepublik Deutschland im Jahre 1988*

Um diese Verkehrsleistungen erbringen zu können, werden außer den Verkehrsmitteln und -wegen Stoffe für deren Herstellung benötigt. Die Verarbeitung dieser Stoffe, aber noch wesentlicher der Betrieb der Verkehrsmittel, bedarf des Primärenergieeinsatzes. Nicht zuletzt haben die Verkehrswege und die Verkehrsmittel einen Bedarf an Fläche, und es entstehen durch sie Emissionen und Abfallstoffe.

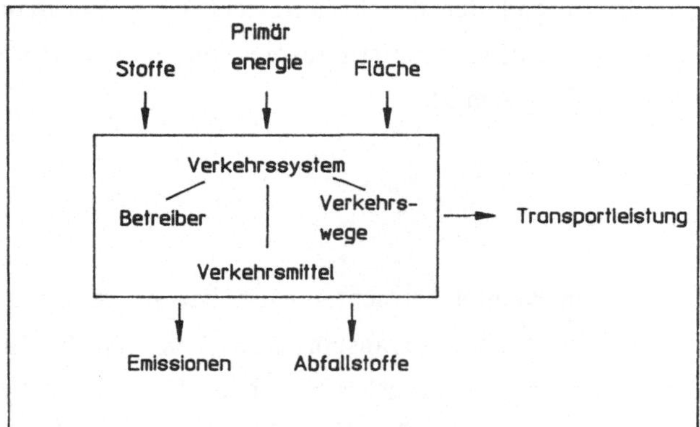

Bild 8–2: *Wesentliche, mit dem Verkehrssystem zusammenhängende Faktoren*

Um das Verkehrssystem aus ökologischer Sicht einschätzen zu können, bedarf es aufgrund der aufgezeigten, vielfältigen Faktoren einer umfassenden Betrachtungsweise, auch wenn ökonomische Gesichtspunkte hier nur am Rande beachtet werden.

8.3.1 Straßenverkehr

Sowohl im Personenverkehr als auch im Güterverkehr spielen der Verkehr auf den Straßen und somit die Kraftfahrzeuge als Verkehrsmittel die wesentlichste Rolle. Ihr Bestand hat sich in den Jahren von 1970 bis 1988 ungefähr verdoppelt. Die Personenkraftwagen sind heute mit einem Anteil von ungefähr 80% deutlich am stärksten vertreten, es folgen die Kombinationskraftwagen mit 8,5%, die Lastkraftwagen mit ca. 4% und die Krafträder mit weniger als 4%. Obwohl sich der Bestand im Personenkraftwagenbereich in den Jahren von 1970 bis 1988 mehr als verdoppelt hat (107%), ist die Verkehrsleistung dieser Verkehrsmittelgruppe im gleichen Zeitraum nur um 58% angestiegen. Der Güterverkehr mit Lastkraftwagen brauchte in diesen Jahren zur Erhöhung seiner Verkehrsleistung um 94% für das Jahr 1988 nur ca. 29% mehr Fahrzeuge.

Tab.8–1: *Bestand und Verkehrsleistung der Personenkraftwagen und Lastkraftwagen in der Bundesrepublik Deutschland*

	1970	1988
Bestand an Personen kraftwagen und Krafträdern	ca. $14 \cdot 10^6$ St.	ca. $30 \cdot 10^6$ St.
Verkehrsleistung der Personenkraftwagen und Krafträder	ca. $351 \cdot 10^9$ Personenkilometer	ca. $556 \cdot 10^9$ Personenkilometer
Bestand an Last–kraftwagen	ca. $1{,}0 \cdot 10^6$ St.	ca. $1{,}3 \cdot 10^6$ St.
Verkehrsleistung der Lastkraftwagen	ca. $78 \cdot 10^9$ Tonnenkilometer	ca. $151 \cdot 10^9$ Tonnenkilometer

8.3.1.1 Energie

Um die genannten Leistungen erbringen zu können, wurden im Straßenverkehr im Jahre 1988 $1.711 \cdot 10^{15}$ Joule Endenergie (1 Joule = 1 Newtonmeter) verbraucht. Dies ist ein Anteil von 15% am Primärenergieverbrauch in der Bundesrepublik Deutschland; im Jahre 1970 waren es nur 9,5%. Während die Steigerung in den Jahren 1970 bis 1988 für den Primärenergieverbrauch insgesamt 15,6% betrug, wuchs der Endenergieverbrauch im Straßenverkehr um 82,8%. Daraus folgt, daß die Bedeutung des Straßenverkehrs als Energieverbraucher zugenommen hat. Er ist dabei heute der Hauptverbraucher der Primärenergie Mineralöl in der Bundesrepublik Deutschland.

Tab.8.2: Energieverbrauch in der Bundesrepublik Deutschland

	1970	1988
Endenergieverbrauch im Straßen— —verkehr	$936 \cdot 10^{15}$ J	$1.711 \cdot 10^{15}$ J
Primärenergieverbrauch insgesamt	$9.88 \cdot 10^{15}$ J	$11.423 \cdot 10^{15}$ J

Ein Vergleich der Steigerung der Verkehrsleistung mit der Endenergieverbrauchssteigerung in den Jahren 1970 bis 1988 zeigt, daß der Güterverkehr auf der Straße in einem höheren Maße als der Personenverkehr die verbrauchte Energie in Verkehrsleistung umsetzen konnte. Um dieses Streben im Straßenverkehr insgesamt voranzutreiben, bieten sich Potentiale durch Eingriffe in die Organisation des Straßenverkehrs und durch Eingriffe in die Beschaffenheit der Straßenverkehrsmittel. Selbst wenn nur der ansteigende Trend für den Kraftfahrzeugbestand, wie er durch die Verdoppelung in den Jahren 1970 bis 1988 demonstriert wird, in naher Zukunft erhalten bleibt, erkennt man, daß die Fläche, die für den Straßenverkehr zur Verfügung gestellt wird, nicht in dem Maße wie der Kraftfahrzeugbestand vergrößert werden kann. Aus der daraus resultierenden Erhöhung der Verkehrsdichte ergibt sich eine Verschlechterung des Verkehrsflusses.

Auch im Sinne einer Minderung des Energieverbrauchs kann der Straßenverkehr durch Verbesserungsmaßnahmen, wie zum Beispiel durch die Einführung von Leitsystemen, effektiver gestaltet werden; zunehmend spricht man dann von Straßenverkehrs–Management. Eine generelle Straßenverkehrsleitung wird, unter Berücksichtigung der aktuellen Verkehrssituation, durch angepaßte, wechselnde Wegweisung auf der Straßenbeschilderung praktiziert, so zum Beispiel in Autobahnnetzen in Ballungsräumen zur Umgehung von Engpässen, oder als Leitung zu freien Parkmöglichkeiten. Zu den generellen Eingriffen gehört ebenso die den Verkehrsfluß begünstigende Steuerung des Straßenverkehrs durch Lichtzeichenanlagen. Individuelle Leitsysteme werden zur Zeit erprobt. Auch unter Berücksichtigung des aktuellen Straßenverkehrs empfängt dabei der Fahrer eines Verkehrsmittels durch ortsfeste Sendeanlagen Informationen über den zeitlich günstigsten Weg zu seinem Ziel. Durch diese effektivere Nutzung des Verkehrsmittels erhofft man sich auch Energieeinsparungen. Potentiale dazu sind vorhanden. Untersuchungen in Großbritannien ergaben, daß 6% aller Fahrleistungen in Ballungsgebieten durch bessere Leitung zum Ziel entfallen könnten.

Um den Energieverbrauch zu mindern, sind ordnungspolitische Eingriffe in die Organisation des Straßenverkehrs wesentlich restriktiver als Maßnahmen zur Leitung des Straßenverkehrs. Beispiele hierzu sind die Begrenzung der Geschwindigkeit von Kraftfahrzeugen und Fahrverbote. Die Auswirkungen des erstgenannten Beispiels sind aber umstritten. Auch der Bau von Straßenverkehrswegen kann unter dem Gesichtspunkt der Energieeinsparung optimiert werden. Eine zielorientierte Streckenführung mit geringen Höhenunterschieden und die Beseitigung von Engpässen kann dazu beitragen.

Am Anfang dieses Kapitels wurde im Güterverkehr eine höhere Effizienz bei der Ausnutzung der Energie als im Personenverkehr auf der Starße festgestellt. Durch die Konkurrenz zwischen den Transportunternehmen wird der Güterverkehr auf der Staße so organisiert, daß die in diesem Bereich eingesetzten Verkehrsmittel weit höher ausgelastet sind als diejenigen im Personenverkehr. Neben der Organisation des Straßenverkehrs können Energieeinsparungen auch durch Maßnahmen an den Straßenverkehrsmitteln erzielt werden. Bei den Kraftfahrzeugen, die hier die wesentlichste Rolle spielen, kann man solche Energieeinsparungspotentiale in drei Gruppen einteilen: funktionsbezogene Ausführung des Kraftfahrzeuges, Minderung der technischen Widerstände gegen den Fahrzustand und Minderung der Verluste im Antrieb.

Die funktionsbezogene Ausführung des Kraftfahrzeuges, gemäß seiner Transportaufgabe, wird von den Lastkraftwagen im Güterverkehr in einem höheren Maße erfüllt als von den Personenkraftwagen. Wirtschaftliche Vorgaben erfordern zum Beispiel eine hohe Auslastung des beim Lastkraftwagen zur Verfügung stehenden Transportvolumens (siehe auch Organisation des Straßenverkehrs), während im Personenkraftwagenbereich für den Transport von mehreren Personen konzipierte Fahrzeuge weit weniger ausgelastet werden und durchschnittlich nur eine sehr kurze Betriebszeit pro Tag haben. Auch die Fahrleistungen der Lastkraftwagen sind an die zu erbringenden Transportaufgaben im Güterverkehr angepaßt. Obwohl im Durchschnitt von den Personenkraftwagen dagegen überwiegend Transportaufgaben im Stadtverkehr erfüllt werden, gibt es Ausführungen, die prinzipiell hohe Fahrgeschwindigkeiten und kurze Beschleunigungszeiten realisieren können. Die dafür notwendigen Konstruktionselemente sind demnach aber überwiegend nicht in Funktion.

Flexiblere Konzepte können hier helfen, Energie einzusparen. Vom Antriebsstrang her sei als Beispiel die Entwicklung der Zylinderabschaltung genannt. Dabei werden Teile einer leistungsstarken Antriebsmaschine in dem Betriebsbereich des Kraftfahrzeuges abgeschaltet, in dem nur wenig Leistung zur Bewältigung der Transportaufgabe benötigt wird.

Unter der zweiten Gruppe versteht man den gesamten Fahrwiderstand; er kann als Summe aus den relevanten Einzelwiderständen eines Fahrzeuges gebildet werden: Gesamtfahrwiderstand (W) = Rollwiderstand (W_R) + Kurvenwiderstand (W_K) + Luftwiderstand (W_L) + Steigungswiderstand (W_{St}) + Beschleunigungswiderstand (W_B).

Die Einzelwiderstände haben folgende Abhängigkeiten:

W_R = Fahrzeugmasse · Fallbeschleunigung · Rollwiderstandszahl
W_K = Fahrzeugmasse · Fallbeschleunigung · Kurvenwiderstandszahl
W_L = Staudruck · größte Querschnittsfläche des Fahrzeuges · Luftwiderstandszahl
Staudruck = 0,5 · Dichte der Luft · (Relativgeschwindigkeit des Kraftfahrzeuges gegenüber dem Wind)^2
W_{St} = Fahrzeugmasse · Fallbeschleunigung · Sinus des Steigungswinkels
W_B = Reduzierte Fahrzeugmasse · Beschleunigung.

Energie muß zunächst eingesetzt werden, um diese Widerstände zu überwinden und um die Verkehrsleistung zu erbringen. Die in die Überwindung des Steigungs- beziehungsweise Beschleunigungswiderstandes investierte Energie wird im Fahrzeug in einem gewissen Maße als potentielle beziehungsweise kinetische Energie gespeichert; sie kann wieder genutzt werden und den Energieeinsatz mindern. Da die Fahrzeugmasse für vier Fahrwiderstände (W_R, W_K, W_{St}, W_B) bei den beeinflußbaren Größen eine relevante Rolle spielt, verbindet sich mit deren Verringerung ein Energieeinsparungspotential. Um weitere sinnvolle Möglichkeiten zur Energieverbrauchsminderung durch die Beeinflussung der Fahrwiderstände zu verdeutlichen, spielt deren Relevanz bei den unterschiedlichen Verkehrsmittelarten natürlich eine Rolle. So ist für Lastkraftwagen in dem für sie üblichen Fahrgeschwindigkeitsbereich bis 80 km/h der Rollwiderstand vorherrschend; für Personenkraftwagen entspricht im Fahrgeschwindigkeitsbereich um 80 km/h der Rollwiderstand dem Luftwiderstand, der aber dann bei höher werdenden Geschwindigkeiten dominiert. Das Bestreben, alle Fahrwiderstände zu minimieren, ist sicherlich nicht falsch, der Einfluß auf die Energieeinsparung hängt aber von einer sinnvollen Prioritätenliste für Maßnahmen an Kraftfahrzeugen ab. Primäre Bedeutung hat zum Beispiel die Herabsetzung des Rollwiderstandes bei Lastkraftwagen; erreichbar ist dies durch eine verkleinerte Fahrzeugmasse und durch einen verkleinerten Rollwiderstandsbeiwert. Dieser hängt wesentlich von der Geometrie des Reifens und seinen Formänderungen im Fahrbetrieb, aber auch von der Beschaffenheit der Straßenverkehrswege ab. Maßnahmen zur Verringerung des Luftwiderstandes an Lastkraftwagen dagegen, wie zum Beispiel verbesserte Fahrtwindführung durch Bug- oder Heckspoiler, senken den Luftwiderstansbeiwert. Im Vergleich zur Verbesserung des Rollwiderstandes spielen diese Maßnahmen aber insgesamt gesehen bei dem Streben nach Energieverbrauchsminderung bei diesen Fahrzeugen eine untergeordnete Rolle. Im Fahrgeschwindigkeitsbereich von Personenkraftwagen spielen dagegen sowohl der Rollwiderstand als auch der Luftwiderstand eine wesentliche Rolle. Erst wenn man den zu beeinflussenden Bereich spezifiziert hat, ergibt sich daraus eine sinnvolle Prioritätenliste von Maßnahmen zur Fahrtwiderstandsminderung und damit zur Energieeinsparung. Unter Berücksichtigung eines durchschnittlichen Serienfahrzeuges im durchschnittlichen Fahrbetrieb wird für eine 10%ige Verringerung des Gewichtes, des Luftwiderstandes und des Rollwiderstandes eine etwa 6%ige, 3%ige beziehungsweise 2%ige Brennstoffverbrauchsminderung angegeben.

Um die Fahrwiderstände zu überwinden und um Verkehrsleistung erbringen zu können, muß durch den Antrieb der Kraftfahrzeuge Leistung zur Verfügung gestellt werden; dies geschieht üblicherweise durch Verbrennungskraftmaschinen. In diesen wird die im Brennstoff chemisch gebundene Energie bei einer Verbrennung als Wärme frei und in mechanische Energie umgewandelt. Als Brennstoffe werden hauptsächlich Gemische aus flüssigen Kohlenwasserstoffen, hergestellt aus der Primärenergie Mineralöl, eingesetzt. Die überwiegend verwandte Maschinenart ist die Hubkolben–Verbrennungskraftmaschine, die mit einem periodischen Prozeß arbeitet. Die Charakteristik der Leistungsabgabe dieser Maschinen entspricht nicht direkt den Erfordernissen eines Kraftfahrzeugantriebes, daher werden Kraftübertragungselemente wie Kupplungen, Getriebe und Wellen zwischen die Antriebsmaschine und die antreibenden Räder des Kraftfahrzeuges geschaltet. Diese Kette der Energiewandlung und Kraftübertragung vom eingesetzten Brennstoff bis zu den Antriebsrädern ist verlustbehaftet.

Im Gegensatz zu der direkten Betrachtungsweise der Fahrwiderstände am Gesamtkraftfahrzeug werden zur energetischen Beurteilung des Antriebes üblicherweise bezogene Größen verwendet. Man bezeichnet sie mit "Wirkungsgrad", und sie geben zum Beispiel das Verhältnis der Nutzarbeit zur zugeführten Arbeit, als Summe

von Nutz- und Verlustarbeit, an. Der Wirkungsgrad von Kraftfahrzeugantrieben setzt sich zusammen aus:
Wirkungsgrad des Kraftfahrzeugantriebes $\eta_{antrieb}$ = Nutzungswirkungsgrad (effektiver Wirkungsgrad) der Verbrennungskraftmaschine η_e * Übertragungswirkungsgrad der Kraftübertragung η_{ue}.
Ziel im Sinne der Energieeinsparung ist eine Erhöhung dieser Wirkungsgrade.

Allein die Unterscheidung nach der Art der Antriebsmaschine zeigt Vorteile für Dieselmotoren mit einem mittleren Nutzwirkungsgrad für Kraftfahrzeugmotoren von $\eta_e \approx 0{,}34$ im Vergleich zu den Kraftfahrzeug–Ottomotoren mit einem mittleren Nutzwirkungsgrad von $\eta_e \approx 0{,}28$. Im Vergleich dazu erscheint ein mittlerer Wirkungsgrad der Kraftübertragung von $\eta_{ue} \approx 0{,}91$ hoch. Da der Nutzwirkungsgrad der beiden Motorenarten die Nutzarbeit W_e am Schwungrad auf das Produkt aus der eingesetzten Brennstoffmasse m_b und dem Heizwert des Brennstoffes H_u bezieht,

$$\eta_e = \frac{W_e}{m_b \cdot H_u},$$

erscheint es zunächst so, als ob hier aufgrund der angegebenen Nutzwirkungsgrade der Motoren ein großes Energieeinsparungspotential wäre. Naturwissenschaftlich und technisch bedingte Zwänge lassen dies nur eingeschränkt erwarten. So gilt bei der Energieumwandlung in den Motoren der 2. Hauptsatz der Thermodynamik (Wärme läßt sich nie vollständig in eine andere Energieform umwandeln.). Darüber hinaus muß der innermotorische Prozeß so geführt werden, daß die auftretenden Verbrennungstemperaturen und -drücke von den Werkstoffen verkraftet werden können und der Bauaufwand für die Motoren sowohl volumen- als auch massenbezogen in einem realisierbaren Umfang liegt. Die Möglichkeiten, zusätzliche Verbesserungen des Nutzwirkungsgrades bei Kraftfahrzeugmotoren auszuschöpfen, liegen in einer weiteren Erhöhung der Verdichtungsverhältnisse in den Motoren (Verdichtungsverhältnis = Summe aus Zylinderhubvolumen und Verdichtungsraumvolumen eines Zylinders bezogen auf das Verdichtungsraumvolumen eines Zylinders), der weiteren Optimierung der Gemischbildung und -verbrennung, in der Minderung der Reibungsverluste im Motor und in der Nutzung der vom Prozeß abgeführten Wärme. In der Höhe des Verdichtungsverhältnisses liegt auch ein wesentlicher Grund für die aufgeführten guten Wirkungsgrade des Dieselmotors; prinzipbedingt liegt er höher als beim Ottomotor, der daher die im Brennstoff gebundene Energie weniger effektiv in mechanische Arbeit umwandeln kann (übliche Verdichtungsverhältnisse von Kraftfahrzeug–Ottomotoren: 7 bis 12; übliche Verdichtungsverhältnisse von Kraftfahrzeug–Dieselmotoren: 14 bis 24). Heute übliche Kraftfahrzeugmotoren können nicht in jedem Betriebspunkt, gekennzeichnet durch Drehzahl und Nutzarbeitsabgabe, mit dem günstigsten Nutzwirkungsgrad betrieben werden. Die dem Kraftfahrzeugmotor nachgeschaltenen Elemente der Kraftübertragung wandeln und leiten die Drehzahl und die Nutzarbeit so zu den Antriebsrädern, daß ein Fahrzeug angetrieben werden kann. Ein Energieeinsparungspotential wäre vorhanden, wenn es zunehmend gelänge, die Wandlung so vorzunehmen, daß die Kraftfahrzeugmotoren im Bereich des günstigsten Nutzwirkungsgrades betrieben und die Transportaufgaben des Fahrzeugs erfüllt würden. Die Wandlung wird im Getriebe durch einzelne Getriebeübersetzungen, beziehungsweise durch einen hydrodynamischen Wandler vorgenommen. Erreicht werden soll die energetisch sinnvollste Wandlung durch den Kraftfahrzeugführer (Wahl der Getriebeübersetzung) oder weitergehend durch Automatisierung. Eine angepaßte konstruktive Auslegung der Wandlung ist eine Voraussetzung dafür. Zu den wesentlichen Maßnahmen zur Erhöhung des Wirkungsgrades der Kraftübertragung an sich gehören die Minderung der Reibung, der Pantschverluste durch die Schmierung und des Schlupfes. Am Beispiel einer Kraftübertragung, bei der alle Räder eines Fahrzeuges angetrieben werden, wird deutlich, daß ein technisches System aus energetischer Sicht sehr komplex sein kann. Aufgrund der erhöhten Anzahl an Bauteilen zur Kraftübertragung erhöht sich die Fahrzeugmasse, und die Verluste im Antriebsstrang steigen gegenüber herkömmlichen Antrieben, wie zum Beispiel bei Personenkraftwagen mit zwei Antriebsrädern. Zur Kompensation muß mehr Energie aufgewendet werden, wenn nicht durch dieses System der Schlupf zwischen Rad und Fahrbahn gemindert werden kann und damit ein effektiverer Antrieb realisiert wird.

Auf weiteren Gebieten wird indirekt für den Straßenverkehr Energie eingesetzt. So zum Beispiel für das Fördern, Transportieren und Weiterverarbeiten der nahezu ausschließlich verwandten Primärenergie Mineralöl und für die Verteilung des Brennstoffes bis in die Tanks der Kraftfahrzeuge. Ebenso wird für die Herstellung und Verarbeitung der Rohstoffe in der Produktion von Kraftfahrzeugen Energie benötigt.

Die Wichtigkeit, Energien umweltverträglich einzusetzen, bedeutet zunächst, im Straßenverkehr alle Potentiale der Energieeinsparung zu nutzen. Eine Abkehr von der fossilen Primärenergie Mineralöl erscheint erstrebenswert, ist aber aus heutiger Sicht nur langsam zu erreichen. Alternative Brennstoffe wie Alkohole oder Pflanzenöle gehören zu den regenerativen Energien, die an die Stelle der fossilen Energien treten könnten. Auch Wasserstoff ist als Brennstoff für Kraftfahrzeugmotoren von der technischen Seite her realisierbar, wobei das Abgas solcher Motoren bis auf die Stickoxide nahezu schadstofffrei wäre. In Deutschland wird der Einsatz von regenerativen Energien und von Wind- und Sonnenenergie zur Wasserstoffherstellung aus technischen, wirtschaftlichen, klimatischen und geographischen Gründen aber zunächst nur ergänzend möglich sein.

8.3.1.2 Stoffeinsatz und Abfall

Für die Herstellung von Kraftfahrzeugen sind zum größten Teil Stahl und Eisen nötig; der Massenanteil dieser Stoffgruppe kann im Mittel im Bereich von 70% Massenanteil von der Gesamtmasse eines Kraftfahrzeuges angenommen werden. Mit einem Anteil von 10% folgen die Kunststoffe, dann mit 6% die Nichteisenmetalle, und der verbleibende Rest besteht aus Glas, Textilien, Holzfaserstoffen, Gummi und weiteren Stoffen. Erstellt man für das Jahr 1988 eine Abschätzung des Stoffeinsatzes bei den Kraftfahrzeugen, so ergeben sich aus einer angenommenen mittleren Kraftfahrzeugmasse von 1.000 kg und dem benannten Kraftfahrzeugbestand für die BRD folgende gebundene Massen für die Hauptstoffgruppen:

Tab.8–3: *Abgeschätzte Hauptstoffeinsätze bei Kraftfahrzeugen*

	1970	1988
Stahl und Eisen	ca. $1{,}2 \cdot 10^{10}$kg	ca. $2{,}4 \cdot 10^{10}$kg
Nichteisenmetalle	ca. $0{,}8 \cdot 10^{9}$ kg	ca. $2{,}0 \cdot 10^{9}$ kg
Kunststoffe	ca. $0{,}8 \cdot 10^{9}$ kg	ca. $3{,}4 \cdot 10^{9}$ kg

Zur Abschätzung der Massen im Jahre 1970 wurde eine Fahrzeugmasse von 950 kg und eine Massenverteilung von 70, 5 und 5 % auf die genannten Hauptstoffgruppen zugrunde gelegt. Für den Stahl- und Eiseneinsatz bedeutet dies eine Verdoppelung in dem Zeitraum von 1970 bis 1988, für die Nichteisenmetalle einen Anstieg um das 2,5fache und für die Kunststoffe um mehr als das 4fache. Diese Stoffeinsätze müssen aus den auf der Erde vorhandenen beschränkten Ressourcen gedeckt werden. Dies gilt auch für die zum Betrieb der Kraftfahrzeuge notwendigen Schmierstoffe; der Jahresbedarf dürfte im Bereich von $5 \cdot 10^8$ kg liegen. Vollständigkeitshalber sollen auch noch die speziellen Flüssigkeiten für die Brems- und Kühlanlagen und die für die Fahrzeuge verwandten Pflegemittel aufgeführt werden. Auch durch die Straßenverkehrswege werden Stoffe gebunden, so zum Beispiel Gesteine, Straßenteer, Bitumen, Zement, Kunststoffe sowie Streusalz im Winter.

Geht man von der Transportaufgabe der Straßenverkehrsmittel aus, so ergibt sich ein Potential zur Schonung der Ressourcen. Relevant sind organisatorische Maßnahmen im Straßenverkehr und Eingriffe in die Beschaffenheit der Straßenverkehrsmittel und -wege. Ökologisch wichtig ist aber auch der Einsatz von umweltgerechten Stoffen.

Wie in Kapitel 8.3.1.1 näher geschildert, kann die Effizienz des Straßenverkehrs gesteigert werden. Wenn zur Bewältigung der Transportaufgaben weniger, beziehungsweise besser ausgelastete Fahrzeuge verwendet würden, reduzierte sich auch der Stoffeinsatz. Der gleiche Effekt wäre erreichbar durch leichtere Fahrzeuge. Realisierbar wären dies u.a. dadurch, daß deren Konstruktionsbauteile aufgrund weiter verbesserter Berechnungs- und Entwicklungsmethoden im Rahmen zulässiger Grenzen besser ausgenutzt würden. Bei der Beurteilung des Stoffeinsatzes muß berücksichtigt werden, daß Kraftfahrzeuge nur befristet in Betrieb sind. Im Jahre 1988 lag das Verhältnis der Neuinbetriebnahmen zu den Stillegungen bei ungefähr 3 Millionen zu 2 Millionen Kraftfahrzeugen. Allein zur Bestandserhaltung müssen demnach Rohstoffe verwendet werden. Durch eine möglichst vollständige Rückführung der in stillgelegten Fahrzeugen gebundenen Stoffe in den Produktionsprozeß könnten die Ressourcen geschont und Abfälle auch in Form von Fahrzeugwracks vermieden werden. Eine im ökologischen Sinne höherwertige Verwertung ist die direkte oder indirekte (nach einer Aufarbeitung) Wiederverwendung von kompletten Bauteilen, wie zum Beispiel Antriebsmaschinen, Getrieben und Altreifen. Werden stillgelegte Fahrzeuge in Schredderbetrieben verwertet, werden sie zunächst zerkleinert, die einzelnen Stoffe sodann separiert und, wenn möglich, wieder einem Produktionsprozeß zugeführt (Recycling) oder deponiert. Stahl und Eisen werden zu nahezu 100% wiederverwendet, Nichteisenmetalle zu mehr als 95%. Andere Stoffe sollten, sofern sie nicht als Bauteile eine Wiederverwendung finden, zumindest stofflich oder energetisch verwertet werden. Andernfalls müssen sie als Abfall deponiert werden. Dabei sind zunehmend die Kunststoffe zu beachten, denn ihre Bedeutung im Kraftfahrzeugbau steigt und damit auch die Notwendigkeit einer hochwertigen Wiederverwendung (Bauteilrecycling).

Bei den Schmierstoffen ist die Altöl–Entsorgung wichtig. Die pro Jahr anfallende Masse von $5 \cdot 10^8$ kg wird überwiegend energetisch verwertet, ein Teil wird wieder zur Herstellung von Schmierölen verwandt.

Generelle Strategien beim Stoffeinsatz sollten dazu beitragen, eine umweltgerechte Herstellung, Verwendung und Entsorgung zu ermöglichen. Beispiele für Umsetzungen in der Fahrzeugtechnik sind die Verwendung von asbestfreien Brems- und Kupplungsbelägen und Dichtungen sowie die Einführung wasserlöslicher Lacke oder auch biologisch abbaubarer Schmier- und Pflegemittel.

8.3.1.3 Luftbelastung

In den Antrieben von Kraftfahrzeugen werden aus Mineralöl gewonnene Stoffe verbrannt. Bei diesen Brennstoffen handelt es sich um unterschiedliche Kohlenwasserstoffgruppen. Die vollständige Verbrennung eines stöchiometrischen Gemisches aus diesen Brennstoffen und Luft liefert als Reaktionsprodukte Kohlendioxid CO_2 und Wasserdampf nach der verallgemeinernden Reaktionsgleichung, ohne Beachtung des Stickstoffanteils in der Luft: $C_nH_m + (n + \frac{m}{4}) \cdot O_2 \rightarrow nCO_2 + \frac{m}{2} H_2O$.

Da die Verbrennung nicht vollständig abläuft und das Brennstoff–Luft–Gemisch nicht immer stöchiometrisch sein muß, entstehen noch unverbrannte Bestandteile wie Ruß, Kohlenwasserstoffe oder das nur teilweise verbrannte Kohlenmonoxid. Der im Brennstoff–Luft–Gemisch zwangsläufig enthaltene Stickstoff kann bei der Verbrennung teilweise zu Stickoxiden (NO und NO_2) oxidiert werden; Luftsauerstoff kann im Abgas wiedergefunden werden. Durch den Brennstoffbestandteil Schwefel kann es zur Schwefeldioxidbildung (SO_2) kommen. Zusätzlich befinden sich auch Feststoffe (Rußpartikel, Staub) unter den Reaktionsprodukten. Diese Komponenten und darüber hinaus noch mehr als 20 Stoffe, die zur Zeit bekannt sind, werden durch das Abgas der Antriebsmaschinen in die Luft emittiert. Die Emissionen von unverbrannten Kohlenwasserstoffen, von Kohlenmonoxid, von Stickoxiden und Feststoffen können im Betriebsbereich heute üblicher Antriebsmaschinen einen Anteil von bis zu 5% Volumenanteil am unbehandelten Abgas haben. Die Straßenverkehrsmittel sind bei den unverbrannten Kohlenwasserstoffen (um 50%), bei Kohlenmonoxid (ca. 70%) und bei den Stickoxiden (um 50%) Hauptemittenten in der Bundesrepublik Deutschland. Aufgrund der anfallenden Mengen und aufgrund ihrer schädigenden Wirkung (siehe Kapitel "Ökologische Probleme der Luft") werden sie heute als wesentliche durch den Straßenverkehr verursachte Schadstoffe angesehen. Dies gilt in zunehmendem Maße auch für das Kohlendioxid (ca. 15%). Sicherlich nicht zu vernachlässigen sind die Emissionen von Schwefeldioxid (ca. 3%) und Feststoffen (um 10%). Nachfolgend sind Emissionen massenmäßig für das Jahr 1970 und für das Jahr 1988 (abgeschätzt) aufgelistet:

Tab.8–4: Wesentliche Emissionen und Emissionsmassen der Straßenverkehrsmittel

	1970	1988
Kohlenwasserstoffe	$0{,}9 \cdot 10^9$ kg	ca. $1{,}1 \cdot 10^9$ kg
Kohlenmonoxid	$8{,}4 \cdot 10^9$ kg	ca. $5{,}8 \cdot 10^9$ kg
Stickoxide	$0{,}8 \cdot 10^9$ kg	ca. $1{,}5 \cdot 10^9$ kg
Schwefeldioxid	$6{,}3 \cdot 10^7$ kg	ca. $6{,}4 \cdot 10^7$ kg
Feststoffe	$3{,}6 \cdot 10^7$ kg	ca. $5{,}5 \cdot 10^7$ kg

Verursacht werden diese Emissionen hauptsächlich durch die Antriebsmaschinen (Otto- und Dieselmotoren) der Kraftfahrzeuge, die nahezu alle in einem periodischen Prozeß mit einer inneren Verbrennung von Kohlenwasserstoffen arbeiten. Nicht zu vernachlässigen sind bei den Kohlenwasserstoffemissionen die Verdampfungsemissionen aus dem Brennstoffsystem im Fahrzeug sowie die bei der Betankung von Kraftfahrzeugen und bei der Lagerung und Verteilung der Brennstoffe entstehenden Verdampfungsemissionen. Bei den Kraftfahrzeugen wiederum sind die Personenkraftwagen mit Ottomotoren die Hauptemittenten von Kohlenwasserstoffen, Kohlenmonoxid und Stickoxiden, während die Schwefeldioxid- und Staubemissionen überwiegend von den mit Dieselmotoren ausgerüsteten Nutzfahrzeugen verursacht werden.

Bezüglich der Minderung von Schadstoffemissionen unterscheidet man Maßnahmen an den Maschinen (Motoren) und Maßnahmen der Abgasnachbehandlung. Aufgrund prinzipieller Unterschiede ist eine getrennte Beurteilung der Antriebsmaschinen nach Otto- und Dieselmotoren notwendig. Ottomotoren werden üblicherweise mit einem Luftverhältnis λ um 1 betrieben (das Luftverhältnis ist definiert als das Verhältnis der für die Verbrennung des Brennstoffes vorhandenen Luftmasse zur stöchiometrisch notwendigen). Die Abhängigkeit der Abgasemissionen von dem Luftverhältnis λ wurde schon im Kapitel "Ökologische Probleme der Luft" dargestellt. Über diese Darstellung hinaus gilt es zu beachten, daß Ottomotoren beim Betrieb mit Luftverhältnissen um 0,9 am leistungsfähigsten sind, während sie bei Luftverhältnissen um 1,1 den Brennstoff am effektivsten verwerten. Um nun einen Ottomotor vom Luftverhältnis λ her emissionsminimal zu betreiben, müßte er mit 20 bis 30% Luftüberschuß betrieben werden; die Kohlenmonoxidemission ist in diesem Bereich sehr gering, und die Stickoxidemission schneidet mit ihrer fallenden Flanke die wieder ansteigende Kohlenwasserstoffemission. Die Zündung dieses

Brennstoff–Luft–Gemisches durch heute übliche Zündanlagen ist problematisch; es kann zu unerwünschten Zünd- und damit zu Verbrennungsaussetzern kommen. Im übrigen arbeitet eine solche Maschine weder am effektivsten bezüglich der Brennstoffausnutzung noch leistungsmaximal, was zum einen einen negativen Einfluß auf den Energieverbrauch, zum anderen einen negativen Einfluß auf den Stoffeinsatz hätte (d.h. aufwendigere Motoren für gleiche Leistungsfähigkeit). Ottomotorische Entwicklungskonzepte, die bei noch höheren Luftverhältnissen betrieben werden sollen, nennt man Magermotorenkonzepte; diese machen aber zur Bewältigung der Kohlenwasserstoffemission Abgasnachbehandlungsmaßnahmen notwendig. Motorische Maßnahmen können schon durch eine möglichst vollständige Verbrennung die Entstehung von Kohlenwasserstoffen und von Kohlenmonoxid verhindern. Dazu notwendig sind Gemischbildungssysteme (bei neuproduzierten Personenkraftwagen Einspritzanlagen, andernfalls Vergaser), die gewährleisten, daß die gewünschten Luftverhältnisse exakt eingehalten werden. Das Brennstoff–Luft–Gemisch soll dann möglichst homogen, erreichbar durch Ansaugluft- oder Saugrohrvorwärmung, oder mit definierten, örtlich unterschiedlichen Luftverhältnissen im Brennraum (Ladungsschichtung) optimal zur Zündung und Verbrennung gebracht werden. Da im brennraum–wandnahen Bereich wegen der dort herrschenden niedrigen Temperaturen die Verbrennung verlöscht, hängt die daraus resultierende Emission von unverbrannten Kohlenwasserstoffen außer vom Luftverhältnis auch noch von der Fläche der brennraum–begrenzenden Wände ab. Motoren, die nach diesen Prinzipien Schadstoffminderung betreiben, haben den Vorteil, daß sie mit einem Luftverhältnis von ungefähr 1,1 auch in einem energetisch sinnvollen Bereich, in dem der Brennstoff am effektivsten ausgenutzt wird, arbeiten würden; leistungsoptimal ist dies dann aber auch nicht. Zusätzlich hat in diesem Luftverhältnisbereich die Emission von Stickoxiden ihr Maximum. Um sie durch motorische Maßnahmen abzusenken, kann ein Teil der Abgase wieder in den Brennraum zurückgeführt werden und ersetzt dort einen Teil des Brennstoff–Luft–Gemisches (= Abgasrückführung). Die damit erreichbare Minderung der Stickoxidemissionen hängt mit den dann abgesenkten Verbrennungstemperaturen zusammen, deren Höhe ein wesentlicher Einflußfaktor für die Stickoxidbildung ist. Das Problem der Stickoxidbildung steht auch energetisch sinnvolleren Motorenkonzepten entgegen. Dazu gehören Zünd- und Verbrennungsbeginn oder hohe Verdichtungsverhältnisse, die für eine effektivere Brennstoffausnutzung sorgen; beide können nämlich auch die Verbrennungstemperaturen erhöhen.

Reichen die Maßnahmen am Ottomotor nicht aus, um vorgegebene Emissionsgrenzwerte einzuhalten, müssen die Abgase nachbehandelt werden. Eine Methode ist, im Brennraum ein unterstöchiometrisches Brennstoff–Luft–Gemisch zu verbrennen. Dadurch enstehen aufgrund des Sauerstoffmangels nur wenig Stickoxide, dafür aber mehr Kohlenwasserstoff- und Kohlenmonoxidemissionen. Diese beiden Bestandteile können dann unter Zugabe von Luft in der Abgasanlage oxidiert werden. Das Luftverhältnis, bei dem der Brennstoff am effektivsten ausgenutzt wird, ist damit nicht zu realisieren. Bei Luftverhältnissen über 1 können die beschriebenen Oxidationen sogar durch den Luftsauerstoff im Abgas erfolgen, die dann problematischen Stickoxidemissionen blieben aber unbeeinflußt. Im Prinzip können für diese Abläufe thermische und katalytische Reaktoren in die Abgasanlage eingebracht werden. Katalytisch arbeitende Reaktoren werden bevorzugt verwendet, da in ihnen die Oxidation insgesamt besser verläuft. Sie bestehen im wesentlichen aus einem hitzebeständigen Träger (keramische oder metallische Monolithen) und einer katalytischen Beschichtung. Von der Form her haben sich Wabenkörper durchgesetzt, da sie wenig Druckverluste in der Abgasanlage verursachen, eine hohe mechanische Festigkeit haben und eine große wirksame Oberfläche bei kleinem Bauvolumen zur Verfügung stellen.

Auf dieser Konstruktion basiert auch das zur Zeit leistungsfähigste System der Abgasnachbehandlung: der "Dreiwege–Katalysator". Er ist in neuen Kraftfahrzeugen mit Ottomotoren überwiegend vertreten. Der Name kommt von seiner Eigenschaft, drei Schadstoffkomponenten, gemäß der nachfolgend aufgeführten Reaktionsgleichungen (für Kohlenwasserstoffe beispielhaft), weitgehend zu eliminieren:

$$2\,CO + O_2 \rightarrow 2\,CO$$

$$2\,C_2H_6 + 7\,O_2 \rightarrow 4\,CO_2 + 6\,H_2O$$

$$2\,NO + 2\,CO \rightarrow N_2 + 2\,CO_2$$

Als Katalysator dienen bei diesen Reaktionen in erster Linie die Edelmetalle Platin und Rhodium, wobei am Platin bevorzugt Oxidationen, am Rhodium eine Stickoxidreduktion abläuft. Eine Minderung der drei Schadstoffe zu mehr als 90% kann erreicht werden. Über längere Betriebszeiten ergeben sich Minderungen von ca. 80% bei den Kohlenwasserstoffen, von ungefähr 85% beim Kohlenmonoxid und Werte im Bereich von 70% bei den Stickoxiden. Um dies zu gewährleisten, muß im Abgas, wie aus den Reaktionsgleichungen hervorgeht, sowohl Sauerstoff als auch Kohlenmonoxid vorhanden sein. Erreicht wird dies durch den Betrieb der Ottomotoren bei Luftverhältnissen, die nur wenige Prozent um den Wert 1 schwanken. Dieses Luftverhältnis wird mit Hilfe eines Regelkreises eingestellt, in dem der Sauerstoffanteil im Abgas ständig gemessen wird. Der Sauerstoffanteil ist ein Maß für das dem Motor zur Verfügung stehende Luftverhältnis; den Meßfühler, der vor dem Katalysator in der Abgasleitung installiert ist, nennt man Lambda–Sonde. Den Meßergebnissen der Lambda–Sonde entsprechend wird das Luftverhältnis durch die dem Motor zugeführte Brennstoffmenge geregelt. Es handelt sich dann um einen schadstoffminimalen Betrieb bezüglich der Kohlenwasserstoffe, des Kohlenmonoxids und der Stickoxide. Der Motor verwertet dabei den Brennstoff nicht am effektivsten; außerdem könnte er leistungsfähiger sein. Der Einsatz von Dreiwege-Katalysatoren in einem nicht auf das Luftverhältnis von ungefähr 1 geregelten Betrieb wird auch praktiziert. Diese sogenannten ungeregelten Systeme mindern die drei benannten Schadstoffe im Abgas bis zu 50%.

Grundvoraussetzung für den Betrieb der Ottomotoren mit katalytischen Reaktoren ist die Verwendung von Brennstoffen mit nur ganz geringen Anteilen an Bleiverbindungen. Die bisher für einen effektiven Motorbetrieb notwendigen Bleiverbindungen konnten durch andere Stoffe ersetzt werden, beziehungsweise die Ausführung der Ottomotoren wurde angepaßt. So können heute zum einen katalytische Reaktoren ohne Schädigung oder Desaktivierung betrieben werden, zum anderen sind die Emissionen an Bleiverbindungen deutlich gesunken.

Bei den Dieselmotoren, die im Nutzfahrzeugbereich fast ausschließlich, bei den Personenkraftwagen zu ungefähr 10% des Bestands als Antriebsmaschinen Anwendung finden, wäre auch allein durch die Beeinflussung der Zusammensetzung des Brennstoffs eine Emissionsminderung möglich. Die Schwefeldioxidemission könnte beispielsweise durch einen noch weiter herabgesetzten Schwefelgehalt im Brennstoff (seit 1988 höchstens 0,2 Gewichtsprozent in der BRD zulässig) gemindert werden. Der Dieselmotor an sich ist bezüglich der Kohlenwasserstoff-, der Kohlenmonoxid- und der Stickoxidemissionen weniger problembehaftet als der Ottomotor. Der Betrieb mit Luftüberschuß ermöglicht eine nahezu vollständige Verbrennung bei Zuständen, welche die Stickoxidbildung weniger begünstigen als beim Ottomotor. Emissionsminderung kann zunächst durch motorische Maßnahmen, auch zur Feststoffemissionsminderung, betrieben werden. Dazu gehören die optimale Ausführung der Bauteile, die für die Brennstoffeinspritzung in die stark komprimierte Luft verantwortlich sind, eine genaue Steuerung des Einspritzbeginns und damit des Verbrennungsbeginns und die Brennraumgestaltung. Treten Probleme mit der Höhe der Stickoxidemissionen auf, kann die Methode der Abgasrückführung zu deren Begrenzung eingeführt werden. Zur Beeinflussung der Kohlenwasserstoff–

und der Feststoffemissionen stehen die Potentiale der Abgasnachbehandlung zur Verfügung. Die Feststoffemissionen bestehen hauptsächlich aus Rußteilchen, die sich im dieselmotorischen Prozeß in Bereichen mit Sauerstoffmangel nach einer unvollständigen Oxidation von kohlenstoffreichen Molekülen bilden. Sie sind Trägersubstanz für die polyzyklischen aromatischen Kohlenwasserstoffe, denen eine krebserzeugende Wirkung angelastet wird. Es werden Systeme zur Abscheidung der Feststoffe im Abgas entwickelt. In einer Testphase befinden sich Filter, die den Feststoffausstoß bis zu 80% reduzieren. Sie weisen unterschiedliche Konstruktionen auf, z.B. keramische Monolithe oder Keramikwickelfilter; sie müssen aber alle, nachdem sie mit Feststoffen beladen worden sind, regeneriert werden. Dies kann durch gesteuertes Abbrennen geschehen. Die Feststoffemissionen wären auch durch eine entsprechende Zusammensetzung der Brennstoffe günstig zu beeinflussen. Die Abgase von Dieselmotoren können noch in einer anderen Weise nachbehandelt werden. Mit dem im Abgas von Dieselmotoren vorhandenen Luftsauerstoff können unverbrannte Kohlenwasserstoffe an Katalysatoren oxidiert werden.

Bezüglich der zunehmenden Problematik bei der Kohlendioxidemission gilt prinzipiell, daß sie durch jede Brennstoffeinsparung gemindert werden kann. Dadurch, daß nun im dieselmotorischen Prozeß der Brennstoff effektiver ausgenutzt wird , wird bei einer entsprechenden Leistungserzeugung weniger Kohlendioxid emittiert als durch den ottomotorischen Prozeß.

Weniger komplex als bei den Antriebsmaschinen sind die Potentiale zur Emissionsminderung an den Kraftfahrzeugen. Dem Inhalt der vorhergehenden Unterpunkte in diesem Kapitel entsprechend, würden Maßnahmen zur Effizienzsteigerung im Straßenverkehr auch zu einer Minderung der Emissionen beitragen. Über die dazu notwendigen organisatorischen Maßnahmen hinaus bieten funktionsbezogene Kraftfahrzeuge, Minderungen der technischen Fahrwiderstände und Wirkungsgradverbesserungen im Antrieb aufgrund ihres Energieeinsparungspotentials auch ein Emissionsminderungspotential.

Technische Lösungen zur Begrenzung verdampfender Kohlenwasserstoffe bei der Verteilung der Brennstoffe bis in die Tanks der Kraftfahrzeuge sind vorhanden. Beim Verladen und beim Betanken (zur Zeit in Erprobung) sind es Systeme mit einer Gasrückführung (Gaspendelung) in den Versorgungstank. Am Kraftfahrzeugtank selbst binden zunächst Aktivkohlefilter die leicht flüchtigen Kohlenwasserstoffe, die dann beim Betrieb der Antriebsmaschine verwertet werden. Diese Technik wird in Großserien bei Otto–Brennstoff–Tanks eingesetzt.

8.3.1.4 Geräuschbelastung

Eine objektive, direkte Erfassung der durch die Staßenverkehrsmittel verursachten Geräuschbelastung ist nicht möglich, da örtlich und zeitlich das Straßenverkehrsaufkommen und die daraus resultierenden Geräuschemissionen sehr unterschiedlich sind. Abschätzungen ergeben aber, daß der Straßenverkehr die wichtigste Lärmquelle ist. Der überwiegende Teil der Bevölkerung in der Bundesrepublik Deutschland fühlt sich durch diese Geräuschemissionen belästigt, obwohl sie für Kraftfahrzeuge gesetzlich limitiert sind. Um diese Emissionen des Straßenverkehrs zu vermeiden oder zu verringern, bieten sich wieder Potentiale durch organisatorische Maßnahmen sowie durch technische Maßnahmen an den Straßenverkehrsmitteln und Straßenverkehrswegen und durch eine angemessene Betriebsweise der Kraftfahrzeuge. Wie schon in dem bisherigen Teil beschrieben, können durch einen effektiven Straßenverkehr und dem damit reduzierbaren Verkehrsaufkommen Geräuschemissionen vermindert werden; sei es nur dadurch, daß dann weniger angefahren und beschleunigt werden muß oder daß unnötige Wartezeiten vermieden werden. Eine Entlastung für den besonders von den Geräuschemissionen betroffenen innerstädtischen Bereich erscheint durch Verkehrsverlagerungen in unbewohnte Gebiete möglich. Innerstädtisch versucht man, durch straßengestalterische Maßnahmen oder durch straßenverkehrsordnende Maßnahmen (Geschwindigkeitsbegrenzung auf zum Beispiel 30 km/h) den Verkehr zu beruhigen.

An den Kraftfahrzeugen werden die Geräuschemissionen durch die Ansaug–, Verbrennungs-, Auspuff- und mechanischen Geräusche des Antriebs und durch die Roll- und Windgeräusche bestimmt. Das Potential durch primäre, d.h. direkt verringernde, Maßnahmen an den Antrieben ist zu einem großen Teil ausgenutzt, so daß die Geräuschemissionen durch Sekundärmaßnahmen eingeschränkt werden müssen. Dies wird z. B. durch fahrzeuggetragene Kapselungen im Bereich des Antriebs bereits realisiert; eine unerwünschte Begleiterscheinung ist dann das erhöhte Fahrzeuggewicht.

Dies gilt auch für derzeitige Kraftfahrzeugkonzepte mit einem wahlweisen Antrieb durch Verbrennungsmotoren oder durch Elektromotoren. Die Geräuschemissionen, aber auch die Abgasemissionen, sollen durch den Antrieb mit Elektromotoren im innerstädtischen Bereich weitgehend vermieden werden. Außerhalb der Städte soll durch den Verbrennungsmotor der Antrieb des Kraftfahrzeuges und auch das Aufladen der für den Elektroantrieb notwendigen Batterien erfolgen. Nützlich sind diese Maßnahmen nur im niedrigen Geschwindigkeitsbereich, bei Lastkraftwagen beispielsweise bis ca. 60 km/h, darüber hinaus werden die Roll- und die Windgeräusche bestimmend. Für die Rollgeräusche verantwortlich ist das Zusammenspiel zwischen Reifen und Fahrbahn. Ein Potential zur Minderung der Geräusche bietet hier der Aufbau der Straße; geräuschmindernde Straßendecken und schallabsorbierende Straßenaufbauten sind in der Erprobung. Die Windgeräuschreduzierung wiederum kann nur am Fahrzeug durch eine strömungsgünstige Konstruktion erreicht werden. Zur Minderung der Belästigung durch die vom Straßenverkehr verursachten Geräusche werden an den Bundesfernstraßen Lärmschutzmaßnahmen in Form von Lärmschutzwällen und -wänden ergriffen.

Nicht zuletzt können durch einen den Transportaufgaben angemessenen Betrieb der Kraftfahrzeuge Energie eingespart, der Stoffeinsatz gemindert und die Abgas- und Geräuschemissionen reduziert werden.

8.3.1.5 Flächen

Die den Straßenverkehrswegen zur Verfügung stehenden Flächen betragen mehr als 2% der Gesamtfläche der Bundesrepublik Deutschland; regional betrachtet ist der Anteil unterschiedlich.

Tab.8–5: *Abgeschätzte Flächen und Längen der öffentlichen Straßenverkehrswege in der Bundesrepublik Deutschland*

	1970	1988
Flächenbedarf des Straßenverkehrs	ca. 4.320 km^2	ca. 5.400 km^2
Länge der öffentlichen Straßenverkehrswege	$432 \cdot 10^3$ km	$494 \cdot 10^3$ km

Ökologische Risiken ergeben sich dort, wo große Flächen von befestigten Straßenverkehrswegen belegt sind. Auf das Umfeld einwirkende Störfaktoren wie die Strassenverkehrsgeräusche oder die Abgase der Kraftfahrzeuge treten dort konzentriert auf. Wege zur Minderung wurden für die entsprechenden Emissionen schon in dem vorstehenden Kapitel aufgezeigt; zusätzlich sei noch das Potential durch eine Entflechtung von Straßenverkehrswegen aufgezeigt. Auch eine Straßenführung, die ökologische Systeme weitgehend unbeeinflußt läßt, ist risikomindernd.

8.3.2 Spurgebundener Verkehr

Mit der vom spurgebundenen Verkehr erbrachten Verkehrsleistung sind die folgenden Systemgrößen verbunden:

Tab.8–6: *Systemgrößen des spurgebundenen Verkehrs in der BRD (zum Teil abgeschätzte Werte; die in Klammern gesetzten Werte beziehen sich nur auf den Eisenbahnverkehr)*

	1970	1988
Verkehrsleistung Personen	$49{,}0 \cdot 10^9$ Pkm ($39{,}2 \cdot 10^9$ Pkm)	$50{,}1 \cdot 10^9$ Pkm ($41{,}8 \cdot 10^9$ Pkm)
Verkehrsleistung Güter	$71{,}5 \cdot 10^9$ tkm	$60{,}0 \cdot 10^9$ tkm
Fahrzeugbestand —angetrieben—	ca. $1{,}6 \cdot 10^4$ (ca. $1{,}0 \cdot 10^4$) Stück	ca. $1{,}4 \cdot 10^4$ (ca. $0{,}8 \cdot 10^4$) Stück
Fahrzeugbestand —sonstige—	(ca. $33 \cdot 10^4$ Stück)	(ca. $30 \cdot 10^4$ Stück)
End—Energieverbrauch	$118 \cdot 10^{15}$ J	$57 \cdot 10^{15}$ J
Kohlenwasserstoffemission		($< 0{,}01 \cdot 10^9$ kg)
Kohlenmonoxidemission		(ca. $0{,}01 \cdot 10^9$ kg)
Stickoxidemission		(ca. $0{,}04 \cdot 10^9$ kg)
Schwefeldioxidemission		(ca. $3{,}4 \cdot 10^7$ kg)
Feststoffemission		(ca. $0{,}7 \cdot 10^7$ kg)
Flächenbedarf	ca. 1.200 km^2 (ca. 1.100 km^2)	ca. 1.100 km^2 (ca. 1.100 km^2)
Streckenlänge	ca. 35.000 km (ca. 33.000 km)	ca.32.000 km (ca. 30.500 km)

Rund 20% der Bevölkerung fühlen sich durch die vom Schienenverkehr emittierten Geräusche belästigt. Potentiale zur Minderung dieser Problematik gibt es durch Maßnahmen an den Gleisanlagen, durch Züge mit verminderter Geräuschabstrahlung und durch Lärmschutzmaßnahmen an den Verkehrswegen. Planungsaufgabe bleibt es für den spurgebundenen Verkehr insgesamt, Streckenführungen unter ökologischen Gesichtspunkten zu optimieren.

8.3.3 Luftverkehr

Mit der vom Luftverkehr erbrachten Verkehrsleistung sind die folgenden Systemgrößen verbunden:

Tab.8–7: Systemgrößen des Luftverkehrs in der BRD (zum Teil abgeschätzte Werte)

	1970	1988
Verkehrsleistung Personen	$6{,}6 \cdot 10^{9}$ Pkm	$15{,}7 \cdot 10^{9}$ Pkm
Verkehrsleistung Güter	$0{,}14 \cdot 10^{9}$ tkm	$0{,}39 \cdot 10^{9}$ tkm
Bestand an Luftfahrzeugen	ca. 3.800 Stück	ca. 8.500 Stück
End– Energieverbrauch	$67 \cdot 10^{15}$ J	$157 \cdot 10^{15}$ J
Kohlenwasserstoffemission		$< 0{,}01 \cdot 10^{9}$ kg
Kohlenmonoxidemission		ca. $0{,}03 \cdot 10^{9}$ kg
Stickoxidemission		ca. $0{,}02 \cdot 10^{9}$ kg
Schwefeldioxidemission		ca. $0{,}2 \cdot 10^{7}$ kg
Feststoffemission		ca. $0{,}1 \cdot 10^{7}$ kg
Flächenbedarf des allgemeinen Luftverkehrs		ca. 130 km^2

Die Kapazitäten des Luftverkehrs haben sich in jeder Beziehung ausgeweitet. Daraus entsteht eine der Problematik des Straßenverkehrs ähnliche Situation. Die Luftverkehrswege sind überlastet, insbesondere in den Bereichen der Verkehrsflughäfen. Davon gibt es in der Bundesrepublik Deutschland 19, die wiederum eine sehr unterschiedliche Zahl an Flugbewegungen aufweisen. Wenige, meist in dicht besiedelten Gebieten liegende Flughäfen bewältigen den größten Teil der von den Verkehrsflugzeugen vollzogenen Flugbewegungen. In diesen Gebieten sind die Belastungen sehr hoch. 40% der Bevölkerung fühlen sich durch die vom Luftverkehr verursachten Geräusche belästigt. Ein Potential, diese Geräusche herabzusetzen, besteht in technischen Maßnahmen an den Flugzeugen, beispielsweise durch geräuscharme Antriebe, und durch Lärmschutzmaßnahmen. Weniger beeinflussen lassen sich damit aber die Auswirkungen in den Flugphasen, in denen die Flugzeuge wegen der vorhandenen beschränkten Kapazitäten auf ihre Landeerlaubnis warten müssen. Es wird Energie verbraucht, und es werden Emissionen verursacht, ohne daß daraus eine verwertbare Verkehrsleistung resultiert. Auf die Problematik des militärischen Flugbetriebes, wie zum Beispiel die Tiefflüge, soll hier nur der Vollständigkeit halber hingewiesen werden.

8.3.4 Binnenschiffsverkehr

Mit der vom Binnenschiffsverkehr erbrachten Verkehrsleistung sind folgende Systemgrößen verbunden:

Tab.8–8: *Systemgrößen des Binnenschiffsverkehrs in der BRD (zum Teil abgeschätzte Werte)*

	1970	1988
Verkehrsleistung Güter	48,8 · 10^9 tkm	52,9 · 10^9 tkm
Bestand an Schiffen Tragfähigkeit größer 20 t	ca. 7.300 Stück	ca. 3.800 Stück
End–Energieverbrauch	37 · 10^{15} J	24 · 10^{15} J
Kohlenwasserstoffemission		$<$ 0,01 · 10^9 kg
Kohlenmonoxidemission		ca. 0,01 · 10^9 kg
Stickoxidemission		ca. 0,03 · 10^9 kg
Schwefeldioxidemission		ca. 0,3 · 10^7 kg
Feststoffemission		ca. 0,2 · 10^7 kg
Flächenbedarf	ca. 300 km^2	ca. 300 km^2
Benutzte Längen auf Flüssen und Kanälen	ca. 4.400 km	ca. 4.400 km

Relevant für den Binnenschiffsverkehr sind darüber hinaus die Belange des Gewässerschutzes und ökologisch verträgliche Verkehrswege.

8.4 Vergleich der Verkehrsarten

In den nachfolgenden Tabellen sind die für die einzelnen Verkehrsarten ermittelten absoluten Größen auf die erbrachte Verkehrsleistung bezogen worden. In einem gewissen Umfang wird hierdurch eine Vergleichbarkeit möglich. Nicht berücksichtigt werden kann die spezifische Leistungsfähigkeit der Verkehrsarten, z.B. im Nahverkehr oder im Fernverkehr; gleiches gilt für die spezifischen Vorteile der Verkehrsmittel, z.B. diejenigen der Lastkraftwagen und diejenigen der Personenkraftwagen.

Tab.8–9: Spezifische Größen im Straßenverkehr in der BRD im Jahre 1988 (zum Teil abgeschätzte Werte; die in Klammern gesetzten Werte beziehen sich auf den Verkehr mit Krafträdern, Personen– und Lastkraftwagen.)

	Straßenverkehr
spezifischer End–Energieverbrauch (J/ (Pkm + tkm))	ca. $2{,}2 \cdot 10^6$ ($ca. 2{,}4 \cdot 10^6$)
spezifische Kohlenwasserstoffemission (kg/ (Pkm + tkm))	ca. $1{,}4 \cdot 10^{-3}$
spezifische Kohlenmonoxidemission (kg/ (Pkm +tkm))	ca. $7{,}6 \cdot 10^{-3}$
spezifische Stickoxidemission (kg/ (Pkm + tkm))	ca. $2{,}0 \cdot 10^{-3}$
spezifische Schwefeldioxidemission (kg/ (Pkm + tkm))	ca. $0{,}8 \cdot 10^{-4}$
spezifische Feststoffemission (kg/ (Pkm + tkm))	ca. $7{,}2 \cdot 10^{-5}$
spezifischer Flächenbedarf (km^2/ (Pkm + tkm))	ca. $71 \cdot 10^{-10}$

Tab.8–10: *Spezifische Größen im spurgebundenen Verkehr in der BRD im Jahre 1988 (zum Teil abgeschätzte Größen; die in Klammern gesetzten Werte beziehen sich nur auf den Verkehr mit Eisenbahnen)*

	Spurgebundener Verkehr
spezifischer End–Energieverbrauch (J/ (Pkm + tkm))	$0{,}5 \cdot 10^{6}$
spezifische Kohlenwasserstoffemission (kg/ (Pkm + tkm))	($< 0{,}1 \cdot 10^{-3}$)
spezifische Kohlenmonoxidemission (kg/ (Pkm + tkm))	(ca. $0{,}1 \cdot 10^{-3}$)
spezifische Stickoxidemission (kg/ (Pkm + tkm))	(ca. $0{,}4 \cdot 10^{-3}$)
spezifische Schwefeldioxidemission (kg/ (Pkm + tkm))	(ca. $3{,}3 \cdot 10^{-4}$)
spezifische Feststoffemission (kg/ (Pkm + tkm))	(ca. $6{,}7 \cdot 10^{-5}$)
spezifischer Flächenbedarf (km^2/ (Pkm + tkm))	(ca. $98 \cdot 10^{-10}$)

Tab.8–11: *Spezifische Größen im Luftverkehr in der BRD im Jahre 1988 (zum Teil abgeschätzte Werte)*

	Luftverkehr
spezifischer End–Energieverbrauch (J/ (Pkm + tkm))	ca. $9{,}8 \cdot 10^{6}$
spezifische Kohlenwasserstoffemission (kg/ (Pkm + tkm))	ca. $0{,}3 \cdot 10^{-3}$
spezifische Kohlenmonoxidemission (kg/ (Pkm + tkm))	ca. $1{,}9 \cdot 10^{-3}$
spezifische Stickoxidemission (kg/ (Pkm + tkm))	ca. $1{,}2 \cdot 10^{-3}$
spezifische Schwefeldioxidemission (kg/ (Pkm + tkm))	ca. $1{,}2 \cdot 10^{-4}$
spezifische Feststoffemission (kg/ (Pkm + tkm))	ca. $6{,}2 \cdot 10^{-5}$
spezifischer Flächenbedarf des allgemeinen Luftverkehrs (km^2/ (Pkm + tkm))	ca. $81 \cdot 10^{-10}$

Tab.8–12: Spezifische Größen im Binnenschiffsverkehr in der BRD im Jahre 1988 (zum Teil abgeschätzte Werte)

	Binnenschiffsverkehr
spezifischer End–Energieverbrauch (J/ (Pkm + tkm))	ca. $0{,}5 \cdot 10^{6}$
Spezifische Kohlenwasserstoffemission (kg/ (Pkm + tkm))	ca. $0{,}1 \cdot 10^{-3}$
spezifische Kohlenmonoxidemission (kg/ (Pkm + tkm))	ca. $0{,}2 \cdot 10^{-3}$
spezifische Stickoxidemission (kg/ (Pkm + tkm))	ca. $0{,}5 \cdot 10^{-3}$
spezifische Schwefeldioxidemission (kg/ (Pkm + tkm))	ca. $0{,}5 \cdot 10^{-4}$
spezifische Feststoffemission (kg/ (Pkm + tkm))	ca. $3{,}4 \cdot 10^{-5}$
spezifischer Flächenbedarf (km^2/ (Pkm + tkm))	ca. $57 \cdot 10^{-10}$

Die Schwierigkeiten, eine ökonomische Beurteilung der Verkehrsarten vorzunehmen, werden am Beispiel des Straßenverkehrs deutlich. Die Kosten für die Verkehrswege und die Verkehrsinfrastruktur werden von diesem Verkehrssystem nicht direkt getragen. Anders ist es beim spurgebundenen Verkehr, der seine Verkehrswege und Verkehrsinfrastruktur selbst unterhält. Die von den Betreibern von Straßenfahrzeugen zu entrichtenden Steuern (Kraftfahrzeug-, Mineralölsteuer, u.s.w.) tragen jedoch zu den Staatseinnahmen und damit indirekt zum Unterhalt der Straßenverkehrsinfrastruktur bei. Dies ist mit ein Grund dafür, daß es eine anerkannte Kosten–Nutzen–Betrachtung der Verkehrsarten zur Zeit nicht gibt. Darin müßte auch Berücksichtigung finden, daß das Verkehrsaufkommen zu einem großen Teil eine von der Gesellschaft gewünschte Leistung ist. Dieser gewünschte Nutzen ist in eine Kosten–Nutzen–Rechnung mit einzubeziehen. Auch aus ökologischer Sicht ist eine Einbeziehung dieser Gesichtspunkte bei der Beurteilung der spezifischen Größen der Verkehrsarten erforderlich.

Literatur

(1) Der Bundesminister für Verkehr: Verkehr in Zahlen 1989; Bonn 1989.

(2) Umweltbundesamt: Daten zur Umwelt 1988/89; Erich Schmidt Verlag GmbH & Co, Berlin 1989.

(3) Umweltbundesamt: Luftreinhaltung '88; Erich Schmidt Verlag GmbH & Co; Berlin 1989.

(4) Robert Bosch GmbH: Kraftfahrtechnisches Taschenbuch: VDI– Verlag, Düsseldorf 1987.

(5) TÜV Rheinland e.V.: Forschung und neue Technologien im Verkehr; Symposium; Verlag TÜV Rheinland GmbH; Köln 1988.

Sachwortverzeichnis